高等院校园林专业系列教材

·江苏省精品课程·

园林工程
LANDSCAPE ENGINEERING

主编　赵　兵

编著　徐　振　邱　冰　季建乐
　　　江　婷　何疏悦

东南大学出版社·南京

内 容 提 要

本教材是江苏省精品课程——南京林业大学风景园林学院园林工程教学改革的最新成果，按照"规划及方案设计——扩初及施工设计——施工"的行业基本工序组织课程内容，大致可分为总图设计、详图设计及专项设计三大部分。

全书紧扣园林规划设计，以市政工程原理为基础，以园林艺术和生态科学理论为指导，以国家行业标准为规范，以新技术、新工艺为手段，系统讲述如何将设计思想（方案）全面深化为系统的、相互配套的、简洁明了的专业施工设计图，强化了工程设计制图、园林细部设计、景观照明设计的有关知识与技能，并加强了节水、环保等现代生态工程技术的研究与应用。

本书侧重设计，与侧重施工组织的高职园林系列教材《园林工程学》相互补充，可作为高等院校风景园林一级学科下属各本科专业以及景观建筑设计、景观学、环境艺术等相关专业教学用书，也可供园林规划设计、环境艺术设计、城乡规划、旅游规划等相关专业人员学习参考。

图书在版编目(CIP)数据

园林工程／赵兵主编．—南京：东南大学出版社，
2011.8（2018.2 重印）
（高等院校园林专业系列教材）
ISBN 978－7－5641－2673－5

Ⅰ.①园… Ⅱ.①赵… Ⅲ.①园林—工程施工—高等学校—教材 Ⅳ.①TU986.3

中国版本图书馆 CIP 数据核字(2011)第 036990 号

园林工程

Yuanlin Gongcheng

东南大学出版社出版发行
（南京四牌楼 2 号　邮编 210096）
出版人：江建中
全国各地新华书店经销　　江苏省地质测绘院
开本：889 mm×1194 mm　1/16　印张：18.5　字数：579 千
2011 年 8 月第 1 版　2018 年 2 月第 8 次印刷
ISBN 978－7－5641－2673－5
印数：25001～27000 册　　定价：36.00 元

本社图书若有印装质量问题，请与读者服务部联系．电话（传真）：025－83792328

高等院校园林专业系列教材
编审委员会

主任委员：王　浩　南京林业大学

委　　员：（按姓氏笔画排序）

　　　　　弓　弼　西北农林科技大学
　　　　　井　渌　中国矿业大学艺术设计学院
　　　　　何小弟　扬州大学园艺与植物保护学院
　　　　　成玉宁　东南大学建筑学院
　　　　　李　微　海南大学生命科学与农学院园林系
　　　　　张青萍　南京林业大学
　　　　　张　浪　上海市园林局
　　　　　陈其兵　四川农业大学
　　　　　周长积　山东建筑大学
　　　　　杨新海　苏州科技学院
　　　　　赵兰勇　山东农业大学林学院园林系
　　　　　姜卫兵　南京农业大学
　　　　　樊国胜　西南林学院园林学院

秘　　书：谷　康　南京林业大学

出 版 前 言

推进风景园林建设,营造优美的人居环境,实现城市生态环境的优化和可持续发展,是提升城市整体品质,加快我国城市化步伐,全面实现小康社会,建设生态文明社会的重要内容。高等教育园林专业正是应我国社会主义现代化建设的需要而不断发展的,是我国高等教育的重要专业之一。近年来,我国高等院校中园林专业发展迅猛,目前全国有150所高校开办了园林专业,但园林专业教材建设明显滞后,适应时代需要的教材很少。

南京林业大学园林专业是我国成立最早、师资力量雄厚、影响较大的园林专业之一,是首批国家级特色专业。自创办以来,园林专业教师积极探索、勇于实践,取得了丰硕的教学研究成果。近年来主持的教学研究项目获国家级优秀教学成果二等奖2项,国家级精品课程1门,省级教学成果一等奖3项,省级精品课程4门,省级研究生培养创新工程6项,其他省级(实验)教学成果奖16项;被评为园林国家级实验教学示范中心、省级人才培养模式创新实验区,并荣获"风景园林规划设计国家级优秀教学团队"称号。

为培养合格人才,提高教学质量,我们以南京林业大学为主体组织了山东建筑工业大学、中国矿业大学、安徽农业大学、郑州大学等十余所院校中有丰富教学、实践经验的园林专业教师,编写了这套系列教材,准备在两年内陆续出版。

园林专业的教育目标是培养从事风景园林建设与管理的高级人才,要求毕业生既能熟悉风景园林规划设计,又能进行园林植物培育及园林管理等工作,所以在教学中既要注重理论知识的培养,同时又必须加强对学生实践能力的训练。针对园林专业的特点,本套教材力求图文并茂,理论与实践并重,并在编写教师课件的基础上制作电子或音像出版物辅助教材,增大信息容量,便于教学。

全套教材基本部分为15册,并将根据园林专业的发展进行增补,这15册是:《园林概论》、《园林制图》、《园林设计初步》、《计算机辅助园林设计》、《园林史》、《园林工程》、《园林建筑设计》、《园林规划设计》、《风景区规划原理》、《园林工程施工与管理》、《园林树木栽培学》、《园林植物造景》、《观赏植物与应用》、《园林建筑设计应试指南》、《园林设计应试指南》,可供园林专业和其他相近专业的师生以及园林工作者学习参考。

编写这套教材是一项探索性工作,教材中定会有不少疏漏和不足之处,还需在教学实践中不断改进、完善,恳请广大读者在使用过程中提出宝贵意见,以便在再版时进一步修改和充实。

高等院校园林专业系列教材编审委员会
二〇〇九年十月

前 言

自1950年代开设园林专业以来,"园林工程"一直是该专业核心课程和特色专业课程。回顾专业设立几十年来的教学经验,以及系统地整理园林工程教学目的、方法、评价,我们将本课程的建设目标确定为:把握专业发展方向和机遇,发挥"园林工程"领域宽、程度深的特点,填补专业设计教学体系中的空白,进而创建以工程设计为核心的专业重点课程群,培养出具有良好的园林专业基础和规划设计理论素养、熟练掌握景观建筑与工程设计知识与技能、了解相关专业知识的高级专门人才。

"园林工程"课程是风景园林规划设计课程群的综合性课程和核心专业课之一,在高年级开设。通过本课程的学习,培养学生综合分析和解决问题的能力,掌握各类园林工程的设计和施工图绘制能力以及园林工程施工与项目管理的专业知识,并与园林设计、园林规划、园林建筑、种植设计等主干课程互为支撑,共同完成风景园林特色专业复合型人才的培养。

作为园林专业学科群的主干课程,"园林工程"立足时代、立足本土、立足自身,充分发挥园林专业自身特色优势,让学生通过本课程的学习,熟悉传统园林工程的优秀成果,掌握现代园林工程的理论知识,提高实践能力及第一线的应用技术能力(包括工程设计、施工的组织管理能力、将工程设计"物化"为施工工序的能力)和科研综合创新能力,培养出真正适应该行业特点的专业研究与应用型人才是本课程目标所在。

在教学改革中解决的主要是以下三个问题:

一、改革课程结构

我们按"规划及方案设计—扩初及施工设计—施工"的行业基本工序组织课程并编写教材,明确"园林工程"应系统学习扩初设计及施工设计的相关理论与实践,从而解决了原课程结构体系不清的问题,弥补风景园林规划设计专业教学体系中存在的盲点。

通过改革,明确本教材突出扩初与施工图设计技能的系统训练,将设计内容分为总图设计、详图设计及专项设计三大部分。而原高职高专教材《园林工程学》(东南大学出版社,2003)突出的是施工专项技术的传授和施工管理的实践。

通过理论知识传授、国家标准解读、典型案例讲解、工程设计训练和工作模型制作,培养学生综合分析、解决园林工程相关问题的能力,使学生能正确运用工程基础知识进行合理可行的设计,能按照行业标准清晰、完整地表达和表现设计内容,并能将方案设计与扩初设计、施工图设计和施工管理有机衔接。

二、改革课程内容

突出园林特色,强化设计教学,结合生态技术,填补最新成果。使园林工程经典理论与现代新技术、新工艺、新材料相结合,理论与实践相结合,解决原课程过于偏重市政工程,与社会需求及行业发展现状脱节的矛盾。

从实际出发,加强地形竖向设计的理论和应用,并将GIS等新技术运用于地形设计与施工中;弱化传统土方计算。加强园路路面设计、线形设计和生态护坡工程与技术,弱化市政道路的其他无关内容。

强化工程细部设计和景观照明,弱化供配电、给排水等专项施工设计与计算。增加节水、环保等现代生态工程技术的研究与应用。

在教材中专题讨论了古代叠山大师的理论与作品,使学生充分吸取我国掇山叠石这一传统文化遗产的精华。

三、改革实践教学

将原来完全孤立的地形、假山、道路铺装、水景、照明等单项设计作业改为既前后连贯、又相对独立的系统的集中实训,学生将自己在园林规划设计课程中的设计方案深入到扩初阶段,局部达到施工图深度,成为一个完整的作品,以提高学习兴趣和效果。同时切身体会园林各类专项工程在不同场地中的运用,从技术、经济、使用和美学等角度进行综合分析和评价。

通过系统学习,让学生熟悉园林工程中材料、工艺、尺度等要素的关系,通过园林工程现场实测和写生,独立的设计与计算,各种工作模型的制作,虚实结合,培养出良好的观察、分析和表达能力。

园林工程是一门实践性很强的课程,根据国情和行业实践特点,本教材将可持续发展和节能环保等理念与教学相结合,面向实践需求,探索新技术新方法如GIS、虚拟现实技术在园林工程设计中的应用,结合理论教学、设计作业和实习考察,增强同学们的感性认识,树立学生设计创新观念,促其掌握科学的设计方法,为实践需求奠定全面发展的基础。

全书分为九章。第一章、第四章由何疏悦编写,第二章由季建乐、赵兵编写,第三章、第九章由徐振编写,第五章由赵兵编写,第六章由邱冰编写,第七章由赵兵、何疏悦编写,第八章由江婷编写。

本书为高等院校园林、风景园林及相关专业的教学用书,也可供从事风景园林规划设计、园林工程施工设计、环境艺术设计等相关专业人员学习与参考。

由于时间仓促,加之作者学识有限,书中很可能有不妥之处,恳请读者提出宝贵意见。

编者
二〇一〇年十二月

目 录

绪论 ··· 1

1 园林工程的主要内容及制图标准 ·· 4
1.1 园林工程的主要重点及难点 ··· 4
1.1.1 土方工程 ··· 4
1.1.2 园林给排水与污水处理工程 ··· 4
1.1.3 水景工程 ··· 5
1.1.4 铺装工程 ··· 5
1.1.5 假山工程 ··· 6
1.1.6 绿化工程 ··· 6
1.2 园林制图的标准与规范 ·· 6
1.2.1 图纸幅面、标题栏、会签栏 ··· 6
1.2.2 图线 ·· 8
1.2.3 字体 ·· 9
1.2.4 比例 ·· 10
1.2.5 尺寸标注与指北针、风玫瑰图 ··· 11

2 园林工程总平面图及局部详图设计 ·· 13
2.1 园林方案设计阶段总体设计的主要内容概述 ································· 13
2.1.1 园林方案阶段总体设计的文件、图纸所包含的内容 ················ 13
2.1.2 园林方案阶段的设计文件与常用的图纸类型 ······················· 13
2.2 园林工程设计阶段的总平面图设计 ·· 14
2.2.1 园林工程设计阶段总平面图的组成 ··································· 14
2.2.2 园林工程设计阶段总平面图的特点 ··································· 14
2.2.3 园林工程设计阶段总平面图的常用图纸类型 ······················· 23
2.2.4 园林工程设计阶段总平面图的信息表达 ···························· 23
2.3 园林工程设计阶段的局部详图设计 ·· 36
2.3.1 局部平面图的特点 ··· 36
2.3.2 局部平面图的编制方法 ·· 36
2.3.3 局部平面图的作用 ··· 37
2.3.4 局部平面图的表达深度与设计内容 ·································· 37
2.3.5 局部平面图设计案例 ·· 37
2.4 图签、图纸目录与总说明 ·· 47
2.4.1 图签 ··· 47
2.4.2 图纸目录 ··· 47
2.4.3 施工总说明 ·· 47

3 园林工程竖向设计 …… 49
3.1 概论 …… 49
3.1.1 竖向设计的含义 …… 49
3.1.2 竖向设计的内容 …… 50
3.1.3 竖向设计的主要方法 …… 50
3.2 园林地形设计 …… 57
3.2.1 传统园林与地形 …… 57
3.2.2 地形的作用 …… 57
3.2.3 地形的类型 …… 59
3.2.4 地形的表达与识别 …… 60
3.2.5 地形的设计要点 …… 63
3.3 道路铺装的竖向控制 …… 64
3.3.1 道路的竖向控制 …… 64
3.3.2 铺装场地的竖向设计 …… 67
3.4 建筑与竖向控制 …… 68
3.4.1 建筑布局、设计与竖向设计 …… 68
3.4.2 建筑周边的竖向设计 …… 69
3.5 竖向设计与土方平衡 …… 71
3.5.1 影响土方工程量的因素 …… 71
3.5.2 土方工程量的计算与平衡 …… 72
3.6 GIS 地形信息系统与地形设计 …… 76
3.6.1 地形分析与表达 …… 76
3.6.2 地形统计与土方计算(以公园设计为例) …… 77

4 园路工程 …… 79
4.1 园路概述 …… 79
4.1.1 园路发展概况 …… 79
4.1.2 园路的类型和选型 …… 80
4.1.3 园路的功能与特点 …… 81
4.1.4 园路的规划设计要点 …… 82
4.2 园路线形设计 …… 84
4.2.1 园路平面线形设计 …… 84
4.2.2 园路横断面设计 …… 85
4.2.3 园路的纵断面设计 …… 87
4.3 园路材料的选取和合理搭配 …… 88
4.3.1 沥青路面和场地 …… 88
4.3.2 混凝土路面和场地 …… 89
4.3.3 水洗小砾石和卵石嵌砌路面 …… 89
4.3.4 卵石嵌砌路面 …… 89
4.3.5 混凝土平板路面及各种平板路面 …… 89
4.3.6 嵌锁形预制砌块路面 …… 89
4.3.7 花砖路面(广场砖) …… 89
4.3.8 小料石路面(方头弹石路面)和铺石路面 …… 89

    4.3.9 烧结砖砌路面 … 90
    4.3.10 木板地面 … 90
    4.3.11 透水性草皮路面 … 90
    4.3.12 现浇无缝环氧沥青塑料路面与弹性橡胶路面 … 90
    4.3.13 砂石路面、碎石路面 … 90
    4.3.14 石灰岩土路面、砂土路面、黏土路面、改良土路面 … 91
  4.4 园路施工技术 … 91
    4.4.1 园路的结构 … 91
    4.4.2 园路铺地工程施工步骤 … 92
    4.4.3 园路铺装验收标准 … 99
  4.5 园林道路附属部分设计 … 100
    4.5.1 路缘石 … 100
    4.5.2 明渠 … 101
    4.5.3 雨水井 … 101
    4.5.4 踏步与坡道 … 102
    4.5.5 步石和汀步 … 103
  4.6 园路的后期养护及管理 … 103

5 水景工程 … 105
  5.1 概述 … 105
    5.1.1 中国水文化简史 … 105
    5.1.2 外国水文化简史 … 106
    5.1.3 水景的内涵和作用 … 107
  5.2 城市水系规划 … 109
    5.2.1 城市水系规划有关知识 … 109
    5.2.2 水系规划的内容 … 110
    5.2.3 水系规划常用数据 … 111
  5.3 水景设计初步 … 111
    5.3.1 水景设计的基本要素 … 111
    5.3.2 水景设计的常用手法及景观效果 … 114
    5.3.3 水景设计的基本形式及设计要点 … 121
  5.4 水景工程构造与细部设计 … 144
    5.4.1 人造水池工程 … 144
    5.4.2 护坡及驳岸工程 … 151
    5.4.3 特殊水池设计施工技术要点 … 164

6 细部设计 … 167
  6.1 导言 … 167
    6.1.1 细部的概念 … 167
    6.1.2 细部的性质 … 167
    6.1.3 细部的分类 … 168
    6.1.4 细部设计的内容 … 168
  6.2 铺装 … 169

6.2.1 铺装的实用功能 …… 169
6.2.2 铺装的构图作用 …… 170
6.2.3 铺装的构造 …… 172
6.2.4 铺装的设计要点 …… 175
6.3 墙 …… 176
6.3.1 墙的实用功能与构图作用 …… 177
6.3.2 墙的构造和材料 …… 180
6.3.3 墙的设计要点 …… 183
6.4 坐椅 …… 184
6.4.1 铺装的实用功能 …… 184
6.4.2 坐椅的构图作用 …… 184
6.4.3 坐椅的构造 …… 185
6.4.4 坐椅的设计要点 …… 188
6.5 花池 …… 188
6.5.1 花池的实用功能 …… 188
6.5.2 花池的构图作用 …… 189
6.5.3 花池的构造和材料 …… 190
6.5.4 花池的设计要点 …… 192

7 景观照明工程 …… 193
7.1 供电基本知识 …… 193
7.1.1 电源与电压 …… 193
7.1.2 送电与配电 …… 194
7.2 照明工程 …… 195
7.2.1 光和电光源 …… 195
7.2.2 户外照明 …… 202
7.2.3 户外灯光造景 …… 218
7.2.4 照明工程设计步骤与要点 …… 221

8 假山石景工程设计 …… 224
8.1 假山石景概论 …… 224
8.1.1 假山石景的沿革 …… 224
8.1.2 假山石景的类型 …… 224
8.1.3 假山的功能作用 …… 225
8.2 中国传统假山设计 …… 226
8.2.1 传统假山材料 …… 226
8.2.2 传统置石艺术 …… 228
8.2.3 传统掇山艺术 …… 230
8.2.4 假山结构设计 …… 235
8.3 传统假山施工 …… 240
8.3.1 施工前期准备 …… 240
8.3.2 假山基础施工 …… 242
8.3.3 假山山脚施工 …… 243

        8.3.4　假山山体施工 245
        8.3.5　山体辅助结构施工 246
    8.4　现代石景工程 247
        8.4.1　塑山、塑石的一般工艺 247
        8.4.2　FRP塑山、塑石 249
        8.4.3　GRC假山造景 250
        8.4.4　CFRC塑石 251
    8.5　日本石景设计 252
        8.5.1　日本古典园林枯山水石景设计 252
        8.5.2　日本现代园林石景设计 253

9　园林给排水工程 254
    9.1　园林给水工程 254
        9.1.1　概述 254
        9.1.2　水源的选择 255
        9.1.3　水质与给水 257
        9.1.4　园林给水管网设计 258
        9.1.5　园林喷灌系统 259
    9.2　园林排水工程 261
        9.2.1　园林排水的种类与特点 261
        9.2.2　排水体制与排水工程的组成 262
        9.2.3　排水管网的附属构筑物 263
        9.2.4　排水管网的布置形式 265
        9.2.5　地面与沟渠排水 267
        9.2.6　管网排水 271
        9.2.7　雨水管网设计 272
    9.3　可持续理念与园林节水 273
        9.3.1　园林中的给排水与节水 273
        9.3.2　雨水利用工程 274

附录A　给水管与其他管线及建(构)筑物之间的最小水平净距 281

附录B　给水管与其他管线最小垂直净距 281

附录C　排水管道和其他地下管线(构筑物)的最小净距 282

附录D　土壤渗透系数 283

参考文献 284

绪论

1. 什么是园林工程

园林是在一定的地域运用工程技术手段和艺术手段,通过改造地形(如筑山、理水、叠石)、种植树木花草、营造建筑和布置园路等途径创作而成的优美的环境和游憩境域。园林包括庭园、宅园、小游园、花园、公园、植物园、动物园等,随着园林学科的发展,还包括森林公园、风景名胜区、自然保护区或国家公园的游览区以及休养胜地。

园林是时代精神的反映,具有鲜明的时代特色和地域特征:一个时代的园林建设受当时社会的科学技术发展水平、人们的审美观念,特别是意识形态中价值取向的影响,是社会经济、政治、文化的载体;它凝聚了当时当地人们对现在或未来生存空间的一种向往,且受自然地理、文化民俗、气候、植被等因素制约。园林的时代特色与地域特征是园林艺术中的宝贵财富,它不应当仅仅表现为旅游观赏价值和考古研究价值;在形式繁多的现代园林中,更需要设计师们着眼于当地的人文与自然历史,探索创建具有地域特色、符合时代精神、满足与反映当代人精神要求的新园林。

园林学是一门自然科学与社会科学交织在一起的综合性很强的跨界科学,其研究范围是随着社会生活和科学技术的发展而不断扩大的。当前的研究范围,包括传统园林学、城市绿化和大地景观几个层次。

传统园林学主要包括园林史、园林艺术、园林植物、园林工程、园林建筑等分支学科。园林工程是根据园林的功能要求、景观要求和经济技术条件,运用上述各分支学科的研究成果,来创造各种园林的艺术形式和艺术形象的一门综合性工程学科。城市绿化是研究绿化在城市建设中的作用,确定城市绿地定额指标、城市绿地系统的规划和公园、街道绿地以及其他绿地的设计等。大地景观研究的任务,是把大地的自然景观和人文景观当作资源来看待,从生态效益、社会效益和审美效益等方面进行评价和规划,在开发时最大限度地保存自然景观,最合理地利用土地;规划步骤包括自然资源和景观资源的调查、分析和评价,保护或开发原则和政策的制定以及规划方案的制定等;大地景观的单体规划内容有风景名胜区规划,国家公园规划,休、疗养地规划和自然保护区游览部分规划等。

园林工程学是建设风景园林绿地的一门工程学科。园林工程建设为人们提供一个良好的休息、文化娱乐、亲近大自然、满足人们回归自然愿望的场所,是保护生态环境、改善城市生活环境所采用的重要措施。园林工程建设泛指城市园林绿地和风景名胜区中涵盖园林建筑工程在内的环境建设工程,包括园林建筑工程、土方工程、园林筑山工程、园林理水工程、园林铺地工程、绿化工程等;它应用工程技术来表现园林艺术,使地面上的工程构筑物和园林景观融为一体。它具有如下特征:

(1) 是一种公共事业　是在国家和地方政府领导下,旨在提高人们生活质量、造福于人民的公共事业。

(2) 是根据法律实施的事业　目前我国已出台了许多相关的法律、法规,如:《中华人民共和国土地法》、《中华人民共和国环境保护法》、《中华人民共和国城市规划法》、《中华人民共和国建筑法》、《中华人民共和国森林法》、《中华人民共和国文物保护法》、《中华人民共和国城市绿化规划建设指标的规定》、《中华人民共和国城市绿化条例》等。

(3) 是一种创新的环境关怀事业　随着人民生活水平的提高,人们对环境质量的要求越来越高,对城市中的园林建设要求亦趋于多样化,工程的规模越来越大,内容也越来越丰富,园林工程中所涉及的面越来越广泛,高科技已深入到工程的各个领域,如集光-机-电于一体的大型喷泉、新型的铺装材料、新型的施工方法以及施工过程中的计算机管理等等,无不给从事此项事业的人带来新的挑战。

2. 中国园林工程简史

我国历代园林工匠在数千年造园实践中积累了极为丰富的实践经验,总结出精辟的理论。中国古典园林是中国古建筑与园林工程高度结合的产物,是根据中国传统居住形态、休闲方式、观赏习惯、文学艺术活动等因素综合营造而成的空间环境。在中国,堆山、叠石有很悠久的历史:早在2500年以前的春秋战国时期就已出现了人工造山之事。《尚书》所载"为山九仞,功亏一篑"之喻,说明当时已有篑土(篑是筐子)为山的做法。只是当时篑土为山是为治水患、治家等的需要,而不是单纯的造园。周代灵囿中的灵台、灵沼已有明确的凿低筑高的改造地形地貌的意图。秦汉的山水宫苑园林则发展成为大规模挖湖堆山并形成"一池三山"的传统程式,今天留下的许多古典园林,如北京的三海、颐和园,杭州的西湖等都遵循了这种布局。同时,在水系疏导,引天然水体为池,埋设地下管道,铺地和种植工程方面都有相应的发展,并有了石莲喷水等水景设施。著名的宋徽宗"花石纲"和"寿山艮岳"等工程都说明当时已有一套成熟的相石、采石、运石和安石的技艺。大量出色的太湖石是靠渔人潜入水中凿断,结绳拴套,在竹筏上装架起运,用胶泥封洞眼后再用草进行外包装,运到汴京。所造假山不仅造型自然、结构稳固,而且还可防蚊蝎、致云烟。我国的假山工艺一方面汲取了传统山水画之画理,同时又将石作、木作、泥瓦作集结为一体,至宋代已明显地形成一门专门的技艺。从流传至今的作品来看,既顺应自然之理,又包含提炼、夸张等艺术加工手法,形成了具有鲜明的民族风格和独特艺术魅力的造园活动。

明清时期造园更加成熟,以北京颐和园为例,它结合城市水系和蓄水功能,将原有的小山和小水面扩展为山水相映的万寿山和昆明湖,水系和山脉融为一体,达到"虽由人作,宛自天开"的境界。我国江南的私家宅园在掇山、理水、置石、铺地方面则又有一番技巧。一些园林的园路和庭院用彩色石子、碎砖瓦片、碎陶瓷片等镶成各式动植物和几何形图案,增加了园林道路、庭院的艺术感,如北京故宫御花园、颐和园,苏州拙政园、留园等不乏铺地的佳作。这些花街铺地用材价格低廉,结构稳固,式样丰富多彩,真所谓"废瓦片也有行时,当湖石削铺,波纹汹涌","破方砖可留大用,绕梅花磨斗,冰裂纷纭"(《园冶》),提供了因地制宜、低材高用的典范,在今天都是值得学习的。

明代计成对造园有很高的造诣,所著的《园冶》一书出版于崇祯七年(1634年)。按相地、立基、屋宇、装折、门窗、墙垣、铺地、掇山、选石、借景分为十篇。尤其是其中以掇山、选石两篇,为计成实践经验之总结,详细叙述各种园林与地势相配合的假山,如园山、厅山、楼山、阁山、书房山、池山、内室山、峭壁山以及山峰、岗峦、悬崖、幽洞、深涧、瀑布、曲水、池沼等,以及太湖石、昆山石、黄石、灵璧石等材料的选用,是我国古代最完整的一部造园专著。明代文震亨的《长物志》、清代李渔的《一家言》中也有关于造园理论及技术的专门论述。

我国古代造园名家辈出。北魏就有名家茹皓、张伦。明代北方有叠石造园家米万钟,南方有造园名家计成。清代的张涟、张然父子,人称"山子张",尤以叠石著称。浙江钱塘人李渔,善诗画,尤长于园林建筑,著有《一家言》,书中"居室部"对园林建筑有精辟的阐述。常州人戈裕良对园林亭台池馆的设计有很高的成就,堆叠假山技艺尤为高明,他用不规则湖石、山石发券成拱,坚固不坏,在苏州、常熟一带修筑了许多名园。

3. 外国园林工程简介

外国园林工程的主要成就在于水景的建设。自古希腊及古罗马时期开始,就有较高的理水技艺,利用水景与建筑、地形完美结合,成为西方园林理水设计的雏形。

意大利的台地园、法国古典园林同样发展了高超的理水技艺,从水景形式到水景工程技艺,都得到了空前发展。

西方现代园林中,现代材料与技术的应用为大型理水工程的建设提供了可行性。其他各种施工技艺的进步、各种现代材料的应用,使得西方园林工程的发展日新月异。

4. 风景园林工程发展现状与趋势

随着环境意识深入人心,可持续发展已成为全球共识,风景园林作为创建优美人居环境的重要部分,呈现了良好的发展态势。我国从1992年起,出现了一批国家园林城市,而众多大型市政景观项目的建设、房地产项目中的园林景观建设都大大推动了我国园林行业的发展。不少项目的建设,体现了现代园林工程施工技术的最新成果。可持续发展将是风景园林工程的发展趋势,各种新技术、新材料、新方法被充分运用到园林工程的施工过程中。如在传统的广东岭南园林庭园灰塑假山传统技艺上发展起来的现代塑石、塑山技术,解决了在屋顶造山、在无石材的情况下造山、用山体隐蔽大型设备房等难题;大苗移植满足了城市及居住区绿化迅速出效的要求;喷泉瀑布与高科技的光、电技术结合,为现代城市增添了生动的休闲空间;生态铺地技术的运用更体现了可持续发展的设计观;现浇混凝土园路工程中伸缩缝的切割新技术的应用,使园路构筑步骤更为简便;微喷灌的使用可大大节约水资源;软性池底的运用,如以黑色柔性橡胶防水材料为代表的柔性结构水池,具有寿命长、防水性能好、施工方便等特点,可广泛运用于各种环境的水池建造之中;膨润土的应用,更是解决了大型水池的保水、渗水、构筑轻质水体结构的难题;各类彩色铺地砖生产工艺的完善,使得铺地技术大大改进,也使生态铺装成为应用广泛的铺地方式塑造。

合理运用自然因素、社会因素创建优美的、生态平衡的生活境域,将生态的观念、可持续发展的观念实施在园林建设中,要靠风景园林设计师、工程师和生态学专业人士进行通力协作,才能对设计和环境问题形成更加恰当的解决方案。

1 园林工程的主要内容及制图标准

园林工程设计是综合考虑艺术、生态、技术等各个层面,研究风景园林建设的工程技术和造景技艺的一门学科。其研究范围包括工程原理、工程设计、施工技术以及施工管理等。风景园林工程以市政工程原理为基础,以园林艺术理论、生态科学为指导,目标是将设计思想转化为物质现实,在创造优美景观的同时,不仅要兼顾功能和技术方面的要求,而且要尽可能降低造价,便于管理,满足可持续发展的要求。它是集建筑、掇山、理水、铺地、种植、供电为一体的大型综合的和系统性的工程。这一系统工程的重点是应用工程技术的手段,本着可持续发展的观念构筑城市生态环境体系,为人们创建舒适优美的休闲游憩及生活的空间。

1.1 园林工程的主要重点及难点

园林工程的重点和难点包括以下几个方面:土方工程、园林给排水与污水处理工程、水景工程、铺装工程、假山工程和绿化工程。下面将对每一个要点进行简要的概述。

1.1.1 土方工程

主要依据竖向设计进行土方工程量计算及土方施工、塑造、整理园林建设场地。土方量计算一般根据附有原地形等高线的设计地形图来进行,但通过计算,有时反过来又可以修订设计图中的不足,使图纸更完善。土方量的计算在规划阶段无须过分精确,故只需估算,而在作施工图时,土方工程量就需要较精确的计算。

1.1.2 园林给排水与污水处理工程

园林给排水与污水处理工程是园林工程中的重要组成部分之一,必须满足人们对水量、水质和水压的要求。园林给排水工程主要包括园林给水工程和园林排水工程。水在使用过程中会受到污染,故必须对污水进行处理。而完善的给排水工程及污水处理工程对园林建设及环境保护具有十分重要的作用。

1) 园林给水分为生活用水、生产用水及消防用水

给水的水源一是地表水源,主要是江、河、湖、水库等,这类水源的水量充沛,是风景园林中的主要水源;二是地下水源,如泉水、承压水等。选择给水水源时,首先应满足水质良好、水量充沛、便于防止污染的要求。最理想的是在园林附近直接从就近的城市给水管网系统接入,如附近无给水管网则优先选用地下水,其次才考虑使用江、河、湖、水库的水。

给水系统一般由取水构筑物、泵站、净水构筑物、输水管道、水塔及高位水池等组成。

给水管网的水力计算包括用水量的计算,一般以用水定额为依据,它是给水管网水力计算的主要依据之一。给水系统的水力计算就是确定管径和计算水头损失,从而确定给水系统所需的水压。

给水设备的选用包括对室内外设备和给水管径的选用等。

2) 园林排水

(1) 排水系统的组成

① 污水排水系统　由室内卫生设备和污水管道系统、室外污水管道系统、污水泵站及压力管道、处理污水的构筑物与排入水体的出水口等组成。

② 雨水排水系统　由景区雨水管渠系统、出水口、雨水口等组成。

(2) 排水系统的形式　污、雨水管道在平面上可布置成树枝状,并顺地面坡度和道路由高处向低处排放,应尽量利用自然地面或明沟排水,以减少投资。常用的形式如下:

① 利用地形排水　通过竖向设计将谷、涧、沟、地坡、小道顺其自然适当加以组织,划分排水区域,就近

排入水体或附近的雨水干管,可节省投资。利用地形排水、地表种植草皮,最小坡度为0.5%。

② 明沟排水　主要指土明沟,也可在一些地段视需要砌砖、石、混凝土明沟,其坡度不小于0.4%。

③ 管道排水　将管道埋于地下,有一定的坡度,污水通过排水构筑物等排出。

在我国,园林绿地的排水主要以采取地表及明沟排水为宜,局部地段也可采用暗管排水作为辅助手段。采用明沟排水应因地制宜,可结合当地地形因势利导。为使雨水在地表形成的径流能迅速疏导和排除,但又不会由于流速过大而冲蚀地表土导致水土流失,在进行竖向规划设计时应结合理水综合考虑地形设计。

(3) 园林污水的处理　园林中的污水主要有生活污水、降水。

风景园林中所产生的污水主要是生活污水,因而含有大量的有机质、细菌等,有一定的危害。污水处理的基本方法有物理法、生物法、化学法等,这些污水处理方法常需要组合应用。沉淀处理为一级处理,生物处理为二级处理,在生物处理的基础上,为提高出水质再进行化学处理称为三级处理。目前国内各风景区及风景城市,一般污水通过一、二级处理后基本上能达到国家规定的污水排放标准。三级处理在排放标准要求特别高(如作为景区水源一部分时)的水体或污水量不大时,才考虑使用。

1.1.3　水景工程

包括小型水闸、驳岸、护坡和水池工程、喷泉等。

古今中外,凡造景,无不涉及水体,水是环境艺术空间创作的一个主要因素,可借以构成各种格局的园林景观,艺术地再现自然。水有四种基本表现形式:一为流水,其有急缓、深浅之分;二为落水,水由高处下落则有线落、布落、挂落、跌落等,可潺潺细流、悠然而落,亦可奔腾磅礴、气势恢弘;三是静水,平和宁静、清澈见底;四则为压力水,喷、涌、溢泉、间歇水等表现一种动态美。用水造景,动静相补,声色相衬,虚实相映,层次丰富,得水以后,古树、亭榭、山石形影相依,会产生一种特殊的魅力。水池、溪涧、河湖、瀑布、喷泉等水体往往又给人以静中有动、寂中有声、以少胜多、发人联想的强感染力。

1.1.4　铺装工程

着重在园路的线形设计、园内的铺装、园路的施工等。

园路既是交通线又是风景线,园之路,犹如脉络,既是分隔各个景区的景界,又是联系各个景点的"纽带",具有导游、组织交通、划分空间界面、构成园景的艺术作用。园路分主路、次路与小径(自然游览步道)。主园路连接各景区,次园路连接诸景点,小径则通幽。

在园路工程设计中,道路平面线形设计就是具体确定道路在平面上的位置,依据勘测资料和道路性质等级要求以及景观需要,定出道路中心位置,确定直线段,选用平曲线半径,合理解决曲直线的衔接等,以绘出道路平面设计图。道路纵断面线型设计主要是确定路线合适的标高,设计各路段的纵坡及坡长,保证视距要求,选择竖曲线半径,配置曲线、确定设计线,计算填挖高度,定桥涵、护坡、挡土墙位置,绘制纵断面设计图等。

在风景旅游区等地的道路,不能仅仅看作是由一处通到另一处的旅行通道,而应当看作是整个风景景观环境的不可分割的组成部分,所以在考虑道路时,要用地形地貌造景,利用自然植物群落与植被,营造出生态绿廊的景观效果。

道路的景观特色还可以利用不同类型品种的植物在外观上的差异及其乡土特色,通过不同的组合和外轮廓线的修剪造型,以产生良好的景观识别效果。同时,尽可能将园林中的道路布置成"环网式",以便组织不重复的游览路线和交通导游。各级园路回环萦绕,收放开合,藏露交替,使人渐入佳境。园路路网应有明确的分级,园路的曲折迂回应构思立意,应做到艺术上的意境性与功能上的目的性有机结合,使游人步移景异。

风景旅游区及园林中的停车场应设在重要景点进出口边缘地带及通向尽端式景点的道路附近。同时,也应按车辆的不同类型及性质分别安排停车场地,其交通路线必须明确。在设计时综合考虑场内路面结构、绿化、照明、排水及停车场的性质,配置相应的附属设施。园路的路面结构从路面的力学性能出发,分为柔性路面、刚性路面及庭院路面。

园林铺地是我国传统园林技艺之一,而如今也得以创新与发展。它既有实用要求,又有艺术要求,主要是用来引导和用强化的艺术手段组织游人活动,表达不同主题立意和情感,利用组成的界面功能分割空间、格局和形态,强化视觉效果。一般说来,铺地要进行铺地艺术设计,包括纹样和图案设计、铺地空间设计、结构构造设计、铺地材料设计等。常用的铺地材料分为天然材料和人造材料,天然材料有青(红)山岩、石板、卵石、碎石、条(块)石、碎大理石片等;人造材料有青砖、水磨石、斩假石、本色混凝土、彩色混凝土、沥青混凝土等。

1.1.5 假山工程

包括假山的材料和采运方法、置石与假山布置、假山结构设施等。

1) 假山和置石

假山工程是园林建设的专业工程,人们通常所说的"假山工程"实际上包括假山和置石两部分。我国园林中的假山技术是以造景和提供游览为主要目的,同时还兼有一些其他功能。假山是以土、石等为材料,以自然山水为蓝本并加以艺术提炼与夸张,用人工再造的山水景物。至于零星山石的点缀则称为"置石",主要表现山石的个体美或局部的组合。假山的体量大,可观可游,使人们仿佛置身于大自然之中,而置石则以观赏为主,体量小而分散。假山和置石首先可作为自然山水园的主景和地形骨架,如南京瞻园、上海豫园、扬州个园、苏州环秀山庄等采用突出构筑物主体方式的园林,皆以山为主、水为辅,建筑处于次要地位甚至仅作点缀。其次可作为园林划分空间和组织空间的手段,常用于集锦式布局的园林,如圆明园利用土山分隔景区,颐和园以仁寿殿西面土石相间的假山作为划分空间和障景的手段。另外,可运用山石小品作为点缀园林空间和陪衬建筑、植物的手段。假山还可平衡土方,叠石也可作驳岸、护坡、汀步和花台、室内外自然式的家具或器设,如石凳、石桌、石护栏等,它们将假山的造景功能与实用功能巧妙地结合在一起,成为我国造园技术中的优秀传承技艺。假山因使用的材料不同,分为土山、石山及土、石相间的山。常见的假山材料有:湖石(包括太湖石、房山石、英石等)、黄石、青石、石笋(包括白果笋、乌炭笋、慧笋、钟乳石笋等)以及其他石品(如木化石、松皮石、石珊瑚等)。

2) 塑山

在传统灰塑和假山的基础上,运用现代材料如环氧树脂、短纤维树脂混凝土、水泥及灰浆等,创造了塑山工艺。塑山可省采石、运石之工程,造型不受石材限制,且有工期短、见效快的优点。但使用期短是其最大的缺陷。

1.1.6 绿化工程

包括乔灌木种植工程、大树移植、草坪工程等。

在进行栽植工程施工前,施工人员必须通过设计人员的设计交底以充分了解设计意图,理解设计要求,熟悉设计图纸,故应向设计单位和工程甲方了解有关信息,如:工程的项目内容及任务量、工程期限、工程投资及设计概(预)算、设计意图、施工地段的状况、定点放线的依据、工程材料来源及运输情况,必要时应进行现场调研。在完成施工前的准备工作后,应编制施工计划,制定出在规定的工期内费用最低的安全施工的条件和方法,优质、高效、低成本、安全地完成其施工任务。

1.2 园林制图的标准与规范

园林工程设计制图与园林规划设计制图有相同之处,但也有工程设计自身的特点,本节简要介绍园林工程制图的基本要求。

1.2.1 图纸幅面、标题栏、会签栏

1) 图纸幅面的尺寸和规格

园林制图采用国际通用的 A 系列幅面规格的图纸。A0 幅面的图纸称为零号图纸,A1 幅面的图纸称为一号图纸等。图纸幅面的规格见表 1.1 基本图幅尺寸。绘制图样时,图纸的幅面和图框尺寸必须符合表的规定,表中代号含义见图 1.1。

表 1.1 基本图幅尺寸(单位:mm)

尺寸代号	幅面代号				
	A0	A1	A2	A3	A4
$b \times l$	841×1189	594×841	420×594	297×420	210×297
e	20			10	
c	10			5	
a	25				

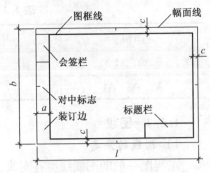

(a) 留装订边框的 A0～A3 幅面图纸

当图的长度超过图幅长度或内容较多时,图纸需要加长。图纸的加长量为原图纸长边的 1/8 的倍数。仅 A0~A3 号图纸可加长,且必须延长图纸的长边。图纸长边加长后的尺寸见表 1.2。

表 1.2 加长后的图幅尺寸(单位:mm)

幅面	长边尺寸	长边加长后尺寸
A0	1189	1338、1486、1635、1783、1932、2080、2230、2378
A1	841	946、1051、1156、1261、1366、1471、1682、1892、2102
A2	594	743、891、1041、1189、1338、1486、1635、1783、1932、2080
A3	420	630、841、1051、1261、1471、1682、1892

注:有特殊需要的图纸,可采用 $b \times l$ 为 841 mm×891 mm 与 1189 mm×261 mm 的幅面。

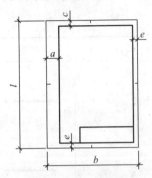

(b) 留装订边框的 A4 幅面图纸

图 1.1 各种幅面图纸的规格

2) 标题栏、会签栏

图纸标题栏又简称图标,用来简要地说明图纸的内容。各种幅面的图纸不论竖放或横放,均应在图框内画出标题栏。标题栏中应包括设计单位名称、工程项目名称、设计者、审核者、描图制图员、图名、比例、日期和图纸编号等内容。标题栏除竖式 A4 图幅位于图的下方外,其余均位于图的右下角。标题栏的尺寸应符合现行规范规定,长边为 180 mm 或 240 mm,短边为 40 mm、30 mm 或 50 mm。园林行业目前较常用的标题栏格式,如图 1.2 所示。涉外工程的标题栏内,各项主要内容的下方应附有译文。

需要会签的图纸应设会签栏,其尺寸应为 100 mm×20 mm,栏内应填写会签人员所代表的专业、姓名和日期,如图 1.2。

(a) 标题栏格式一

(b) 标题栏格式二

(c) 工程用标题栏　　　　　　　　(d) 会签栏

图 1.2 标题栏、会签栏

在绘制图框、标题栏和会签栏时还要考虑线条的宽度等级。关于图框中各线条线宽的规定见表 1.3。

表1.3 图框、标题栏和会签栏的线条等级（单位：mm）

图幅	图框线	标题栏外框线	栏内分路线
A0、A1	1.4	0.7	0.35
A2、A3、A4	1.0	0.7	0.35

1.2.2 图线

1) 图线的分类

工程图一般的图线线型有实线、虚线、点划线、折断线、波浪线等，作用各不相同，表1.4详细说明了各项图线的线型、线宽及其用途。

表1.4 图线

项目	线型	线宽	用途
粗实线	———	b	(1) 建筑立面图或室内立面图的外轮廓线； (2) 平、剖面图中被剖切的主要建筑构造（包括构配件）的轮廓线； (3) 建筑构造详图中被剖切的主要部分的轮廓线； (4) 建筑构配件详图中的外轮廓线； (5) 平、立、剖面图的剖切符号
中实线	———	$0.5b$	(1) 平、剖面图中被剖切的次要建筑构造（包括构配件）的轮廓线； (2) 建筑平、立、剖面图中建筑构配件的轮廓线； (3) 建筑构造详图及建筑构配件详图中一般轮廓线
细实线	———	$0.25b$	尺寸线、尺寸界线、图例线、索引符号、标高符号、详图材料做法引出线等
中虚线	- - - - -	$0.5b$	(1) 建筑构造及建筑构配件不可见轮廓线； (2) 平面图中的起重机（吊车）轮廓线； (3) 拟扩建的建筑物轮廓线
细虚线	- - - - -	$0.25b$	图例线、小于$0.5b$的不可见轮廓线
细单点长画线	—·—·—	$0.25b$	中心线、对称线、定位轴线
粗单点长画线	—·—·—	$0.5b$	起重机（吊车）轨道线
细双点长画线	—··—··—	$0.25b$	假想轮廓线、成形前原始轮廓线
粗双点长画线	—··—··—	$0.5b$	预应力钢筋线
折断线	─╱─	$0.25b$	不需画全的折断界线
波浪线	～～～	$0.25b$	不需画全的断开界线、构造层次的断界线

工程图一般使用三种线宽，且互成一定比例，即粗线、中粗线、细线的比例为1：0.5：0.35。当选定了粗实线的宽度b，则中粗线及细线的宽度也就随之确定，如表1.5所示。

表1.5 线宽组（单位：mm）

b	0.35	0.5	0.7	1.0	1.4	2.0
$0.5b$	0.18	0.25	0.35	0.5	0.7	1.0
$0.35b$		0.18	0.25	0.35	0.5	0.7

2) 图线交接的画法

(1) 接头应准确，不可偏离或超出。

(2)两虚线相交或相接时,应以两虚线的短画相交或相接。如图1.3所示。

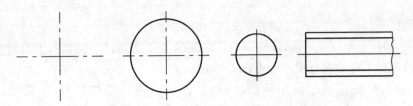

图1.3 绘制园林要素的要求——点划线、断开线画法举例

(3)虚线与实线相交或相接时,虚线的短画应与实线相接或相交;如虚线是实线的延长线时,相接处应留空隙。

(4)在同一图中,性质相同的虚线或点划线,其线段长度及其间隔应大致相等。线段的长度和间隔的大小,将视所画虚线或点划线的总长和粗细而定。

(5)折断线应通过被折断部分的全部并超出2~3 mm。折断线间的符号和波浪线都可徒手画出。

(6)点划线与点划线或与其他图线相交或相接,应与点划线的线段相交或相接。

(7)画圆的中心线时,圆心是点划线段的交点,两端应超出圆弧2~3 mm,末端不应是点。图形较小,画点划线有困难,可以用细实线代替,如图1.3所示。

3)园林设计的要素中绘制线型的要求

园林设计的要素中绘制线型的要求见表1.6。

表1.6 绘制园林要素的要求

要 素	要 求
地 形	设计地形等高线用细实线绘制,原地形等高线用细虚线绘制
园林建筑	在大比例图中,剖面图用粗实线画出断面轮廓,用中实线画出其他可见轮廓;屋顶平面图中,用粗实线画出外轮廓,用细实线画出屋面;对于花坛、花架等建筑小品用细实线画出投影轮廓。小比例图中,只需用粗实线画出水平投影外轮廓线
水 体	水体一般用两条线表示,外面的一条表示水体边界线(即驳岸线),用特粗实线绘制,里面的一条表示水面,用细实线绘制
山 石	均采用其水平投影轮廓线概括表示,以粗实线绘出边缘轮廓,以细实线概括绘出皴纹
园 路	用细实线画出路线

1.2.3 字体

图纸上有各种符号、字母代号、尺寸数字及文字说明。各种字体必须书写端正,排列整齐,笔画清晰。标点符号要清楚正确。

1)汉字

汉字应采用国家公布的简化汉字,并用长仿宋字体。长仿宋字体的字高与字宽的比例大约为1∶0.7,如图1.4所示。字体高度分20 mm、14 mm、10 mm、7 mm、5 mm、3.5 mm、2.5 mm七级,一般应不小于3.5 mm。字体宽度相应为14 mm、10 mm、7 mm、5 mm、3.5 mm、2.5 mm、1.8 mm。长仿宋字体的示例,如图1.4所示。

图1.4 长仿宋字示例

长仿宋体的基本笔画一般有:点、横、竖、撇、捺、钩、挑、折等,掌握基本笔画的书写法,是写好整个字的先决条件。

长仿宋字的写法:

① 书写长仿宋字时,应先打好字格,以便字与字之间的间隔均匀、排列整齐,书写时应做到字体满格、端正,注意起笔和落笔的笔锋顿挫且横平竖直;

② 写长仿宋字时,要注意汉字的结构,并应根据汉字的不同结构特点,灵活处理偏旁和整体的关系;

③ 笔画的书写都应做到干净利落、顿挫有力,不应歪曲、重叠和脱节,尤其是起笔、落笔和转折等关键处。

2) 字母、数字

图纸上拉丁字母、阿拉伯数字与罗马数字的书写与排列,应符合规定(表1.7)。

表1.7 拉丁字母、阿拉伯数字与罗马数字书写规则

书写格式	一般字体	窄字体
大写字母高度	h	h
小写字母高度(上下均无延伸)	$7/10h$	$10/14h$
小写字母伸出的头部或尾部	$3/10h$	$4/14h$
笔画宽度	$1/10h$	$1/14h$
字母间距	$2/10h$	$2/14h$
上下行基准线的最小间距	$15/10h$	$21/14h$
词间距	$6/10h$	$6/14h$

拉丁字母、阿拉伯数字、罗马字母等可写成斜体,斜体字字头向右倾斜,与水平基准线成75°。

1.2.4 比例

图形与实物相对的尺寸之比称为比例。比例的大小是指比值的大小,如1:50大于1:100。比例的符号用":"表示。比例宜注写在图名的右侧,字的基准线应取平,比例的字高宜比图名的字高小一号或二号(图1.5)。

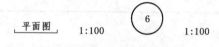

图1.5 比例的注写

绘图所用的比例应根据图样的用途与被绘对象的复杂程度,从下表中选用,并优先选用表中常用比例(表1.8)。

表1.8 绘图常用的比例

详 图	1:2、1:3、1:4、1:5、1:10、1:20、1:30、1:40、1:50
道路绿化图	1:50、1:100、1:150、1:200、1:250、1:300
小游园规划图	1:50、1:100、1:150、1:200、1:250、1:300
居住区绿化图	1:100、1:200、1:300、1:400、1:500、1:1000
公园规划图	1:500、1:1000、1:2000

1.2.5 尺寸标注与指北针、风玫瑰图

1）尺寸的标注与组成（表1.9）

表1.9 尺寸的标准与组成

组成	要求
尺寸线	（1）尺寸线由细实线单独画出，不能用其他图线代替，也不能画在其他图线的延长线上 （2）线性尺寸的尺寸线应与所标注的线段平行，与轮廓线的间距不宜小于10 mm，互相平行的两尺寸线间距一般为7～10 mm。同一张图纸或同一图形上的这种间距大小应当一致 （3）尺寸线一般画在轮廓线之外，小尺寸在内，大尺寸在外 （4）尺寸线不宜超过尺寸界线
尺寸界线	（1）尺寸界线用细实线从图形轮廓线、中心线或轴线引出，不宜与轮廓线相接，应留出不小于2 mm的间距。当连续标注尺寸时，中间的尺寸界线可以画得较短 （2）一般情况下，线性尺寸界线应垂直于尺寸线，并超出约2 mm （3）允许用轮廓线、中心线作尺寸界线
尺寸起止符号	（1）尺寸起止点应画出尺寸起止符号。一般用45°倾斜的细短线（或中粗短线），其方向为尺寸线逆时针转45°，长度为粗实线宽度（b）的5倍，宜为2～3 mm （2）标注半径、直径、角度弧长等，起止符号用箭头 （3）当相邻尺寸界线间隔都很小时，尺寸起止符号可用涂黑的小圆点
尺寸数字	（1）工程图上标注的尺寸数字是物体的实际大小，与绘图所用的比例无关 （2）工程图中的尺寸单位，除总平面图以m为单位外，其他图样的尺寸单位，一般以mm为单位，并不注单位名称 （3）注写尺寸数字的读数方向应如图1.6(a)所示。对于图中所示30°范围内的倾斜尺寸，应从左方读数的方向来注写尺寸数字，必要时也按图1.6(b)的形式来注写 （4）任何图线不得穿交尺寸数字，当不可避免时，图线必须断开 （5）尺寸数字应尽量注写在尺寸线的上方中部。当尺寸界线间距较小时，则可把最外边的尺寸数字注写在尺寸界线的外侧；对于中间的这种尺寸数字，可把相邻的尺寸数字错开注写，必要时也可引出标注 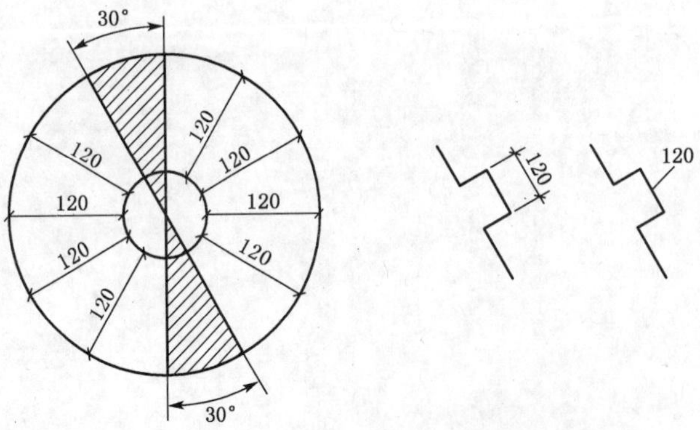

图1.6 尺寸数字注写方式

2）指北针与风玫瑰图

指北针宜用细实线绘制，其形状，如图1.7所示，圆的直径宜为24 mm，指针尾部的宽度宜为3 mm。需用较大直径绘制指北针时，指针尾部宽度宜为直径的1/8。

风玫瑰图是指根据某一地区气象台观测的风的气象资料绘制出的图形。分为风向玫瑰图和风速玫瑰图两种，一般多用风向玫瑰图。风向玫瑰图表示风向和风向的频率。风向频率是在一定时间内各种风向出现的次数占所有观察次数

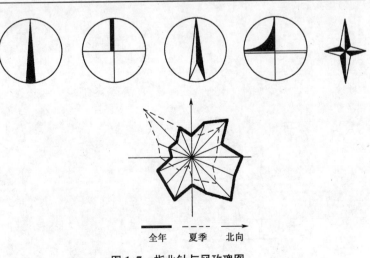

图1.7 指北针与风玫瑰图

的百分比。根据各方向风的出现频率,以相应的比例长度,按风向中心吹,描在用 8 个或 16 个方位所表示的图上,然后将各相邻方向的端点用直线连接起来,绘成一个形式宛如玫瑰的闭合折线,就是风玫瑰图。图中线段最长者即为当地主导风向。粗实线表示全年风频情况,虚线表示夏季风频情况(图 1.7)。

■ 思考与练习
1. 简述园林工程的主要重点与难点。
2. 试用不同类型的图线描绘本书图 2.27,并正确标注尺寸。

2 园林工程总平面图及局部详图设计

本章阐述园林工程图纸中总平面图的概念及在工程图纸中所起的作用,结合园林工程图纸的编制方法及现行的、国家颁布的制图规范讲解总平面图及局部平面图的绘制要点及内容。

园林工程总平面图是表达园林工程总体布局的专业图样,它是将视点放在设计区域的上空,向下俯瞰并以正投影原理绘制出的地形图。图中表明园林设计对象所在的基地范围内的总体布置、环境状况、地形与地貌、标高等信息,并按一定比例绘制已有的、新建的和拟建的建筑物、构筑物、绿化、水体及道路等。园林工程总平面图是新建工程施工放线、土方施工的依据,也是绘制园林工程局部施工图、管线图等专业工程平面图的依据。

园林设计是一项多层次、多步骤的复杂工作。一般来说,园林设计及其图纸的绘制需经历方案设计阶段、工程设计(扩初及施工图)阶段等。由于设计对象情况与设计要求的不同,园林工程总平面图的图纸也有相应的区别,但总体来说,每个阶段的图纸都需要符合一定的设计标准。同时,由于篇幅所限,一张园林设计总平面图往往无法完整清晰地表达所有的信息,因此,需要有一定数量的局部平面图加以配合。这些,都将在本章中加以说明。

2.1 园林方案设计阶段总体设计的主要内容概述

园林方案阶段总体设计是一项具有较强综合性的设计工作,涉及水文、地质、规划、建筑、植物、建设技术等多方面知识,也与社会经济、环境艺术等学科有着密切联系,这些学科在园林设计的过程中,相互影响、相互制约,形成一个系统的工程体系,共同发挥着重要作用。

园林设计工作与项目所在地政府的工程计划、建设费用、建设速度有关,需要与城市规划、市政工程等政府部门协调统一,设计方式与成果也要符合国家有关的方针政策。园林设计要以设计对象所在区域的自然条件为方案设计的前提,此外,还要充分考虑所处的地区及城市的面貌,要适应周围的环境与建筑风格,符合地方的风俗习惯,并尽可能地挖掘当地的地方特色。园林设计方案一旦实施建设,在相当长的时间内对整个区域环境的面貌有重大影响,所以,在设计时,应具有一定的前瞻性,充分估计到当地的经济发展和技术进步,使设计兼具稳定性和灵活性,为将来的发展留有余地。

在进行园林方案设计阶段的工作时,首先要根据任务书所要求的内容、基地现状与环境条件等作深入的资料收集与分析,接下来确定设计的概念与主题、设计指导思想、原则及手法,作出整个园林的用地规划、整体布置,并完成主要的功能分区。最后再经权衡选择一个或结合几个较好的设计作出确定性的方案并完成此阶段设计文件的制定。

2.1.1 园林方案阶段总体设计的文件、图纸所包含的内容
(1)明确与城市规划的关系;
(2)确定性质、内容和规模;
(3)现状分析与处理,平衡园内主要用地比例;
(4)初步设置停车场、餐厅、小卖部、厕所、座凳、管理房等常规设施;
(5)容量计算;
(6)确定总体布局与分区;
(7)竖向控制。

2.1.2 园林方案阶段的设计文件与常用的图纸类型
(1)设计说明书,包括各专业设计说明以及投资估算等;
(2)总平面图(图2.1)以及局部设计图纸;

（3）现状图(图2.2)、规划图(图2.3、2.4)、分析图(图2.5)、方案构思图(图2.6)、功能关系图、交通图(图2.7);

（4）设计委托书或设计合同中规定的透视图、鸟瞰图(图2.8)等。

2.2　园林工程设计阶段的总平面图设计

2.2.1　园林工程设计阶段总平面图的组成

在园林工程设计(扩初或施工图)阶段,总平面的专业设计文件应包括图纸目录、设计说明、设计图纸及计算书。其中设计图纸包括总平面图、竖向设计图、土方图、绿化布置图、小品建筑布置图、道路平面图、管道综合图等。具体来说,这些图纸需要表达以下信息:

（1）保留的地形和地物。

（2）场地测量坐标网、坐标值。

（3）场地四界的测量坐标(或定位尺寸),道路红线和用地界线的位置与道路、水面、地面的关键性标高。

（4）场地四邻原有及规划道路的位置(主要坐标值或定位尺寸),以及主要建筑物和构筑物的名称或编号、位置、层数、室内外地面设计标高。

（5）建筑物、构筑物(人防工程、地下车库、油库、贮水池等隐蔽工程以虚线表示)的名称或编号、层数、定位(坐标或相互关系尺寸)。建筑物、构筑物使用编号时,应列出"建筑物和构筑物名称编号表"。

（6）广场、停车场、运动场地的定位与设计标高。道路、无障碍设施、排水沟、挡土墙的定位。护坡的定位(坐标或相互关系)尺寸。

（7）道路、排水沟的起点、变坡点、转折点和终点的设计标高(路面中心和排水沟顶及沟底)、纵坡度、纵坡距、关键性坐标,道路要表明双面坡或单面坡,必要时标明道路平曲线及竖曲线要素。

（8）挡土墙、护坡或土坎顶部和底部的主要设计标高及护坡坡度。

（9）用坡向箭头表明地面坡向,当对场地平整要求严格或地形起伏较大时,可用设计等高线表示。

（10）20 m×20 m 或 40 m×40 m 方格网及其定位,各方格点的原地面标高、设计标高、填挖高度、填区和挖区的分界线,各方格土方量、总土方量。

（11）土方工程平衡表。

（12）各管线的平面布置,注明各管线与建筑物、构筑物的距离和管线间距。

（13）场外管线接入点的位置。

（14）管线密集的地段适当增加断面图,表明管线与建筑物、构筑物、绿化之间及管线之间的距离,并注明主要交叉点上下管线的标高或间距。

（15）绿化总平面布置。

（16）绿地(含水面)、人行步道及硬质铺地的定位。

（17）建筑小品的位置(坐标或定位尺寸)、设计标高、详图索引。

（18）指北针或风玫瑰图。

（19）注明园林工程施工图设计的依据、尺寸单位、比例、坐标及高程系统(如为场地建筑坐标网时,应注明与测量坐标网的相互关系)。

（20）注明尺寸单位、比例、补充图例等。

2.2.2　园林工程设计阶段总平面图的特点

由于具有极高的专业性和巨大的信息量,因此,园林工程设计阶段总平面图往往表现出以下特点:

1）量化

园林工程设计阶段总平面图上所表达的信息具有明显的量化特点。因为图纸是施工阶段的标准和参照,如果在制图阶段不做到矢量化和精确化,那么在施工阶段就很可能会出现差之毫厘,谬以千里的错误。因此,园林工程总平面图必须以数据说话,所包含的信息表现为准确的矢量化数据。图中的坐标、标高、距离宜以米为单位,并应至少取至小数点后两位,不足时以"0"补齐。详图以毫米为单位。

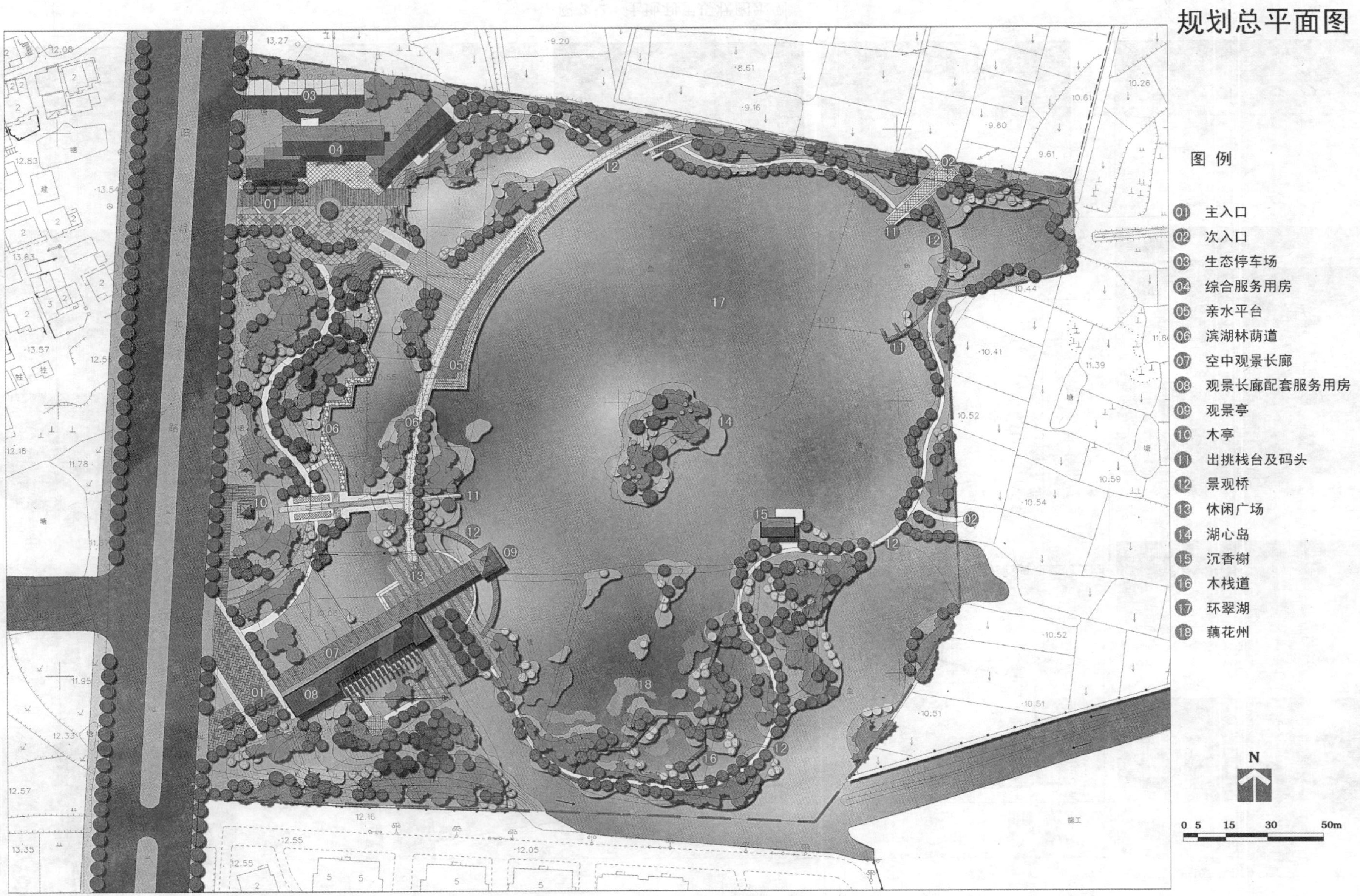

规划总平面图

图 例

01 主入口
02 次入口
03 生态停车场
04 综合服务用房
05 亲水平台
06 滨湖林荫道
07 空中观景长廊
08 观景长廊配套服务用房
09 观景亭
10 木亭
11 出挑栈台及码头
12 景观桥
13 休闲广场
14 湖心岛
15 沉香树
16 木栈道
17 环翠湖
18 藕花洲

图 2.1 总平面图示例

土地利用现状图

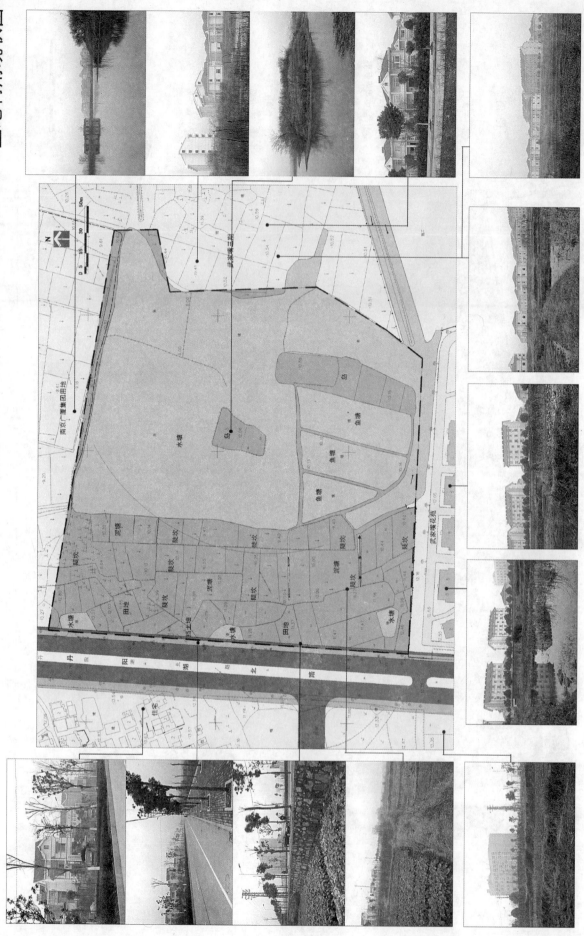

图 2.2 土地利用现状图示例

景区规划图

图 2.3 景区规划图示例

竖向规划图

图 2.4 竖向规划图示例

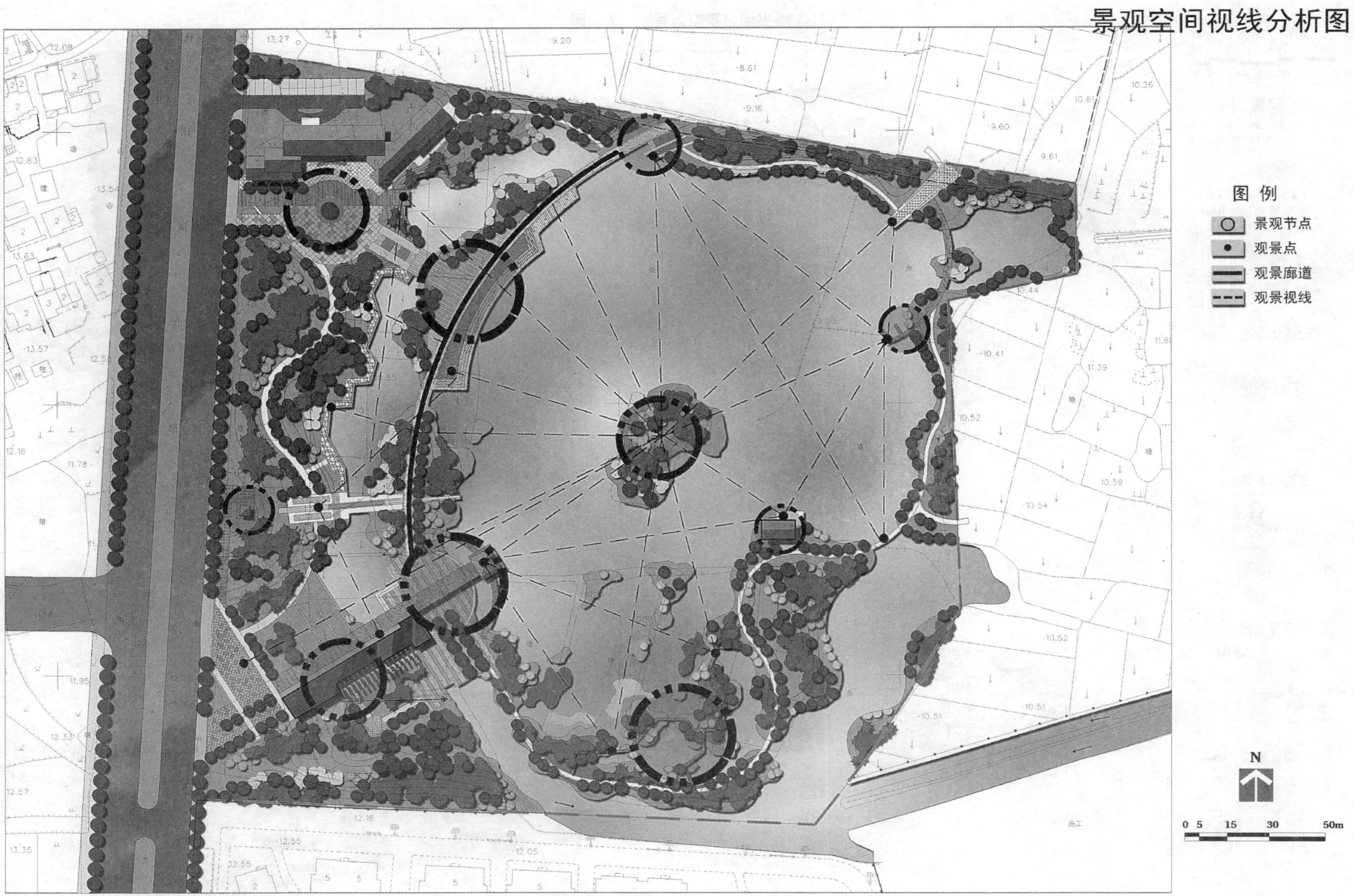

图 2.5 景观空间视线分析图示例

图 2.6 水系驳岸设计图示例

道路交通规划图

图 2.7 道路交通规划图示例

总体鸟瞰图

图 2.8 鸟瞰图示例

2) 标准化

园林工程设计阶段图纸的绘制是一项具有标准化特点的工作,这方面国家相关部门已制定了严格的规范。标准化的过程就是整个园林、建筑等行业工作效率提高的过程,同时各相关工种的衔接配合也在不断优化。在园林工程设计阶段图纸绘制中,线型、图例等相关参数应依照中华人民共和国国家标准之《总图制图标准》(GB/T 50103—2010)为规范完成制图工作。

3) 实用性

园林工程图纸是为施工服务的,有着明确的服务目标与服务人群,因此,它具有极强的实用性。在图纸设计及绘制中,要如实反应设计、符合设计,表达准确、对施工有清晰的指导性,且条理清楚、符合存档要求。

4) 高效性

在园林工程设计及施工中,工作效率与效益是直接相关的。一方面,在园林工程图纸设计中要做到内容准确、图面清晰简明,提高制图效率;另一方面,以高效的图纸指导高效的施工,提高整个项目的效能水平。

5) 兼容性

园林工程设计包含了土方、给排水、道路、种植、照明等多方面内容,此外还涉及规划、生态、建筑、结构、施工、测量、管线等学科,多学科、多工种在设计过程中需要不断沟通、交流。图纸,作为设计表达的媒介,其设计语言应是具有兼容性的,也应是符合其他学科标准的、符合国家现行的其他相关强制性标准的规定的。

6) 分层表现

由于园林总体设计内容复杂,同一区域内往往有多元角度的设计内容需要传达,但在同一张图纸上无法清晰表明,因此,在工程设计阶段常常分层绘图,来表达不同项目的总平面设计。

2.2.3 园林工程设计阶段总平面图的常用图纸类型

总平面图的常用图纸包括:

(1) 设计说明;

(2) 总平面图(图2.9)、索引图(图2.10)、平面定位图(图2.11)、分区布局图;

(3) 竖向设计图(图2.12)、绿化种植图(图2.13～图2.16)、照明设计图(图2.17)、给排水设计图(图2.18)、室外设施布置图等。

2.2.4 园林工程设计阶段总平面图的信息表达

园林工程设计阶段总平面图包含总体布置、地形、标高等信息,是工程施工的依据,其表达方式如下:

1) 平面定位——坐标注法(测量坐标加建筑坐标)

(1) 总图应按上北下南方向绘制。根据场地形状或布局,可向左或右偏转,但不宜超过45°。总图中应绘制指北针或风玫瑰图。

(2) 坐标网格应以细实线表示。测量坐标网应画成交叉十字线,坐标代号宜用"X"、"Y"表示;建筑坐标网应画成网格通线,坐标代号宜用"A"、"B"表示。坐标值为负数时,应注"—"号,为正数时,"＋"号可省略(图2.19)。

(3) 总平面图上有测量和建筑两种坐标系统时,应在附注中注明两种坐标系统的换算公式。

(4) 表示建筑物、构筑物位置的坐标,宜注其三个角的坐标,如建筑物、构筑物与坐标轴线平行,可注其对角坐标。

(5) 在一张图上,主要建筑物、构筑物用坐标定位时,较小的建筑物、构筑物也可用相对尺寸定位。

(6) 建筑物、构筑物、铁路、道路、管线等应标注下列部位的坐标或定位尺寸:

① 建筑物、构筑物的定位轴线(或外墙面)或其交点;

② 圆形建筑物、构筑物的中心;

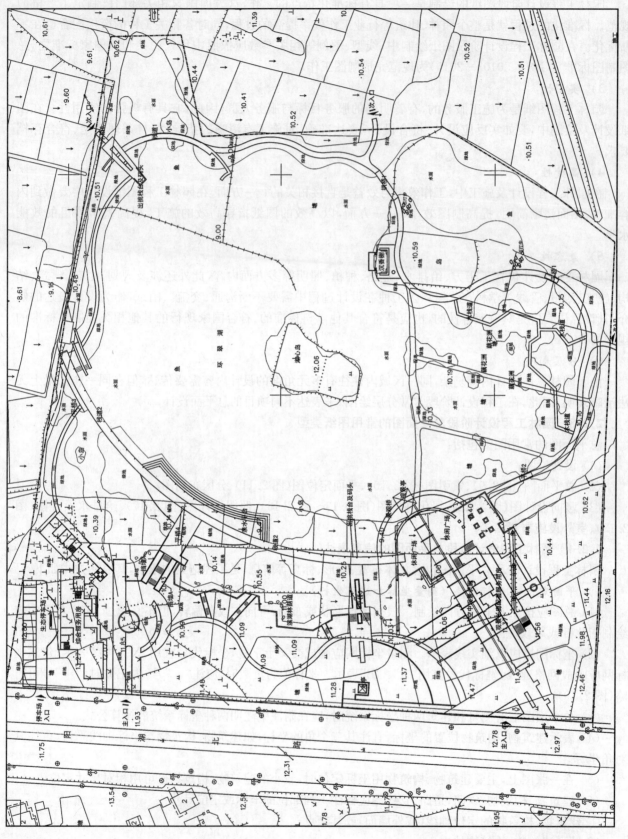

图 2.9 总平面图示例

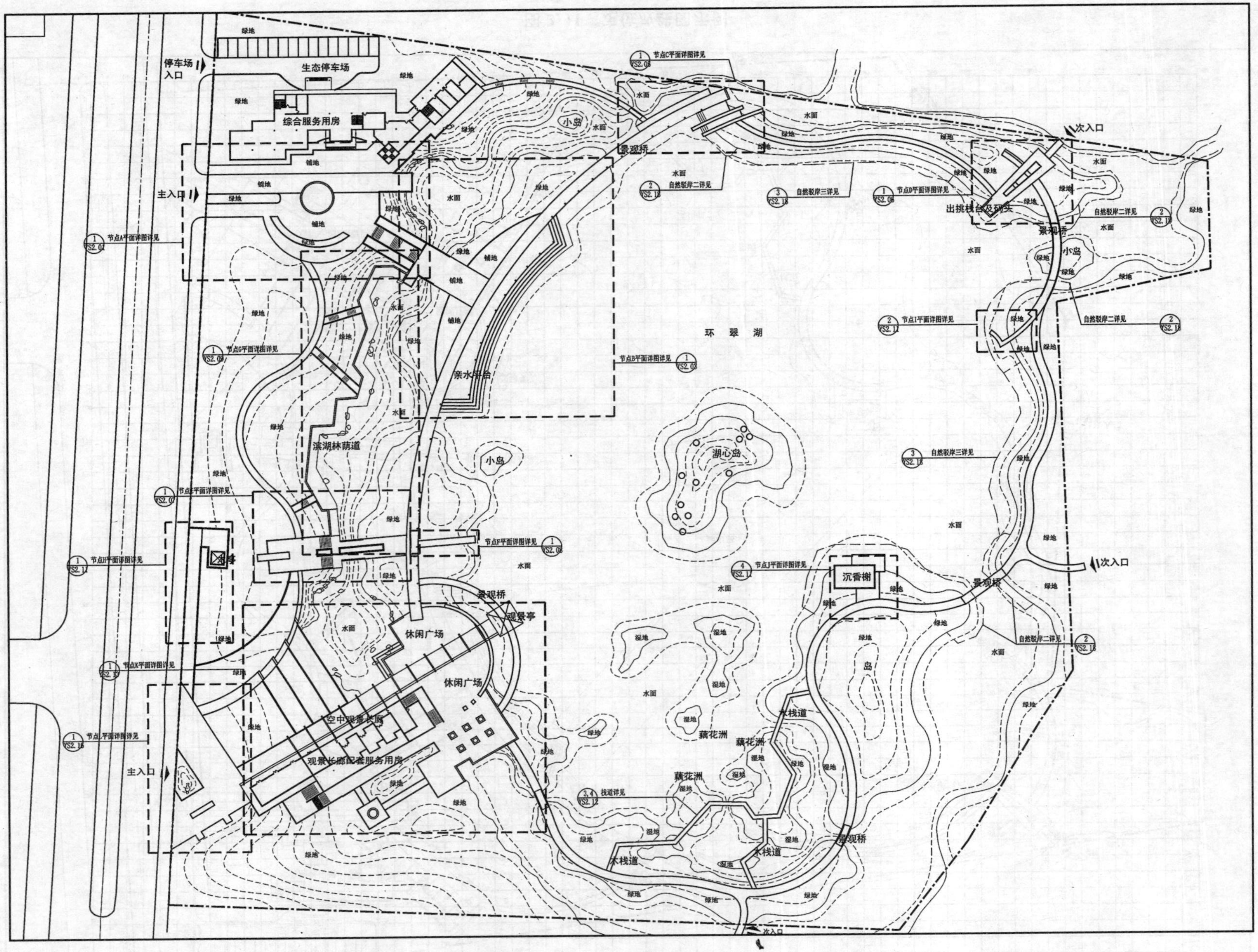

图 2.10 平面索引图示例

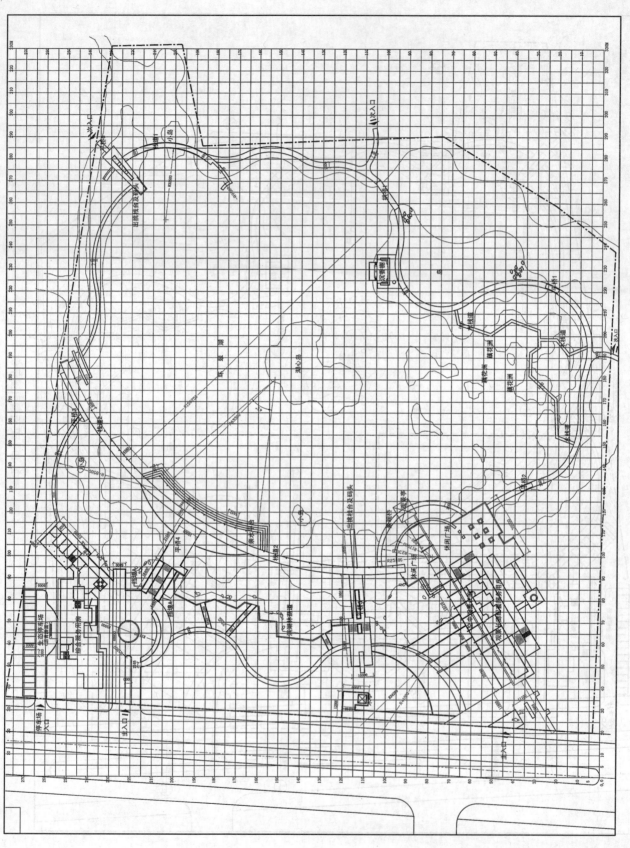

图 2.11 定位放线图示例

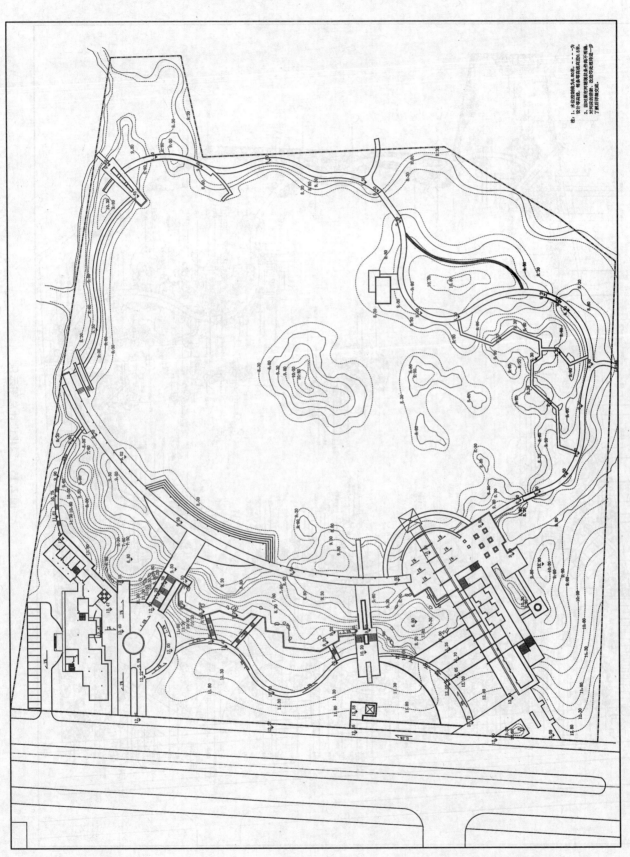

图 2.12 竖向设计图示例

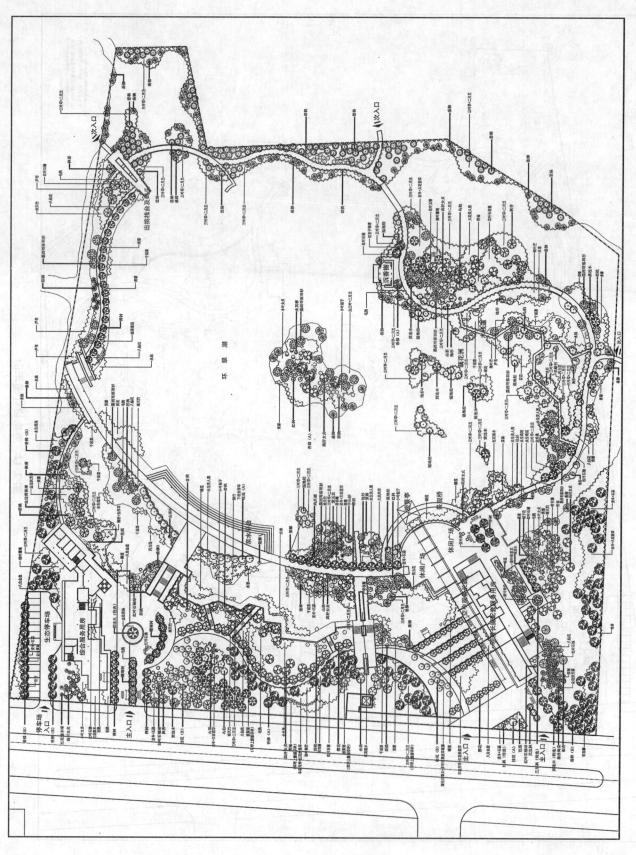

图 2.13 绿化设计总图示例

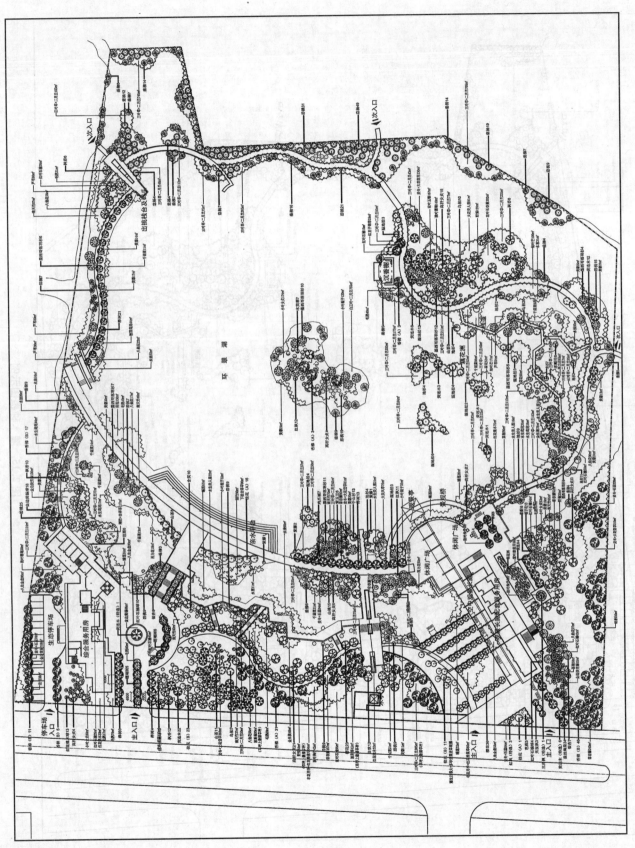

图 2.14 乔木种植图示例

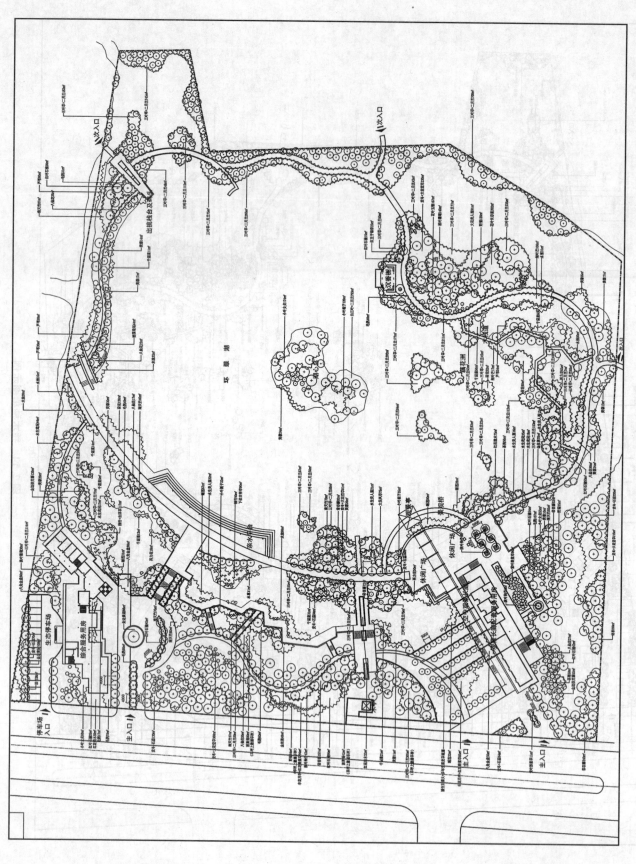

图 2.15 灌木种植图示例

乔木、部分灌木及藤本植物苗木总表：

编号	图例	植物名称	科名	规格				种植方式	面积(m²)	数量(株)	备注
				地径(cm)	干径(cm)	蓬径(cm)	高度(cm)				
1		银杏	银杏科		15～18	>150		丛植(株距>4 m)		7	全冠苗(实生)
2		湿地松	松科		8～10			丛值(丛距>3 m)		37	全冠苗
3		墨西哥落羽杉	杉科			150～200	>500	丛植(株距>2 m)		63	全冠苗
4		中山杉	杉科			100～150	>400	丛植(株距>2 m)		13	全冠苗
5		池杉	杉科		8～10			丛植(株距>1 m)		36	全冠苗
6		水杉	杉科		8～10			丛植(株距>1 m)		7	全冠苗
7		香樟	樟科		20～22	>350	>550	丛植(株距>4 m)		37	全冠苗
		香樟	樟科		12～15	>200	>400	丛植(株距>4 m)		79	全冠苗
8		高杆女贞	木樨科		12～15	>200	>400	丛植(株距>4 m)		80	全冠苗
9		枫香	金缕梅科		10～12			丛植(株距>4 m)		36	全冠苗
10		黄连木	漆树科		10～12			丛植(株距>4 m)		58	全冠苗,特选7株
11		意杨	杨柳科		8～10			丛植(株距>2.5 m)		104	全冠苗
12		乌桕	大戟科		8～10			丛植(株距>3 m)		37	全冠苗
13		榉树(大叶榉)	榆科		10～12			丛植(株距>4 m)		50	全冠苗
14		合欢	豆科		10～12			丛植(株距>3 m)		12	带冠苗
15		樱花(日本樱花)	蔷薇科	8～10		>200		丛植(株距>3 m)		59	全冠苗
16		珊瑚树	忍冬科			>200	>450	列植(株距 4 m)		11	5～7分株/丛
17		桂花(金桂)(A)	木樨科			300～350	350～400	丛植(株距 3 m)		17	全冠苗
		桂花(金桂)(B)	木樨科			200～250	250～300	丛植(株距 3 m)		34	全冠苗
18		三角枫	槭树科		10～12			丛植(株距>3 m)		1	全冠苗,特选1
19		元宝枫	槭树科		10～12			丛植(株距 3 m)		3	全冠苗
20		红枫	槭树科	4～5				丛植(株距 2 m)		26	全冠苗,特选3
21		鸡爪槭	槭树科	6～8				丛植(株距 2 m)		7	全冠苗
22		垂柳	杨柳科		8～10			丛植(株距 3 m)		127	带冠苗
23		山桃	蔷薇科	8～10				丛植(株距 2 m)		15	带冠苗
24		碧桃	蔷薇科	6～8				丛植(株距 2 m)		154	带冠苗
25		垂丝海棠	蔷薇科	10～12				丛植(株距 2 m)		34	带冠苗
26		梅花	蔷薇科	5～6				丛植(株距 2 m)		36	带冠苗
27		紫玉兰	木兰科			150～200	200～250	丛植(株距 2.5 m)		6	带冠苗
28		紫薇	千屈菜科	6～8				丛植(株距 2 m)		18	带冠苗
29		木芙蓉	锦葵科			100～120	150～180	丛植(株距 2 m)		7	带冠苗
30		含笑	木兰科			100～150	150～200	丛植(株距 1.5 m)		10	带冠苗
31		山茶	山茶科			80～100	100～120	丛植(株距 1.5 m)		28	带冠苗
32		红叶石楠球	蔷薇科			100～120	100～120	丛植(株距 1.5 m)		27	带冠苗
33		金边黄杨球	黄杨科			100～120	100～120	丛植(株距 1.5 m)		18	带冠苗
34		红花继木球	金缕梅科			80～100	80～100	丛植(株距 1.5 m)		13	带冠苗
35		栀子花	茜草科			80～100	80～100	丛植(株距 1.5 m)		13	带冠苗
36		紫藤桩	蔷薇科	藤径 8～10			藤长>150	丛植(株距 1.5 m)		4	带冠苗
37		孝顺竹	禾本科			250～300	400～500	丛植(株距 3 m)		6	30秆/丛
38		棕榈	棕榈科				棕高 200～220	丛植(株距 2 m)		7	带冠苗
39		芭蕉	芭蕉科					丛植(株距>1 m)		11	

说明：碧桃品种需包括单粉碧桃、菊花重瓣桃、寿星桃、紫叶桃、朱红垂枝、阳春白雪、美国花桃等，具体品种的栽种位置、数量不定。

灌木、地被、水生植物、草坪植物苗木总表：

编号	图例	植物名称	科名	规格				种植方式	面积(m²)	数量(株)	备注
				地径(cm)	干径(cm)	蓬径(cm)	高度(cm)				
1		刚竹（下植吉祥草）	禾本科		>3		>300	满植,3墩/m²	207		2～3杆/墩
2		法青	忍冬科			50～60	120～150	满植,9株/m²	38		
3		八角金盘	五加科			30～40	40～50	满植,16株/m²	216		
4		丰花月季	蔷薇科			20～30	40～50	满植,25株/m²	179		
5		桃叶珊瑚	山茱萸科			30～40	40～50	满植,16株/m²	170		
6		黄馨（南迎春）	木樨科			20～30	40～50	满植,5丛/m²,6～8分枝/丛	235		
7		红叶石楠	蔷薇科			30～40	40～50	满植,25株/m²	365		
8		小叶女贞	木樨科			20～30	40～50	满植,25株/m²	287		
9		金边黄杨	黄杨科			30～40	40～50	满植,25株/m²	174		
10		红花继木	金缕梅科			30～40	40～50	满植,25株/m²	157		
11		毛鹃(春鹃)	杜鹃花科			30～40	40～50	满植,25株/m²	434		
12		狭叶枸骨	冬青科			30～40	40～50	满植,25株/m²	56		
13		南天竹	小檗科			30～40	40～50	满植,25株/m²	379		
14		小叶栀子	茜草科			30～40	40～50	满植,16株/m²	187		
15		金丝桃	藤黄科			30～40	40～50	满植,16株/m²	126		
16		红王子锦带	忍冬科			30～40	40～50	满植,25株/m²	25		
17		茶梅	山茶科			30～40	40～50	满植,25株/m²	106		
18		结香	瑞香科			30～40	40～50	满植,16株/m²	230		
19		八仙花	皮耳草科			30～40	40～50	满植,9株/m²	239		
20		大吴风草	菊科			30～40	40～50	满植,16株/m²	75		
21		常春藤	五加科			长度>30		满植,36株/m²	614		
22		花叶长春蔓	夹竹桃科			长度>30		满植,36株/m²	202		
23		金边扶芳藤	夹竹桃科			长度>30		满植,36株/m²	191		
24		吉祥草	百合科			15～20	20～25	满植,49丛/m²	207		
25		麦冬+红花石蒜	百合科,石蒜科			15～20	15～20	满植,49丛/m²,3:1	716		石蒜每丛5头
26		麦冬+大花萱草	百合科,百合科			15～20	15～20	满植,49丛/m²,3:1	894		大花萱草每丛3头
27		红花酢浆草	酢浆草科			15～20	15～20	满植,36丛/m²	179		每丛15头
28		紫叶酢浆草	酢浆草科			15～20	15～20	满植,36丛/m²	96		每丛15头
29		玉簪(花叶玉簪)	百合科			30～40	30～40	满植,16株/m²	167		
30		野菊	菊科					播种,5 g/m²	219		
31		波斯菊	菊科					播种,5 g/m²	122		
32		大花美人蕉(桔红色、黄色)	美人蕉科			20～30	30～40	满植,9丛/m²	91		每丛4～5头
33		水生美人蕉(红、黄、粉等)	美人蕉科			20～30	30～40	满植,9丛/m²	72		每丛4～5头
34		荷花	睡莲科					满植,1丛/m²	242		水深0.3～1.2 m静水
35		睡莲	睡莲科					满植,1丛/m²	238		水深0.3～0.8 m静水
36		千屈菜	千屈菜科					满植,25丛/m²	211		水深0.3～0.8 m静水
37		再力花(水竹芋)	千屈菜科				100～150	满植,4丛/m²	133		每丛10芽
38		水烛(香蒲)	香蒲科				100～150	满植,36丛/m²	208		
39		德国鸢尾	鸢尾科			15～20	30～40	满植36丛/m²	44		
40		水生黄花鸢尾(黄菖蒲)	鸢尾科			30～40	60～80	满植25丛/m²	114		
41		水葱	莎草科				100～120	满植36丛/m²	42		
42		芦苇	禾本科					满植36丛/m²	214		
43		细叶芒	禾本科			10～20	100～120	满植36丛/m²	117		
44		(红、白、绛)三叶草	豆科					播种,1 g/m²	5553		与二月兰混播(1:1)
45		二月兰	十字花科					播种,1 g/m²	5553		与三叶草混播(1:1)
46		矮生百慕大	禾本科					播种,15～20 g/m²	约10 200		与黑麦草混播(1:1)
47		多年生黑麦草	禾本科					播种,15～30 g/m²	约10 200		与百慕大混播(1:1)

图2.16 树木表示例

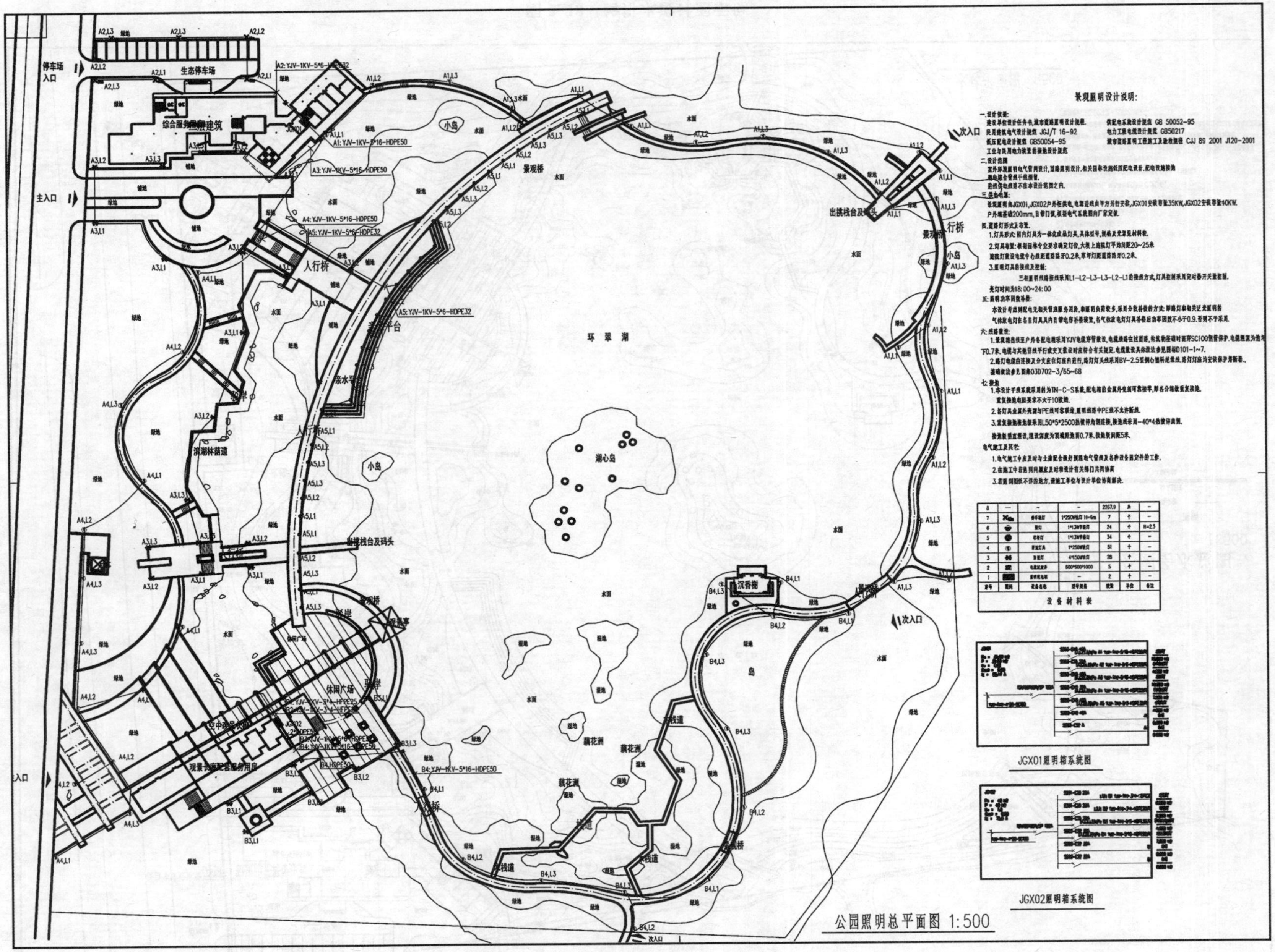

图 2.17 照明设计图示例

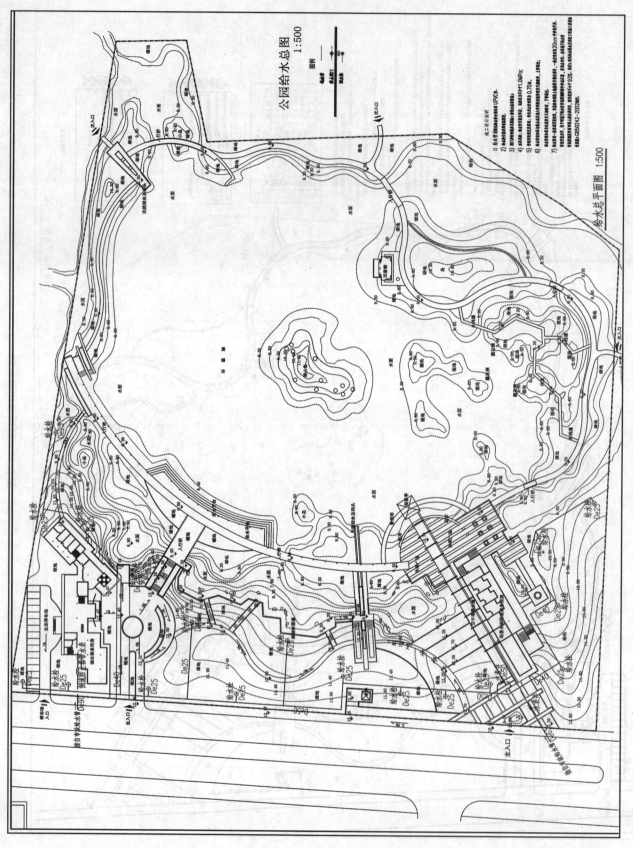

图 2.18 给排水设计图示例

③ 管线（包括管沟、管架或管桥）的中线或其交点；
④ 挡土墙墙顶外边缘线或转折点。

(7) 坐标宜直接标注在图上，如图面无足够位置，也可列表标注。

在一张图上，如坐标数字的位数太多时，可将前面相同的位数省略，其省略位数应在附注中加以说明。

2) 竖向定位——标高注法及等高线法

(1) 应以含有±0.00标高的平面作为总图平面。

(2) 总图中标注的标高应为绝对标高，如标注相对标高，则应注明相对标高与绝对标高的换算关系。

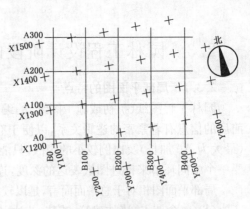

图 2.19 坐标网格

注：图中 X 为南北方向轴线，X 的增量在 X 轴线上；Y 为东西方向轴线，Y 的增量在 Y 轴线上；A 轴相当于测量坐标网中的 X 轴，B 轴相当于测量坐标网中的 Y 轴。

(3) 建筑物、构筑物、道路、管沟等应按以下规定标注有关部位的标高：

① 建筑物室内地坪，标注建筑图中±0.00处的标高，对不同高度的地坪，分别标注其标高；
② 建筑物室外散水，标注建筑物四周转角或两对角的散水坡脚处的标高；
③ 构筑物标注其有代表性的标高，并用文字注明标高所指的位置；
④ 道路标注路面中心交点及变坡点的标高；
⑤ 挡土墙标注墙顶和墙趾标高，路堤、边坡标注坡顶和坡脚标高，排水沟标注沟顶和沟底标高；
⑥ 场地平整标注其控制位置标高，铺砌场地标注其铺砌面标高。

标高符号应按《房屋建筑制图统一标准》(GB/T 50001—2001)中"标高"一节的有关规定标注。

3) 索引

园林工程设计具有从全部到局部到细部，从外部到内部的特点，对系统性和全面性有很高的要求，决定了全套施工图必须有简明的索引方法。

(1) 分区索引 将总平面上的某个局部放大，深入设计局部平面图（图2.20）。
① 在总图上标明该局部（分区）的名称，并在局部平面图的图签内写上："×××分区平面图"；
② 在总图上用虚线将拟放大的局部圈示，用大样符将该区域引出总图，在大样符内标明图号；
③ 将上述两种方法结合使用，在大样符的引线上写"×××分区平面图"。

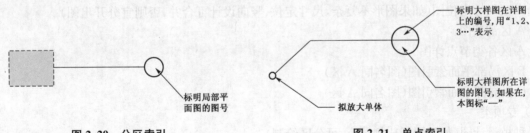

图 2.20 分区索引　　　　　图 2.21 单点索引

(2) 单点索引 将总平面上的某个单体放大，深入设计详图和大样图（图2.21）。

(3) 剖断索引 将总平面上的某个线形单体先剖断再放大，深入设计详图和大样图（图2.22）。

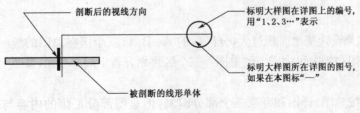

图 2.22 剖断索引

2.3 园林工程设计阶段的局部详图设计

2.3.1 局部平面图的特点

园林工程图纸(扩初或施工图纸)的编制是一个设计深度、图面表达深度、索引关系层级递进的过程，前后的信息有着紧密的逻辑关系，以便于有关人员阅读和迅速查找所需的信息。总平面由于图幅的限制(最大为 A0 加长)及比例较小的缘故，只能表示出关键性的、控制性的信息，与表达具体细节的详图之间需要一个中间环节来推进图纸表达的深度，连接总图与详图之间的索引关系，这个中间环节即局部平面图。

局部平面图相对于总平面而言，是以较大的比例绘制的总平面的某个局部的平面图，一般具有以下特征：

(1) 包含节点，诸如建筑、铺装、花池、坐椅、墙体、水池、灯柱与景观柱等内容(只需具备其中一项内容即可)的场地；

(2) 有明确的、完整的边界；

(3) 出图比例通常在 1∶500 以上；

(4) 不具有重复性、必须单独绘制并加以描述。

2.3.2 局部平面图的编制方法

根据当前行业的实践状况来判断，园林工程图纸的编制在索引形式上大致分为两种情况：分块编制和分层编制。

1) 分块编制

是指将总图依据一定的规则(按景区分区或以分区的相对完整性为依据进行分区)进行分区之后，每个区的图纸集中编制，并将本区内所有内容表达清楚。按这种索引方式编制的工程图纸的目录一般如下：

(1) 总图类
- 总平面索引图
- 总平面分区图(假设分 A、B、C 三个区)
- 总平面定位图(如果道路系统复杂，应再增加一张道路定位图)
- 竖向设计图

(2) 详图类
- A 区局部平面索引图
- A 区定位图
- A 区尺寸定位图(如果图形不复杂，尺寸定位、竖向设计可合并，否则宜分开出图)
- A 区铺装图
- A 区各类节点详图
- B 区局部平面索引图(图名同 A 区)
- C 区局部平面索引图(图名同 A 区)

(3) 专项类
- 种植设计图(如果图纸比例过小，可分区绘制)
- 给排水图
- 灯具布置图
- 电图
- 结构设计图

需要指出的是，如果设计基地面积过大，分区后的 A、B、C 三个区在总图的统一规定下，可独立编制图纸，此时的 A、B、C 三个区的平面图相当于"总图"，三个区再划分若干局部平面，参照上述图纸目录编制。

2) 分层编制

是指将总体上仍按总图、详图和专项三个部分编制，但总图部分汇集的内容与分块编制有所不同，除了总平面索引图、总平面分区图、总平面定位图、竖向设计图等常规内容之外，还包含以下三点：

(1) 将所有统一属性的内容集中，比如各区的铺装图；
(2) 将所有共用的内容集中，比如某个被多处用到的详图剖面；
(3) 将详图的标注内容以符号、图例替代，将符号、图例的解释集中在一两张图纸中。

这两种编制方法各有利弊：分块编制的图纸索引清晰，容易阅读，即使图纸目录丢失，仍不妨碍对图纸的理解，但不利于控制相同属性的内容，保持统一的风格，及相同的设计深度；分层编制的图纸的利弊正好相反，便于查阅相同属性的内容，易于保持设计的整体性，但图纸索引的连续性不强，一旦目录及图例说明文件丢失，将无法阅读其余图纸。但无论哪种编制方法，局部平面都是无法省略的环节。

2.3.3 局部平面图的作用

园林工程局部平面图的主要作用有：

(1) **连接总图与详图之间的索引关系** 索引的目的是帮助有关人员快速查阅工程图纸中的特定信息。总平面索引图一般只能对主要的景点、景区进行索引，对细部的索引由于图幅的限制及文字与图形的比例（注：工程图中的文字高度是固定的，但由于图纸比例的缘故，总平面中文字的尺寸可能比部分设施的尺寸还大，导致图中的标注只能是选择性的）等问题无法全部展开，因而缺少关于细部详图的索引。局部平面不仅可以完善、细化总图的索引内容，同时展开对细部详图的索引，形成总图——局部平面——详图的层级递进的索引关系。

(2) **推进图纸表达的深度** 总图表达的是具有控制性的信息，仍带有规划的性质，比如总图中竖向设计图解决的主要是园林内外高差的衔接、园内地表排水、地形改造等问题，所标注的仅仅是控制点的高程，而对于细节性的高程数据难以标注清晰。除此之外，园林内各要素精确的位置关系、铺装的细节等等均需要进一步的描述，这些内容可以在局部平面中得以清晰、精确地表达。

2.3.4 局部平面图的表达深度与设计内容

总图的图纸表达以准确为要求。出图比例在1：500以上的局部平面图的图纸内容表达以精确为要求，所有内容比总图设计阶段推进一个层次。

1) 局部平面索引图

索引所有的节点（铺装、花池、坐椅、墙体、水池、灯柱与景观柱等），一般索引到这些节点平面所在的详图的图纸页码上。

2) 局部平面定位图

与总图采取一致的定位网格和坐标原点，定位网格应进一步细分，大小根据场地尺度调节。局部平面定位图应精确表示出场地内各要素的位置关系。建筑物应画出底层平面图，精确标出其出入口、窗户、平台等要素。小品画出俯视图，其位置和尺寸应明确标注。

3) 局部平面铺装图

应画出铺装分隔线与种植池、小品、建筑之间的衔接关系，尽量采取边界对齐、中心对齐等方式（详见第6章细部设计），以形成精确细致的对位关系，加强场地的整体感。铺装分隔线内的填充材料尺寸较小时，可以放大绘制，或省略，在详图中进一步扩大比例表示。

4) 竖向设计图

总图部分的竖向图仅标注关键点的高程，并且这些数值带有控制性，并不一定是最后的施工标高。局部平面图的竖向设计图，采用标高标注、等高线标注和坡度标注相结合，应标注如下内容：

(1) 场地 应标出场地边界角点，与道路交接时道路中心线与场地边界的交点，排水坡度；
(2) 建筑 标注建筑底层室内外高差，应考虑台阶排水坡度引起的高程变化，标明排水方向和坡度；
(3) 坡道 标注斜坡两端的标高，并注明坡度；
(4) 墙体和花池 标注顶和底部的标高；
(5) 排水明沟 标注沟底和顶部的标高，并标注底部的坡度。

2.3.5 局部平面图设计案例

由于不同项目之间细部设计的差异性较大，因此，图纸的内容与数量也有明显差异。在此，以休闲广场详图（图2.23～图2.27）及主入口广场详图（图2.28～图2.31）为例。

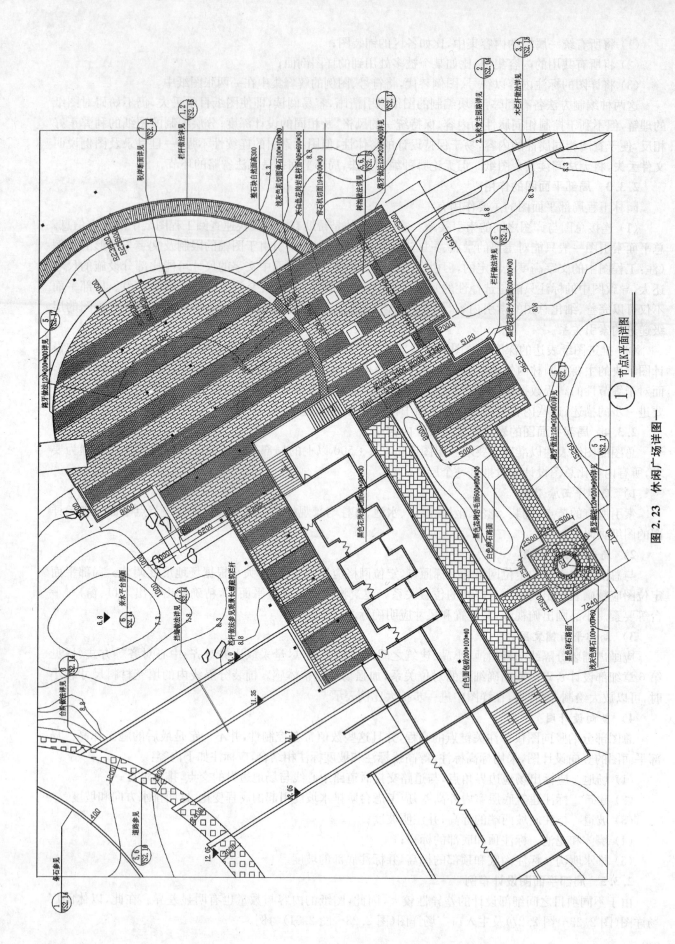

图 2.23 休闲广场详图—

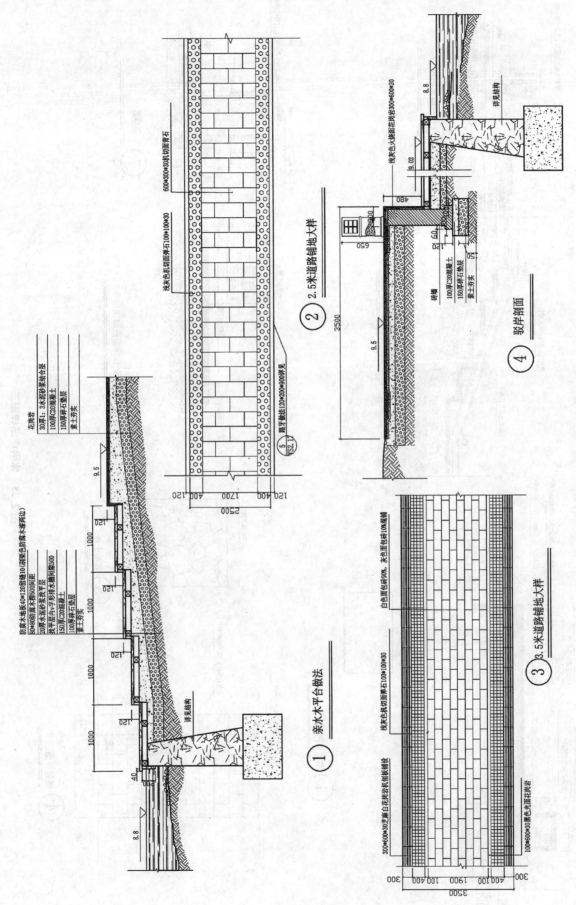

图 2.24 休闲广场详图二

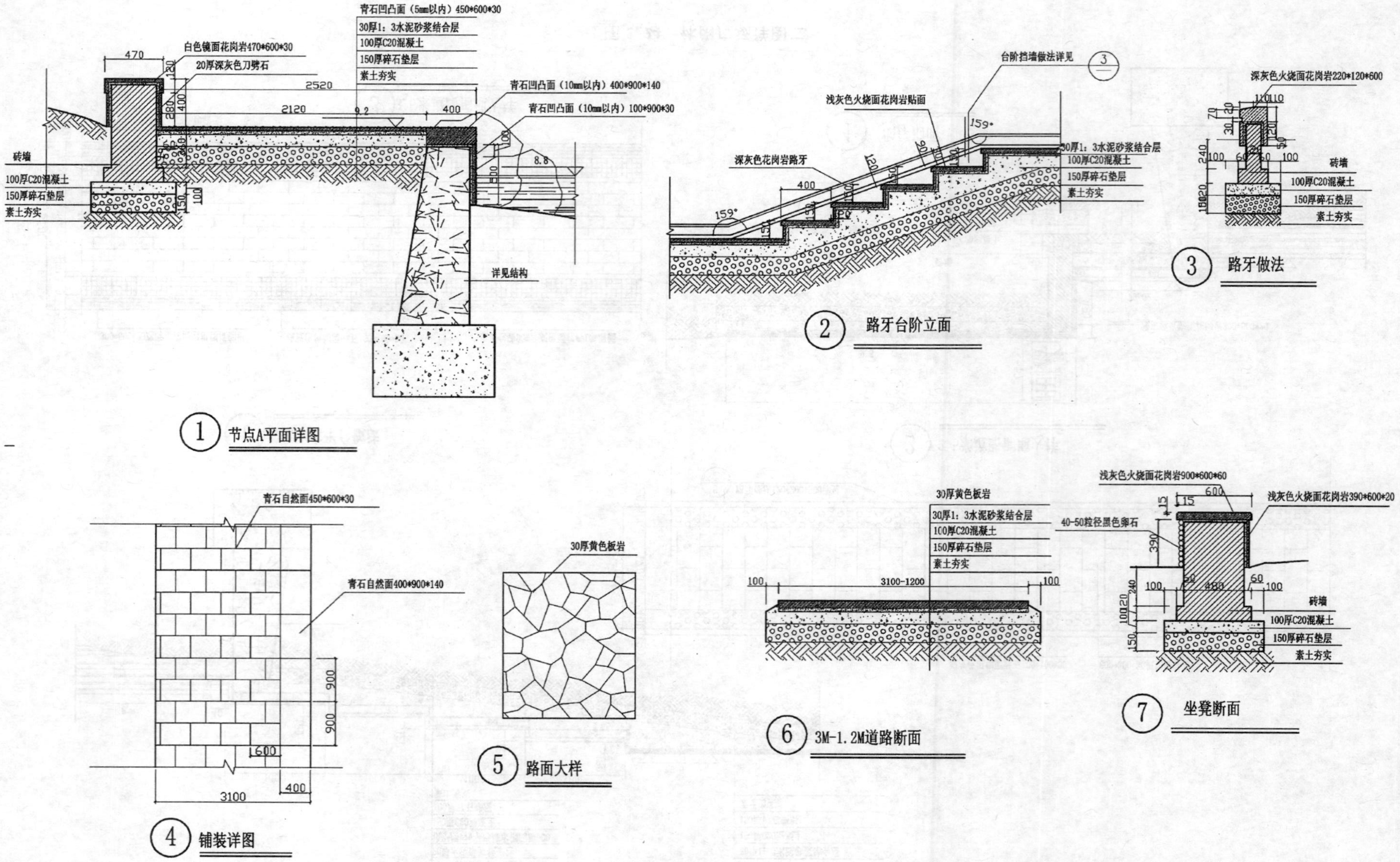

图 2.25 休闲广场详图三

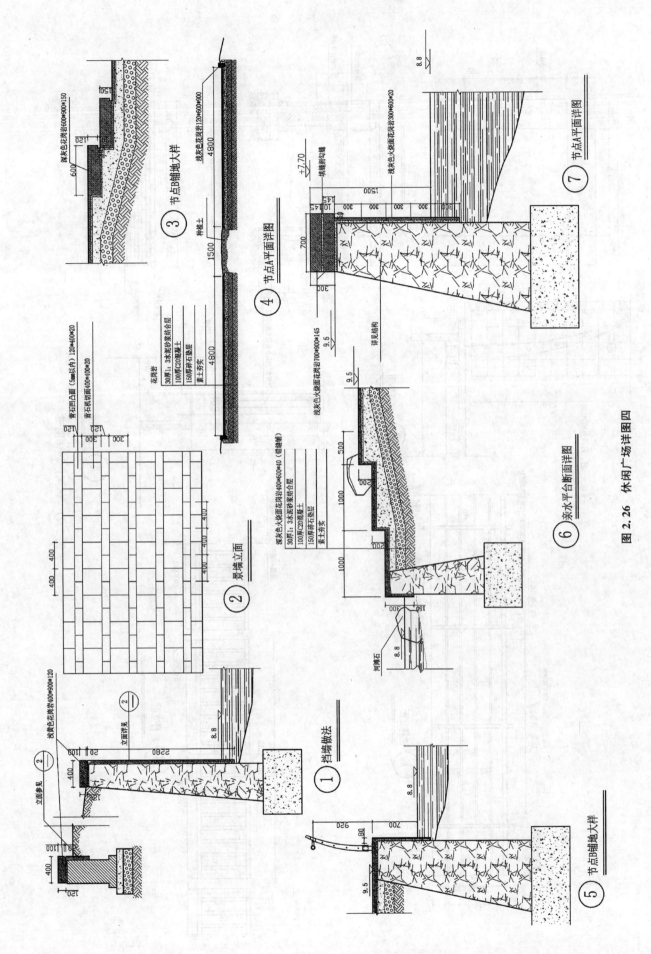

图 2.26 休闲广场详图四

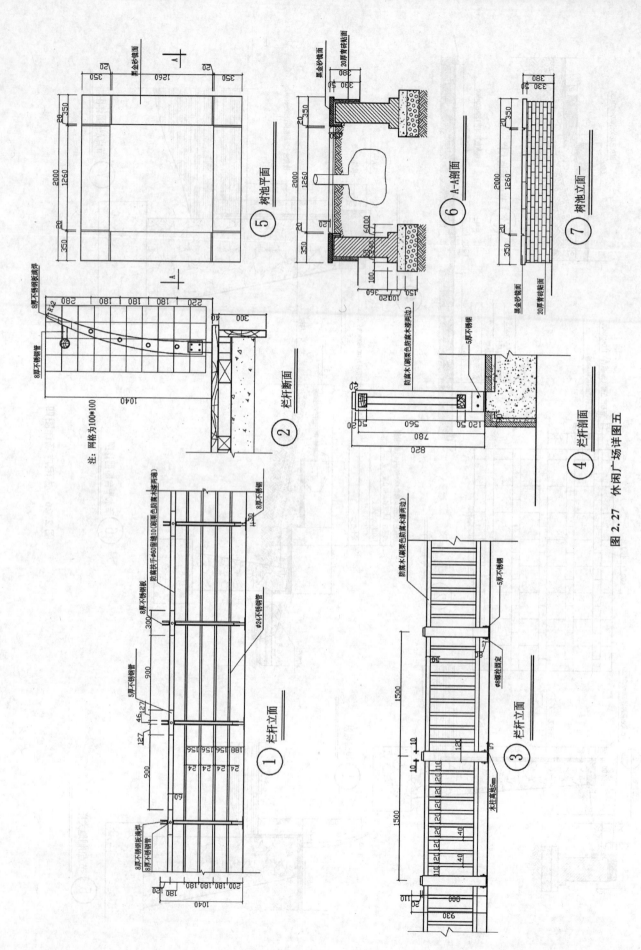

图 2.27 休闲广场详图五

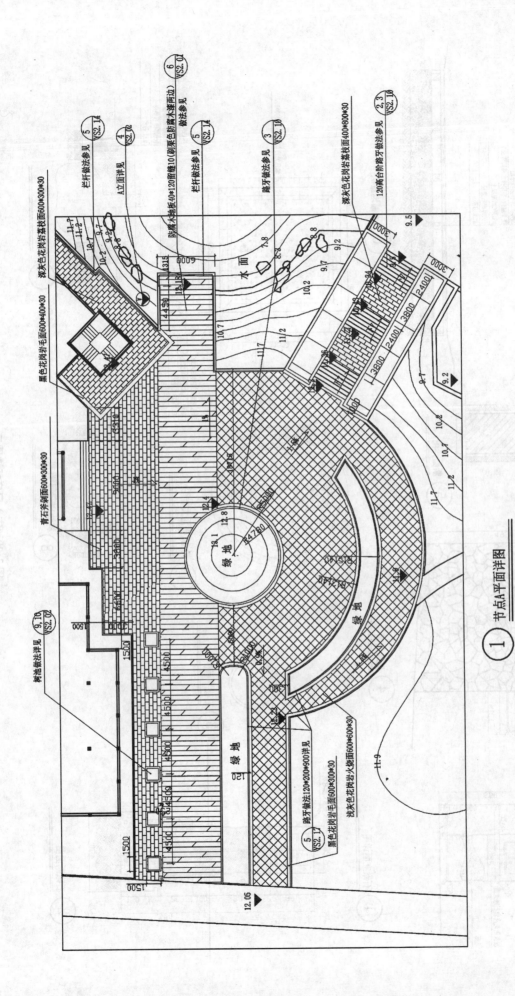

图 2.28 主入口广场详图一

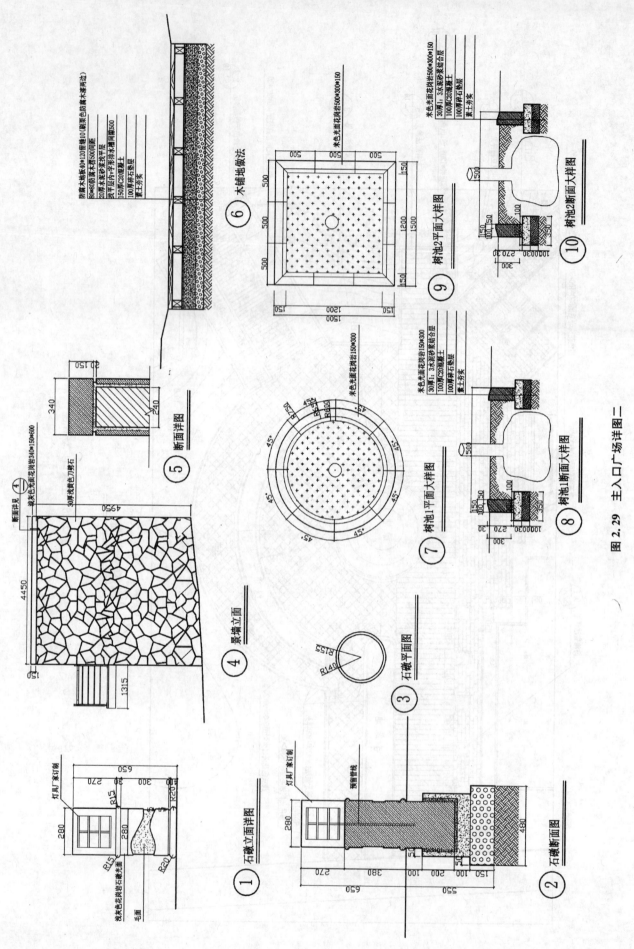

图 2.29 主入口广场详图二

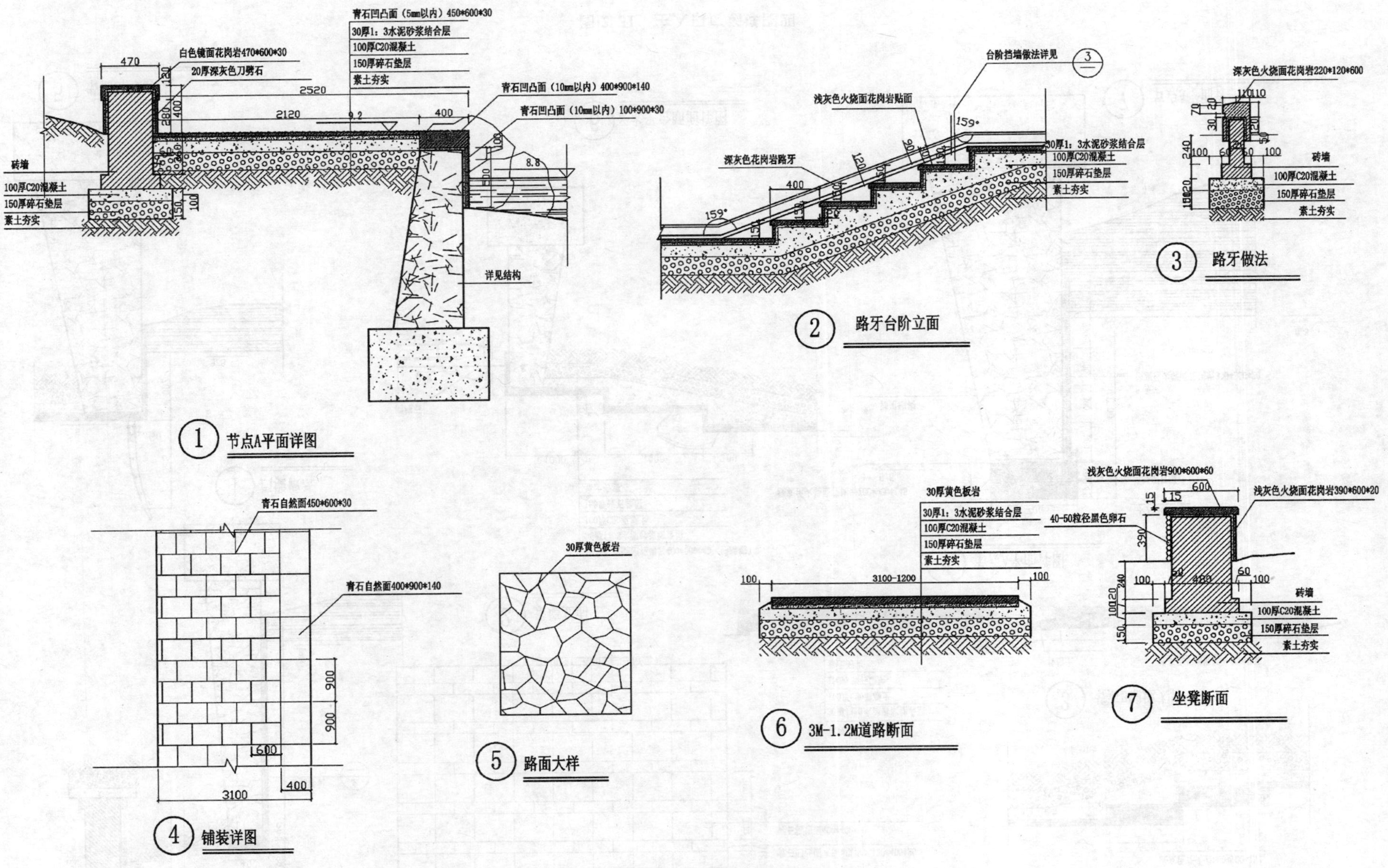

图 2.30 主入口广场详图三

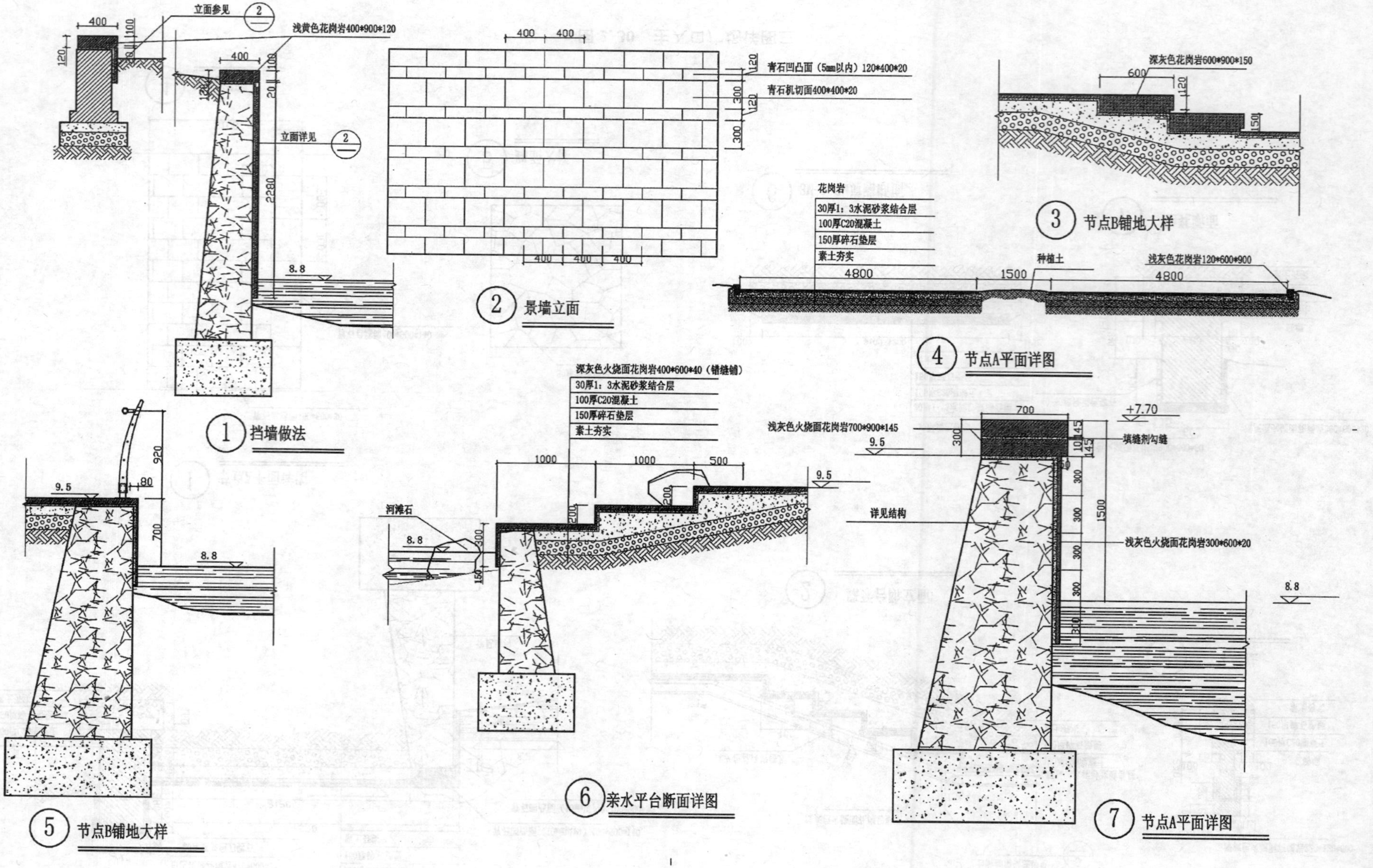

图 2.31 主入口广场详图四

2.4 图签、图纸目录与总说明

2.4.1 图签

园林工程图纸中图签的主要内容包括：

项目名称、图名、图号、比例、时间、设计单位。

此外，签字区应有相应责任人亲笔签署的姓名，而一些需要相关专业会签的园林工程施工图还应设置会签栏，注明会签人员的专业名称、姓名、日期等。有关会签栏的制图规定，参见本书第1章。

2.4.2 图纸目录

图纸目录的编制主要是为了表明此项园林工程的施工图由哪些专业图纸构成，从而便于图纸的查阅、修改和存档。图纸目录应排在整套施工图纸的最前面，且不计入图纸的序号之中，一般以列表的方式设计。

园林工程设计阶段总平面图的图纸目录包括设计单位名称、工程名称、子项目名称、设计编号、日期、图纸编制等主要内容，图纸绘制单位可根据实际情况对具体项目进行删减调整。在图纸编制上，一般由序号、图号、文件（图纸）名称、图纸张数、幅面、备注等栏目组成。图纸的先后次序应先排列总体图纸、后排列分项图纸；先排列新绘制的图纸，后排列标准图或重复利用的图。图纸的编号可由各设计单位自行规定，如"景施（＋字母）＋序号"的方式。

在此以一园林工程施工图的目录示例（图2.32）。

		求雨山文化广场景观工程施工设计	校核		阶段	
设计证书 101024-sy			制表		日期	年 月
		（ ）	本表共 页第 页			
序号	图号	文件（图纸）名称	张数	折A1	备注	
1	总施01(04425-SL-01)	施工说明				
2	总施02	总平面图	1	1		
3	总施03	平面索引图	1	1		
4	总施04	定位放线图	1	2		
5	总施05	竖向设计图	1	1		
6	总施06	绿化设计总图	1	0.5		
7	总施07	乔木种植图	1	1		
8	总施08	灌木种植图	1	1		

图2.32 园林工程施工图目录示例

2.4.3 施工总说明

园林工程设计阶段的设计总说明包括以下内容：

①工程概况、设计依据及主要经济技术指标、数据；②设计标高、尺寸单位等；③混凝土、砖、水泥砂浆、结构配筋、铺装等材料说明；④绿化配置说明与植物统计表；⑤水景、照明等技术说明；⑥其他专项说明等。

以下为一园林工程施工图的总说明示例：

（1）该公园景观改造工程的场地及道路总体上按相对坐标和给定网格定位，相对坐标原点为海连中路与南极北路中心交点，x、y轴方向分别为正东、正北。总图网格为50m间距，其他图纸网格间距见图。

（2）图示方格距离单位：m；高程单位：m。总图注标高均为绝对标高。其他为方便阅读采用相对标高，相对标高+0.0点对应的绝对标高高程见图。

(3) 施工中施工部门应认真理解图纸内容及说明,并与甲方、设计方共同进行设计施工交底。

(4) 施工要按施工规范要求进行,保证隐蔽工程的质量及景观设施的精致。

(5) 施工图中若有不详之处按有关规范进行施工。

(6) 图中所注尺寸若与实际有出入按现场实际情况确定。

(7) 建筑、水、电、结构施工说明详见各专业设计图。

■ 思考与练习

1. 园林设计的不同阶段对图纸有哪些不同的要求?
2. 园林工程设计阶段的总平面图包含哪些内容?
3. 园林工程设计阶段的局部平面图需要表达哪些总平面图所不具备的信息?
4. 结合实例讨论并编写一套园林工程设计图纸的目录。

3 园林工程竖向设计

本章是园林工程设计的重要内容,地形和竖向设计与功能布局、景观营造以及日常运转、养护密切关联。园林的平面布局应充分考虑到竖向因素,在不同的设计阶段,竖向设计应兼顾功能、技术和美学等,处理好整体与局部的关系。读者在学习本章时既要熟悉地形和竖向设计的技术知识,又要多动手、多观察,通过图纸、模型和现场体验建立对竖向设计的全面认知。此外,以地形为主要因素的场地分析、选址以及土方平衡,对减少环境的扰动、避免不合理的布局,有着重要意义,读者可以在掌握传统方法的基础上了解新技术(如GIS)的应用。本章内容与园林规划设计课程中的公园整体布局、辅助设施安排以及详细设计均有密切的联系。

3.1 概论

3.1.1 竖向设计的含义

园林中的建筑、植物、道路场地、水体等等都坐落在地形之上,因此地形是园林组成的依托基础和底界面,也是整个景园景观的骨架,地形的平坦与起伏不仅对于视觉景观有直接的影响,也影响到适合进行何种游憩活动,影响到小环境的微气候,并通过地面径流等因素影响到植物的生长。由此可见,合理的园林设计应该对场地上的高低变化有全面而系统的安排。

在园林设计中为了满足地面排水、道路交通、建筑场地布置、植物生长和视觉景观等方面的综合要求,对自然地形进行利用、改造,进行确定坡度、控制高程和平衡土石方等规划设计就是竖向设计。

高程是以大地水准面作为基准面,并作零点(水准原点)起算地面各测量点的垂直高度。高程系测量学科的专用名词。

地面各测量点的高度,需要用一个共同的零点才能比较起算测出。我国已规定以黄海平均海水面作为高程的基准面,并在青岛设立水准原点,作为全国高程的起算点。地面点高出水准面的垂直距离称"绝对高程"或称"海拔"。以黄海基准面测出的地面点高程,形成黄海高程系统。如果在某一局部地区,距国家统一的高程系统水准点较远,也可选定任一水准面作为高程起算的基准面,这处水准面称为假定水准面。地面任一测点与假定水准面的垂直距离称为相对高程或相对标高。以某一地区选定的基准面所测出的地面点高程,就形成了该区的高程系统。由于长期使用习惯称呼,通常把绝对高程和相对高程统称为高程或标高。

同一场地的用地竖向规划应采用统一的坐标和高程系统。水准高程系统换算应符合下表3.1规定。

表3.1 水准高程系统换算

转换者 被转换者	56黄海高程	85高程基准	吴淞高程基准	珠江高程基准
56黄海高程		+0.029 m	−1.688 m	+0.586 m
85高程基准	−0.029 m		−1.717 m	+0.557 m
吴淞高程基准	+1.688 m	+1.717 m		+2.274 m
珠江高程基准	−0.586 m	−0.557 m	−2.274 m	

备注:高程基准之间的差值为各地区精密水准网点之间的差值平均值

3.1.2 竖向设计的内容

在园林工程设计中,由于对竖向设计的忽视,常常会出现很多不合理的设计。例如,在纸面上制定规划方案时,完全没有考虑实际地形的起伏变化,为了追求某种形式的构图,任意开山填沟,铺设硬质场地,既破坏了自然地形的景观,又浪费了大量的土石方工程费用。有时各个单项工程的规划设计,各自进行,互不配合,结果造成标高不统一,互不衔接:桥梁的净空不够,导致游船无法从桥下通过;或者一些地区的地表水无从排出;道路标高与建筑和场地标高不配合等。因此在方案和扩初阶段,应按照当时的工作深度,综合考虑场地中的主要控制标高,使建筑、道路、桥梁、排水、水面等的标高相互协调。配合不同地块的功能,对于不适合的地形给予适当的改造,或者提出一些工程措施,使土石方工程量尽量减少,并保持地形的长期稳定。此外,还要根据地形的走势,结合场地划分与联系,注意在地形地貌、建筑高度、场地尺度和形成空间的美观方面加以分析研究。

竖向控制应根据场地周围环境的规划标高和场地内主要内容,充分利用原有地形地貌,提出主要景物的高程及对其周围地形的要求,地形标高还必须适应拟保留的现状物及地表水的排放。

竖向控制应包括下列内容:地形设计;桥梁的桥底和桥面标高;最高水位、常水位、最低水位;水底及驳岸顶部标高;园路主要转折点、交叉点和变坡点标高;主要建筑的底层和室外地坪高程,建筑和其他园林小品的控制高度;各出入口内、外地面高程;地下工程管线及地下构筑物的埋深;植物种植在高程上的要求;全园排水设计;园内外佳景的相互因借观赏点的地面高程等等。

园林竖向设计最终要体现在以下几个方面:①地形设计;②园路、广场、桥涵和其他铺装场地的设计;③建筑和其他园林小品设计;④植物种植在高程上的要求;⑤排水设计;⑥管线综合。完成一个园林的工程设计往往要经过现场踏勘、初步方案、扩初设计和施工图设计等阶段,在每个阶段中都会涉及竖向设计的工作,根据工作深度不同,主要包括如下三个阶段:

1) 资料收集与现场踏勘阶段

资料的收集主要包括比例合适的地形图、地质、土壤与气象、水文资料、总体规划与市政建设以及地上下管线资料、防洪规划、所在地的施工水平、劳动力素质与施工机械化程度。因场地大小不一,地形图的比例也不尽相同,一般在 1:2000~1:100。地质土壤与气象水文资料涉及场地的排水、客土沉降等因素;总体规划往往会从全局对基地的标高进行控制,而地上地下管线的位置则涉及新建管线的位置和接入高程;施工水平、劳动力素质和机械化程度决定了地形改造的经济、技术可行性。

在现场调研和探勘方面,根据已经掌握的地形图在现场进一步熟悉空间环境,拍摄相关照片,并核对地形图与现场有无明显的差异,对于明显的疏漏和差异要在图纸上标示清楚。对于较为复杂的场地要多次探勘,深入了解场地的小气候和排水等情况。

2) 方案规划阶段

根据基地规模在地图上绘制竖向规划示意图,并绘制重要地段的纵向剖面图。具体工作为:确定各级园路横断面及其交叉点的标高,以便控制纵坡在规定等级的范围内;确定各景点、景区的主要控制标高,如主建筑群室内控制标高,确定河岸、山峰、道路、桥涵、堤岸、水面、防洪坝沟等标高;并制定基地坡度分析图,明确汇水面积及径流走向,大体估算土方处理及其平衡。

3) 扩初阶段

在扩初阶段,方案的整体构思在上一阶段已经确定,并且竖向上也已有全局的考虑,因此本阶段的竖向设计要更为细致和精确,在方案指导下制定竖向设计专项规划,规划应达到修建、实施的深度。具体工作为:确定景区各级园路横断面的详细尺寸、红线宽度、路拱标高、路面、进水口标高;与管线综合协调,确定各工程管线的交会处的衔接标高;分别确定各景区的竖向设计方案,与景区的给排水工程管线、道路等线形密切配合;同时更精确地计算土方工程量。如果本阶段发现有明显的竖向设计问题,应及时调整并对上个阶段的竖向设计进行检查。

3.1.3 竖向设计的主要方法

1) 等高线法

(1) 等高线基础知识

① 等高线的历史　等高线是表示地形的基本方法,也是地形表示法中最科学、最实用的一种方法。在 1584 年彼得·布鲁因斯(P. Bruiness)的地图手稿上显示了海特斯维纳的 7 英尺深度线,是至今发现的最早的等高线地图。1791 年法国都明·特里尔(D. Triel)首次用等高线显示了法国陆地地形。在 19 世纪初,等高线地形表示法还只是在野外测量时使用,进入 20 世纪,人们才逐渐认识到等高线的科学和实用价值,将等高线作为地形的主要表示方法。

② 等高线的含义　等高线是一组垂直间距相等、平行于水平面的假想面与自然地貌相交切所得的交线在平面上的投影(见图 3.1)。通过画等高线的方法,人们可以将自然界的山丘、山脉以及任何一块场地的三维特征在二维平面上进行表达。

③ 等高线的特点

- 同一条等高线上的所有点,其高程都相等。
- 每一条等高线都是封闭的,在图纸上看到的往往是等高线的一段,并不代表等高线没有封闭,而是因为图纸范围有限的缘故(见图 3.2)。
- 相邻的两条等高线,两者的水平距离称为等高线间距,两者的垂直距离(即高差)称为等高距。恰当的等高距的选择来自于使用地势测量图的最终目的。常用的等高距是 1 m、2 m 和 5 m。
- 对于某张地形图而言,图上的等高距是固定值,而等高线的间距一般是变化不定的,也就是坡度会经常变化。除非某个斜坡面是同一坡度,才会出现间隔均匀的等高线。等高线的疏密与坡度的缓陡相关。
- 等高线一般不相交或重叠,只有在悬崖处等高线才可能出现相交。对于某张地形图而言,在图纸范围内出现等高线的中断,往往是由于地形上的垂直要素如墙体等构筑物上的等高线在平面上重叠为一条的原因(图 3.3)。

(2) 等高线的表示　等高线上的高程注计数值,字头朝上坡方向,字体颜色同等高线颜色。在大、中比例尺地形图上,为了便于读图,将等高线分为基本等高线(首曲线)、加粗等高线(计曲线)、半距等高线(间曲线)、1/4 等高线(助曲线),如图 3.4:

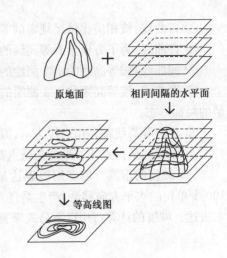

图 3.1　等高线图的形成

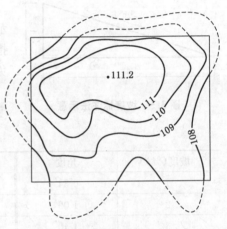

图 3.2　图上等高线不闭合往往因为图纸范围有限

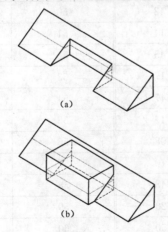

图 3.3　等高线重合的两种情况

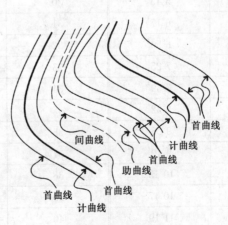

图 3.4　等高线的表示

①首曲线：按相应比例尺规定的等高距测绘的等高线，图上用细线表示。
②计曲线：为了方便参看等高线的高程，规定从零米算起，每隔4条基本等高线加粗成粗实线。
③间曲线：按等高距的1/2测绘的等高线，用与首曲线等宽的虚线表示，补充显示局部形态。
④助曲线：按等高距的1/4测绘的等高线，用与首曲线等宽的虚线表示，补充显示间曲线无法描述清楚的局部形态。
⑤现有等高线都是用虚线表示；拟定坡度的新等高线以实线形式标出。
⑥山顶的最高点或谷地的最低点都用点标高来表示。

（3）坡度的求算　坡度用以表达某面或线相对于大地水平面的倾斜度，常用百分数表达，即经过在100个单位的水平方向移动，产生垂直方向的下降或上升的单位数。有时也用分数比值方式和小数点方式来表达。坡度的计算可用以下公式来表示：

$$i = H/L \times 100\%$$

式中：i——坡度；　　H——垂直高差；　　L——水平距离。

例如：一斜坡在水平距离4 m内上升1 m，其坡度 $i = 1/4 \times 100\% = 25\%$（图3.5）

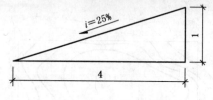

图3.5　坡度标注法示意

坡度有正值和负值之分，正值表示从低处向高处的走向，负值表示从高处向低处的走向。但在设计和读图中，坡度箭头方向是从高处指向低处，箭头旁表示出坡度绝对值。这样也能和排水方向一致，避免产生读图时的混淆。

在此要注意的是坡度不应与角度的概念混淆起来。这里指的角度即坡面与水平面的夹角。表3.2列出了坡度与角度的关系。

表3.2　坡度与角度对照关系表

坡度(%)	角度	坡度(%)	角度	坡度(%)	角度
1	0°34′	21	11°52′	41	22°18′
2	1°09′	22	12°25′	42	22°45′
3	1°40′	23	12°58′	43	23°18′
4	2°18′	24	13°30′	44	23°45′
5	2°52′	25	14°02′	45	24°16′
6	3°26′	26	14°35′	46	24°44′
7	4°00′	27	15°06′	47	25°10′
8	4°35′	28	15°40′	48	25°40′
9	5°10′	29	16°11′	49	26°08′
10	5°45′	30	16°42′	50	26°37′
11	6°17′	31	17°14′	51	27°02′
12	6°50′	32	17°45′	52	27°30′
13	7°25′	33	18°17′	53	27°55′
14	7°59′	34	18°47′	54	28°12′
15	8°32′	35	19°19′	55	28°50′
16	9°06′	36	19°08′	56	29°17′
17	9°40′	37	20°10′	57	29°40′
18	10°13′	38	20°48′	58	30°08′
19	10°47′	39	21°20′	59	30°35′
20	11°19′	40	21°50′	60	30°58′

土木工程师和现场施工人员经常使用"放坡"这个词汇,意思是坡的水平值与垂直高度值相比的比值,也称为坡度系数(m)或坡度比值,和坡度成倒数关系,常用":"的方式表达。

$$坡度系数(m) = 1/i = L/H$$

点标高求算 对于不在等高线上的点标高的求算,可以采用插值法,这种方法是进行场地竖向研究时经常用到的方法,就是通过已知点根据相似三角形的原理,求出在它们之间的其他点的高程。

等高线的精度 准确地反映地形在于选取合适的精度,应该说任何表达工具都无法完全准确地描述地形。例如采用等高距1 m的等高线来表示某个斜坡,可能在图纸上反映的是比较平滑的坡,但是采用等高距为0.1 m的等高线来表示,很可能是起伏不定的。因此等高距的确定就应根据图纸使用者的需要来确定。

一般1∶500和1∶1000的地形图上用1 m的等高距。对于园林设计师而言,一般在规划阶段的现状图和总图,往往都是1∶500或1∶1000。在1∶100和1∶200的地形图上往往等高距为0.1 m,甚至小到0.05 m。等高距越小越精确,但是当等高距小到少于0.01 m这样的精度,对于园林设计是完全不必要的,而且在图上也会显示过多的线条。

(4) 竖向设计中的等高线法

在绘有原地形等高线的底图上用设计等高线进行地形改造,在同一张图纸上便可以表达原有地形、设计地形状况以及场地的平面布置、各部分的高程关系。这种方法便于设计过程中的方案比较及修改,也便于进一步的土方计算工作,是园林工程设计中最常用的竖向设计方法。

设计等高线法的优点是能较完整地将任何一块用地或者道路与原来的地形做对比,随时可以看出设计地面挖填方情况(设计等高线低于自然等高线为挖方,高于自然等高线为填方,所挖填的范围也清楚地显示出来),以便于调整。这种方法在判断设计地段四周路网的路口标高,道路的坡向、坡度,以及道路与两旁用地高差关系时,最为有用。由于路口标高调整将影响到道路的坡度、两旁建筑用地的高程与建筑室内地坪标高等等,采用设计等高线进行竖向设计调整,可以一目了然地发现相关问题,有效地保证竖向设计工作的整体性和统一性。这种方法的整体性很强还表现在可与场地总体布局同步进行,而不是先完成平面设计,再做竖向设计。设计者在进行平面功能布置的同时,不只考虑纵横轴的关系,也要考虑垂直地面轴的竖向关系,因此,设计等高线是设计者在图纸中进行三维空间思维和设计的有效手段。

以下是设计等高线在进行竖向设计中的应用:

① 陡坡变缓坡或缓坡改陡坡　等高线间距的疏密表示着地形的陡缓。在设计时,如果高差 h 不变,可用改变等高线间距 L 来减缓或增加地形坡度。如图3.6(a)是通过增加等高线间距使地形变缓;(b)是通过缩短等高线间距使地形变陡。

② 平垫沟谷　在园林建设中,有些沟谷地段必须垫平。这类场地设计,可以采用设计等高线和拟平垫部分的同值等高线连接。其连接点就是不挖不填的点,也叫零点;这些相邻点的连线叫做零点线,也就是挖方区和填方区的分界线。如果平垫工程不需要按某一定坡度进行,则设计时只需将拟平垫的范围,在图上大致标出,再以平直的同值等高线连接原地形等高线即可。如果要将沟谷部分依指定的坡度平整成场地时,则所设计的等高线应相互平行,并且间距相等,见图3.7~3.9。

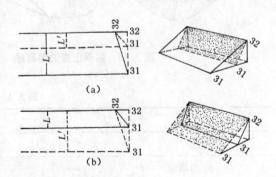

图3.6 调节等高线的水平距离改变地形坡度

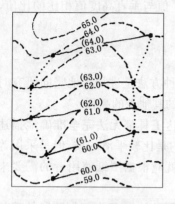
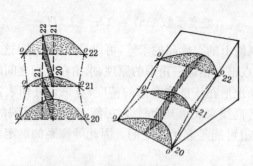
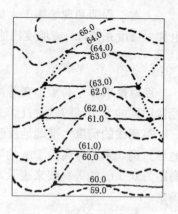

图 3.7 平垫沟谷的等高线设计(非均坡)　　图 3.8 平垫沟谷平面及三维示意(均坡)　　图 3.9 平垫沟谷的等高线设计(均坡)

③ 削平山脊　削平山脊的设计方法与平垫谷沟的方法相同，只是设计等高线所切割的原地形等高线方向正好相反，见图 3.10。

④ 平整场地　园林中的场地包括铺装的广场、建筑地坪以及各种文体活动和较平缓的种植地段，如草坪。软质场地对坡度的要求一般不太严格，目的是将坡度理顺，保持排水通畅，常见的排水坡度要求见表3.3，在满足排水的情况下，尽可能平整，便于人们使用。排水的最小坡度为 0.5%，一般集散广场坡度在 1%～7%，这类场地的排水坡度可以是沿长轴方向或沿横轴的两面坡，也可以设计成四面坡，这取决于周围环境条件。一般铺装场地都采取规则的坡面，如图 3.11。

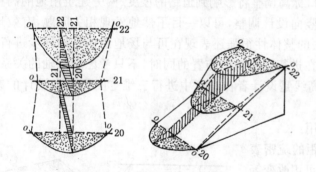
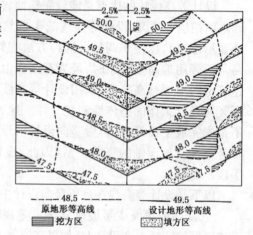

图 3.10 削平山脊的等高线　　　　　图 3.11 平整场地的等高线设计

表 3.3 各类地表的排水坡度

地表类型		最大坡度(%)	最小坡度(%)	最适坡度(%)
草地		33	1.0	1.5～10
运动草地		2	0.5	1
栽植地表		视土质而定	0.5	3～5
铺装场地	平原地区	1	0.3	—
	丘陵地区	3	0.3	—

场地平整需要设计师全面地理解坡度最大值、最小值，以及它们对步行者和车辆的可达性以及长期维护的影响。此外，还有必要计算场地平整设计方案中满足最终土方平衡所需要的土方搬运量。

等高线法可以很明显地将设计意图表达出来，能够按照图纸准确地进行施工，还可以确定出管道检修井盖的标高和雨水口的标高,易于表现所确定的各部分标高相互关系是否正确,便于及时发现在设计中不恰当的地方,并加以合理修改。可以说等高线法的准确性、科学性是其他方法无法达到的。但是等高线法所用的设计时间相对于其他方法更长,局部的改动可能要波及全局。

2) 断面法

(1) 剖断面的求法 在地形图的识读中,关键是把地形从图纸上的二维状态"还原"为头脑中的三维形态,并且要尽可能准确、直观。为了达到这种效果,很多时候采用断面法来表达地形。求法如下:

先在地形图上画出一条需要的剖断线,然后将拷贝纸覆盖在地形图上;以与透过的剖断线平行的方式,以某个比例下的固定间距(即等高距)按垂直方向排列线条;这些线条就是等高线在垂直方向上的位置;注明每条线的标高,然后从等高线与剖断线相交的点垂直于剖断线划线,延伸到垂直方向上同高程线交于一点。以此类推,将全部的交点求出,然后用平滑的曲线贯穿这些点,便得到了某位置的地形剖断面,见图 3.12。

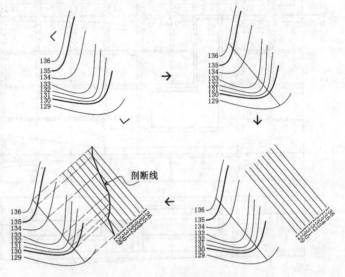

图 3.12 剖断面的求法

(2) 断面法竖向设计 断面法一般先在场地总平面图上根据竖向设计要求的精度,绘制出方格网(方格网越小则精度越高),并在方格网的每个交点根据点标高或者采用等高线插值法求出原地形标高,再根据设计意图求出该点的设计标高。相应地求出各点的施工标高,并以图 3.13 方式表达。

施工标高	36.00	设计标高
-1.00	35.00	原地形标高

图 3.13 方格网点标高的注写

然后沿着方格网长轴方向绘制出纵断面,并用统一比例标注各点的设计标高和自然标高,并连线形成设计地形和自然地形断面;同样方法沿横轴方向绘出场地竖向设计的横断面。这样,纵横断面结合,就能清楚地表达场地的竖向设计成果(图 3.14)。

具体操作方法如下:

① 制绘方格网 根据场地规模和地形复杂程度,以及设计精度的要求,以适当的间距(如 10 m、20 m、50 m)等绘制方格网。图纸比例较大时如 1:200~1:500,方格网尺度较小;图纸比例较小时如 1:1000~1:2000 时,方格网比例较大。

② 确定方格网交点的原地形标高 根据场地地形图的点标高和等高线标注,对不在等高线上的角点采用插值法求出该点原地形的标高。

③ 选定标高起点 选定一标高点作为绘制横剖面或者纵剖面的起点,此标高点应该低于图中所有原地形标高。

④ 绘制方格网的自然地面立体图 以所选标高起点为基线标高,采用适宜比例绘制出场地原地形的方格网立体图。必要时,可以放大方格网。

⑤ 初步确定方格网交点的设计标高 根据上图所示的原地形起伏情况,结合排水、建筑和场地布局、景观以及土方平衡等因素,综合确定场地地面的设计坡度和方格交点的设计标高。

⑥ 进一步校核设计标高的合理性 根据纵横断面所示设计地形与自然地形的高差,计算场地填、挖工程量,进行平衡、调整,并相应修改场地设计标高,使之满足填挖方总量,以确认设计标高和设计坡度的合理性。

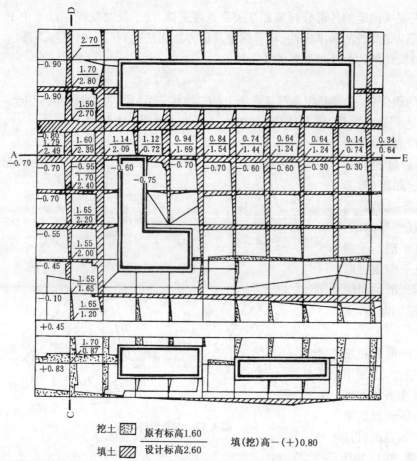

图 3.14 断面法竖向设计示例

⑦ 定稿及表达 根据最后确定的设计标高,在竖向设计成果图上抄注各方格网交点的设计标高,并按比例相应绘出竖向设计的地面线。

这种方法的优点是对场地的自然地形和设计地形容易形成立体的形象概念,易于考虑地形改造,并根据需要调整方格网密度,进而决定整个竖向设计工作的精度,其缺点是工作量往往较大,费时较多,不像等高线法那样能直观地反映出地形变化的趋势和地貌细节。另外这种方法在设计需要进行调整时,几乎要重新设计和计算,但在局部的竖向设计中,尤其是在地形复杂地区或者需要较为精确的竖向设计时,仍是一种常用的方法。

3) 高程箭头法

高程箭头法是一种相对简便、快速的方法。即根据竖向规划设计的原则,确定场地内各建筑物、构筑物的室内外地面标高、道路交叉点、桥面和桥底、变坡点、明沟暗渠的控制点以及其他管线控制点的标高,相应变坡点的距离,将之标注在竖向规划图上,并以箭头表示区内各地块的排水方向。对于自然地形和自然驳岸等,往往只标出排水方向,对于硬质场地则根据功能和排水在排水方向箭头上标出大致的坡度,见图3.15。

运用高程箭头法,规划设计工作量较小,图纸制作较快,且易于变动、修改,基本上能满足设计和施工要求,是较为普遍采用的一种表达方式,也是大尺度场地竖向设计的常用方法。其缺点是比较粗略,确定标高需要有充分的经验;如果设计标高点标注较少,容易造

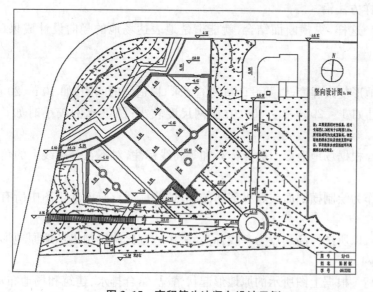

图 3.15 高程箭头法竖向设计示例

成有些部位的高程不明确,降低表达准确性。为了弥补上述不足,在实际工作中也有采用整体高程箭头法和局部剖面、等高线法(在自然地形上)结合进行竖向规划设计。

应用高程箭头法进行竖向设计,在图纸上一般应包括:
(1) 根据竖向设计原则以及有关规定,在总平面上确定场地内的自然地形。
(2) 注明道路、桥梁的控制点(交叉点、变坡点等)处的坐标以及标高。
(3) 注明建筑物、构筑物的坐标及四角标高、室内地坪标高和室外设计标高。
(4) 注明入口、停车场以及主要硬质场地的标高。
(5) 注明明沟底面起坡点和转折处的标高、坡度等,注明盲渠的沟底控制标高。
(6) 用箭头表明地面排水方向,必要时标注排水坡度。
(7) 对于复杂和重要地段,应绘出设计剖面,以更清楚地表达高差变化和设计意图。

这种竖向设计以及标注可以在总平面中表示,如果局部地形复杂,或者在总图上表示过于杂乱,应该单独绘制竖向设计图。

4)模型法

在进行园林设计时,制作模型也是一种常见的方案推敲和展示方法。模型法在推敲场地地形方面有着直观、形象的优点,但是传统模型制作较为费时,且不便于携带。随着信息技术的发展,如今的计算机三维软件和硬件配置已经完全能满足地形的表达与分析。如可以用于地形直观表达的软件有 Autocad、Sketchup、Vue、Terrian、3DMax 等,除了用于地形表现还可以进一步进行地形分析和计算的软件有 ArcGis、Autodesk Map、Autodesk Land,其中以 GIS 类软件的分析和计算能力最强,常见的分析项目有高程、坡度、坡向、土方挖填、洼地等。

3.2 园林地形设计

地形是园林设计的基础和底界面,也是整个风景园林的骨架,地形不仅影响到整个环境的空间特征和美学属性,与工程建设的合理性以及园林场地的生态可持续性也有密切的联系。因此,对于地形的利用和改造要本着工程合理、造价经济以及景观美好的原则,并要考虑到施工、使用和后期维护的种种因素。

3.2.1 传统园林与地形

纵观园林的发展历史,经典的园林都是将其个性建立在与基地环境紧密结合的基础上,其中对地形的利用和改造往往奠定了全园的整体格局和风貌,可以说不同国家、地区的传统园林形式都包含了对当地地形的尊重和创造性运用。

意大利的朗托庄园和埃斯特庄园,依山建筑,以收拢山谷美景,并利用坡地落水的原理,造成由高至低的动态景观。又如法国的维康府邸和凡尔赛,在平坦的地形上以规整的人工几何的造型形成文艺复兴式的特征:长而笔直的视轴及视点,大而静止的水体及复杂的装饰性的花坛。英国园林配合小山丘及起伏平缓的地形,应用弧形曲线形成 18 世纪英国式自然式庭园的特征:和缓的土坡、自然成群的栽植和低地流水汇集的湖泊,完全都是顺应地形而发展。这几种不同庭院形式的景致都是因时因地造成的,如果将任一种形式移至其他两种地形上,必然格格不入,因为设计与环境背景之间不能配合。再如东方造园体系的中国园林,不乏充分利用地形的佳作,如承德避暑山庄的碧静堂等,日本园林中的枯山水更是对地形的高度概括和再创造。

3.2.2 地形的作用

地形不仅影响美学特征,空间感觉、视觉、排水、微气候、土地的使用功能,而且与其他设计元素有强烈的相关性。事实上,地形对植物、水体、铺装和建筑物有很大的影响,因为在景观设计中大部分设计元素都必须放置在地表上,和地表相关,地表上或下的任何改变都会影响地上物,地形可谓是景观设计中的最基本元素。

地形在造园中的功能作用是多方面的,概括起来,一般有骨架作用、空间作用、景观作用和工程作用等几个主要方面。

1)骨架作用

地形是构成园林景观的骨架,是园林中所有景观元素与设施的载体,它为园林中其他景观要素提供了赖以存在的基面。作为各种造园要素的依托基础,地形对其他各种造园要素的安排与设置有着较大的影响和限制。例如,地形坡面的朝向、坡度的大小往往决定了建筑选址及朝向。因此,在园林设计中,要根据地形合理布置建筑,配置树木等。地形对水体的布置亦有较大的影响,园林中可结合地形营造出瀑布、溪流、河湖等各种水体形式。所谓"山要环抱,水要萦回"(荆浩《山水赋》),"山随水转,山因水而活和溪水因山成曲折,山蹊随地作低平"(陈从周)。地形对园林道路的选线亦有重要影响,一般来说,在坡度较大的地形上,道路应沿着等高线布置。

2) 空间作用

地形具有构成不同形状、不同特点园林空间的作用。园林空间的形成,是由地形因素直接制约着的。地块的平面形状如何,园林空间在水平方向上的形状也如何。地块在竖向上有什么变化,空间的立面形式也就会发生相应的变化。例如,在狭长地块上形成的空间必定是狭长空间,在平坦宽阔的地形上形成的空间一般是开敞空间;而山谷地形中的空间则必定是闭合空间等等,这些情况都说明,地形对园林空间的形状也有决定作用。此外,在造园中,利用地形的高低变化可以有效地分隔、限定空间,从而形成不同功能和景观特色的园林空间。

地形对场地和空间布局有着重要的影响,如平坦地形的多方位性,设计元素及其造型可以很容易地适当扩张及向多方位发展,大型建筑物或其他不规则的分散元素可以很容易地安置于平坦地貌而不至于发生破坏(图3.16);而坡地中布置景观元素或者建筑,则往往受到其现有地形的空间形态和朝向的限制和引导。

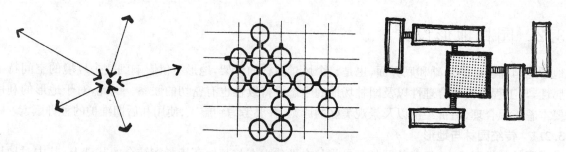

图 3.16 平坦地形适合多种布局方式

3) 景观作用

景观作用包括背景作用和造景作用两个方面。作为造园诸要素的底界面,地形还承担了背景角色,例如一块平地上草坪、树木、道路、建筑和小品形成地形上的一个个景点,而整个地形构成此园林空间诸景点要素的共同背景。

地形还具有许多潜在的视觉特性,对地形可以进行改造和组合,以形成不同的形状,产生不同的视觉效果。近年来,一些设计师尝试如雕塑家一样的手法,在户外环境中,通过地形造型而创造出多样的大地景观艺术作品(图3.17~3.19)。

图3.17 艺术化的地形处理一　　图3.18 艺术化的地形处理二　　图3.19 艺术化的地形处理三

4）工程作用

地形可以改善局部地区的小气候条件。在采光方面，为了使某一区域能够受到冬季阳光的直接照射，就应该使该区域为朝南坡向。从风的角度，为了防风，可在场所中面向冬季寒风的那一边堆积土方，可以阻挡冬季寒风；反过来，地形也可以被用来汇集和引导夏季风，在炎热地区，夏季风可以被引导穿过两高地之间所形成的谷地或洼地等，以改善通风条件，降低温度，如图3.20。

图3.20 地形与风的流向

地形对于地表排水亦有着十分重要的意义。由于地表的径流量、径流方向和径流速度都与地形有关，因而地形过于平坦时就不利于排水，容易积涝。而当地形坡度太陡时，径流量就比较大，径流速度也太快，从而引起地面冲刷和水土流失。因此，创造一定的地形起伏，合理安排地形的分水和汇水线，使地形具有较好的自然排水条件，是充分发挥地形排水工程作用的有效措施。

3.2.3 地形的类型

地形可以通过各种途径加以分类和评价。这些途径包括它的地表形态、地形分割条件、地质构造、地形规模、特征及坡度等。在上述各种分类途径中，对于园林造景来说，坡度乃是涉及到地形的视觉和功能特征最重要的因素之一。从这个角度，我们可以把地形分为平地、坡地、山地三大类。

1）平地

在现实世界的外部环境中绝对平坦的地形是不存在的，所有的地面都有不同程度甚至是难以察觉的坡度，因此，这里的"平地"指的是那些总的看来是"水平"的地面，更为确切地描述是指园林地形中坡度小于4%的较平坦的用地。平地对于任何种类的密集活动都是适用的。园林中，平地适于建筑、铺设广场、停车场、道路、建设游乐场、铺设草坪、草地，建设苗圃等。因此，现代公共园林中必须设有一定比例的平坦地形，以供人流集散以及交通、游览需要。

平地上可开辟大面积水体以及作为各种场地用地，可以自由布置建筑、道路、铺装广场及园林构筑物等景观元素，亦可以对这些景观元素按设计需求适当组合、搭配，以创造出丰富的空间层次。

园林中对平地应作适当调整，一览无余的平地不加处理容易流于平淡。适当地将平地形挖低堆高，造成地形高低变化，或结合这些高低变化，设计台阶、挡墙，并通过景墙、植物等景观元素对平地形进行分隔与遮挡，可以创造出不同层次的园林空间。

从地表径流的情况来看，平地径流速度慢，有利于保护地形环境，减少水土流失；但过于平坦的地形不利于排水，容易积涝，破坏土壤的稳定性，对植物的生长、建筑和道路的基础都不利。因此，为了排除地面积水，要求平地也应具有一定的坡度。

2）坡地

坡地指倾斜的地面，园林中可以结合坡地形进行改造，使地面产生明显的起伏变化，增加园林艺术空间的生动性。坡地地表径流速度快，不会产生积水，但是若地形起伏过大或坡度不大，但同一坡度的坡面延伸过长，则容易产生滑坡现象。因此，地形起伏要适度，坡长应适中。

坡地按照其倾斜度的大小可以分为缓坡、中坡、陡坡3种。

（1）缓坡 坡度在4%~10%，适宜于运动和非正规的活动，一般布置道路和建筑基本不受地形限制。缓坡地可以修建为活动场地、游憩草坪、疏林草地等。缓坡地不宜开辟面积较大的水体，如要开辟大面积水体，可以采用不同标高水体叠落组合形成，以增加水面层次感。植物种植不受缓坡地形的约束。

（2）中坡 中坡坡度在10%~25%，可积极利用中坡地开展山地运动或自由游乐，在中坡地爬上爬下显然很费劲。在这种地形中，建筑和道路的布置会受到限制。垂直于等高线的道路要做成梯道，建筑一般要顺着等高线布置并结合现状进行地形改造才能修建,并且占地面积不宜过大(图 3.21)。对于水体布置而言,除溪流外不宜开辟河湖等较大面积的水体。中坡地植物种植基本不受限制。

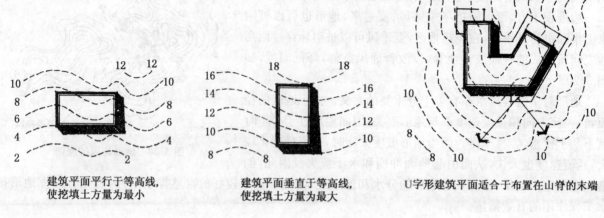

建筑平面平行于等高线,　　　建筑平面垂直于等高线,　　　U字形建筑平面适合于布置在山脊的末端
使挖填土方量为最小　　　　使挖填土方量为最大

图 3.21　建筑布置与等高线

(3) 陡坡　坡度在 25%～50% 的坡地为陡坡。陡坡的稳定性较差,容易造成滑坡甚至塌方;因此,在陡坡地段的地形改造一般要考虑加固措施,如建造护坡、挡墙等。陡坡上布置较大规模建筑会受到很大限制,并且土方工程量很大。如布置道路,一般要做成较陡的梯道;如要通车,则要顺应地形起伏做成盘山道。陡坡地形更难设计较大面积水体,只能布置小型水池。陡坡地上土层较薄,水土流失严重,植物生根困难,因此陡坡地种植树木较困难,如要对陡坡进行绿化,可以先对地形进行改造,改造成小块平整土地,或在岩石缝隙中种植树木,必要时可以对岩石打眼处理,留出种植穴并覆土种植。

3) 山地

同坡地相比,山地的坡度更大,其坡度在 50% 以上。山地根据坡度大小又可分为急坡地和悬坡地两种。急坡地地面坡度为 50%～100%,悬坡地是地面坡度在 100% 以上的坡地。由于山地尤其是石山地的坡度较大,因此在园林地形中往往能表现出奇、险、雄等造景效果。山地上不宜布置较大建筑,只能通过地形改造,点缀亭、廊等单体小建筑。山地上道路布置亦较困难,在急坡地上,车道只能曲折盘旋而上,浏览道需做成高而陡的爬山磴道;而在悬坡地上,布置车道则极为困难,爬山磴道边必须设置攀登用扶手栏杆或扶手铁链。山地上一般不能布置较大水体,但可结合地形设置瀑布、叠水等小型水体。山地与石山地的植物生存条件比较差,适宜抗性好、生性强健的植物生长。但是,利用悬崖边、石壁上、石峰顶等险峻地点的石缝石穴,配植形态优美的青松、红枫等风景树,却可以得到非常诱人的犹如盆景树石般的景致。

3.2.4　地形的表达与识别

在二维的图纸上面准确直观地表达出三维地形是设计师的基本能力,同样能够从复杂的地形图中识别出各种地形的空间特点、尺度大小、坡度陡缓,判断其日照、排水以及小气候、地形的剖面表达,从而分析其土地利用的适宜性也是设计师的重要能力。这种能力的获取一方面需要了解一些基本原理,同时也需要多加实践,通过地形图与现场的反复对照,培养直观想象和理性分析的技能。

1) 等高线法

对前文已经介绍的等高线原理与基本的表示方法,本节不再赘述。在此仅列举出几种基本地形的等高线特征。

(1) 间隔均匀的等高线表明地形的坡度一致。

(2) 等高线等高距变小,表明坡度增大。斜坡顶端的等高距小于底部的登高距,这表明它是一个凹面坡(图 3.22)。相反情况表明它是一个凸面坡。不同类型的坡面对应的等高线也不相同(图 3.23)。

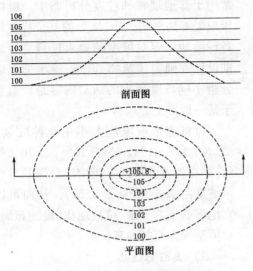

图 3.22 凹面坡和等高线

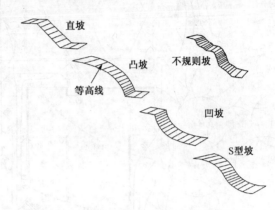

图 3.23 不同类型的坡面

(3) 等高线向上形成尖表明为溪谷(图 3.24)。

(4) 等高线向下形成尖表明为山脊。

(5) 沿山丘向下流动的水流与等高线是垂直的;因此隆起的山脊为地表径流的分水线,凹陷的谷地为地表径流的汇水线。不同的山脊或地形隆起也是对汇水区的划分(图 3.25)。

(6) 沿着山脊的最高点或最低点绘制的等高线总是成对出现,因为每条等高线总是持续的线,或在图上它本身不闭合;在图外,从不断开或终止。

等高线法是比较全面而真实的地形表示法,在实际应用中,根据具体问题的需要还有其他方法。

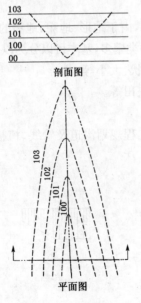

图 3.24 溪谷等高线

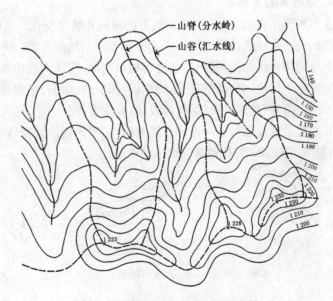

图 3.25 山脊线与山谷线

2) 坡级法

基地地形图是最基本的地形资料,在此基础上结合实地调查可进一步地掌握现有地形的起伏与分布、整个基地的坡级分布和地形的自然排水类型。其中地形的陡缓程度和分布可以用坡度分析图来表示,因为等高线图只能表明基地整体的起伏,而表示不出不同坡度地形的分布。

用坡度等级表示地形的陡缓和分布的方法称作坡级法。这种图式方法较直观,便于了解和分析地形,

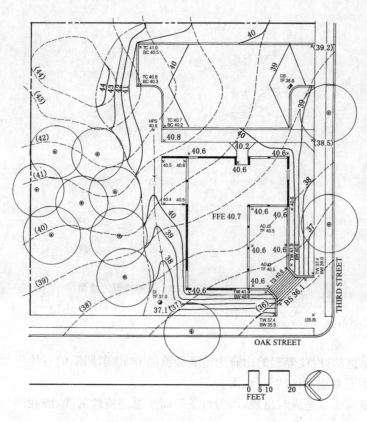

常用于基地现状和坡度分析图中。坡度等级根据等高距的大小、地形的复杂程度以及各种活动内容对坡度的要求进行划分。帮助设计者确定建筑物、道路、停车场地以及分析不同坡度要求的活动内容是否适合建于某一地形上。

可将地形按坡度大小用几种坡级（如<1%，1%~4%，4%~10%，>10%等表示，并在坡度分析图上用由淡到深的单色表示坡度由小变大（见图3.57）。从而可以确立地形的土方平衡、植被绿化、设施布局、排水类型等方面的内容。

3）高程标注法

当需表示地形图中某些特殊的地形点时，可用十字或圆点标记这些点，并在标记旁注上该点到参照面的高程，高程常注写到小数点后第二位，这些点常处于等高线之间，这种地形表示法称为高程标注法。高程标注法适用于标注建筑物的转角、墙体和坡面等顶面和底面的高程，以及地形图中最高和最低等特殊点的高程。因此，场地平整、场地规划等施工图中常用高程标注法。

图 3.26 高程标注法

4）地形图相关符号

以上几种表示方法主要在于表示地形的高程和坡度变化。实际工作中，由于地形、地貌、地物的多样，为了地形图的统一和规范，还有固定的符号表示相应的地形要素。图例符号种类繁多，基本可以分为以下几种：

(1) 地物按比例的图例符号：依地物相似轮廓，按比例绘出其位置、形状、大小等。
(2) 地物不按比例的图例符号：即标识，如矿井、溶洞、里程碑、桥梁、农田等。
(3) 注记符号：建筑层次、结构等级、河流深度等。
(4) 地形景观规划与竖向设计专用图例：工程规划设计符号和标识、工程规划沟道及管线、植被、水体、山石、道路等，图3.27为几种常见地形的符号。

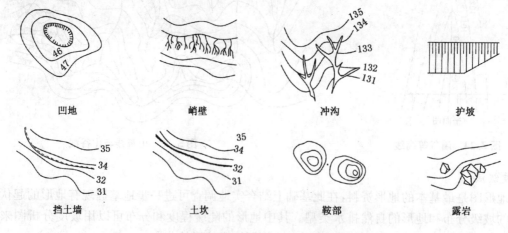

图 3.27 几种常见地形的符号

在设计工作中,除了要能识读和绘制这些平面图纸外;还要掌握立面、剖面以及轴测和透视图这些常用的设计辅助手段。

3.2.5 地形的设计要点

地形的设计应该综合考虑美学、功能,兼顾工程施工与后期维护的合理性与经济性。具体而言,地形设计时应该考虑以下几点。

1) 基地外部环境因素对于地形的限制

场地外部环境因素对于场地的限制往往是难以改变的,因此在地形设计中要充分协调与外部环境的关系。例如在地形设计中可能要考虑开放水系的水位高度、过境工程管线的敷设要求、防洪规划的要求、文保单位的保护等等因素,这就需要设计者充分熟悉相关规划,踏勘现状,在进行地形设计时以上个层次的规划或者总体设计所确定的各控制点的高程为依据。

2) 结合原有地形地貌的特点

在自然界中,地形种类多样,如盆地、谷地、山脊、山坡等,在工程设计中要针对不同类型地形的特点,有针对性地设计(见表3.4)。

表3.4 几种常见地形设计要点

项目名称	图示·等高线	地貌景观特征	工程规划要点
沉床盆地	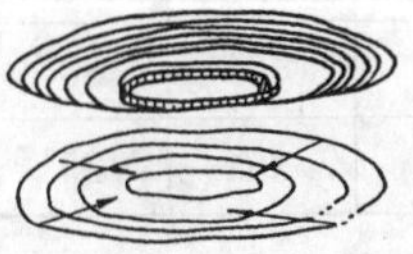	有内向封闭性地形,产生保护感、隔离感、隐蔽感,静态景观空间,闹中取静,香味不易被风吹散,居高临下	总体排水有困难,注意保证有一个方向的排水,有导泄出路或置埋地下穿越暗管,通路宜呈螺旋或之字形展开
谷地	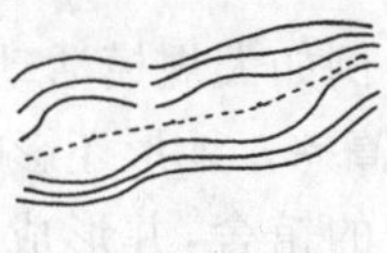	景观面狭窄成带状内向空间,有一定神秘感和诱导期待感,山谷纵向宜设转折焦点	可沿山谷走向安排道路与理水工程系统
山脊山岭	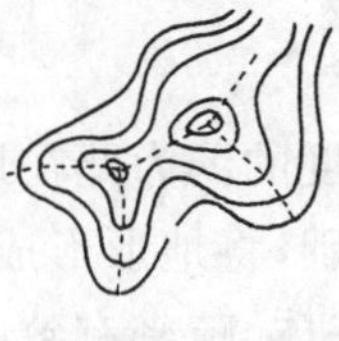	景观面丰富,空间为外向型,便于向四周展望,脊线为坡面的分界线	道路与理、排水都易解决,注意转折点处的控制标高,满足规划用地要求
坡地		单坡面的外向空间,景观单一,变化少,需分段组织空间,以使景观富于变化	道路与排水都易安排,自然草地坡度控制在33%以下,理想坡度为1‰~3‰
平原微丘	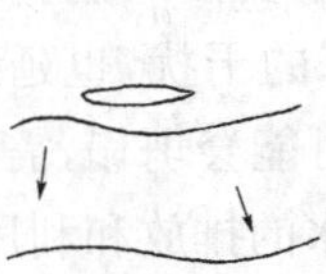	视野开阔,一览无余,也便于理水和排水,便于创造与组织景观空间	规划地形时要注意保证地面最小排水坡度的满足,防止地面积水和受涝
梯台重丘山丘		有同方位的景观角度,空间外向性强,顶部控制性强,标识明显	组织排水方便,规划布置道路要防止纵坡过大而造成行车和游人不便及危险,台阶坡度宜小于50%

3) 地形的工程稳定性

松散状态下的土壤颗粒,自然滑落而形成的天然斜坡面,叫做土壤自然倾斜面。该面与地平面的夹角,叫做土壤自然倾斜角(安息角)(图3.28)。在工程设计时,为了使工程稳定,就必须有意识地创造合理的边坡,使之小于或等于自然安息角。随着土壤颗粒、含水量、气候条件的不同,各类型土壤的自然安息角亦有所不同(表3.5)。在进行地形设计,尤其是自然式地形设计时,一定要考虑到土壤的安息角。如改造的地形坡度超过土壤的自然安息角时,应采取护坡、固土或防冲刷的工程措施。此外大高差或大面积填方地段的设计标高,应计入当地土壤的自然沉降系数。这些都应结合土方平衡,在地形设计中予以考虑。

图 3.28 土壤自然倾斜角示意

在设计地形时,因地制宜地采用人为工程措施,既可以保证地形的工程稳定,也能使人工元素与自然地形相互渗透,融为一体。

表 3.5 土壤的自然倾斜角

土壤名称	土壤含水情况			土壤颗粒尺寸(mm)	土壤名称	土壤含水情况			土壤颗粒尺寸(mm)
	干的	潮的	湿的			干的	潮的	湿的	
砾石	40°	40°	35°	2~20	细砂	25°	30°	20°	0.05~0.5
卵石	35°	45°	25°	20~200	黏土	45°	35°	15°	<0.001~0.005
粗砂	30°	32°	27°	1~2	壤土	50°	40°	30°	
中砂	28°	35°	25°	0.5~1	腐殖土	40°	35°	25°	

4) 使用功能的需要

地形作为场地中的基础要素,对于场地的使用有着直接的影响。例如大规模活动需要相对平坦的场地,而用于室外表演的剧场则需要在观众席和表演席之间存在一定的高差。地形还影响到场地的小气候,如光照和风。在一些动物园的设计中,也是充分利用地形作为动物的馆舍,并形成展示与参观的巧妙关系。

5) 视觉空间的划分与组织

在自然式园林设计中,地形对于空间的划分和组织往往是较大尺度的。为此在地形设计中要与全园的平立面设计同步进行。在设计时以地形的平面线形、立面轮廓为基础,将地形形成的旷奥空间与园路、建筑密切结合,再结合上、中、下分层种植的植物群落,可以形成浑然一体、疏密有致的空间。在人工性较强的地形中,简洁明快的地形,在作为视觉焦点元素的同时,也能形成空间的划分。

6) 经济技术生态的合理性

地形改造中涉及土方工程量、配套的工程加固措施、施工技术与工期长短;为此,在进行地形设计时要充分考虑经济和技术的可行性。如若原有地形植被良好,在地形设计中要因绿制宜,保护自然植物群落,尽量少动原有植被,将其保留或者结合于人工地形中,减少场地原生态的干扰,也延续了场地的风貌。地形的设计合理与否还影响到以后的养护和管理,如超过安息角的土壤可能会坍塌,需要维护。而大面积超过25%的草坡也会为修剪带来困难。在创造地形的同时,应考虑地表水的排放和利用,如结合洼地形成滞留池,不仅能节约水资源,还可以结合植物造景形成具有野趣的小生境。

3.3 道路铺装的竖向控制

3.3.1 道路的竖向控制

地形是场地设计的基底,道路则是场地设计的骨架。场地四周的规划现状或控制的高程是确定场地竖向设计高程的主要因素。场地道路出入口衔接场地外市政道路的高程,是场地内道路与整个场地竖向控制高程设计的条件、依据和控制高程。

在园林工程设计中,对道路交通功能的考虑还要兼顾景观等因素;因此,在整个场地竖向设计中,有时以地形为先导,有时以道路为先导。道路的竖向设计中要满足相关规范中对交通和排水坡度的要求,考虑到节约土方等要求,并尽量以保证建筑室内外场地处于较高地段为前提。即从确定主要道路中线交点、折点、变坡点的标高开始,根据造景需要和工程实际,确定道路分段长度和坡度,使道路成为一个高低不同,各点相连的立体网络。整个场地的地形变化与这个立体网络密切相关,竖向设计中的绝大部分标高都受其影响和制约。

当然,在深入设计的过程中,其他元素布置也可能需要反过来调整道路的标高。这样以地形为基底,道路为网络,经过反复调整,并结合重要点状要素的布置,就可以最后形成较为合理的竖向设计成果。

园林工程中道路的竖向设计应注意以下几个方面:

第一,竖向设计与道路的平面规划同时进行。道路中心线实际上是一根三维曲线,而道路也可以看作是三维曲面。因此,在进行道路设计时不能仅考虑其二维平面,还要密切结合竖直向上度的变化。道路应该尽量结合地形,可以采用自由式布置,依山就势,不必过于追求平面形式,以减少土方量。

第二,结合场地中道路周边的控制高程、沿线地形地物、地下管线、地质和水文条件等作综合考虑。道路的竖向设计要与两侧用地的竖向规划相结合,满足空间划分和造景的要求,并充分考虑道路周边场地和道路的排水问题。

第三,满足道路本身的技术要求,考虑不同使用者的需要。例如,道路应该满足相应的坡度要求,保证车辆和行人的安全通行,并与相邻建筑场地取得方便的联系。主要道路坡度应相对平缓,次要道路可以选择坡度稍大的地段。对于园林中考虑无障碍通行的道路,应根据城市道路与建筑无障碍设计规范,控制坡度和坡长,一般不大于1/12(8%),推荐采用1/20(5%)或更小的坡度。

1) 道路控制点标高的确定

为了满足道路的不同使用功能,道路应符合相关规范中对坡度和坡长的限值。因此道路交叉点和纵坡转折点标高的确定,必须根据道路的功能、允许最大纵坡值和坡长极限值来考虑。此外,还必须遵循以下几方面:

(1) 主路纵坡宜小于8%,横坡宜小于3%,粒料路面横坡宜小于4%,纵、横坡不得同时无坡度。山地公园的园路纵坡应小于12%,超过12%应作防滑处理。主园路不宜设梯道,必须设梯道时,纵坡宜小于36%。

(2) 支路和小路,纵坡宜小于18%。纵坡超过15%的路段,路面应作防滑处理;纵坡超过18%,宜按台阶、梯道设计,台阶踏步数不得少于2级;坡度大于58%的梯道应作防滑处理,宜设置护栏设施。

(3) 合理定线,减少土方量。道路的定线设计必须充分结合自然地貌,尽量避免过大改变原来的地形、地貌。道路经过之处应尽可能不损坏土层,使原有植被少受干扰。

2) 道路等高线的设计与绘制

道路形成倾斜面主要是由道路横坡面和纵坡面坡度两个数值确定的。应注意避免混淆倾斜面其本身的坡度(即称之为等高线坡降)和这两个坡度的区别,倾斜面的坡度是道路横坡坡度和纵坡坡度的合成坡度。

当确定道路的纵向坡度、横向坡度、转折点位置即标高(指道路路面的设计标高)后,可以按照下列公式计算设计等高线各段水平距离与等高线平距,见图3.29、3.30。

$$a = F/i \quad b = \Delta h/i \quad c = B \times n/i \quad d = E/i$$

其中 a—— 道路纵坡转折点至临近设计等高线的水平距离(m);

F—— 道路纵坡转折点至临近设计等高线的高程差(m);

i—— 道路的纵向坡度(%);

b—— 道路设计等高线之间的水平距离(m);

Δh—— 设计等高线的等高距(m);

c——设计等高线与道路中心线和路缘石线交点之间,沿道路轴线方向的水平距离,或设计等高线与路中心线和路肩、路缘石线和人行道边缘交点的水平距离(m);

B——道路宽度,双坡为路宽一半,单坡为路宽,或路肩的宽度、人行道的宽度(m);

n——道路的横向坡度(%);

d——设计等高线与道路缘石等高线重合段的水平距离(m);

E——道路缘石侧壁的高度(m)。

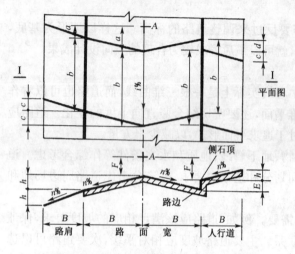 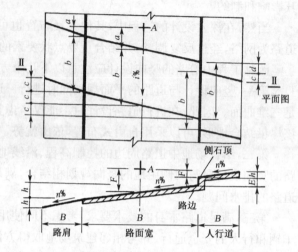

图 3.29 双坡路面道路等高线的设计与绘制　　图 3.30 单坡路面道路等高线的设计与绘制

实际工程中,为了美观和行车安全,路面的等高线往往更加圆润,一般采用抛物线,以形成柔和的路冠。

3) 道路交叉口的竖向设计

道路交叉口的竖向设计,多用绘制路口等高线的方法进行设计。道路交叉口由于纵坡大小、坡向和自然地形的不同,等高线形式一般有如下 6 种。

(1) 凸地形上的交叉口(图3.31)　设计等高线自交叉口中心点向四周道路路面圈层状放射出去,相交道路纵坡保持不变,使雨水流向四周道路的边沟,交叉口转角处不设置雨水口。

(2) 凹地形上的交叉口(图3.32)　这种地形与上述相反,交叉口中心最易聚集地面水,因此在交叉口附近增设标高略高的等高线,形成中心点略高、转角附近一圈较低、四周外围道路逐渐升高的地形,使凹形交叉口中心处的雨水,流向四个转角的雨水口,避免交叉口积水。

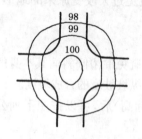 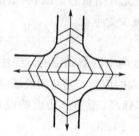 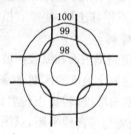 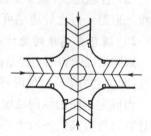

图 3.31　凸地形上的交叉口　　　　　　图 3.32　凹地形上的交叉口

(3) 单坡地形上的交叉口(图3.33)　这类交叉口位于斜坡地形上,相邻两条道路的纵坡向交叉口中心倾斜,另两条道路则由交叉口向外倾斜。向交叉口中心倾斜的两条道路的纵坡轴,共同往其所夹的一侧边沟靠拢,转角处设置雨水口。而另外两条道路的纵坡由交叉口往外倾斜时,它们的纵坡分水线,则应从其与坡向交叉口道路所夹的边沟处,逐步引向道路中心轴线,交叉口的设计呈单坡面。

(4) 分水线地形交叉口(图3.34)　位于分水线地形上的交叉口,三条道路的纵坡坡向由交叉口中心向外倾斜,而另外一条道路的纵坡坡向,则向交叉口倾斜。这种情况下的等高线竖向设计,可以不改变横断面形式,倾向交叉口的道路在进入交叉口范围后,将原来的路拱顶线分为三个方向,逐步离开交叉口的中心,在倾向交叉口道路转角处设置雨水口。

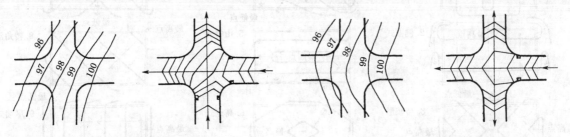

图 3.33 单坡地形上的交叉口　　　　　　　图 3.34 分水线地形交叉口

(5) 汇水线地形交叉口(图 3.35)　汇水线地形上的交叉口,与上述情况相反。三条道路的纵坡坡向是向交叉口中心倾斜,另一条道路的纵坡坡向则由交叉口中心向外倾斜。这种情况下,两条相对倾向交叉口中心的道路,将其路拱纵坡的相交转折点外移;在三条倾向交叉口中心道路的街角处形成坡度稍缓的半环形地带,并设置雨水口截留雨水。

(6) 马鞍形地形交叉口(图 3.36)　道路交叉口位于马鞍形地形处,相对两条道路的纵坡向交叉口中心倾斜,另外两条道路的纵坡由交叉口中心向外倾斜。处于这种地形的交叉口,其中心坡向的设置宜与主要道路一致,并在纵坡向中心点倾斜的道路进入交叉口的街角处,设置雨水口,以减少雨水排向另外两条道路。

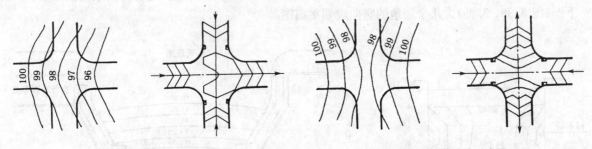

图 3.35 汇水线地形交叉口　　　　　　　图 3.36 马鞍形地形交叉口

以上是常见的几种地形上交叉口的竖向设计,在工程实践中,地形可能比上述几种还要复杂,影响的因素也更多。在交叉口的竖向设计中要因地制宜,灵活处理,兼顾雨水排除、行车舒适、造型美观以及与周围场地标高协调等因素。

3.3.2 铺装场地的竖向设计

在铺装场地的竖向设计上要考虑如下几个方面:

1) 满足功能使用

例如,供多人活动的广场坡度宜平缓,不宜有过多的高差变化,如考虑观演的需要可以在广场局部设置低于或高于周围场地的平台。在铺装场地的设计中,有时由于地形因素或为了突出空间划分,会存在一些高差变化。为了满足行动不便者的要求,应提供坡道、护栏等设施。

2) 要有利于排水,要保证铺地地面不积水

为此,任何铺地在设计中都要有不小于 0.3% 的排水坡度,而且在坡面下端要设置雨水口、排水管或排水沟,使地面有组织地排水,组成完整的地上、地下排水系统。铺地地面坡度也不要过大,坡度过大则影响使用。一般坡度在 0.5%～5% 较好,最大坡度不得超过 8%。下图是常见的场地排水模式(图 3.37)。

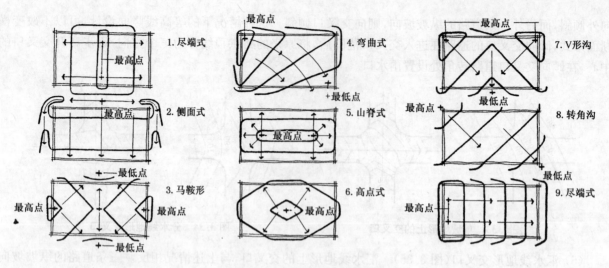

图 3.37 常见的场地排水模式

3) 与现有地形结合

在满足功能使用和考虑排水等因素的前提下,充分利用原有地形可以减少土方工程量,为此在设计时可以让设计等高线尽可能与现状等高线粗略地平行。这样能减少土石方工程量,节约工程费用。

4) 与铺装材料相结合

铺装材料有多种类型,主要可以分为整体性、块料和粒料铺装。在进行铺装场地的竖向设计时,也要充分考虑不同材料的工程特性以及其与使用功能的关系,从面上控制好坡度,选择好集水点的布置。

下图(图 3.38、3.39)为几个场地的竖向规划平面图。

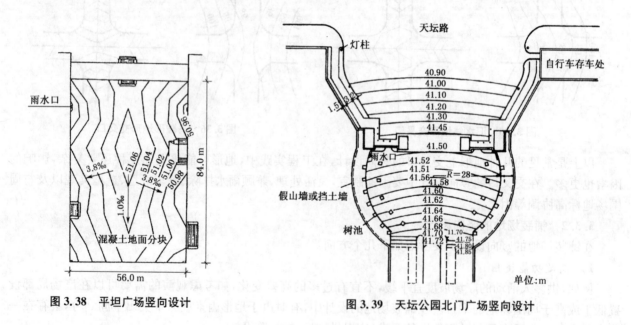

图 3.38 平坦广场竖向设计　　　　图 3.39 天坛公园北门广场竖向设计

3.4 建筑与竖向控制

3.4.1 建筑布局、设计与竖向设计

1) 建筑竖向布置的原则

建筑群的组合以及单体建筑布置应该结合地形、利用地形,形成丰富错落的建筑形体,通过恰当组织出入口,组织错层等方式可以节约用地,方便使用。必须根据场地的具体条件进行建筑的竖向布置,如山

地、丘陵地区的建筑组合切忌追求对称、规整和几何形式,应结合地形灵活布置。

2) 建筑与地形的关系

建筑与地形的关系主要有如图3.40所示的4种。在布置建筑物时,应尽量配合地形,采用多种布置方式,在照顾朝向、景观等条件下,争取与等高线平行,尽量做到不要过大地改动原有的自然等高线,或者只改变建筑物基地周围的自然等高线。

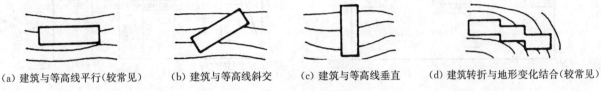

(a) 建筑与等高线平行(较常见)　(b) 建筑与等高线斜交　(c) 建筑与等高线垂直　(d) 建筑转折与地形变化结合(较常见)

图3.40　建筑与地形的关系

3.4.2　建筑周边的竖向设计

1) 建筑竖向设计与道路的一般关系

场地内的雨水一般通过道路路面及其边沟处的雨水口排除,为防止降雨在建筑周围形成积水,建筑物室内地坪标高应高于道路路面中心线;两者之间的地面应形成坡向道路缘石的坡面,收集雨水的雨水花园则须保证路面向建筑与道路间的绿地倾斜,形成生态滞留洼地,其坡度的确定与土壤的性质和地表状况有关,既要保证地表径流有一定的流速,不要积水,又要防止流速过快造成对地面的侵蚀,一般以0.5%~2%为宜,图3.41为建筑与道路竖向布置实例。

当建筑物有进出车辆要求时,道路与建筑物之间须设置引车道。引车道的设置须保证建筑物室内外地坪的一定高差,以及车辆进出建筑物的最大纵坡限制,可选择3%~6%的坡度,见图3.42。

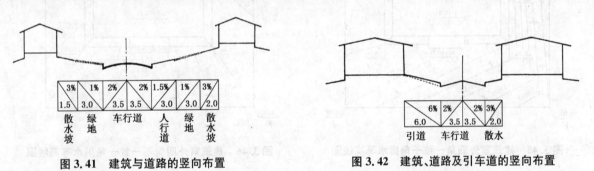

图3.41　建筑与道路的竖向布置　　　　图3.42　建筑、道路及引车道的竖向布置

2) 建筑四周排水的一般原则

建筑四周对排水的要求和整个场地有所不同。为避免建筑的基础部分受到水侵蚀和近地面部分避免受到水冲刷,要求建筑四周的雨水应迅速从建筑处排走,因此建筑四周的排水坡度最低限值一般要比其他场地排水的最低限值要大。

一般来说,建筑四周的地面排水坡度最好为2%,或者在1%~3%之间。当然各个场地设计条件不同,要根据实际情况调整。例如对于湿陷性黄土的地面,建筑四周6 m范围内的排水坡度要大于20%,6 m以外的排水坡度要大于5%。对于膨胀土的地面,建筑四周2.5 m范围内的排水坡度要大于2%。建筑的进车道,应由建筑向外倾斜,使雨水的排出方向背离建筑。

以下结合前面介绍的竖向设计和表达的不同方法,介绍某场地在四角高程不变的情况下,可以采用多种竖向安排。为简单明了,本例未考虑土方平衡以及场地内部加设道路的因素。

(1) 箭头法　利用场地四角标高,推算建筑室外四角标高,应略高于相邻场地四角标高,并以入口为最高点。雨水远离建筑物,从场地东南两路往西北角排出(图3.43)。

(2) 对称等高线法　在推算出建筑室外四角标高后,增设四个红线标高点,使建筑南北场地单坡排水,分别从东西两边北端角排出(图3.44)。

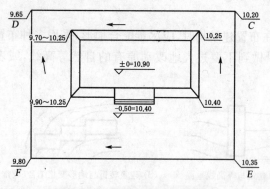
图 3.43 箭头法确定控制标高

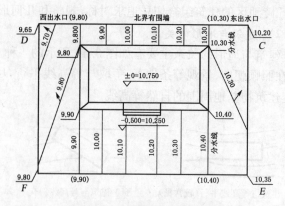
图 3.44 对称形式等高线图

（3）建筑室外四角一致一角排水等高线图 利用推算场地四角标高，建筑室外四角同平，入口处选择场地四角中的一角，同为最高点连线作为分水线，雨水将会绕过建筑，流至西北角排出；但是，会造成场地内坡度不均匀（图3.45）。

（4）建筑室外四角不一致一角排水等高线图 场地与建筑室外相对四角同用推算标高。最高点连线为分水线（10.35），最低点为汇水线（9.65）。场地流水顺畅，但是西北建筑室外高程要略加高，否则容易积水，故 9.65 改为 9.70（图 3.46）。

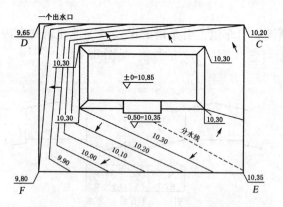
图 3.45 建筑室外四角一致一角排水等高线图

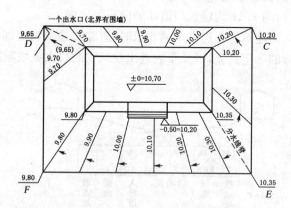
图 3.46 建筑室外四角不一致一角排水等高线图

（5）一面坡排水竖向设计图 参考推算场地四角，自定对称标高。建筑室外四角标高平，入口作为分水线。等高线要注意满足最小坡度控制（图 3.47）。

（6）一点排水竖向设计图 设计为对称场地及建筑室外四角，且相邻标高相同。主入口定为分水线，排水由中间的低点排出（图 3.48）。

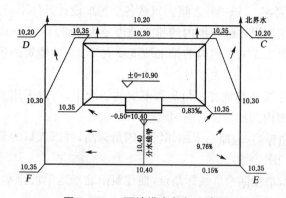
图 3.47 一面坡排水竖向设计图

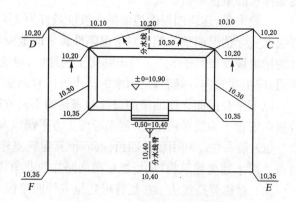
图 3.48 一点排水竖向设计图

3.5 竖向设计与土方平衡

3.5.1 影响土方工程量的因素

竖向设计不仅涉及场地的视觉景观、功能使用以及建成后的维护管理,而且与施工过程中发生的土方量有着密切的关系。场地中土方的引入、排出以及运输都需要不菲的费用,因此竖向设计中除了考虑功能、美学和生态因素,也要考虑经济因素。一般来说,充分尊重和利用原有地形、适当改造,对场地较小干扰、产生较小的土方量的竖向设计方案才是合理可行的。

影响土方工程量的因素很多,大致包括如下几方面:

1) 整个场地的竖向设计对于原有地形的利用

《园冶》云:"高阜可培,低方宜挖",意指要因高堆山,就低凿水。因此场地的地形设计应顺应自然,充分利用原有地形,宜山则山,宜水则水。地形造景应以小地形为主,少搞或者不搞大规模的地形改造。根据原有地形因地制宜地布局相应景点,必要时进行适当的地形改造。这样就能减少土方工程量。

2) 建筑、构筑物建设产生的土方量

在建筑和构筑物建设过程中,一方面是场地的挖方、填方所发生的土方量,这部分往往是最重要的一部分,也是通过合理的竖向设计能有所控制的一部分。因此在选址和建筑形式的选择上,可以充分结合地形,随形就势,减少土方,如图 3.49 中 a 的土方工程量最大,b 其次,而 c 又次,d 最少。

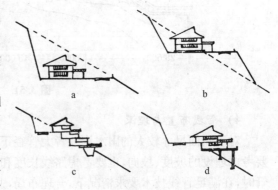

图 3.49 建筑结合地形的几种类型

另一方面是在建筑和构筑物施工过程中,发生的铲土和需土项目。包括如下几种:①房心填土。通常建筑物室内地坪高于室外地面。住宅首层地面一般高于室外 0.6~0.9 m,公共建筑室内外高差一般也在 0.15 m 以上。②基础出土,即基础构造所占部分相应取出的土方量。③施工渣土,如施工过程中为了垫平临时道路运进的砂石,建造房屋、假山、桥梁以及铺设道路时产生的很多砖石、碎渣。④地下室、地下停车场出土,园林中一些设备用房和控制室往往是建在地表下,在用地紧张地段往往还会建设地下停车场,这些都会产生土方量。

3) 园路选线对于土方工程量的影响

道路的选线要充分结合自然地貌,并采用合适的道路形式,从而尽量少动土方。园路路基一般有图 3.50 所示的几种类型。在坡地上修筑路基,大致可以分为全挖式、半挖半填式和全填式,园路设计时应避免大挖大填,除满足导游和交通目的外,尽量减少土方工程量。在沟谷低洼的潮湿地段、桥头引道以及为俯瞰园景的道路,其路基需要修成路堤;而道路通过陡峭地段或者山口,为了减少道路坡度,路基往往修成堑式,有时为了兼顾造景和空间围合也采用堑式路基,如松江方塔园,如图 3.51。

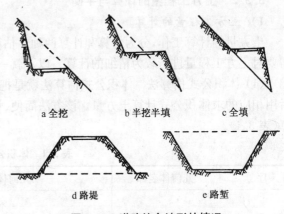

图 3.50 道路结合地形的情况

一般而言,主路和部分支路,由于游览、运输、养护车辆以及消防车辆的需要,要比较平坦外,其他小路和游步道可以随地形起伏,减少对地形的改变。

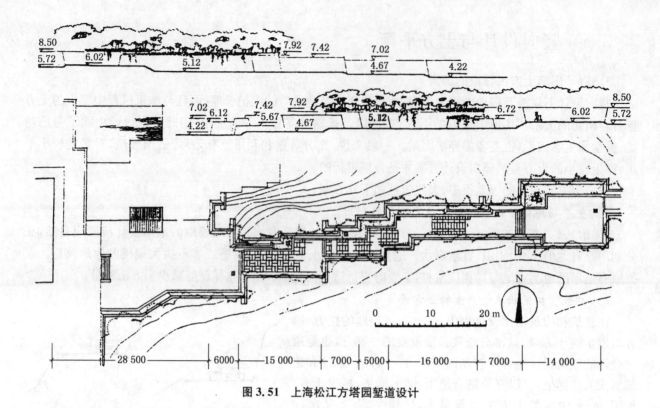

图 3.51 上海松江方塔园堑道设计

4) 管线布置与埋深

对于断面尺寸较大的雨水沟或者大管径下水管、雨水管,其中水体为重力自流,因此在竖向设计时既要考虑埋设的坡度、坡向,也要考虑路线长度和深度,以减少土方量。此外,在布置给水管、电力、电信等沟管时,在满足管线技术要求情况下,合理布局,避开施工不利地段,统筹安排,相互协调,尽可能减少管线工程的工程量。

5) 土方运输距离

即使在场内内能做到土方平衡,仍由于绝对挖方量和填方量,以及运输量的大小都会影响总的工程量,因此要缩短土方运距,减少二次搬运。前者是设计时要考虑的,即在作土方调配时,考虑周全,将调配总运距缩减到最少;后者则属于施工管理问题,往往是因为运输道路不好,或者施工现场管理不当,造成卸土不到位,导致再次运输的麻烦。

3.5.2 土方工程量的计算与平衡

1) 土方工程量的计算

土方量的计算工作,分为估算和计算两种。估算一般用于规划、方案阶段,而在设计的施工图阶段中,需要对土方工程量进行较为精细的计算。以下就一些常用的土方工程量计算方法作逐一介绍。

(1) 体积公式估算法 体积公式估算法就是把所设计的地形近似地假定为锥体、棱台等几何形体,然后用相应的求体积公式计算土方量。该方法简便、快捷但精度不够,一般多用于规划方案阶段的土方量估算(表 3.1)。

表 3.1 体积公式估算土方工程量

序号	几何体名称	几何体形状	体积
1	圆锥		$V = \dfrac{1}{3}\pi r^2 h$

续表 3.1

序号	几何体名称	几何体形状	体积
2	圆台		$V = \frac{1}{3}\pi h(r_1^2 + r_2^2 + r_1 r_2)$
3	棱锥		$V = \frac{1}{3} S \cdot h$
4	棱台		$V = \frac{1}{3} h(S_1 + S_2 + \sqrt{S_1 S_2})$
5	球缺		$V = \frac{\pi h}{6}(h^2 + 3r^2)$

V——体积 r——半径 S——底面积

h——高 r_1, r_2——分别为上、下底半径 S_1, S_2——分别为上、下底面积

(2)垂直断面法　垂直断面法多用于园林地形纵横坡度有规律变化地段的土方工程量计算,如带状的山体、水体、沟渠、堤、路堑、路槽等。

此方法是以一组相互平行的垂直截断面将要计算的地形分截成"段",然后分别计算每一单个"段"的体积,然后把各"段"的体积相加,求得总土方量。计算公式如下:

$$总土方量 V = V_1 + V_2 + V_3 + \cdots + V_n$$

$$其中 V_1 = 1/2(S_1 + S_2) \cdot L$$

式中:V_1——相邻两断面的挖、填方量(m^3);

S_1——截面1的挖、填方面积(m^2);

S_2——截面2的挖、填方面积(m^2);

L——相邻两截面间的距离(m)。

截断面可以设在地形变化较大的位置,这种方法的精确度取决于截断面的数量,如地形复杂,要求计算精度较高时,应多设截断面;地形变化小且变化均匀,要求仅作初步估算,截断面可以少一些(图3.52)。

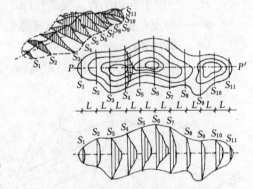

图 3.52 带状土山垂直断面取法

(3)等高面法　等高面法是在等高线处沿水平方向截取断面,断面面积即为等高线所围合的面积,相邻断面之间高差即为等高距。等高面计算法与垂直断面法基本相似(图3.53),其求体积计算公式如下:

$$V = (S_1 + S_2) \cdot h \cdot 1/2 + (S_2 + S_3) \cdot h \cdot 1/2$$
$$+ (S_3 + S_4) \cdot h \cdot 1/2 + \cdots$$
$$+ (S_{n-1} + S_n) \cdot h \cdot 1/2 + S_n \cdot h \cdot 1/3$$
$$= [(S_1 + S_n) \cdot 1/2 + S_2 + S_3 + S_4 + \cdots$$
$$+ S_{n-1} + S_n \cdot 1/3] \cdot h$$

式中:V——土方体积(m^3);

S——各层断面面积(m^2);

h——等高距(m)。

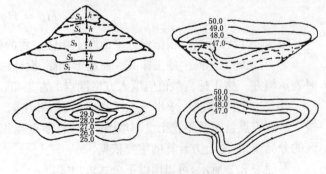

图 3.53 等高面法图示

此法最适于大面积自然山水地形的土方计算。

无论是垂直断面法还是等高面法,不规则的断面面积的计算工作总是比较繁琐的。一般说来,对不规则面积的计算可以采用以下几种方法:

① 求积仪法　用求积仪进行测量,此法较简便精确。

② 方格纸法　把方格纸蒙在图上,通过数方格数,再乘以每个方格的面积即可。此法方格网越密,其精度越大。

③ 如果设计成果是通过计算机辅助设计软件(如 AutoCAD)完成的,可以直接通过软件相应的命令计算面积。

(4) 方格网法　用方格网法计算土方量相对比较精确,一般用于平整场地,即将原来高低不平的、比较破碎的地形按设计要求整理成平坦的具有一定坡度的场地。其基本工作程序如下:

① 划分方格网　在附有等高线的地形图上划分若干正方形的小方格网。方格的边长取决于地形状况和计算的精度要求。在地形相对平坦地段,方格边长一般可采用 20~40 m;地形起伏较大地段,方格边长可采用 10~20 m。

施工标高	设计标高
-1.00	36.00
+⑨	35.00
角点编号	原地形标高

图 3.54　方格网点标高的注写

② 填入原地形标高　根据总平面图上的原地形等高线确定每一个方格交叉点的原地形标高,或根据原地形等高线采用插入法计算出每个交叉点的原地形标高,然后将原地形标高数字填入方格网点的右下角(图 3.54)。

当方格角点不在等高线上,就要采用插入法计算出原地形标高。插入法求标高公式如下:

$$H_x = H_a \pm xh/L$$

式中:H_x——角点原地形标高(m);

H_a——位于低边的等高线高程(m);

x——角点至低边等高线的水平距离(m);

h——等高距(m);

L——相邻两等高线间最短距离(m)。

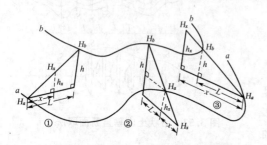

图 3.55　插入法求任意点高程图示

插入法求高程通常会遇到 3 种情况:

① 待求点标高 H_x 在两等高线之间(图 3.55①)。

$$h_x : h = x : L \quad h_x = xh/L$$

$$\therefore H_x = H_a + xh/L$$

② 待求点标高 H_x 在低边等高线 H_a 的下方(图 3.55②)。

$$h_x : h = x : L \quad h_x = xh/L$$

$$\therefore H_x = Ha \times xh/L$$

③ 待求点标高 H_x 在高边等高线 H_b 的上方(图 3.55③)。

$$h_x : h = x : L \quad h_x = xh/L$$

$$\therefore H_x = H_a + xh/L$$

④ 填入设计标高　根据设计平面图上相应位置的标高情况,在方格网点的右上角填入设计标高。

⑤ 填入施工标高　施工标高=原地形标高-设计标高。得数为正(+)数时表示挖方,得数为负(-)数时表示填方。施工标高数值应填入方格网点的左上角。

⑥ 求填挖零点线　求出施工标高以后,如果在同一方格中既有填土又有挖土部分,就必须求出零点线。所谓零点就是既不挖土也不填土的点,将零点互相连接起来的线就是零点线。零点线是挖方和填方区的分界线,它是土方计算的重要依据。

参照表 3.2 所示,可以用以下公式求出零点:

$$b_1 = a \cdot h_1 / (h_1 + h_3)$$

式中：b_1——零点距 h_1 一端的水平距离(m)；
　　　h_1，h_3——方格相邻两角点的施工标高绝对值(m)；
　　　a——方格边长(m)。

⑦ 土方量计算　根据方格网中各个方格的填挖情况，分别计算出每一方格土方量。由于每一方格内的填挖情况不同，计算所依据的图式也不同。计算中，应按方格内的填挖具体情况，选用相应的图式，并分别将标高数字代入相应的公式中进行计算。几种常见的计算图式及其相应计算公式参见表 3.2。

表 3.2　土石方量的方格网计算图式

图式		计算公式
		零点线计算
		$b_1 = a \cdot \dfrac{h_1}{h_1 + h_3}$　$b_2 = a \cdot \dfrac{h_3}{h_3 + h_1}$　$c_1 = a \cdot \dfrac{h_2}{h_2 + h_4}$　$c_2 = a \cdot \dfrac{h_4}{h_4 + h_2}$
		四点挖方或填方
		$\pm V = \dfrac{a^2}{4}(h_1 + h_2 + h_3 + h_4)$
		二点挖方或填方
		$\pm V = \dfrac{b+c}{2} \cdot a \cdot \dfrac{\sum h}{4} = \dfrac{(b+c) \cdot a \cdot \sum h}{8}$
		三点挖方或填方
		$V = \left(a^2 - \dfrac{b \cdot c}{2}\right) \cdot \dfrac{\sum h}{5}$
		一点挖方或填方
		$V = \dfrac{1}{2} \cdot b \cdot c \dfrac{\sum h}{3} = \dfrac{b \cdot c \cdot \sum h}{6}$

当算出每个方格的土方工程量后，即对每个网格的挖方、填方量进行合计，算出填、挖方总量。

2）土方工程量的平衡

(1) 场地上的平衡

① 分期、分区平衡与场地整体平衡相结合　场地内的土方平衡，应在分期、分区平衡和大型地形改造自身平衡的基础上，统一考虑场地内的土方平衡问题，以避免部分地段取、弃土困难或重复挖、填土的现象。

② 综合考虑各种参与平衡的项目　进行土方平衡时，应综合考虑各种情况下参与土方平衡项目的内容、特点，如：开挖水体、道路、驳岸、建筑基础、地下构筑物、工程管沟等工程的余土，以及松土的余土量、用作建筑材料的土石方等，务使平衡结果符合实际情况。

③ 综合考虑场内外的土方平衡　虽然场地内的土方挖填平衡最为经济，但是根据工作中的具体情况，也不必追求场地内绝对的土方平衡。例如：可以将开挖水系的大量土方用于附近深坑的填埋、居住区地坪的提高，或者用于修筑堤坝、道路等水利或者市政工程。虽然加长了运距，但是避免了在场地内刻意寻找填土点，以及覆土可能造成的植被破坏，或者由此需要的碾压、夯实和沉降时间，可能总体效益比绝对的场地内平衡要好。

④ 施工方法的影响　　土方的平衡中还要考虑施工方法的影响。人工进行土方工程施工时,场地内的标高可以多样,以减少土方工程量;而使用大型机械平整场地时,土方工程量的大小已相对次要,应尽量减少整平标高的数量,过多的标高划分会使机械作业受到很大限制、使土方施工复杂化。在塑造自然式地形时,可以人工与机械结合,整体的骨架与轮廓采用机械施工,而局部地块用人工调整、优化。表 3.3 为不同施工方法的合理运距。

表 3.3　适宜的土方调运距离

土方施工方法	调运距离(m)	土方施工方法	调运距离(m)
人工运土	10～50	拖式铲运机平土	80～800
轻轨手推车	200～1000	自行式铲运机平土	800～3500
推土机平土	50 以内	挖土机和汽车配合	500 以上

(2) 处理好挖填关系　　在处理场地土方工程时,如果自然地形较为复杂,或者地形改造规模加大,须经过较大填、挖方才能满足竖向布置要求时,应力求在填挖方总量最小且基本平衡的同时,恰当处理填挖方的关系。一般应遵循如下原则:

① 多挖少填　　由于填方不易稳定,作为建筑、构筑物的基础需要增加基础工程量,作为种植场地则需要一定时间的沉降稳定;而挖方过多,则会遇到工程地质问题,造成施工困难、延误工期。因此,具体确定填挖比例时,应综合考虑二者关系以及其对于建设的影响程度,通过技术经济比较来确定。若弃土方便,可以考虑多挖少填。

② 重挖轻填　　在平整后的场地,大型建筑物、构筑物应布置在挖方地段,而把轻型辅助设施、道路、室外活动场地等布置在填土地段。

③ 上挖下填与近挖近填　　这样在运送土方时,下坡运土利于节约人工和能源。

④ 避免重复挖填　　设计的正确性和施工的计划性是避免重复挖填的前提,在工程实践中,还应采取配合措施。如:在填方区内有大量地下工程如地下停车场、地下管沟时,应采取必要措施使其成为保留区,待地下工程完工后再进行填土,避免重复挖填。

(3) 安排好地表覆土

场地平整中的土方,种类很多,有砖石类的渣土、也有从较深处挖出的生土,还有地表土。在土方平衡时应该充分考虑各类土方的用途,做到物尽其用、因地制宜。其中土质较好的地表土不仅含有丰富的矿物质,还可能有一定的土壤生物如蚯蚓、各种菌类等,应该用作绿化场地的覆土。

覆土顺序一般为:上土下岩;大块在下、细粒在上;酸碱性岩土在下、中性岩土在上;不易风化的在下、易风化的在上;不肥沃的土在下、肥沃的土在上。

3.6　GIS 地形信息系统与地形设计

3.6.1　地形分析与表达

在地形分析中,根据点标高插值计算等高线的原理简单,但是手工处理大量点标高显然不现实。GIS 可以迅速地对点标高插值计算,转化为栅格(DEM)、等高线(Contour)和不规则三角网(TIN)等任一数据方式,并进行高程、坡度、坡向和视线等分析。

(1) 高程分析(图 3.56)　　利用线条、颜色的变化直观显示高程信息,可以分析精度,设置不同的等高距。高程对建设难度、视野及植被生长均有影响。

(2) 坡度分析(图 3.57)　　通过计算栅格单元内高差获得。建筑道路的选址、日照间距、排水、水土流失等均和坡度有关。

(3) 坡向分析(图 3.58)　　反映坡面法线与南北方向的夹角。坡向对光照、风和湿度方面具有影响,因此对建筑场地选址、日照间距、观景方向、植被布置、风力发电设施选址等具有影响。

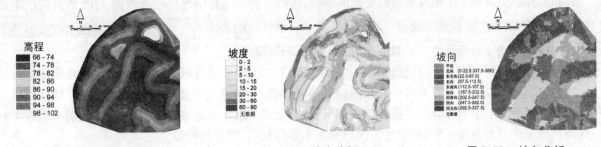

图 3.56　高程分析　　　　　图 3.57　坡度分析　　　　　图 3.58　坡向分析

(4) 日照分析(图 3.59)　根据太阳的高度角和方位角计算日照强度和遮挡情况。对植物生长和游憩场地选择具有参考意义。

(5) 视线分析　可以某个视点进行特定方向的通视分析(图 3.60),对通视和屏蔽区域区别显示,并生成剖视图(图 3.61);也可以计算整个场地能与该点通视的区域(图 3.62),并能进一步设置视高、视角和视阈进行分析(图 3.63);亦可计算出游经特定路径后不同位置被看到的频率(图 3.64)。视觉分析在地形设计方面能准确检验视觉空间,从而规划视觉序列并对景点和设施采用借景、障景等手法,也可用在远距离照明和信号传输的分析上。

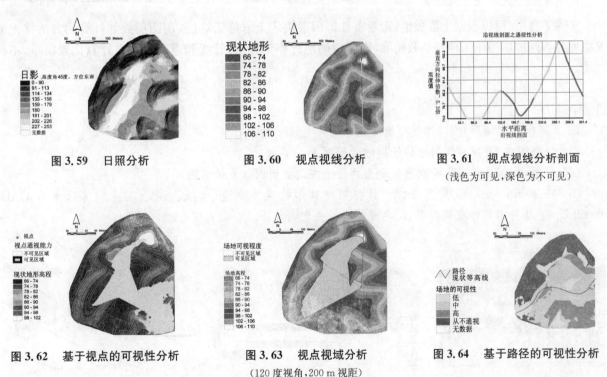

图 3.59　日照分析　　　　　图 3.60　视点视线分析　　　　　图 3.61　视点视线分析剖面
（浅色为可见,深色为不可见）

图 3.62　基于视点的可视性分析　　　图 3.63　视点视域分析　　　图 3.64　基于路径的可视性分析
（120 度视角,200 m 视距）

对于大规模复杂地形的三维实时动态显示(图 3.65)可以使场地及规划方案更加直观形象,GIS 在渲染速度和逼真度上性能很好,为设计师提供了很好的参照。

3.6.2　地形统计与土方计算(以公园设计为例)

(1) 公园面积一半以上的地形坡度超过 50%,硬地面积可适当增大;
(2) 人力剪草机修剪的草坪坡度不得大于 25%;
(3) 地形坡度超过土壤的自然安息角,应采取护坡固土或防冲刷的工程措施;
(4) 不同类型地表的排水坡度有所不同(见公园设计规范);这些坡度

图 3.65　三维显示

要求涉及用地布局和指标、工程设计和质量、工程量计算以及养护要求等。

借助GIS,即使对于大面积或者地形复杂的基地,统计和选择出相应地块也很方便。GIS能直接给出指定高程以上地形的投影面积和表面积、体积,也能算出任意区域的表面积($\sum$[栅格大小 / 栅格坡度值的余弦]),这些指标有助于精确计算工程量如土方量、草坪面积、灌溉量。

大面积地形改造的土方量计算比较复杂。如图,GIS采用设计地形与原有地形相减,可以精确地算出填方区、挖方区、总填方、挖方量以及各个栅格的施工高度(精度与栅格大小成反比)(图3.66、3.67)。根据这些精确的图示和数据,土方计算与平衡就非常容易;同时也可考虑填方区域(图3.68)中土壤沉降系数和时间,从而在施工进程上合理安排;对于挖方区域的表土要再利用,以节约资源。

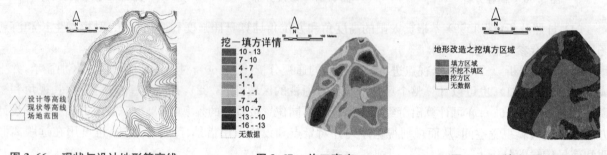

图3.66　现状与设计地形等高线　　　图3.67　施工高度　　　图3.68　填方/挖方区域

实际工程中,可以根据土壤质地、运输条件等因素决定土方施工难度,用图层叠加计算的方法将土方挖填量与不同地块的施工难度系数相乘,以便精确地计算工程量。管线和道路的土方计算比较简单,不再赘述。

■ 思考与练习

1. 等高线与实物照片、实体模型的转化练习

(1) 根据图3.69照片绘制出该场地的地形图。

(2) 根据图3.70等高线绘制出该地形的三个方向立面图以及轴测图。

(3) 在30 cm×20 cm范围内内设计并制作地形的实体模型(卡纸、线框、黏土均可),并在CAD、SketchUp等软件中制作虚拟模型,设定漫游路径并生成动画。

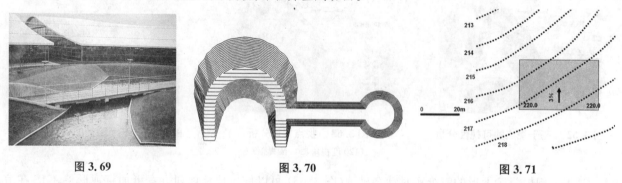

图3.69　　　　　　　图3.70　　　　　　　图3.71

2. 场地等高线调整

如图3.71绿色等高线(点状虚线)为现状地形,要在此坡地上砌筑一平台(25 m×40 m,图中矩形),平台南侧边界标高为220 cm,为利于排水,平台的坡度要满足朝北3%的要求,为保证坡体稳定,平台北侧、西侧的侧坡坡度为1:3,以减少由于平整而引起的土壤扰动量。请按照上述要求绘出整个场地的设计等高线及剖切到平台的南北、东西向剖面图。

4 园路工程

作为串联不同景点、设施的硬质地面,园路不仅满足了高频度的人、车通行,也是组织景观序列、协调平面构图的主要元素。因此对于园路的规划设计要综合考虑其美学、功能养护等因素,尤其要注意路网的合理性。此外,伴随着环境问题的突出,园路规划设计中的场地生态敏感性和低碳建造的问题也逐渐引起重视。读者在学习本章时既要熟悉园路类型、断面选型、常见做法等知识,也要通过平面图、模型推敲、现场观察了解布局与构图、材料尺寸与切割、构造元素组合等知识,从而将课本知识与感性体验结合起来。本章内容与园林规划设计课程中的平面布局与构图、功能布局与路网组织以及详细设计均有密切的联系。

4.1 园路概述

园林道路对园林各景观起着组织空间、引导游览、交通联系并提供散步休息场所的作用,它像脉络一样,把园林的各个景区景点联成整体。相对窄小的园林道路几乎没有车流量,但是对步行舒适性和景观要求相当的高,如何保证园林道路的流畅、舒适等基本功能,是园路设计主要考量的方向。

4.1.1 园路发展概况

从考古发现和现代保存的古代文物来看,我国的园路无论从结构还是地面的图案纹样,都是丰富多彩的。如战国出土的米字纹、几何纹铺地砖,秦咸阳宫出土的太阳纹铺地砖,唐代以莲纹为主的稳重"宝相纹"铺地砖等。其中有晚唐时期的胡人引驼纹、胡人牵马纹等,不仅图纹精美,还从一个侧面反映了唐代不同民族的商旅们,往来于丝绸之路上的繁忙情景。还有江南花街铺地,由砖、瓦、碎石、卵石等组成的色彩丰富、地纹精美、做工讲究的"地毯",已成为江南园林的特色之一。

我国传统园路建造在施工技术上也积累了丰富的经验,使路面的铺筑平平整整。其中尤其是"金砖"最为世人所称道,由于质地细密,坚硬如石,在明清两代的皇室贵族的殿堂广为使用。传统中国园林的园路铺地,已成为中国园林艺术的重要组成部分,受到了国内外人士的赞赏和密切关注(图 4.1、图 4.2)。

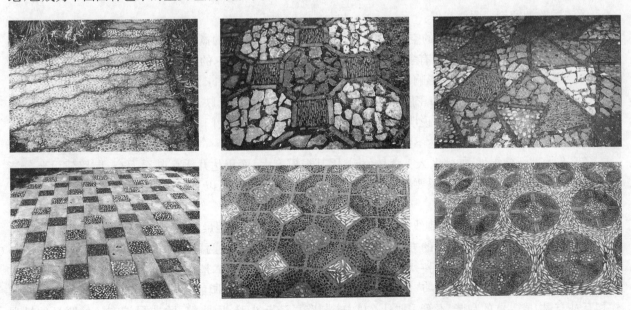

图 4.1 传统园林中卵石与石板拼纹的铺装样式

 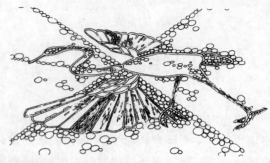

图 4.2 传统园林中铺装的吉祥图案

4.1.2 园路的类型和选型

1) 城市绿地的园路分类

一般城市绿地的园路分类有以下几种(见表 4.1):

(1) 主要道路　联系全园,必须考虑通行、生产、救护、消防、游览车辆。

(2) 次要道路　沟通各景点、建筑、林荫道、滨江道、各种广场,通行轻型车辆及人力车。

(3) 休闲小径、健康步道　供双人行走的宽度为 1.2~1.5m,供单人行走的宽度为 0.6~1m。健康步道是近年来最为流行的足底按摩健身方式。可通过行走卵石路以按摩足底穴位达到健身目的。

(4) 专用道　路面通行宽度不低于 3m。用于满足园务、防火等一些临时和突发性的通行需求。

表 4.1　园路分类与技术参考标准

分类		路面宽度(m)	游人步道宽(路肩)(m)	车道数(条)	路基宽度(m)	红线宽(含明沟)(m)	车速(km·h^{-1})	备注
园路	主园路	6.0~7.0	≥2.0	2	8~9	—	20	
	次园路	3~4	0.8~1.0	1	4~5		15	
	小径(游览步道)	0.8~1.5						
	专用道	3.0	≥1	1	4	不定		防火通道、园务拖拉机道等

关于园路的宽度要强调三点:

(1) 园路的铺装宽度和园路的空间尺度,是两个有联系但又不同的概念。旧城区道路狭窄,街道绿地不多,因此路面有多宽,它的空间也有多大。而园路是绿地中的一部分,它的空间尺寸既包含有路面的铺装宽度,也要考虑对四周地形地貌的影响,不能以铺装宽度代替空间尺度要求。

(2) 园路和广场的尺度、分布密度应该是人流密度客观、合理的反映。上述的路宽,是一般情况下的参考值。路是走出来的,从另一方面说明,人多的地方,如游乐场、入口大门等,尺度和密度应该是大一些;休闲散步区域要小一些。如果路幅达不到这个要求,绿地就极易被损坏。

(3) 在大型新建绿地,如郊区人工森林公园,因其规模庞大,面积达几千亩甚至万亩,园路建设要分清轻重缓急,逐步展开。建园伊始,只要道路能达到生产、运输的要求就可以了。

2) 园林道路的选线

园林道路的设计应充分考虑到线路长短、路基质量、路面排水和工程量的要求,可按下列原则进行选线:

规划中的园路,有自由、曲线的方式,也有规则、直线的方式,形成两种不同的园林风格。当然,采用一种方式为主要的同时,也可以用另一种方式补充。如长沙烈士公园整体是自然式的,而入口一段是规则式的;南郊公园则相异,芙蓉路、五一广场是规则式,而岳麓山、橘子洲公园的园路则是自然式的,这样不同形式相互补充,构成整体的和谐。不管采取什么式样,园路忌讳断头路、回头路,除非尽端有一处明显的景观和建筑。

园路并不是沿着中轴,两边平行一成不变的,园路可以是不对称的。如果有特殊的景观需求,人行道的宽度甚至可以局部宽于车行道。

园路也可以根据功能需要采用改变断面的形式。城市河堤景观道就可以在转折处设计不同宽度坐凳、椅，局部外延到边界路旁的过亭、与小广场相结合等等。这样宽狭不一，曲直相济，可以使园路更富于变化，做到在一条路上休闲、停留和人行、运动相结合，各得其所。

园路的转弯曲折。这在天然条件好的园林用地中不成问题：园路因地形地貌而迂回曲折，十分自然。为了延长游览路线，增加游览趣味，提高绿地的利用率，园路往往被设计得蜿蜒起伏，这时就必须人为地创造一些条件来配合园路的转折和起伏。例如，在转折处布置一些山石、树木，或者地势升降，做到曲之有理，路在绿地中；而不是三步一弯、五步一曲，为曲而曲，脱离绿地而存在。陈从周说："园林中曲与直是相对的，要曲中寓直，灵活应用，曲直自如"。以明代计成的话来说，就是需要做到："虽由人作，宛如天开"。

平原区地形的基本线形应是短捷顺直，一般应采用便捷的直线，较大半径的曲线，中间加入缓和曲线的线形。凡需要转向处，应在较远处开始偏离，使偏角小而线形平顺。

山岭地区山高谷深，地形较复杂，同时地质、气候、水文等变化较大，这些均影响到路线的布设。但山岭区大多山脉水系清晰，路线方向明确，一般确定起点和终点后，路线多顺山沿河布设，必要时横越山岭。沿河布设时，应选择支沟较小、较少，地质、水文条件良好的河岸，且应充分利用地形宽坦的台地，沿河线应注意线位高于最高洪水水位，在水文资料不充分、经验不充足时，优先选择高线位；越岭线的特点是路线需克服很大的高差，翻越山岭时，一般宜选择两侧易于展开的低垭口，如（图4.3）。

丘陵地区山丘连绵，岗坳交错，地面起伏较大，一般自然坡度较陡，具有低山区的特点。路线平、纵面大部分受地形限制，路线走向不如山岭区明显，平面多曲折，纵面多起伏，采用技术指标的活动范围较大。选线时要注意协调好平、纵断面的关系，使平曲线满足加长车辆的最小转弯半径，横向挖填土石方应尽量平衡，纵坡应能满足重型车辆的最大爬坡能力；攀山路线应尽量选在向阳坡面，少考虑路线过长的盘山路线；尽量绕避水系发达或有不明流量的山涧、溪流段，更不能发生与水争路的现象。

图4.3　山区园路形态

园路的交叉要注意几点：① 避免多路交叉。这样路况复杂，导向不明。② 人行道要穿过绿地应做到主次分明，在宽度、铺装、走向上，应有明显区别，要有景色和特点。③ 尤其三岔路口，可形成对景，让人过后记忆犹新。

园路如设置在山坡上，坡度≥6%时，就要顺着等高线作盘山路状；考虑自行车的行驶坡度应≤8%，汽车≤15%，如果考虑人力三轮车，则坡度应≤3%；人行路坡度为>10%时，要考虑设计台阶。应设法使园路和等高线斜交，这样园路来回曲折，增加观赏点和观赏面，可提升山坡园路行进过程中的观赏性。

4.1.3　园路的功能与特点

1）组织空间，引导游览

在公园中常常是利用地形、建筑、植物或道路把全园分隔成各种不同功能的景区，同时又通过道路，把各个景区联系成一个整体。这其中浏览程序的安排，对中国园林来讲，是十分重要的。它能将设计者的造景序列传达给行人。中国园林不仅是"形"的创作，而且是由"形"到"神"的一个转化过程。园林不是设计一个个静止的"境界"，而是创作一系列运动中的"境界"。行走其间的人们所获得的是连续印象所带来的综合效果，是由印象的积累带来的思想情感上的感染力，这正是中国园林的魅力所在。园路正担负起这个组织园林的观赏程序，向人们展示园林风景画面的重要任务。它通过自身的布局和路面铺砌的图案，引导人们按照设计者的意图、路线和角度来游赏景物。从这个意义上来讲，园路是游览于其间的行人的首要引导人。

园路优美的曲线,丰富多彩的路面铺装,可与周围山、水、建筑花草、树木、石景等景物紧密结合,不仅是"因景设路",而且是"因路保景",所以园路可行可游,行游统一。除此之外,园路还可为水电工程打下基础并能改善园林小气候。

2) 组织交通

园路的交通首先是考虑游览交通,即为人们提供一个舒适的既能遍游全园,又能根据个人的需要,深入到各个景区或景点的交通路线。设计时要考虑到人流的分布、集散和疏导。近年来,随着老龄人口数量的增加以及平均寿命的延长,公园人群年龄结构发生了变化,儿童约占总游览人数的5%~10%,老年人约占总游览人数的70%~85%。因此,更应为老年人、残疾人提供游憩的方便条件,合理地组织路线。

3) 进行园务管理

公园要为广大游客提供必要的便餐、小卖、饮料等方面的服务,要经常进行维修、养护、防火等方面的管理工作,要安排职工的生活,这一切都必须提供必要的交通条件、在设计时要考虑这些活动车辆通行的地段、路面的宽度和质量。在一般情况下,可以和游览道路合用,但有时,特别是在大型园林中,由于园务运输交通量大,还要补充专用的园务道路和出入口。

4) 增加活动场地

过去,中国园林多以参观游览为主。游园的方式注重自我感受,人们以思索、追溯、领悟艺术品中的哲理、情感为主要欣赏方式,追求所谓的"神游"。而现代人的旅游方式,则有一种要求参与的趋势。人们不仅要求环境优美,而且要求在这样的环境中从事文娱、体育活动。甚至进行某些学习活动,获得知识。因此,园路不仅限于简单的交通功能,还要结合相应数量的活动场地,以满足上述需求。

5) 创造美的地面景观

园路本身是一种线性狭长空间,同时由于园路的穿插划分,又把园林其他空间划成了不同形状、不同大小的一系列空间,通过大小、形式的对比,极大地丰富了园林空间的形象,增强了空间的艺术性。通过园路联系园中不同景点,组成园林景观整体,同时又形成一条条风景游览序列,调整着整个园区的观赏节奏,自成景观。同时园路自身富于变化的铺装样式也逐渐地成为园林中另一道吸引人的特色景观,图4.4为丰富多彩的铺装式样。

图4.4 丰富多彩的铺装式样

4.1.4 园路的规划设计要点

1) 园路的尺度、分布密度要主次分明

园路的尺度、分布密度,应该是人流密度客观、合理的反映。人流量相对较大的区域如各类场地设施的出入口,园路的尺度和密度就需要相对大一些,而人流量相对较少的场地边缘地区等,园路的尺度和密度就可以相应地降低、调整。

2) 园路路口的规划要合理有序

园路路口的规划是园路建设的重要组成部分。从规则式园路系统和自然式园路系统的相互比较情况来看,自然式园路系统中以三岔路口为主,而在规则式园路系统中则以十字路口比较多,但从加强巡游性来考虑,路口设置也应少一些十字路口,多一点三岔路口。

道路相交时,除山地陡坡地形之外,一般场地应尽量采用正相交方式。斜相交时斜交角度如呈锐角,其角度也尽量不要小于60°。锐角过小,车辆不易转弯,人行易穿踏绿地。锐角部分还应采用足够的转弯半径,设为圆形的转角。路口处形成的道路转角,如属于阴角,可保持直角状态,如属于阳角,应设计为斜边或改成圆角。路口要有景点和特点,在三岔路口中央可设计花坛等,要注意各条道路都要以其中心线与花坛的轴心相对,不要与花坛边线相切,路口的平面形状,应与中心花坛的形状相似或相适应,具有中央花坛的路口,都应按照规则式的地形进行设计。

3) 园路与建筑

在园路与建筑物的交接处,常常能形成路口。从园路与建筑相互交接的实际情况来看,一般都是在建筑物近旁设置一块较小的缓冲场地,园路则通过这块场地与建筑物交接。多数情况下都应这样处理,但一些起过道作用的建筑,如游廊等,也常常不设缓冲小场地,根据对园路和建筑物相互关系的处理和实际工程设计中的经验,可以采用以下方式来处理二者之间的交换关系。

我们常见的平行交接和正对交接,是指建筑物的长轴与园路中心线平行或垂直,还有一种侧对交接,是指建筑长轴与园路中心线相垂直,并同建筑物正面朝向的一侧相交接;或者园路从建筑物的侧面与其交接。

实际处理园路与建筑物的交接关系时,一般都避免斜路交接,特别是正对建筑物某一角的斜角,冲突感很强。对不得不斜交的园路,要在交接处设一段短的直路作为过渡,或者将交接处形成的路角改成圆角,以缓和对接。

4) 园路与水体

中国园林常常以水面为中心,而主干道环绕水面,联系各景区,是较理想的处理手法。当主路临水面布置时,路不应该是始终与水面平行,这样会因缺少变化而显得平淡乏味。较好的设计是根据地形的起伏,周围的自然景色和功能景色,使主路和水面若即若离。落入水面的道路可用桥、堤或汀步相接。

另外,还应注意滨河路的规划。滨河路是城市中临江、河、湖、海等水体的道路。滨河路在城市道路中往往是交通繁忙而景观要求又较高的城市干道。因此,对临近水面的步道布置有一定的要求。游步道宽度最好不小于5 m,并尽量接近水面。如滨河路比较宽时,最好布置两条游步道,一条临近道路人行道,便于行人来往,另一条临近水面的游步道要宽些,供游人漫步或驻足眺望,如图4.5所示。

图4.5　园路与水体的组景

5) 园路与山石

在园林中,经常在园路两侧布置一些山石,组成夹景,形成一种幽静的氛围。在园路的交叉路口、转弯处也常设置假山,既疏导交通,又能起到美观的作用,如图4.6所示。

图4.6　园路与山石的组景

6) 园路与种植

塑造林荫夹道可以形成视觉效果良好的园路绿化,在郊区大面积绿化中,行道树可与路两旁的绿化种植结合在一起,不按间距,灵活种植,形成路在林中走的意境,这就是我们所说的夹景。同时,可以在局部稍作浓密布置,形成阻隔,成为障景。障景常会呈现出"山重水复疑无路,柳暗花明又一村"的优美意境。

可以利用植物强调园路的转弯处,比如种植大量五颜六色的花卉,既有引导游人的功能,又极其美观。园路的交叉路口处,常常可以设置中心绿岛、回车岛、花钵、花树坛等,同样具有美观和疏导游人的作用。还应注意园路和绿地的高低关系,设计好的园路,常是浅埋于绿地之内,隐藏于绿丛之中的,尤其山麓边坡处,园路一经暴露便会留下道道穿行路径,不甚美观,所以要求路比"绿"低,比"土"低,如图4.7所示。

图4.7　园路与种植组景

7) 园路的竖向设计

园路的竖向设计应紧密地结合地形,依山就势,盘旋起伏。这样既可以获得较好的风景效果,又可以减少土方工程量,保证路基的稳定。同时,园路应有0.3%～0.8%的纵坡度和1.5%～3%的横坡度,以保证地面水的排除。由于所使用铺装材料的不同,某些路面的坡度要求会相应地有些变化。

园路的竖向变化要组织地面水的排除,并保持地下管道有合理的埋置深度,在其主干道上不宜设置台阶,否则会引起通车不畅。路基应尽量控制在两侧地面之下,将其隐于岩石、花草间,保持园路的整体景观观赏效果。

4.2　园路线形设计

在自然式园林绿地中,园路多表现为迂回曲折,流畅自然的曲线形,中国古典园林所讲的峰回路转,曲折迂回,步移景异即是如此。园路的自然曲折,可以使人们从不同角度去观赏景观,在私家园林中,由于所占面积有限,园路的曲折更产生了小中见大,延长景深,扩大空间的效果。

除了这些自由曲线的形式外,也有规则的几何形和混合形式,由此形成不同的园林风格。西欧的古典园林中(如凡尔赛宫)讲究平面几何形状。当然采用以一种形式为主,另一种形式作补充的混合式布局方式,在现代园林绿地中也比较常见。

园路的线形主要包括平面线形与横断面、纵断面线形。线形合理与否,不仅关系到园林景观序列的组织与表现,也直接影响道路的交通和排水功能。

4.2.1　园路平面线形设计

园路的平面线形即园路中心线的水平投影形态。

1) 线形种类

(1) 直线 在规则式园林绿地中多采用直线形园路,因其线形平直、规则,方便交通。

(2) 圆弧曲线 道路转弯或交汇时,考虑行驶机动车的要求,弯道部分应取圆弧曲线连接,并具有相应的转弯半径。

(3) 自由曲线 指曲率不等,且随意变化的自然曲线。在以自然式布局为主的园林游步道中多采用此种线形,可随地形、景物的变化而自然弯曲,园路柔顺、流畅、协调。

2) 设计与施工要求

(1) 对于总体规划时确定的园路平面位置及宽度,应再次核实,并做到主次分明。在满足交通要求的情况下,道路宽度应趋于下限值,以扩大绿地面积的比例。

(2) 行车道路转弯半径在满足机动车最小转弯半径条件下,可结合地形、景物灵活处置。

(3) 园路的曲折迂回应有目的性。园路曲折一方面是为了满足地形地物及功能上的要求,如避绕障碍、串联景点、围绕草坪、组织景观、增加层次、延长游览路线、扩大视野等;另一方面应避免无艺术性、功能性和目的性的过多弯曲。

3) 平曲线半径的选择

当车辆在弯道上行驶时,为了使车体顺利转弯,保证行车安全,要求弯道外侧部分应为圆弧曲线,该曲线称为平曲线,其半径称为平曲线半径。由于园路设计的车速较低,一般可以不考虑行车速度,只要满足汽车本身(前后轮间距)的最小转弯半径即可。因此,平曲线最小半径一般不小于6 m(图4.8)。

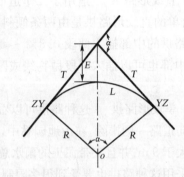

图4.8 平曲线图
T—切线长;E—曲线外距;L—曲线长;
α—路线转折角度;R—平曲线半径

4) 曲线加宽

当汽车在弯道上行驶时,由于前轮的轮迹较大,后轮的轮迹较小,会出现轮迹内移现象;同时,本身所占宽度也较直线行驶时为大;弯道半径越小,这一现象越严重。为了防止后轮驶出路外,车道内侧(尤其是小半径弯道)需适当加宽,称为曲线加宽,如图4.9。

(1) 曲线加宽值与车体长度的平方成正比,与弯道半径成反比。

(2) 当弯道中心线平曲线半径 $R \geqslant 200$ m 时可不必加宽。

(3) 为使直线路段上的宽度逐渐过渡到弯道上的加宽值,需设置加宽缓和段。

(4) 为了通行方便,园路的分支和交汇处应加宽其曲线部分,使其线形圆润、流畅,形成优美的视角。

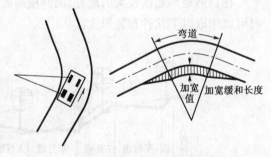

图4.9 弯道行车道后轮轮迹与曲线加宽图

4.2.2 园路横断面设计

垂直于园路中心线方向的断面叫园路的横断面,它能直观地反映路宽、道路和横坡及地上地下管线位置等情况。园路横断面设计的内容主要包括:依据规划道路宽度和道路断面形式,结合实际地形确定合适的横断面形式,确定合理的路拱横坡,综合解决路与管线及其他附属设施之间的矛盾等。

1) 道路横断面基本形式

园林道路的横断面形式依据车行道的条数通常可分为"一块板"(机动与非机动车辆在一条车行道上混合行驶,上行下行不分隔)、"两块板"(机动与非机动车辆混驶,但上下行由道路中央分隔带分开)等几种形式。通常在总体规划阶段会初步定出园路的分级、宽度及断面形式等,但在进行园路技术设计时仍需结合现场情况重新进行深入设计,选择并最终确定适宜的园路宽度和横断面形式。

园路宽度的确定依据其分级而定,应充分考虑所承载的内容。园路的横断形式最常见的为"一块板"形式,在面积较大的公园主路中偶尔也会出现"两块板"的形式。园林中的道路不像城市中的道路那样程式化,有时道路的绿化带会被路侧的绿化所取代,变化形式较灵活,在此不再详述。

2) 园路路拱设计

为使雨水快速排出路面,道路的横断面通常设计为拱形、斜线形等形状,称之为路拱,其设计主要是确定道路横断面的线形和横坡坡度。

园路路拱基本设计形式有抛物线形、折线形、直线形和单坡形4种。

(1) 抛物线形路拱 是最常用的路拱形式。其特点是路面中部较平,愈向外侧坡度愈陡,横断路面呈抛物线形。这种路拱对游人行走、行车和路面排水都很有利,但不适于较宽的道路以及低级的路面。

(2) 折线形路拱 系将路面做成由道路中心线向两侧逐渐增大横坡度的若干短折线组成的路拱。这种路拱的横坡度变化比较徐缓,路拱的直线较短,近似于抛物线形路拱,对排水、行人、行车也都有利,一般用于比较宽的园路。

(3) 直线形路拱 适用于二车道或多车道并且路面横坡坡度较小的双车道或多车道水泥混凝土路面。最简单的直线形路拱是由两条倾斜的直线所组成的。为了行人和行车方便,通常可在横坡1.5%的直线形路拱的中部插入两段0.8%~1.0%的对称连接折线,使路面中部不至于呈现屋脊形。在直线形路拱的中部也可以插入一段抛物线或圆曲线,但曲线的半径不宜小于50 m,曲线长度不应小于路面总宽度的10%。

(4) 单坡形路拱 这种路拱可以看做是以上三种路拱各取一半所得到的路拱形式,其路面单向倾斜,雨水只向道路一侧排除。在山地园林中,常常采用单坡形路拱。但这种路拱不适宜较宽的道路,道路宽度一般都不大于9 m;并且夹带泥土的雨水总是从道路较高一侧通过路面流向较低一侧,容易污染路面,所以在园林中采用这种路拱也要受到很多限制。

3) 园路横断面综合设计

园路横断面的设计必须与道路管线相适应,综合考虑路灯的地下线路、给水管、排水管等附属设施,采取有效措施解决矛盾。

在自然地形起伏较大的地方,园路横断面设计应和地形相结合(图4.10)。当道路两侧的地形高差较大时可以采取以下几种布置形式:

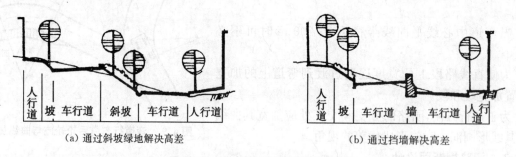

(a) 通过斜坡绿地解决高差　　　　(b) 通过挡墙解决高差

图4.10　结合地形设计道路横断面

(1) 结合地形将人行道与车行道设置在不同高度上,人行道与车行道之间用斜坡隔开,或用挡土墙隔开。

(2) 将两个不同行车方向的车行道设置在不同高度上。

(3) 结合岸坡倾斜地形,将沿河一边的人行道布置在较低的不受水淹的河滩上,供居民散步休息之用。车行道设在上层,以供车辆通行。

(4) 当道路沿坡地设置,车行道和人行道在同一个高度上,横断面布置应将车行道中线的标高接近地面,并向土坡靠拢。这样可避免出现多填少挖的不利现象(一般为了使路基比较稳固,而出现多挖少填的情况),以减少土方和护坡工程。

4.2.3 园路的纵断面设计

园路纵断面,是指路面中心线的竖向断面。路面中心线在纵断面上为连续相折的直线,为使路面平顺,在折线的交点处要设置成竖向的曲线状,这就叫做园路的竖曲线。竖曲线的设置,使园林道路多有起伏,路景生动,视线俯仰变化,游览、散步感觉舒适、方便。

1) 园路纵断面设计的主要内容

园路纵断面设计的主要内容有:
(1) 确定路线各处合适的标高;
(2) 设计各路段的纵坡及坡长;
(3) 保证视距要求,选择各处竖曲线的合适半径,设置竖曲线并计算施工高度等。

2) 园路纵断面设计与施工要求

(1) 在满足造景艺术要求的情况下,尽量利用原地形,以保证路基稳定,减少土方量。行车路段应避免过大的纵坡和过多的折点,使线形平顺。

(2) 园路根据造景的需要,应随形就势,一般随地形的起伏而起伏。园路应与相连的广场、建筑物和城市道路在高程上有合理的衔接。

(3) 行车道路的竖曲线应满足车辆通行的基本要求,应考虑常见机动车辆外形尺寸对竖曲线半径及行车安全的要求。

(4) 园路应配合组织地面排水,纵断面控制点应与平面控制点一并考虑,使平、竖曲线尽量错开,注意与地下管线的关系,达到经济、合理的要求。

3) 园路竖曲线设计

(1) 确定合适的园路竖曲线半径　园路竖曲线的允许半径范围比较大,其最小半径比一般城市道路要小得多。半径的确定与游人游览方式、散步速度和部分车辆的行驶要求相关,但一般不作过细的考虑。

(2) 园路纵向坡度设定　一般园路的路面应有8%以下的纵坡,以保证雨水的排除,同时又可丰富路景。应保证最小纵坡不小于0.3%~0.5%。但纵坡坡度也不宜过大,否则不利于游人的游览和园务运输车辆的通行。可供自行车骑行的园路,纵坡宜在2.5%以下,最大不超过4%;轮椅、三轮车宜为2%左右,不超过3%;不通车的人行游览道,最大纵坡不超过12%;若坡度在12%以上,就必须设计为梯级道路,除了专门设在悬崖峭壁边的梯级磴道外,一般的梯道纵坡坡度都不要超过10%。园路纵坡较大时,其坡面长度应有所限制。当道路纵坡较大而坡长又超过限制时,则应在坡路中插入坡度不大于3°的缓和坡段;或者在过长的梯道中插入一至数个平台,供人暂停小歇并起到缓冲作用。

4) 弯道超高

为了平衡汽车在弯道上行驶时所产生的离心力所设置的弯道横向坡度所形成的高差称弯道超高,设置超高的弯道部分(从平曲线起点至终点)形成了单一向内侧倾斜的横坡。为了便于直线路段的双向横坡与弯道超高部分的单一横坡衔接平顺,应设置超高缓和段(见表4.2)。

表4.2　各种类型路面的纵横坡度表

路面类型	纵坡坡度(‰)				横坡坡度(‰)	
	最小	最大		特殊	最小	最大
		游览大道	园路			
水泥混凝土路面	3	60	70	100	1.5	2.5
沥青混凝土路面	3	50	60	100	1.5	2.5
块石、炼砖路面	4	60	80	110	2	3

续表 4.2

路面类型	纵坡坡度(‰)				横坡坡度(‰)	
	最小	最大		特殊	最小	最大
		游览大道	园路			
拳石、卵石路面	5	70	80	70	3	4
粒料路面	5	60	80	80	2.5	3.5
改善土路路面	5	60	60	80	2.5	4
游步小道	3		80		1.5	3
自行车道		30			1.5	2
广场、停车场	3	60	70	100	1.5	2.5
特别停车场	3	60	70	100	0.5	1

注：路肩横坡应比路面横坡增大 1%~2%。

4.3 园路材料的选取和合理搭配

材料是景观铺地的基础，材料构成不同、色彩不同、质地不同、纹理不同，各自物理、化学性能、使用性能也不同。以材料彼此间性能的差异所奠定的材料的多样性，也形成了景观铺地艺术的丰富基础。合理选材，合理使用，合理构造，充分发挥其性能，使之美观实用，健康环保，则是构筑理想景观铺地的重心。

园路材料的选取可多采用块料、砂、石、木、预制品等材料为面层，尽量塑造成上可透气，下可渗水的园林生态环保道路。基于如此前提条件，园路材料的选取需要注意以下几点：

1) 要符合绿地生态要求

园路可透气渗水，极有利于树木的生长，同时减少沟渠外排水量，增加地下水补充。

2) 与园林景观相协调

园路应自然、富于野趣，少留人工痕迹；尤其，是在郊区人工森林公园这种类型的绿地中，更应粗犷自然。

块料路面的铺砌要注意几点，广场内同一空间，园路同一走向，采用同一种式样的铺装较好；这样，在不同的区域，通过不同的铺砌，组成全园的园路系统，达到统一中求变化的目的。实际上，这是以园路的铺装来表达园路的不同性质、用途和区域。

另一种类型的铺装，可用不同大小、材质和拼装方式的块料来组成，关键是用什么材料，铺装在什么地方。块料的大小、形状，除了要与环境、空间相协调，还要适于自由曲折的线形铺砌，其表面肌理要粗细适度，粗可行儿童车，走高跟鞋，细不致雨天滑倒跌伤；块料尺寸模数，要与路面宽度相协调；使用不同材质块料拼砌园路时，色彩、质感、形状等的对比要强烈，块料路面的边缘要加固。

3) 侧石问题

侧石亦称路牙，路缘石。园路是否放侧石，要依据实际情况而定：看使用清扫机械是否需要有靠边；使用砌块拼砌后，边缘是否整齐？最重要的是侧石是否可起到加固园路边缘的作用？园路两侧绿地是否高出路面？在绿化尚未成型时，应以侧石防止路面被水土冲刷。

4.3.1 沥青路面和场地

沥青混凝土路面，平整度好，耐压、耐磨，施工和养护管理简单，多用于公园主次园路或一些附属道路。沥青混凝土路面，一般用 60~100 mm 厚泥结碎石做基层，以 30~50 mm 厚沥青混凝土做面层。根据沥青混凝土的骨料粒径大小，有细粒式、中粒式和粗粒式沥青混凝土可供选用。这种路面属于黑色路面，一般不必用其他方法来对路面进行装饰处理。

4.3.2 混凝土路面和场地

此类路面因其造价低、施工性能好,常用于铺装园路、自行车停放场。其表面处理大致有以下几种:除铁抹子抹平、木抹子抹平、刷子拉毛外,还有简单清理表面灰渣的水洗石饰面和铺石着色饰面等。其规格尺寸按照具体设计而定,常见有正方形、长条形和嵌锁形等,铺筑方法与石材路面相同。不加钢筋的混凝土板,其厚度不要小于80 mm。加钢筋的混凝土板,最小厚度可仅60 mm,所加钢筋一般用直径6~8 mm,间距200~250 mm,双向布筋。预制混凝土铺砌板的顶面,常加工成光面、彩色水磨石面或露骨料面。预制混凝土块路面造价相对石材来说较低,其色彩、样式也很丰富。水泥混凝土路面基层,可用80~120 mm厚碎石层,或用150~200 mm厚大块石层,在基层上面可用30~50 mm粗砂做间层。面层则一般采用C20混凝土,做120~160 mm厚。路面每隔10 m设伸缩缝一道。对路面的装饰,可用普通抹灰或彩色水泥抹灰。

4.3.3 水洗小砾石和卵石嵌砌路面

浇筑预制混凝土后,待其凝固到一定程度(24~48 h左右)后,用刷子将表面刷光,再用水冲刷,直至砾石均匀露明。这是一种利用小砾石配色和混凝土光滑特性的路面铺装,除园路外,一般还多用于人工溪流、水池的底部铺装。利用不同粒径和品种的砾石,可铺成多种水洗石路面。该种路面的断面结构视使用场所、路基条件而异,一般混凝土层厚度为100 mm。

4.3.4 卵石嵌砌路面

卵石是园林中最常用的一种路面面层材料,一般用于公园游步道或小庭园中的道路。中国古典园林中很早就开始用卵石铺路,并且还创造了许多蕴含传统文化的图案,江南古典园林中目前仍保留了不少这方面的佳作。近年来卵石在现代园林中应用也非常广泛,如公园或休闲广场上常见的带有足疗功能的健身步道等。

现代园林中的卵石路面图案较简洁,而我国古典园林中常采用卵石铺成各种精美的图案,如梅影路、鹤纹路等,能起到增加景区特色、深化意境的作用。另外,古典园林中还有一种雕砖卵石路面,被誉称为"石子画",它是选用精雕的砖、细磨的瓦和经过严格挑选的各色卵石拼贴成的路面,图案内容丰富,如"古城会"、"战长沙"、"回荆州"等三国故事;有以寓言为题材的图案,如"黄鼠狼给鸡拜年"、"双羊过桥";有传统的民间图案,如四季盆景、花、鸟、鱼、虫等。现代园林中也有为保持传统风格,降低造价,采用预制混凝土卵石嵌花路,还有卵石与石板或预制混凝土块相拼合的园路,有较好的装饰作用,又具有现代特点。具体做法是在混凝土层上摊铺20 mm以上厚度的砂浆(水泥:黄砂为1:3)后,平整嵌砌卵石,最后用刷子将水泥浆整平。卵石嵌砌路面主要用于园路。路面的铺筑厚度视卵石的粒径大小而异,其断面结构也会因使用场所、路基条件等不同而有所不同,但混凝土层的标准厚度一般为100 mm。

4.3.5 混凝土平板路面及各种平板路面

在嵌锁形预制块路面普及推广前,混凝土平板路面以其易修整等优点常用于人行道铺装。除混凝土平板路面外,施工性能好的路面还有嵌砌砾石的水洗平板、彩色平板、花岗岩板、大理石贴面人造石板、陶瓷砖铺面平板等路面。以混凝土平板路面铺装庭院,如以砂土作底层,接缝间距为5~10 cm,在接缝中种植结缕草等,就可变成透水性路面。另外,为了方便施工,常采用水洗平板替代水洗小砾石铺面。

4.3.6 嵌锁形预制砌块路面

此种路面因具有防滑、步行舒适、施工简单、修整容易、价格低廉等优点常被用作人行道、广场、车道等多种场所的路面。嵌锁形预制砌块路面色彩、样式丰富,类似小料石砌路面,可拼接成砖式路面、六角形(图案)路面、八角形路面等。另外,还有多种平整的嵌锁形预制砌块路面,有高透水性的、仿石类的等等。

4.3.7 花砖路面(广场砖)

花砖路面的色彩丰富,式样与造型的自由度大,容易营造出欢快、华丽的气氛,常用于公共设施入口、广场、人行道、大型购物中心等场所的地面铺装。花砖中除烧瓦(带防滑纹的缸砖)、瓷砖,还有透水性花砖。一般在室外区使用防滑花砖。同时,因必须设置伸缩缝,在设计时应注意选择合适的花砖式样。

4.3.8 小料石路面(方头弹石路面)和铺石路面

1)小料石路面(方头弹石路面)

车道、广场、人行道等常用的路面铺装。由于所用石料呈正方体的骰子状,因此又被称为方头弹石路面。铺筑材料一般采用白色花岗岩系列,此外还有意大利出产的棕色花岗小料石或大理石小料石。花岗岩小料石路面饰面粗糙,接缝深,防滑效果好,但容易给穿着高跟鞋的行人带来一些不便。为避免这些不便,可选用表面较为光滑的意大利的棕色花岗岩小料石,或作过重燃处理的花岗岩小料石[90 mm×90 mm×(45 mm～25 mm)]。路面的断面结构可根据使用地点、路基状况而定。

2) 铺石路面

是以厚度在 60 mm 以上的花岗岩等的天然石料、加工石料砌筑的路面。铺石路面质感好,带有沉稳的气质,常用于园路、广场的地面铺装。

4.3.9 烧结砖砌路面

此类路面所用砖材除了红砖、硬砖、黄色耐火砖等各种色调丰富的砖砌块外,还有类似嵌锁形混凝土预制砌块的咬合型砖砌块。砖砌路面除具易配色、坚固的优点外,与花砖路面相比,其反光较小,常用于人行道、广场的地面铺装。还有一些砖材可用于铺砌一般车道和寒冷地区的路面。

4.3.10 木板地面

天然木材独具的质感、色调、弹性,可令步行更为舒适。而贾拉木、红杉等木材在通常的环境条件下无需使用防腐剂,是可使用 10～15 年不腐朽的建材,常用于露台、广场、木质人行道、水滨码头甲板、木桥的地面铺装。

4.3.11 透水性草皮路面

透水性草皮路面有两类:使用草皮保护垫的路面和使用草皮砌块的路面。

草皮保护垫,是由一种保护草皮生长发育的高密度聚乙烯制成的。是耐压性及耐火性强的开孔垫网。因可以保护草皮免受行人践踏,除公园等处的草坪广场外,此类路面还常用于停车场等场所。草皮砌块路面是在混凝土预制块或砖砌块的孔穴或接缝中栽培草皮,使草皮免受人、车踏压的路面铺装,一般用于广场、停车场等场所。

4.3.12 现浇无缝环氧沥青塑料路面与弹性橡胶路面

1) 现浇无缝环氧沥青塑料路面

将天然河砂、砂石等填充料与特殊的环氧树脂等合成树脂混合后作面层,浇筑在沥青路面或混凝土路面上,抹光至 10 mm 厚的路面,是一种平滑的兼具天然石纹样和色调的路面。一般用于园路、广场、池畔、人行过街桥等处铺装。

2) 弹性橡胶路面

弹性橡胶路面是利用特殊的粘合剂将橡胶垫粘合在基础材料上,制成橡胶地板,再铺设在沥青路面、混凝土路面上。

此种路面耐久性、耐磨性强,有弹性,且安全、吸声;而且,可用钉于固定。常用于体育设施、幼儿园、学校、医院、高尔夫球场的人行道、人行桥等处。路面厚度一般为 15 mm 和 25 mm。

4.3.13 砂石路面、碎石路面

1) 砂石路面、碎石路面的种类

砂石路面种类很多,诸如:铺撒粒径 5～10 mm 左右小砾石的小砾石铺面路面、用于院内庭园的铺撒砂砾的装饰性砂石铺面路面,使用以火山砂石铺面的路面,以及在人不通行的场所使用的以圆砂石铺面的路面。

碎石路面种类较少,有简易停车场使用的以粒径 50 mm 以下碎石铺装的路面,以及公园园路等常用的以粒径 2.5～5 mm 碎石铺成的路面。

2) 砂石路面、碎石路面的设计要点

(1) 砂石路面、碎石路面造价低,具有透水性好的优点。但不适合用于有婴儿车、轮椅通行的道路,设计时应注意选择使用地点。

(2) 道路纵向坡度在 3‰ 以上的路面,应设置圆木,既可减少砾石、碎石流失造成的危险,又可降低坡度,还可防止砾石、碎石流失。

(3) 装饰性碎石路面易生杂草,碎石还会嵌入地面,应采用打造混凝土地坑,或铺设透水层等预防

措施。

(4) 应注意,由于白色透明砂石反光极强,应避免在大面积的向阳地段,如面南、面东地段上使用,而在建筑物北侧的背阴处,则恰好相反,如使用白色花岗岩碎石等明亮的砾石,会提高地面的亮度。

4.3.14 石灰岩土路面、砂土路面、黏土路面、改良土路面

1) 石灰岩土路面、砂土路面、黏土路面的性能

(1) 石灰岩土路面　以粒径在 2.3 mm 以下的石灰岩粉粒铺成,除弹性强、透水性好外,还具有耐磨、防止土壤流失的优点,是一种柔性铺装,一般用于校园、公园广场和园路的铺筑。而对纵向坡度较大的坡道,由于雨水会造成石灰岩土的流失,不适合采用此种路面。

(2) 砂土路面　是一种以黏土质砂土铺筑的柔性铺装,主要用于儿童游乐场,具有少泥泞,在其上翻滚不易造成外伤的优点。所用砂土材料的标准配合比为:细砂:优质土(黑土、红土或花岗岩风化土) = 2:3。

(3) 黏土路面　是一种用于操场、网球场的柔性铺装,在其上跌倒后很少造成外伤,较适合排水良好的地段。田土是常用的黏土材料,还可采用黏土与砂土混合的材料(6:4)铺筑。铺筑此类柔性路面时,如在面层铺撒稳定剂可抑制砂土尘埃飞扬。路面的每一层,土基、路基和面层都应进行碾压。而且,有些场所还应根据实际情况设置火山砂石路基(厚 100 mm)、排水沟等。

2) 改良土路面的种类及性能

改良土路面,具有土色自然、弹性好的优点,同时还可防止泥泞和尘埃产生。其种类大致可分为以下两种:把土壤专用水性丙烯酰类的聚合乳胶等添加料与现场土混合搅拌后,洒布在面层上以减少道路泥泞和尘埃的简易改良土路面;和将直馏沥青经过雾化处理成微小颗粒后与土壤均匀混合后铺装,改善了土壤稳定性、强度、耐湿能力、耐久性的黏土类自然色改良土路面。改良土路面常用于铺筑游乐园的人行道、园路、广场、校园等。

4.4 园路施工技术

园路施工技术流程详见图 4.11。

4.4.1 园路的结构

园路一般由路面层、路基和附属工程三部分组成。

1) 路面层的结构组成

(1) 典型的路面图式　路面层的结构组成形式是多种多样的,但园路路面层的结构比城市道路简单,其典型的结构形式见图 4.12。

(2) 路面各层的作用及设计要求

① 面层　是路面最上面的一

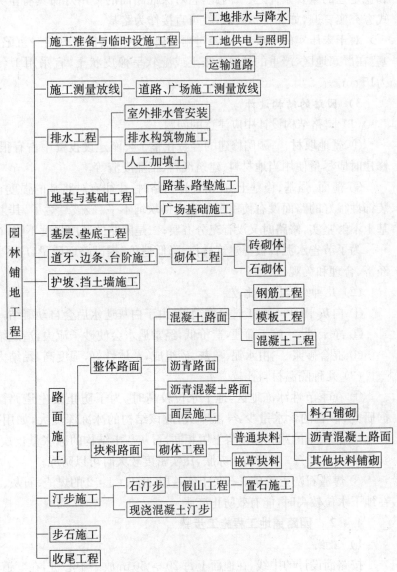

图 4.11　园路施工技术流程

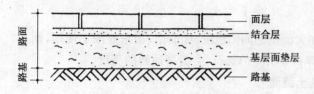

图 4.12 路面层结构图

层,它直接承受人流、车辆和大气因素如烈日、严冬、风、雪、雨等的破坏。如面层选择不好,就会给游人带来"无风三尺土,雨天一脚泥"或反光刺眼等等不利影响,因此从工程上来讲,面层设计时要坚固、平稳、耐磨耗,具有一定的粗糙度,少尘埃,便于清扫。

② 结合层　在采用块料铺筑面层时,在面层和基层之间,为了结合和找平而设置的一层。一般用 3～5 cm 的粗砂、水泥砂浆或白灰砂浆即可。

③ 基层　一般在土基之上,起承重作用,一方面支承由面层传下来的荷载,另一方面把此荷载传给土基。基层不直接接受车辆和气候因素的作用,对材料的要求比面层低,一般用碎石、砾石、灰土或各种工业废渣等筑成。

④ 垫层　在路基排水不良或有冻胀、翻浆的路段上,为了排水、隔温、防冻的需要,用煤渣土、石灰土等筑成。在园林中可以用加强基层的办法,而不另设此层。

2) 路基

路基是路面的基础,它不仅为路面提供一个平整的基面,承受路面传下来的荷载,也是保证路面强度和稳定性的重要条件之一;因此,它对保证路面的使用寿命具有重大意义。一般黏土或砂性土开挖后用蛙式夯夯实三遍,如无特殊要求,就可直接作为路基。

对于未压实的下层填土,经过雨季被水浸润后能使其自身沉陷稳定,其容重为 180 g/cm,可以用于路基。在严寒地区,严重的过湿冻胀土或湿软呈橡皮状土,宜采用 1:9 或 2:8 灰土加固路基,其厚度一般为 15 cm。

3) 园路的结构设计

(1) 园路结构设计中应注意的问题

① 就地取材　园路修建的经费在整个公园建设投资中占有很大的比例。为了节省资金,在园路设计修建时应尽量使用当地材料、建筑废料、工业废渣等。

② 薄面、强基、稳基土　在设计园路时,往往有对路基的强度重视不够的现象,在公园里常看到一条装饰性很好的路面没有使用多久就变得坎坷不平、破破烂烂了。其主要原因:一是园林地形多经过整理,其基土不够坚实,修路时又没有充分夯实;二是园路的基层强度不够,在车辆通过时,路面被压碎。

为了节省水泥石板等建筑材料,降低造价,提高路面质量,应尽量采用薄面、强基、稳基土,使园路结构经济、合理和美观。

(2) 几种结合层的比较

① 白灰干砂　施工时操作简单,由于白灰遇水后会自动凝结,体积膨胀,密实性好。

② 净干砂　施工简便,造价低,经常遇水会使砂子流失,造成结合层不平整。

③ 混合砂浆　由水泥、白灰、砂组成,整体性好,强度高,黏结力强;适用于铺筑块料路面,造价较高。

(3) 几种隔温材料比较

① 在季节性冰冻地区,地下水位较高时,为了防止发生道路翻浆,基层应选用隔温性较好的材料。据研究,砂石的含水量少,导温率大,故该结构的冰冻深度大,如用砂石做基层,需要做得较厚,不经济;

② 石灰土的冰冻深度与土壤相同,石灰灰土结构的冻胀量仅次于亚黏土,说明密度不足的石灰土(压实密度小于 85%)不能防止冻胀,压实密度较大时可以防冻;

③ 煤渣石灰土或矿渣石灰土作基层,用 7:1:2 的煤渣、石灰、土混合料,隔温性较好,冰冻深度最小,在地下水位较高时,能有效防止冻胀。

4.4.2　园路铺地工程施工步骤

1) 放线

按路面设计的中线,在地面上每 20～50 m 放一中心桩,在弯道的曲线上应在曲头、曲中和曲尾各放一中心桩,并在各中心桩上写明标号,再以中心桩为准,根据路面宽度定边桩,最后放出路面的平曲线。

2) 准备路槽

按设计路面的宽度,每侧放出20 cm挖槽,路槽的深度应等于路面的厚度,槽底应有2°~3°的横坡度。路槽做好后,在槽底上洒水,使它潮湿,夯实2~3遍,路槽平整度允许误差不大于2 cm。

3) 铺筑基层

园林工程道路的路基多为土基,设计时应充分考虑到路面横坡排水、道路两侧的排水沟设置。一般路基断面宜采用半填半挖形式,尽量使挖掘机作业半径内土石方平衡,平曲线加宽值2.0 m±1.0 m超高值设为8.0%±1%,以8.0%为宜;路拱横坡度设为3.0%±0.5%。

南方多雨地区天然含水量较大时,路基压实度≥93%,干旱地区的路基压实度不少于90%。施工时可采用12~15 t光面压路机进行压实2~3遍,路床顶面压实度的压路机碾痕不应大于5 mm。

4) 结合层的铺筑

一般用25号水泥、白灰、砂混合砂浆或1∶3白灰砂浆。砂浆摊铺宽度应大于铺装面5~10 cm,已拌好的砂浆应当日用完。也可以用3~5 cm的粗砂均匀摊铺而成。

5) 面层的铺筑

面层铺筑的铺砖应轻轻放置,用橡胶锤敲打稳定,不得损伤砖的边角;如发现结合层不平时应拿起铺砖重新用砂浆找齐,严禁向砖底填塞砂浆或支垫碎砖块等。采用橡胶带做伸缩缝时,应将橡胶带平正直顺紧靠方砖。铺好砖后应沿线检查平整度,发现方砖有移动现象时,应立即修整,最后用干砂掺入1∶10的水泥,拌和均匀将砖缝灌注饱满,并在砖面泼水,使砂灰混合料下沉填实。

铺乱石路一般分预制和现浇两种,现场浇筑方法是先垫75号水泥砂浆厚3 cm,再铺水泥素浆2 cm,待素浆稍凝,即用备好的卵石,一块块插入素浆内,用抹子压实,卵石要扁、圆、长、尖,大小搭配。根据设计要求,将各色石子插出各种图案,然后用清水将石子表面的水泥刷洗干净,第二天可再用草酸溶液洗刷表面,则石子颜色鲜明。铺砖的养护期不得少于3天,在此期间内严禁行人,车辆等走动和碰撞。

6) 常见园路施工

园路的施工方法和操作要求取决于园路的类型。以下简要介绍常见类型园路的施工要点:

(1) 混凝土路面(整体路面)　包括素混凝土、钢筋混凝土、预应力混凝土等路面(图4.13)。园路多是素混凝土路面,常简称混凝土路面。面层虽为刚性,为避免不均匀沉陷,仍要求路基土质均匀、含水量适中。

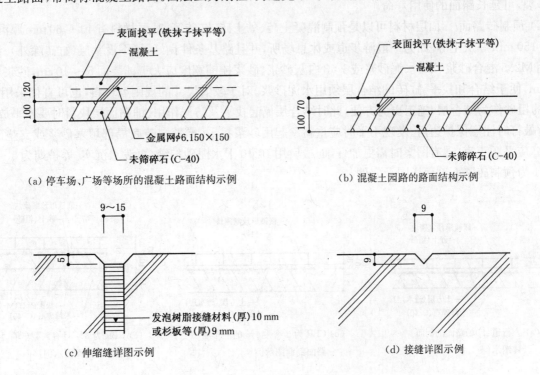

(a) 停车场、广场等场所的混凝土路面结构示例　　(b) 混凝土园路的路面结构示例

(c) 伸缩缝详图示例　　(d) 接缝详图示例

图 4.13　混凝土路面的结构及实例

基层用 0.2 m 厚水泥稳定砂砾，较路面两边各宽出 0.2 m，供施工时安装模板，并防止路面边缘渗水至土基而导致路面破坏。边模的安装要稳固，平面位置要准确，模板顶面用水准仪检查其标高，模板内侧涂刷肥皂液、废机油或其他润滑剂，以便利拆模。

面层混凝土混合料中的粗料宜选用岩浆岩或未风化的沉积岩碎石，最好不用石灰岩碎石，颗粒的最大粒径不超过面层厚度的 1/4～1/3，混合料的含砂率一般为 28%～33%，水灰比为 0.40～0.55。摊铺混合料时，应考虑混凝土振捣后的沉降量，虚高可高出设计厚度约 10% 左右，使振实后的面层标高同设计相符。混凝土混合料的振捣器具，应由平板振捣器、插入式振捣器和振捣梁配套作业。

现浇混凝土路面面层的接缝有胀缝和缩缝。胀缝为真缝，它垂直贯穿面层，宽度为 18～28 mm，缝内填入木板或沥青，其间距常用 9～12 m，胀缝常兼施工缝（工作缝）使用。缩缝为假缝，宽度为 5～10 mm，深度约为面层厚度的 1/4～1/3，其间距一般为 3～6 m，内填沥青。路表面抹光后常用棕刷或金属丝梳子刷毛或梳成深 1～2 mm 的横槽，用于防滑。

面层养护常用湿麻袋、草垫或 20～30 mm 的湿沙覆盖，每天均匀洒水数次，使其保持湿润状态，至少延续 14 天，然后开放使用。真空吸水工艺是一种混凝土路面施工的新技术。该技术利用真空负压的压力作用和脱水作用，提高了混凝土的密实度，降低了水灰比；从而改善了混凝土的物理力学性能，是解决混凝土和易性与强度的矛盾，缩短养护时间，提前开放交通的有效措施；同时，也能有效防止混凝土在施工期间的塑性开裂，可延长路面的使用寿命。

(2) 预制砖路面　面层材料可以是预制混凝土砖、黏土砖、缸砖等。基层材料有 40～60 mm 厚混凝土、100～150 mm 厚灰土等。如为一般游步道或休息场所，并且路基条件良好，可不设基层（缸砖除外）。结合层一般用 M2.5 混合砂浆、M5 水泥砂浆或 1∶3 白灰砂浆。砂浆摊铺宽度应大于铺装面 5～10 cm，砂浆厚度为 2～3 m，便于结合和找平。缸砖的结合层须用水泥砂浆。对于较大尺寸的规则型块料，也可直接采用 3～5 cm 厚的粗砂作为结合层，施工更为方便，此时结合层仅起找平及防泥作用。铺贴面层块料时要安平放稳，用橡胶锤敲打时注意保护边角。发现不平时应重新拿起用砂浆找平，严禁向砖底局部填塞砂浆或支垫碎砖块等。接缝应平顺正直，遇有图案时需更加仔细。最后用 1∶10 干水泥砂扫缝，再泼水沉实。养护期为 5～7 天。图 4.14 为预制砖路面剖面详图及实例。

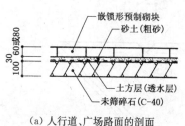

(a) 人行道、广场路面的剖面
　　详图示例

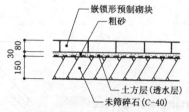

(b) CBR 为 3%～4% 的停车场
　　路面剖面图示例

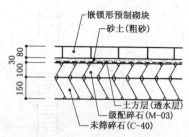

(c) CBR 为 3% 且有大型车辆通告
　　道路的剖面图示例

图 4.14　预制砖路面剖面详图及实例

（3）透水性沥青路面的制作　透水性沥青路面、彩色沥青路面等施工时,先清理基层,将路面基层清扫干净,使基层的矿料大部分外露,并保持干燥;若基层整体强度不足时,则应先予以补强。

洒布沥青　洒布第一层沥青:沥青要洒布均匀,当发现洒布沥青后有空白、缺边时,应立即用人工补洒,有积聚时应立即刮除。沥青洒布温度应根据施工气温以及沥青标号确定,一般情况下,石油沥青宜为 130℃ ～170℃,煤沥青宜为 80℃ ～120℃,乳化沥青宜在常温下散布。撒布一段矿料后,用 60～80 kN 双轮压路机碾压。碾压时,应从一侧路缘压向路中,宜碾压 3～4 遍,其速度开始不宜超过 2 km/h,以后可适当增加。再洒第二层沥青,撒布第二层矿料并碾压;最后洒第三层沥青,撒布第三层矿料,碾压。图 4.15 为沥青路面结构及实例。

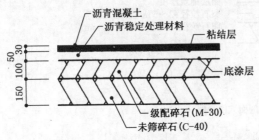

（a）普通建筑区内部道路的沥青路面结构层示例

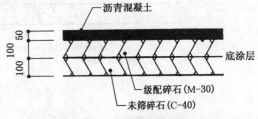

（b）轿车用道路,停车场等的沥青路面结构示例

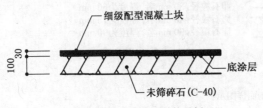

（c）人行道的沥青路面结构示例

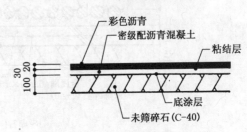

（d）人行道的彩色沥青路面结构示例

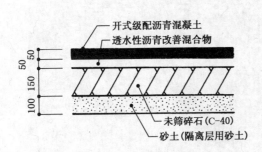

（e）路基透水性差的停车场透水性沥青路面结构示例

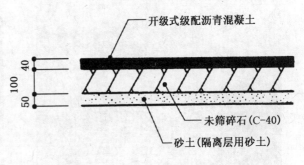

（f）路基透水性差的人行道透水性沥青路面结构示例

图 4.15 沥青路面结构及实例

（4）卵石路面　在基层上先铺 M7.5 水泥砂浆 3 cm 厚,再铺水泥素浆 2 cm 厚,待素浆稍凝,即用备好的卵石插入素浆内,用抹子抹平。待水泥凝固后,用清水将石子表面上的水泥刷洗干净。第二天再用浓度 30% 的草酸溶液,对卵石表面进行清洗,充分显现石子原有色泽。施工操作时,石子的拣选需根据设计需求而定,可以扁、圆、长、尖、大小搭配。还可用各色卵石拼出多种图案。图案镶嵌拼接必须牢固平整。图 4.16 为卵石路面剖面详图及实例。

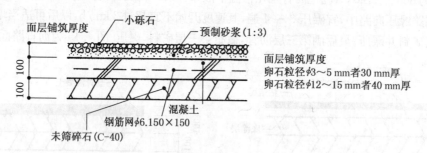

(a) 水洗小砾石路面剖面详图示例

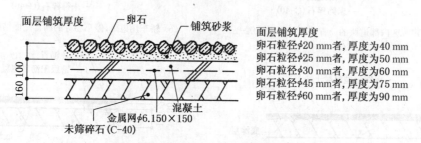

(b) 卵石嵌砌路面剖面详图示例

图 4.16 卵石路面剖面详图及实例

(5) 混合路面　混合路面指不同的面层材料混合间铺的路面(图4.17)。

图4.17　混合路面实例

当用不同厚度的块料混铺时,应先铺厚度大的块料,再铺厚度小的块料,并使小块铺料的顶面略高于大块铺料1～2 mm,以使砂浆沉降稳定后相互平整。当用规则块料(石材、大方砖或预制混凝土砖等)与卵石混铺时(如花街铺地、雕砖卵石路面),要按设计图案先铺块料并用以控制路面标高和坡度,再在其空间摊铺水泥砂浆镶嵌卵石。注意及时清扫干净铺在面上的砂浆。

(6) 嵌草铺装　对于块料与植草混合布置的路面,一般有两种做法,一种是在铺装块料之间留出植草空隙,如冰纹嵌草铺地;另一种是先预制成各式各样能植草的混凝土砖。施工时,常不设置基层。块料的结合层宜采用水泥砂浆(或粗砂),且不大于块料底面或仅宽出20 mm以内,以减少对草块生长的影响。植草区填入肥沃种植土,种植土一般用新鲜壤土、塘泥、堆沤的厩肥等混合而成,土面低于铺块表面1～2 cm(图4.18嵌草路面剖面及施工实例)。

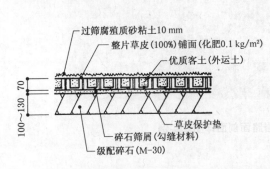
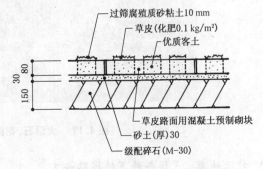

(a) 使用草皮保护垫的停车场路面剖面详图示例　　　　(b) 草皮砌块路面剖面详图示例

图4.18　嵌草路面剖面及施工实例

(7) 大理石、花岗岩铺地　　适于现代豪华装饰性铺装，铺装技术要求高。垫层采用 M10 水泥砂浆厚 5 cm；路基用 5 cm 厚粗砂和 10 cm 厚级配砾石组成，基层宜用 15 cm 厚 C15 或 C20 混凝土；结合层采用水泥砂（体积比为 1∶4 或 1∶6）或水泥砂浆，铺砌时结合层与板材应分段同时铺砌，且板材要先用水浸湿，表面擦干或晾干后才可铺设。施工时，用木尺找平，四边紧靠木尺，缝隙小于 3 mm，纵向每 20 m 留伸缩缝一条，缝宽 1.5 cm，靠条石一侧用砂浆抹平，涂一遍沥青，贴一层油毡，再涂一次沥青。伸缝间每 5 m 做缩缝一条，缝宽 0.8 cm，砂浆抹平后涂沥青一遍。沥青或油毡应低于石面 3 cm。铺设大理石、花岗岩板材应平整，线路顺直；板材间、板材与结合层及在墙角、镶边和靠墙处均应紧密砌合，不得有空隙。图 4.19 为大理石、花岗岩路面剖面详图及实例。

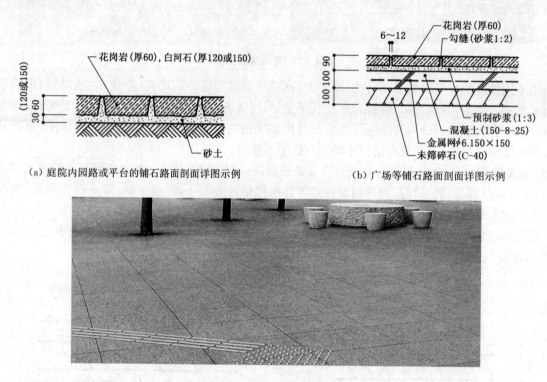

图 4.19　大理石、花岗岩路面剖面详图及实例

2) 特殊地质、气候条件下的园路施工

一般情况下园路施工适宜在温暖干爽的季节进行，理想的路基应当是砂性土和砂质黏土。但有时施工活动却无法避免雨季和冬季，路基土壤也可能是软土、杂填土或膨胀土等不良类型，在施工时就要求采取相应措施，以保证工程质量。

(1) 不良土质路基的施工方法

① 软土路基　　先将泥炭、软土全部挖除，采用抛石挤淤法、砂垫层法等对地基进行加固。

② 杂填土路基　　可选用片石表面挤实法、压实到相应的密实度。使路堤筑于基底或尽量换填渗水性沙土，并用重锤夯实法、振动压实法等方法使路基达到需要的强度。

③ 膨胀土路基　　膨胀土是一种吸水膨胀、失水收缩会随水分含量多少而变形的高液性黏土。对这种路基应尽量避免在雨季施工，挖方路段也应做好路堑堑顶排水，并保证在施工期内不得沿坡面排水；其次要注意压实的质量，最宜用重型压路机在最佳含水量条件下碾压。

④ 湿陷性黄土路基　　这是一种含易溶盐类，遇水易冲蚀、崩解、湿陷的特殊性黏土。施工中的关键也是排水工作，对地表水应采取拦截、分散、防冲、防渗、远接远送的原则，将水引离路基，防止黄土受水浸而湿陷；路堤的边坡要整平拍实；基底采用重机碾压、重锤夯实、石灰桩挤密加固或换填土等，以提高路基的承载力和稳定性。

(2) 特殊气候条件下的园路施工

① **雨季施工**

- **雨季路槽施工** 先在路基外侧设排水设施（如明沟或辅以水泵抽水），及时排除积水。雨前应选择因雨水易翻浆处或低洼处等不利地段先行施工，雨后要重点检查路拱和边坡的排水情况、路基渗水与路床积水情况，注意及时疏通被阻塞溢满的排水设施，以防积水倒流。路基因雨水造成翻浆时，要立即挖出或填石灰土、砂石等，刨挖翻浆要彻底干净，不留隐患。所处理的地段最好在雨前做到"挖完、填完、压完"。

- **雨季基层施工** 当基层材料为石灰土时，降雨对基层施工影响最大。施工时，应先注意天气预报情况，做到"随拌、随铺、随压"；其次注意保护石灰，避免被水浸或成膏状；对于被水浸泡过的石灰土，在找平前应检查含水量，如含水量过大，应翻拌晾晒达到最佳含水量后，才能继续施工。

- **雨季路面施工** 对水泥混凝土路面施工应注意水泥的防雨防潮，已铺筑的混凝土严防雨淋，施工现场应预备轻便，易于挪动的工作台、雨棚；对被雨淋过的混凝土要及时补救处理。此外要注意排水设施的畅通。如为沥青路面，要特别注意天气情况，尽量缩短施工路面，各工序紧凑衔接，下雨或面层的下层潮湿时均不得摊铺沥青混合料。对未经压实即遭雨淋的沥青混合料必须全部清除，更换新料。

② **冬季施工**

- **冬季路槽施工** 应在冰冻之前进行现场放样，做好标记，将路基范围内的树根、杂草等全部清除。如有积雪，在修整路槽时先清除地面积雪、冰块，并根据工程需要与设计要求决定是否刨去冰层。严禁用冰土填筑，且最大松铺厚度不得超过30 cm，压实度不得低于正常施工时的要求，当天填卸的土务必当天碾压完毕。

- **冬季面层施工** 沥青类路面不宜在温度为5 ℃以下的环境施工，否则要采取以下工程措施：① 运输沥青混合料的工具须配有严密覆盖设备保温；② 卸料后应用苫布等及时覆盖；③ 摊铺时间宜于上午9时至下午4时进行，做到三快两及时（快卸料、快摊铺、快搂平、及时找细、及时碾压）；④ 施工做到定量定时，集中供料，避免接缝过多。水泥混凝土路面或以水泥砂浆做结合层的块料路面，在冬季施工时应注意提高混凝土（或砂浆）的拌和温度（可用加热水、加热石料等方法），并注意采取路面保温措施，如选用合适的保温材料（常用的有麦秸、稻草、塑料薄膜、锯末、石灰等）覆盖路面。此外，应注意减少单位用水量，控制水灰比在0.54以下，混料中加入合适的速凝剂；混凝土搅拌站要搭设工棚；最后可延长养护和拆模时间。

4.4.3 园路铺装验收标准

1）施工质量验收主要指标

(1) 各层的坡度、厚度、平整度和密实度等符合设计要求，且上下层结合牢固。

(2) 变形缝的位置与宽度、填充材料质量及块料间隙大小合乎要求。

(3) 不同类型面层的结合及图案正确，各层表面与水平面或与设计坡度的偏差不得大于30 mm。

(4) 水泥混凝土、水泥砂浆、水磨石等整体面层和铺在水泥砂浆上的块状面层与基层结合良好，不留空鼓。面层不得有裂纹、脱皮、麻面和起砂等现象。

(5) 各层的厚度与设计厚度的偏差，不宜超过该层厚度的10%。

(6) 各层的表面平整度应达到检测要求，如水泥混凝土面层允许偏差不宜超过4 mm，大理石、花岗石面层允许偏差不超过1 mm，用2 m长的直尺检查。

2）国家制订的园路铺装质量相关标准、规范

(1) 建筑地面工程施工质量验收规范（GB 50209—2010）

(2) 建筑工程施工质量验收统一标准（GBJ 50300—2001）

(3) 建筑安装工程质量检验评定统一标准（GBJ 300—88）

(4) 沥青路面施工及验收规范（GB 50092—96）

(5) 水泥混凝土路面施工及验收规范（GBJ 97—87）

(6) 联锁型路面砖路面施工及验收规程（CJJ 79—98）

(7) 固化类路面基层和底基层技术规程（CJJ/T 80—98）

(8) 粉煤灰石灰类道路基层施工及验收规程(CJJ 4—1997)
(9) 市政道路工程质量检验评定标准(CJJ 1—90)
(10) 建筑工程冬期施工规程(JGJ 104—2010)
(11) 方便残疾人使用的城市道路和建筑物设计规范(JGJ 50—1988)

4.5 园林道路附属部分设计

4.5.1 路缘石

路缘石是一种为确保行人安全,进行交通诱导,保留水土,保护植栽,以及区分路面铺装等而设置在车道与人行道分界处、路面与绿地分界处、不同铺装路面的分界处等位置的构筑物。园林中常用的路缘石的种类一般有预制混凝土路缘石、砖路缘石、石头路缘石,此外,还有对路缘进行打磨处理的合成树脂路缘石等(图4.20)。

路缘石的设计要点:

(1) 在公共车道与步行道分界处设置路缘时,一般利用混凝土制"步行道车道分界道牙砖",设置高15 cm左右的街渠或L形边沟。如在建筑区内,街渠或边沟的高度则为10 cm左右。

(2) 区分路面的路缘,要求铺筑高度统一、整齐,路缘石一般采用"地界道牙砖"。设在建筑物入口处的路缘,可采用与路面材料搭配协调的花砖或石料铺筑。

(3) 在混凝土路面、花砖路面、石路面等与绿化的交界处可不设路缘。但对沥青路面,为确保施工质量,则应当设置路缘。

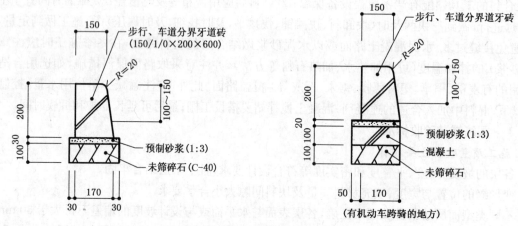

(a) 步行道、车道分界道牙砖路缘的剖面图例

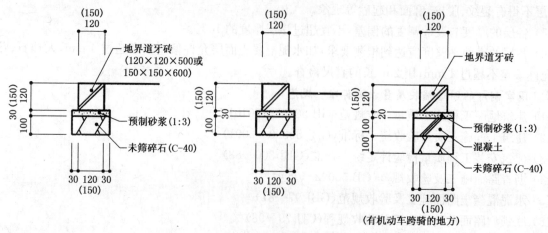

(b) 地界道牙砖路缘剖面详图例

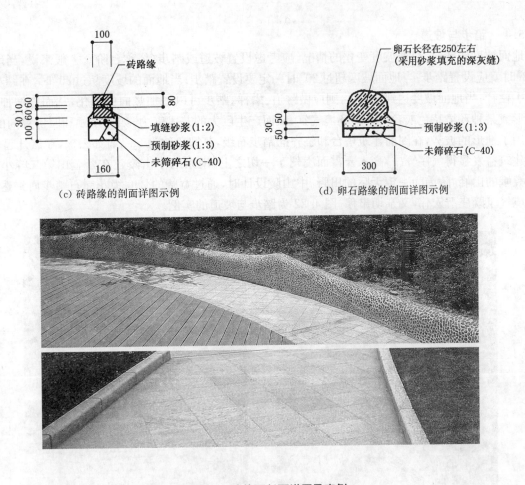

(c) 砖路缘的剖面详图示例　　　　　　(d) 卵石路缘的剖面详图示例

图 4.20　路缘石剖面详图及实例

4.5.2　明渠

明渠是园林中常用的排除雨水的渠道。多设在园路的两侧,在目前我国的园林中,它常成为道路的拓宽部分。因此明渠多采用底宽(不小于 30 cm),边坡斜率小的浅渠。明渠可用砖、石板、卵石或混凝土砖等铺砌而成。

4.5.3　雨水井

雨水井是为收集路面水的构筑物。在园林中常用砖块砌成,并多为圆形。雨水井可分为两类:有沉泥池的雨水井和无沉泥池的雨水井。沉泥池是使流进雨水井的泥砂等杂物在井内沉淀,而不流入雨水管道中去,这样可以减少管道淤塞,但须经常清除杂物。绿地、散步小径,其雨水井的间距比城市道路要大。为了增加滤栅的泄水能力,常将它设在低于附近地面标高的 3~4 cm 处。在园林中,雨水井、窨井及排水口等,当其设置在主要观赏地段时,应将其外观适当美化。图 4.21 为雨水井实例。

图 4.21　雨水井示例

4.5.4 踏步与坡道

当地面坡度较陡时,根据坡度变化的情况,应考虑设置坡道或踏步(俗称台阶)。一般来说,当地面坡度超过12°时就应设置踏步;当地面坡度超过20°时一定要设置踏步;当地面的坡度超过35°时,在踏步的一侧应设扶手栏杆;当地面坡度达到60°时,则应做蹬道、攀梯。踏步可以增加竖向的变化,从而能增加美感。踏步还能形成某种环境特色或者说某种环境气氛,从而产生巨大的艺术魅力。如北京颐和园佛香阁的建筑巧妙地利用了地形的坡势,在阁前建筑塔台和整齐的踏步石级,其仰角约为62°,有如云梯,陡然升起24 m,使佛香阁建筑益发显得气宇轩昂,高入云霄而凌驾于一切之上。南京的中山陵建在紫金山第二峰小茅山上,陵后是巍峨的山峰,陵前为一望无际的田野。中山陵设计时,通过宽阔的290级花岗石踏步而到达祭堂,使整个环境气氛既庄严宏伟,又亲切肃穆。图4.22为踏步与坡道的实例。

图4.22 踏步与坡道实例

踏步每上升12~20级,需要稍加休息,在这里应留出1~3 m长的平台,或加放一条石凳。这正如音乐中的休止符一样。在设计上必须处理好踏步—平台—踏步这一重复的规律。

踏级无论是一步踏的或是多步踏的,踏面间隔(举步高)的配合,均以制成的踏步步幅舒适为宜。一般踏面宽为28~38 cm,举步高为10~16.5 cm。如举步高小于10 cm,在室外空间,行人容易被忽视,而将行人绊倒,因此具有潜在的危险性。当举步高大于16.5 cm时,对于老年游人行走起来则较吃力。而在专门的儿童游戏场,踏步的举步高应为10~12 cm为好。在一组踏步中举步的高度应是一样的。因为变化的举步,使人们在行走时要不断地调整自己的落脚点,从而增加行走的负担。在设置踏步地段上,一般踏步的数量最少应为2~3个踏级,因为如果只有一个踏级,而又没有特殊的标记时,这一个台阶往往不易被人察觉,因而发生绊跤,可以认为这又是一个潜在的危险。台阶的材料可以用石材、圆木、混凝土板、砖等。也可以用仿木材料代替圆木。常用的圆木有松、柏、槲树、橡树、栎树等。常用的石材有花岗石、黄石、大青石等。园路的使用率较高,因此应选用坚硬的石块,防止磨损。

在地面坡度较大时,本应设置踏步,但踏步不能通行车辆,因此在公园的主要交通道上,不允许设置踏步,又考虑到老年人、儿童和残疾人的童车、轮椅的行驶,在可能的情况下,应尽力为他们的游赏提供条件,这些地方均应设计成坡道。当坡度较陡,坡面易滑,这时可在主干道的中间作成坡道,而在两侧做成台阶。如是次要道路,可在台阶的一侧做成坡道,使童车、轮椅等得以通行。

当坡面较陡时,为了防滑,可将坡面做成浅阶的坡道,这就是常说的礓磜。对于轮椅来讲,其要求坡道的宽度最小为1 m,坡道尽头应有1.1 m的水平长度,以便回车,轮椅要求坡面的最大斜率为1∶12,即为5°,坡道的最长距离为9 m。

4.5.5 步石和汀步

1) 步石的设计与配置

步石是置于地上的石块,多在草坪、林间、岸边或庭院等较小的空间使用。它可由天然的大小石块或塑形的人工石块布置而成,具有轻松、活泼、自然的风貌和较强的韵律,因此易与自然环境相协调。

在造型美的表现中,韵律具有重要的作用。首先,韵律能赋予作品活跃感,使之具有生气,因此能吸引观赏者的注意,从而达到丰富和充实空间的目的。其次,游客能看到步石序列的全貌,而易于理解。第三,能表现出情趣和速度感,也就是说,它具有动势。第四,韵律如使用重复、累进,节奏可以得到调和,因此在园林中使用步石时,要特别注意韵律美的创造(图 4.23)。

图 4.23　步石、汀步实例

步石设计的要点:

(1) 步石石块的质地应是坚硬、耐磨损的材料,质地松软的砂岩等则不宜使用。

(2) 步石形状应以表面平整、中间略微凸起的龟甲形为好,这样可以防止石面上积水。

(3) 石块的大小可根据需要选择,但不宜小于 30～40 cm,以便踏脚。

(4) 置石时要深埋浅露,一般步石高出地面大约 6～7 cm 或略低一些为好。

(5) 置石时要有适当的跨距,人的两脚步行时的跨距大约是 60 cm,因此石与石的中心间距应以此为度,并应有恰当的曲度。

(6) 置石的方向应与人前进的方向相垂直,这样能给人以稳定的感觉。

(7) 步石布置,可以由一块至数块置成,不宜过长,不能走回头路。要表现出韵律性和方向性的平衡。一组步石应选同种材料,同一色调来呈现统一的画面,做到既丰富又统一,切忌杂乱。

2) 汀步的设置

汀步是设在水中的步石。古代叫"鼋鼍"。《拾遗记》有"鼋鼍以为梁",几块石块,平落水中,使人蹑步而行。这可能是石桥的前身,因此也有人把汀步叫着踏步桥或跳桥。汀步(含步石)的形式可以是自由式的,也可以是规则的;可以是天然石材,也可以用混凝土预制成各种形状。通常,汀步可自由地横跨在浅涧小溪之上,或点缀在浅水滩地上,每当人们踏石凌水而过,别有一番风趣。在宽深的水面上,不宜设置汀步。汀步的基础一定要稳固,绝不能有松动,一般需用水泥固定,务求安全。当汀步较长,还应考虑当两人相对而行的情况,在水面中间可有两个相互错开的地方。

4.6　园路的后期养护及管理

对于园路硬质铺装,最主要的养护工作就是其自身的结构问题,像移位、机械磨损、铺装材料错位等,在出现严重问题之前都应及时地发现、及时地补救。有时候,情况刻不容缓,必须立即采取措施。但是修补毕竟是不得已而为之的事情,设计的初衷还是希望尽量避免事故的发生,减少养护管理工作的强度。某些事故还是可以在设计和施工的阶段加以预防,避免发生的。

排水是导致铺装、建筑损坏的最主要的原因。尤其那些冬季漫长、寒冷,或温差较大的地区,如向阳面就极易遭受破坏。所以,不管采取何种布局形式,都应确保园林铺装排水的顺畅。在天井中的下水口,或墙基部的排水管线,都应定期清理,保证水流通畅。

如果园路铺装材料的破损是由排水问题引发的,应及时采取措施加以维修。对于下陷而形成积水的区域,可以将基层垫起,重新铺设铺装。设置防潮层的矮墙具有防潮作用,但是年代久远的古墙作用正好相反,它就好像一根蜡烛芯,将吸收的潮气通过它的表面蒸发出去。在这一过程中,表面的水泥砂浆会逐渐地脱落,墙体或铺装的结构会逐渐地瓦解。虽然这一过程是不可避免的,但是仍可以采取某些措施减缓这一事故的发生,最主要的就是防潮防冻,前面提到的水泥砂浆具有防水的作用,但是别忘了顶部的保护,避免雨水、融雪的淋湿,通常采用压顶石或其他盖顶材料。

随着时间的推移,铺装材料与垫层的结合不再紧密,走在上面还可能上下翻翘。这不仅让人觉得不舒服,而且还容易引发事故。通常情况下,园路局部的重新铺设并不是很困难的,可以按照下面介绍的步骤进行修整:

首先,找出松动最严重的铺路石。其次,研究引发问题的原因。如基础混凝土松散,或者是垫层不稳固,那就清除所有松动的材料,如果有必要的话,可以在下面填上碎砖石加强其稳固性。再将搅拌好的水泥摊到铺置铺路石的位置,然后将铺路石放置在上面,一定要确保与相邻的铺路石齐平。调整好之后,用橡皮锤沿铺石的边缘轻轻敲打,直至它与其他的铺砖平齐。如果铺石的表面沾上了水泥,还要将污点清洗掉。在清洗的时候一定要仔细,防止水从缝隙中渗下,将还未凝固的水泥冲洗掉。

经过几个小时或一整夜的时间,水泥完全凝固后,可对铺装作最后的装饰,或者用水泥勾缝,或者用粗沙扫缝。这样,松动的区域就基本修整完毕了。

■ 思考与练习

1. 简述铺砖园路面层的施工程序及要点。
2. 园路按使用功能分类有哪些?简述其设计要点。
3. 画出沥青混凝土路面断面示意图,并标注出各层厚度。
4. 示意完成青石板嵌草路面的平面设计图,并绘其结构断面施工图。

5 水景工程

本章从中外水文化入手,介绍了水景的内涵与几个基本作用,重点阐述城市水系规划有关知识、水景设计的基本要素、常用手法及景观效果、基本形式及其设计要点等水景工程的初步设计内容以及人造水池工程与护坡、驳岸工程的构造及细部设计。读者可以从中掌握水景设计的核心内容及经典范例。

5.1 概 述

水不仅赋予我们生命还与人的心理有着千丝万缕的关联,出现了"渴望"、"涤瑕荡垢"、"雨露滋润"、"坦荡胸怀"等等与水有关的词语。"水"逐渐成为一种文化。

5.1.1 中国水文化简史

1) 中国早期的人造水景和人造岛屿

在造园史上,西周时期周文王修建的灵沼是我国人工建造水景园并养鱼享乐的首例(图5.1)。到了先秦时期,园林以筑高台为主,重在祭天、观象、高瞻,为取土才挖池沼。而明清时期造园重在挖池,于是就近堆山。二者似有主次差异。

2) 先秦诸子的山水观

历代诸子百家、文人墨客在观水之后,发出的感喟,赋予了水更深的文化内涵,从而积累形成了中国独特的水文化历史。

孔子归纳出的"智者乐水、仁者乐山";荀子将水喻人,认为水"似德、似义、似勇、似道、似法、似正、似察、似善化、似志";董仲舒将人的品德喻为水,提出水"似力者、似持平者、似察者、似知者、似知命者、似善化者、似勇者、似武者(指能灭火)、似有德者"。这些品格正迎合了文人雅士追求雅量高致的心理特征。

中国古代诗歌崇尚自然美,多用景抒情,其中描述诗人对水的咏叹、赞美、歌颂之情的名篇佳句数不胜数。杜甫的"高通荆门路,阔会沧海潮"描写了辽阔无垠的水景;孟浩然"坐观垂钓者,徒有羡鱼情"描写了水景周围的情境;"清池涵月,洗出千家烟雨"是赞美园林一平如镜的静水。此外还有流传已久的"曲水流觞"的故事,如今读来依然很有趣味(见图5.2)。

图5.1 最早的人造水景——灵沼示意图

3) 古人挖池的回顾

清乾隆年间编纂而成的《古今图书集成·考工典》(第124卷,池沼部),曾记载汉代至明清这两千年中全国各地的池沼,综览之下,古人挖池的目的不外以下几个方面。

(1) 建造各种豪华舟舫,在水上游宴取乐。

(2) 挖池习练水师。南京玄武湖和昆明滇池曾经都是训练水师的地方。

(3) 挖池建岛以求仙丹。

(4) 寄托精神的水景小品。

(5) 纪念已故的名人雅士,如王羲之洗笔处"浣笔池"。

图5.2 模仿古代曲水流觞

(6) 观赏动植物的水池，如莲花池、观鱼池、白鹤池、金鱼池(见图5.3)。

(7) 城池一体，台沼相接，如古城墙外的护城河(见图5.4)。

图5.3 杭州花港观鱼

图5.4 南京护城河

5.1.2 外国水文化简史

1) 古代的规则式水池

古埃及气候干旱，人们为了便于使用与贮存水而出现直线的水渠和长方形的水池。埃及人老早发明了"槔"(Shaduf，又名汲水杠杆)，从长方形水池中汲水灌溉植物，所以方池、直渠、直路交织成方格网式的花园、菜圃，估计是从这个时期开始的。它们可能就是规整式园林的雏形。后来，方形水池随着伊斯兰建筑的通式而出现在方形或长方形的内院(Patio)之中。所谓"通式"是一个封闭式的庭院，围着一圈拱廊或柱廊，院落中央有一个水池。

公元前1417—公元前1379年在位的阿门霍托普三世(Amenhotop III)国王为了取悦王后，曾在她的家乡阿赫米姆(Akhmim)城附近挖了一个人工湖，比我国周文王挖"灵沼"还要早几百年，可以说是记载中世界最早的人工水景。

在两河流域的冲积平原上，曾经建造过不少美丽的花园。但这里经常遭到洪水的冲击，从而引起人们拦洪蓄水、建造水库、变害为利的想法。如今挖掘出的当年弯形水库的遗迹，证明人工水库在三千年前就已经存在了。

2) 近代西方园林的自然化变革

18世纪欧洲文学艺术兴起浪漫主义，英国开始欣赏自然之美，在英国开阔的牧场上可以寻求到草地、点缀着鲜花的树丛和曲折的溪流，无限风光在于自然风景。这种新的变革对欧洲及美洲的规则式造园风格造成较大的影响(见图5.5)。

图5.5 西方规整式水池和自然式山水景观

而东方园林很少受到西方园林的冲击，始终在模仿并超越自然的情趣中，结合诗与画的意境，发展着人工的自然山水。西方园林家对东方水景的赞赏也是由来已久，并从中获得许多进行创作的乐趣和灵感。

5.1.3 水景的内涵和作用

随着人类社会经济的不断发展,水和水体也逐步从单一的物质功能转变为具有实用和审美双重价值的水景。水景蕴涵着无穷的诗意、画意和情意,是花园的标志和象征,一旦看到水的各种表现,都会产生一种神秘、舒适和安逸之感,令东西方的欣赏者产生许多美好的比喻和想象。水景是自然博物馆,春天有小鸟、蝌蚪、蜻蜓滋生、繁衍,它们与许多种水生植物,和谐共生、其乐融融。当今许多园林艺术都借助自然的或人工的水景,来提升景观的趣味并增添实用功能。以下就是水在人们生活中所起的主要作用。

1) 构成景观、增添美景

水是构成景观、增添美景的重要因素。在园林设计中,水体已成为十分重要和活跃的设计要素。在中国的传统园林中,素有"有山皆是园,无水不成景"之说,水被称为"园之灵魂",并创造了独到的理水手法,对世界上许多国家的园林艺术产生了重要影响。

园林用水,从布局上看可分集中和分散两种形式。集中而静的水面能使人感到开朗宁静,一般中小型庭院多采用这种理水方法。水池本身的形状,除个别皇家苑囿中的园中园采用方方正正的平面外,大多数为不规则形。和集中用水相对立的是分散用水,其特点是用化整为零的方法把水面分割成互相连通的若干块,游客常因溯源而产生隐约迷离和不可穷尽的幻觉。分散用水还可以随水面的变化而形成若干大大小小的中心(见图 5.6)。

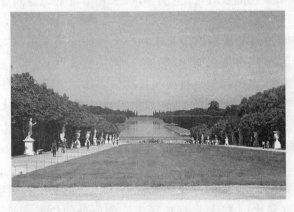

(a) 规则式集中水面(法国凡尔赛宫)   (b) 不规则式集中水面(上海静安寺公园)

(c) 分散布置的水面(南京瞻园)   (d) 分散布置的水面(杭州太子湾公园)

图 5.6 园林用水的不同布局形式

园林用水从情态上看则有静有动。静水宁静安谧,能形象地倒映出周围环境的景色,给人以轻松、温和的享受。动水活泼灵动,或缓流,或奔腾,或坠落,或喷涌,波光晶莹,剔透清亮,令人感受欢快、兴奋、激动的氛围(见图 5.7)。

(a) 平静的水面　　　　　　　　　　　　(b) 富有动感的水景

图 5.7　园林用水的不同情态

以下是水在造景中起的几个基本作用。

(1) 基底作用　大面积的水面视域开阔、坦荡，有衬托岸畔和水中景物的基底作用。当水面不大但在整个空间中仍具有面的感觉时，水面仍可作为岸畔或水中景物的基底，产生倒影，扩大和丰富景观空间(图 5.8a)。

(2) 系带作用　水面具有将不同的、散落的景观空间及园林景点连接起来并产生整体感的作用，具有线型系带作用及面型系带作用。前者水面多呈带状线型，景点多依水而建，形成一种"项链式"的效果。而面型系带作用是指零散的景点均以水面为各自的构图要素，水面起到直接或间接的统一作用。除此之外，在有的景观设计中并没有大的水面，而只是在不同的空间中重复水这一主题，如用不同形式的流水、落水、静水等，以加强各空间之间的联系。水还具有将不同平面形状和大小的水面统一在一个整体之中的能力。无论是动态的水还是静态的水，当其经过不同形状、不同大小、位置错落的"容器"，由于它们都含有水这一共同因素，会产生整体的统一(图 5.8b)。

(3) 焦点作用　喷涌的喷泉、跌落的瀑布等动态形式的水，它们的形态和声响能引起人们的注意，吸引人们的视线。在设计中除了要处理好它们与环境的尺度和比例关系外，还应考虑它们所处的位置。通常将水景安排在向心空间的焦点、轴线的交点、空间的醒目处或视线容易集中的地方，使其突出并成为焦点，如喷泉、瀑布、水帘、水墙、壁泉等。此外，由于运动着的水，无论是流动、跌落还是撞击，都会发出不同的声音效果，使原本静默的景色产生一种生生不息的律动和天真活跃的生命力，因此，水的设计也应包含水声的利用(见图 5.8c)。

(a) 水的基底作用　　　　　(b) 水的系带作用　　　　　(c) 水的焦点作用

图 5.8　水体在造景中的几个基本作用

2) 调节小气候

水体在增加空气的湿度和降温方面有显著的作用，可以减少尘埃，提高负氧离子的含量，还能在小范围内起到调节气候的作用。水体面积大,则这种作用就更明显。这不仅可以改善园林内部的小气候条件,而且也有改善周围环境卫生条件的作用。

3) 排洪蓄水

在暴雨来临、山洪暴发时,要及时排除和蓄积洪水,防止洪水泛滥成灾;到了缺水的季节再将所蓄之水有计划地分配使用。园林中的水体在一定程度内,可以起到排洪蓄水的作用。水体边的湿地植被的存在还可以减缓水流,从而调节径流和削减洪峰,延迟洪峰的到来。

4) 美化市容和作为开展水上活动和游览的场所

城市水系是难得的自然风景资源,也是城市生态环境质量的重要保障,应该大力保护天然水体,在保护的前提下加以开发和利用。杭州的西湖、南京的玄武湖等水体在美化城市面貌方面起了不可磨灭的作用。国际上有些著名城市还专门建造人工湖作为城市中心景观。意大利的威尼斯和我国的苏州更以水城为特色。如与园林接壤的水系是公共水运航道,则要按航运要求,结合园林特色来处理。

5) 结合发展水产事业

园林要综合发挥生态效益、社会效益和经济效益。利用园林水体进行水产方面的开发利用是切实可行的途径。但园林又不是单纯的水产养殖场,结合发展水产要服从于水景和游览的基本要求。水的深度太浅不利于水温上下对流和养鱼的要求;太深虽可进行分层养鱼以提高单位面积水产量,但对游船活动不安全。养鱼和水生植物也有矛盾,因此要因地制宜,统筹安排。

5.2 城市水系规划

5.2.1 城市水系规划有关知识

城市绿地规划是城市总体规划的组成之一,城市园林水体又是城市水系的一部分。水有源、流、派和归宿,城市水系规划的要领是"疏源之去由,察水之来历"。在进行城市绿地规划和有水体的公园设计时都要着眼于局部与整体的关系。其次,要收集、了解和勘查城市水系历史、现状与相关规划。

城市水系在不同的历史时期是有所变迁的,城市的起源和发展与水系的自然变迁密切相关。以南京为例,南京城市东部钟山,历史上称为"龙蟠",西部有石头城,历史上称为"虎踞",城市南部有秦淮河,称为"朱雀",北部湖泊称为"玄武",再往北郊有长江。如此形成南京城市地理格局是:三条山脉,北部沿江幕府山脉,中部紫金山西延覆舟山脉,南部牛首山脉;两条河流,南部秦淮河与北部金川河;三个湖泊,玄武湖、莫愁湖和燕雀湖,历史上各个时期城市结构走向以及目前遗留城墙主要顺应这些山脉和河流,古都城市景观依托自然地理系统而形成(见图 5.9)。南京城河道水系与古都城结构位置关系密切,城垣之外必有城河,且与江、河、湖相连,市内水道纵横交错,在过去主要是运输通道,还起着城市排水防涝的功能。河道水系有其重要的历史价值,也有城市景观作用。古代河流是南京城市边界,也是规划城市道路系统的依据,后来又是商贸、文化的重要枢纽(图 5.10)。现代的南京城市河流已经大大地减少了。大面积湖泊如玄武湖、燕雀湖、莫愁湖等,经过历代的城市发展、填埋已逐渐退化,金川河依靠水闸与长江相连,玄武湖同长江的联系更加弱小。

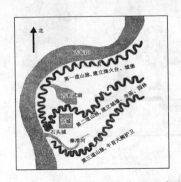

图 5.9 南京山水与古城关系示意图

图 5.10 六朝时期,南京自然地形与城市关系鸟瞰图

5.2.2 水系规划的内容

城市水体规划的主要任务是保护、开发和利用城市水系，调节和治理洪水与淤积泥砂，开辟人工河湖，兴城市水利而防治城市水患，将城市水体组成完整的水系。

城市水系规划为各段水体确定了一些水工控制数据。如最高水位、最低水位、常水位、水容量、桥涵过水量、流速及各种水工设施，同时也规定了各段水体的主要功能。依据这些数据来进一步确定园林进水口、出水口的设施和水位，使园林内水体务必完成城市水系规划所赋予的功能。

1) 河湖的等级划分和要求

如果我们在造园中接触到某一河湖，首先应该了解其等级，并由此确定一系列水工设施的要求和等级标准。《内河通航标准》将我国内河航道分为七个技术等级，不同等级的航道具有不同的净空尺度和要求。长江南京段为一级航道。而秦淮河航道规划等级2003年确定为五级，远期按四级航道标准预留。因此，临跨过河建筑物均需服从内河航道等级规划的要求。

2) 河湖在城市水系中的任务

该任务的制定是比较概括的，如排洪、蓄水、航运、景观等。我们要力求在完成既定任务的前提下保护自然水体的生态和景观，处理好相互的关系。对于得天独厚的城市天然河、湖、溪流，更要重视其在城市生态环境和风景园林方面的作用，避免因为"整治"而被改为钢筋混凝土的排水沟槽，使固有的自然景观遭到建设性的破坏。在这种情况下，应会同城市规划、水工和园林等有关部门，从综合的角度出发进行整治。比如南京外秦淮河是综合治理的典型案例，在整治过程中寻求水系、绿化与城市空间环境耦合的具有凝聚力的景观结构，并整合相关的历史文化与社会经济资源，成为南京河西新城的重要骨架。

3) 河湖近期和远期规划水位，驳岸的平面位置、代表性断面和高程

自由水体上表面的高程称水位。一般包括最高水位、常水位和最低水位。近海受潮汐影响，水体水位变化更复杂。这些是确定园林水体驳岸位置、类型、岸顶高程和湖底高程的依据。

图5.11是南京秦淮河草场门桥南侧至二十九中分校段的部分滨河景观设计图，设计将原有硬质驳岸改为四个不同高程的小型驳岸，分别对应秦淮河的几种水位，强化了河滨绿地的亲水性和休闲功能，是内河驳岸景观化设计的一个典型案例。

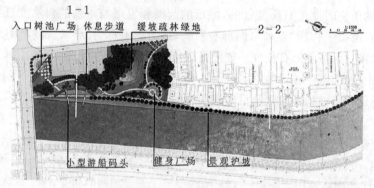

(a) 平面

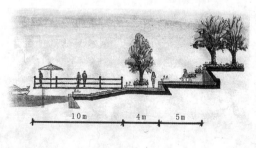

(b) 断面1-1

(c) 断面2-2

图5.11 南京秦淮河草场门桥南侧滨河景观设计

4) 水工构筑物的位置、规格和要求

园林水景工程除了要满足这些水工要求以外,还要尽可能做到水工的园林化,使水工构筑物与园景相协调,解决水工与水景的矛盾。

5.2.3 水系规划常用数据

城市水系规划与园林水景相关的常用数据有:

1) 水位

水体上表面的高程称水位。将水位标尺设置在稳定的位置,水表在水位尺上的位置所示刻度的读数即水位。由于降水、潮汐、气温、沉淀、冲刷等自然因素的变化和人们用水生产、生活活动的影响,水位便产生相应变化。通过查阅了解水文记载和实地观测了解历史水位、现在水位的变化规律,从而为设计水位和控制水位提供依据。对于本无水面而需截天然溪流为湖池的地方,则需要了解天然溪流的流量和季节性流量变化,并计算湖体容量和拦水坝溢流量,以此控制确定合宜的设计水位。

2) 流速

即水体流动的速度。按单位时间水流动的距离来表示,单位为 m/s。流速过小的水体不利于水源净化。流速过大又不利于人在水中、水上的活动,同时也容易造成堤岸冲刷受损。流速可用流速仪测定。临时草测可用浮标计时观察。应从多部位观察,取平均值。对一定深度水流的流速则必须用流速仪测定。

$$各浮标水面流速 = 浮标在起讫间运行的距离(m) / 浮标在起讫间漂流历时(s)$$

$$平均流速 = 各浮标水面流速总和(m/s) / 浮标总数$$

3) 流量

在一定水流断面间单位时间内流过的水量称流量,单位为 m^3/s。

$$流量 = 过水断面面积 \times 流速$$

在过水断面面积不等的情况下,则须取有代表性的位置测取过水断面的位置。如水深和不同深度流速差异很大,也应取平均流速。

在拟测河段上选择比较顺直、稳定、不受回水影响的一段,断面选取方法如图 5.12 所示:在河岸一侧设基线,基线方向与断面方向垂直。在两者交点钉木桩,作为测量断面距离的标志点。断面的平面位置可用横悬测绳上的刻度来控制,可扎各色布条于横悬测绳的相应刻度上。水深用测杆或带铅垂和浮标的钓鱼线测定。

图 5.12 草测流量示意图

5.3 水景设计初步

5.3.1 水景设计的基本要素

1) 水的尺度和比例

把握设计中水的尺度,需要仔细地推敲所采用的水景设计形式、表现主题、周围的环境景观,并采用合适的分区手法,创造大小尺度各异的水面空间(图5.13)。小尺度的水面较亲切怡人,适合于安静、不大的空间,例如庭园、花园、城市小公共空间;尺度较大的水面浩瀚缥缈,适合于大面积自然风景、城市公园和大型城市空间或广场。

无论是大尺度的水面,还是小尺度的水面,关键在于掌握空间中水与环境的比例关系。水面直径小、水边景物高,则在水区内视线的仰角比较大,水景空间的闭合性也比较强。在闭合空间中,水面的面积看起来一般都比实际面积要小。如果水面直径或宽度不变,而水边景物降低,水区视线的仰角变小,空间闭合度减小、开敞性增加,则同样面积的水面看起来就会比实际面积要大一些。

因此,从视觉角度讲,水面的大小是相对的,同样大小的水面在不同的环境中产生的效果可能完全不同。如苏州的怡园和艺圃两处古典园林中的水面大小相差无几,但艺圃的水面明显地显得开阔和空透。若与网师园的水面相比,怡园的水面虽然面积要大出约1/3,但是大不见其广,长不见其深,而网师园的水面反而显得空旷幽深(图5.14)。

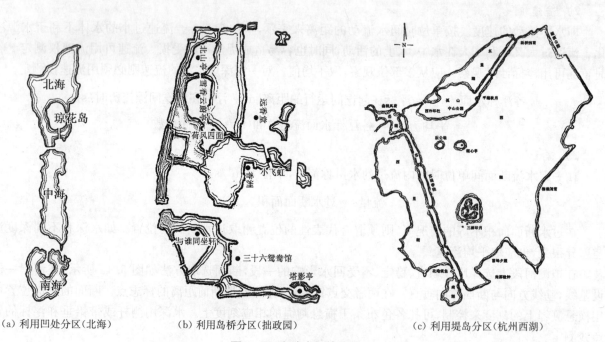

(a) 利用凹处分区(北海)　　(b) 利用岛桥分区(拙政园)　　(c) 利用堤岛分区(杭州西湖)

图5.13　湖池水面的分区

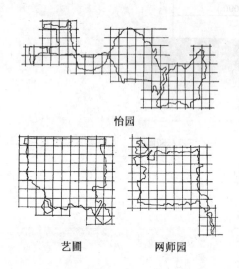

(a) 怡园水面

(b) 艺圃水面

(c) 网师园水面

图 5.14 相近大小水面视觉效果对比

2) 水的平面限定和视线

用水面限定空间、划分空间有一种自然形成的感觉，使得人们的行为和视线不知不觉地在一种较亲切的气氛中得到了控制，由于水面只是平面上的限定，故能保证视觉上的连续性和通透性，利用水面可获得良好的观景条件（见图5.15）。另外，也常利用水面的行为限制和视觉渗透来控制视距，获得相对完善的构图；或利用水面产生的强迫视距，达到突出或渲染景物的艺术效果。如苏州的环秀山庄，过曲桥后登栈道，上假山，左侧依山，右侧傍水，由于水面限定了视距，给本来并不高的假山增添了几分峻峭之感，江南私家宅第园林经常利用强迫视距以达到小中见大的效果（图5.16）。水面控制视距、分隔空间还应考虑岸畔或水中景物的倒影，这样一方面可以扩大和丰富空间，另一方面可以使景物的构图更完美（图5.17）。

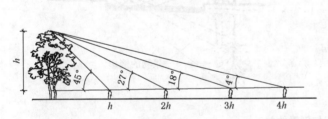
(a) 视角与景的关系

(b) 水面限定了空间但视觉上渗透

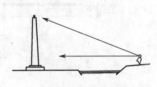
(c) 控制视距，获得较佳视角

图 5.15 利用水面获得良好的观景条件

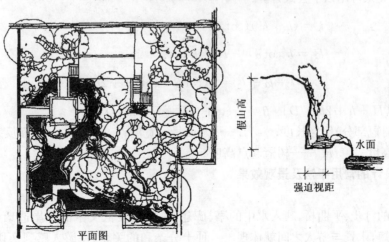

平面图

图 5.16 利用水面产生强迫视距作用

113

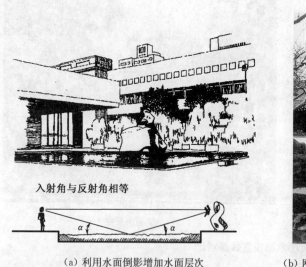

(a) 利用水面倒影增加水面层次　　　　　　(b) 网师园利用近水观赏点获得月到风来亭与濯缨水阁的完美倒影

图5.17　利用水面形成倒影

利用水面创造倒影时,水面的大小应由景物的高度、宽度、希望得到的倒影长度,以及视点的位置和高度等决定。倒影的长度或倒影的大小应从景物、倒影和水面几方面加以综合考虑,视点的位置或视距的大小应满足较佳的视角,如图5.18。

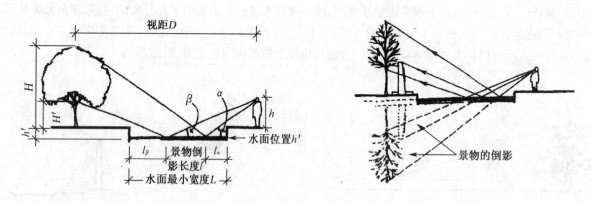

图5.18　视距与倒影的关系

视距与倒影的关系可用以下公式计算:

$$l = (h + h')(\cot\beta - \cot\alpha)$$

$$l_\alpha = h'\cot\alpha \qquad l_\beta = h'\cot\beta$$

$$L = l + l_\alpha + l_\beta = h(\cot\beta - \cot\alpha) + 2h'\cot\beta$$

其中：$\alpha = \arctan[(H + h + 2h')/D] \qquad \beta = \arctan[(H' + h + 2h')/D]$

式中：l——景物（树冠部分）倒影长度；　　L——水面最小宽度；　　α,β——水面反射角；
　　　　H——树木高度；　　H'——树冠起点高度。

5.3.2　水景设计的常用手法及景观效果

1) 亲和

通过贴近水面的汀步、平曲桥,映入水中的亭、廊建筑,以及又低又平的水岸造景处理,把游人与水景的距离尽可能地缩短,水景与游人之间就体现出一种十分亲和的关系,使游人感到亲切、合意、有情调且风景宜人。园林景观中的临水建筑常常深入水面,给游人一种亲水的感受(图5.19)。

(a) 亲和——建筑在水中　　　　　　　　　　(b) 杭州西湖花港观鱼竹水榭

图 5.19　园林水景亲和的应用模式及实例

2）延伸

园林建筑一半在岸上，一半延伸到水中；或岸边的树木采取树干向水面倾斜、树枝向水面垂落或向水心伸展的态势，都使游客明显感到临水之意。前者是向水的表面延伸，而后者却是向水上的空间延伸。谐趣园的饮秋亭和洗绿轩，饮秋亭一半在岸上，一半在水中，使游人视线延伸到水中（图 5.20）。

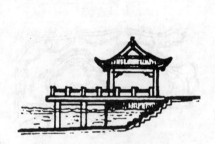

(a) 延伸——建筑、阶梯向水中延伸　　　　　　(b) 谐趣园饮秋亭

图 5.20　园林水景延伸的应用模式及实例

3）藏幽

水体在建筑群、林地或其他环境中，都可以把源头和出水口隐藏起来。隐去源头的水面，反而可给人留下源远流长的感觉；把出水口藏起的水面，水的去向如何，也更能引人遐想（图 5.21）。

(a) 藏幽——水体在树林中　　　　　　　　(b) 杭州太子湾溪流

图 5.21　园林水景藏幽的应用模式及实例

4）渗透

水景空间和建筑空间相互渗透，水池、溪流在建筑群中流连、穿插，给建筑群带来自然鲜活的气息。有了渗透，水景空间的形态更加富于变化，建筑空间的形态则更加舒敞，更加灵秀。如加州奥尔兰博物馆的

水景与建筑空间的相互渗透(图5.22)。

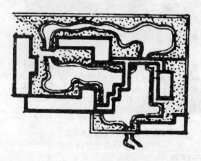
(a) 渗透——水体穿插在建筑群之中

(b) 加州奥尔兰博物馆

图5.22　园林水景渗透的应用模式及实例

5) 暗示

池岸岸口向水面悬挑、延伸,让人感到水面似乎延伸到了岸口下面,这是水景的暗示作用。将庭院水体引入建筑物室内,水声、光影的渲染使人仿佛置身于水底世界,这也是水景的暗示效果。如留园"活泼泼地"将水引入建筑下方,起到很好的暗示作用(图5.23)。

(a) 暗示——引水入室

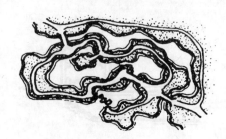
(a) 迷离——湖中岛与岛中湖

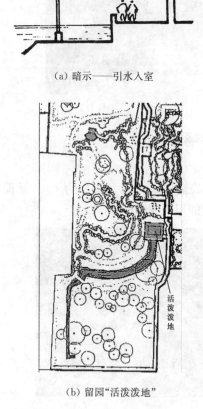
(b) 留园"活泼泼地"

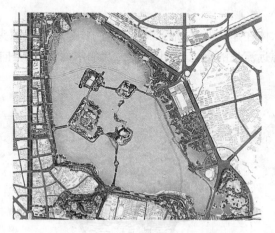
(b) 玄武湖

图5.23　园林水景暗示的应用模式及实例　　图5.24　园林水景迷离的应用模式及实例

6) 迷离

在水面空间处理中,利用水中的堤、岛、植物、建筑,与各种形态的水面相互包含与穿插,形成湖中有岛、岛中有湖、景观层次丰富的复合性水面空间。在这种空间中,水景、树景、堤景、岛景、建筑景等层层展开,不可穷尽。游人置身其中,顿觉境界相异、扑朔迷离,如杭州西湖和南京玄武湖湖心岛(图5.24)。

7) 萦回

蜿蜒曲折的溪流在树林、水草地、岛屿、湖滨之间回环盘绕,突出了风景的流动感。这种效果反映了水景的萦回特点,如无锡寄畅园的八音涧,还有昆明园博会的粤晖园溪涧(图5.25)。

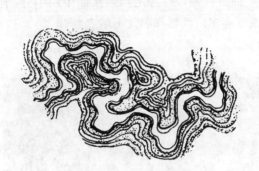 

(a) 萦回——溪涧盘绕回还　　　　　　　　(b) 昆明园博会的粤晖园溪涧

图 5.25　园林水景萦回的应用模式及实例

8) 隐约

使种植着疏林的堤、岛和岸边景物相互组合与相互分隔,将水景时而遮掩、时而显露、时而透出,就可以获得隐隐约约、朦朦胧胧的水景效果(图5.26)。

(a) 隐约——虚实、藏露结合　　　　　　　　(b) 杭州西湖

图 5.26　园林水景隐约的应用模式及实例

9) 隔流

对水景空间进行视线上的分隔,使水流隔而不断,似断却连。可以利用桥分割水面空间,增加水面的层次,如拙政园小飞虹是连接水面和陆地的通道,而且构成了以桥为中心的独特景观(图5.27)。

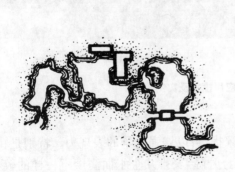 

(a) 隔流——隔而不断　　　　　　　　(b) 拙政园小飞虹

图 5.27　园林水景隔流的应用模式及实例

10) 引出

庭园水池设计中,不管有无实际需要,都将池边留出一个水口,并通过一条小溪引水出园,到园外再截断。对水体的这种处理,其特点还是在尽量扩大水体的空间感,向人暗示园内水池就是源泉,暗示其流水可以通到园外很远的地方,体现了"山要有根,水要有源"的古代画理。如网师园水面聚而不分,池西北石板曲桥,低矮贴水,东南引静桥微微拱露,曲折多变,使池面有水广波延和源头不尽之意(图5.28)。这是在古典园林中常用的手法,在今天的园林水景设计中也有应用。

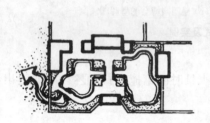
(a) 引水出园

(b) 网师园用桥分隔暗示将水引出

图 5.28 园林水景引出的应用模式及实例

11) 引入

引入和水的引出方法相同,但效果相反。水的引入,暗示的是水池的源头在园外,而且源远流长。如沧浪亭园门一池绿水绕于园外,临水复廊的漏窗把园林内外山山水水融为一体(图5.29)。

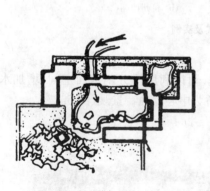
(a) 引水入园

(b) 沧浪亭临水复廊

图 5.29 园林水景引入的应用模式及实例

12) 收聚

大水面宜分,小水面宜聚。面积较小的几块水面相互聚拢,可以增强水景的表现力。特别是在坡地造园,由于地势所限,不能开辟很宽大的水面,就可以随着地势升降,安排几个水面高度不一样的较小水体,相互聚靠在一起,同样可以达到扩大水面的效果。如拙政园水面有聚有散,聚处以辽阔见长,散处则以曲折取胜(图5.30)。

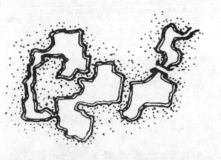
(a) 收聚——小水面聚合

(b) 散处曲折

(c) 聚处辽阔

图 5.30　园林水景收聚的应用模式及实例——拙政园水面

13) 沟通

分散布置的若干水体,通过渠道、溪流顺序串联起来,构成完整的水系,这就是沟通。如杭州西湖利用岛、桥沟通水面(图 5.31)。

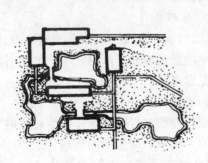
(a) 沟通——使分散水面相连

(b) 杭州西湖曲院风荷

图 5.31　园林水景沟通的应用模式及实例

14) 水幕

建筑被设置于水面之下,水流从屋顶均匀跌落,在窗前形成水幕。再配合音乐播放,则既有跌落的水幕,又有流动的音乐,室内水景别具一格。如某广场的水幕建筑(图 5.32)。

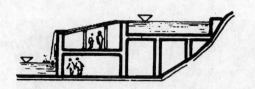

(a) 水幕——建筑在水下

(a) 开阔——大尺度的水景空间

(b) 某广场的水幕建筑

图 5.32 园林水景水幕的应用模式及实例

(b) 西湖从花港观鱼看湖区景观

图 5.33 园林水景开阔的应用模式及实例

15) 开阔

水面广阔坦荡，天光水色，烟波浩渺，有空间无限之感。这种水景效果的形成，常见的是利用天然湖泊点缀人工景点，使水景完全融入环境之中。而水边景物如山、树、建筑等，看起来都比较遥远。如杭州西湖开阔的水面(图 5.33)。

(a) 象征——日本式的枯山水，以沙浪象征水波

16) 象征

以水面为陪衬景，对水面景物给予特殊的造型处理，利用景物象形、表意、传神的作用，来象征某一方面的主题意义，使水景的内涵更深邃，更有想象和回味的空间。如日本的枯山水艺术作品中，以置石分别象征大海和岛群，使人联想到大海中群岛散落的自然景观，心情会格外超脱、平静，从而达到禅学所追求的精神境界(图5.34)。

17) 仿形

模仿江、河、湖、海、溪、泉等形状来设计水体，将大自然中的景观浓缩于园林之中。如奥林匹克森林公园的龙形水系。

18) 借声

借助各种动水与周围物体发生碰撞时发出的多种多样的声响来丰富游园的情趣。"水令人远，石令人古，园林水石最不可无"，水是流动的，是轻灵的，是能够给人以多种感觉形式下的审美快感的。流水不但能够提供视觉美，流水声也给人以听觉美，水跌落在埕道中回声叮咚犹如不同音节的琴声。如桂林

(b) 日本龙安寺的石庭

图 5.34 园林水景象征的应用模式及实例

的琴潭、无锡寄畅园的八音洞、杭州的九溪十八涧等，都可以让人体验到水声带来的美感。清代俞曲园诗"重重叠叠山，高高低低树，叮叮咚咚水，弯弯曲曲路"，就十分形象地描绘了园林中水景的声音美。

19) 点色

水面能反映周围物象的倒影,利用不同水体的颜色来丰富园林的色彩景观称点色。如蓝色的海水,绿色的湖水,碧绿色的池水。还有随着季相变化有新绿、红叶、白雪等美景点色(图5.35)。

图5.35 园林水景点色的应用模式

5.3.3 水景设计的基本形式及设计要点

自然界中有江河、湖泊、瀑布、溪流和涌泉等自然水景。园林水景设计既要师法自然,又要不断创新。要做到这两点,就必须经过深刻分析和艺术概括。通常将水景设计中的水归纳为平静的、流动的、跌落的和喷涌的4种基本形式。

1) 静水

静水是指园林中成片状汇集的宁静水面。它常以湖、塘、池等形式出现。静水一般无色而透明,具有安谧祥和的特点,它能反映出周围物象的倒影,赋予静水以特殊的景观,给人以丰富的想象。在色彩上,可以映射周围环境四季的季相变化;在风吹之下,可产生微动的波纹或层层的浪花;在光线下,可产生倒影、逆光、反射等,都能使水面变得波光潋滟,色彩缤纷,给庭园或建筑带来无限的光韵和美感。

(1) 静水的类型　静水是现代水景设计中最简单、最常用又最能取得效果的一种水景设计形式。室外筑池蓄水,或以水面为镜,倒影为图,作影射景,给人带来一种"半亩方塘一鉴开,天光云影共徘徊"的意境;或赤鱼戏水,水生植物满园飘香;或池内筑山、设瀑布及喷泉等各种不同意境的水式,使人浮想联翩,心旷神怡。水池设计主要讲究平面形式的变化,根据静水的平面变化,一般可分为规则式水池和自然式水池(湖或塘)。

① 规则式水池　其平面可以是各种各样的几何形,如圆形、方形、长方形、多边形或曲线、曲直线结合的几何形组合,多见于某一区域的中心(图5.36)。

(a) 美国佐治亚大学多边形水池

(b) 日本昭和公园

(c) 常州红梅公园曲线形小池

(d) 美国佐治亚植物园

图 5.36 规则式水池示例

② 自然式水池　自然式水池是指模仿大自然中的天然水池而开凿的人工水池。其特点是平面曲折有致，宽窄不一。虽由人工开凿，却宛若自然天成。池面宜有聚有分，大型水池聚处则水面辽阔，有水乡弥漫之感；分处则或蜿蜒曲折或静谧幽深。水池应视面积大小不同而设计，小面积水池则聚胜于分，面积较大的水池则应有聚有分。具体的自然式水池的理法如下：

(a) 粤晖园

(b) 拙政园

(c) 艺圃

(d) 杭州郭庄

图 5.37 不同大小的自然式水池示例

• 小型水池　小型水池形状宜简单，周边宜点缀山石、花木，池中若养鱼植莲亦很有情趣。应该注意的是点缀不宜过多，过多则拥挤落俗，失去意境（图 5.37a、b）。

- 较大的水池　应以聚为主,以分为辅,在水池的一角用桥或缩水束腰划出一弯小水面,非常活泼自然,主次分明(图5.37c、d)。
- 狭长的水池　该类水池应注意曲线变化和某一段中的大小宽窄变化,处理不好会成为一段河。池中可设桥或汀步,转折处宜设景或置石植树(图5.38)。
- 山池　即以山石理池。周边置石、缀石应注意不要平均,要有断续和高低,否则也易流俗。亦可设岩壁、石矶、断崖、散礁。水面设计应注意要以水面来衬托山势的峥嵘和深邃,使山水相得益彰(图5.39)。

(a) 瞻园金鱼池　　　　　　　　　　　　　　(b) 拙政园北部水池

图5.38　狭长形自然式水池示例

(a) 退思园一隅　　　　　　　　　　　　　　(b) 拙政园

图5.39　山池示例

(2) 城市静水常见的应用形式

① 下沉式水池　使局部地面下沉,限定出一个范围明确的低空间,在这个低空间中设水池(图5.40a)。此种形式有一种围护感,而四周较高,人在水边视线较低,仰望四周,新鲜有趣。

② 台地式水池　与下沉式相反,把开设水池的地面抬高,在其中设池。处于池边台地上的人们有一种居高临下的优越的方位感,视野开阔,趣味盎然;赏水又有一种观看天池一样的感受。抬高型水池常用来掩饰欠佳的景象,丰富景观层次,创造出更多样的视觉意境,更易于亲水、便于观察和维护,而且可以省去挖掘地面的工作,对于儿童安全性也较好,尤其对于水平面高、有季节性洪水或土质不好的地方是一种理想的选择(图5.40b)。

(a) 美国华盛顿纪念碑前下沉式水池

(b) 台地式水池

图 5.40 下沉式和台地式水池

③ 室内外沟通连体式(或称嵌入式)水池 通过水池创造灰色空间,以联系室内外环境和景观(图5.41a)。

④ 具有组合造型的水池 这种水池是由几个不同高低、不同形状的规则式水池组合起来,蓄水、种植花木,增加了观赏性(图5.41b)。

(a) 日本NNT武藏野研发中心嵌入式水池

(b) 莱芜红石公园组合造型水池

图 5.41 嵌入式和组合造型水池

⑤ 平满式水池 这种水池池边与地面平齐,将水蓄满,使人有一种近水和水满欲溢的感觉。或略高于地面,使水面平滑下落,池边有圆形、直形和斜坡形几种形式(见图5.42)。

(a) 美国,朝鲜战争纪念公园

(b) 日本NNT武藏野研发中心

图 5.42 平满式水池示例

(3) 静水造景的原则

① 规则式水池　规则式水池在城市造景中主要突出静的主题及旨趣，可就地势低洼处，以人工开凿，也可在重要位置作主景挖掘，有强调园景色彩的效果。

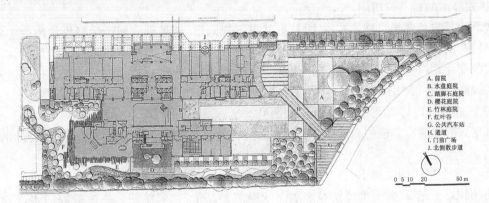

(a) 平面图

- 规则式水池的特性　规划式水池像人造容器，池缘线条硬挺分明，形状规则，多为几何形，具有现代生活的特质，适合市区空间。规则式水池能映射天空或地面景物，增加景观层次。水面的清洁度、水平面、人所站位置角度决定映射物的清晰程度。水池的长宽依物体大小及映射的面积大小决定。水深映射效果好，水浅则差。池底可有图案或特别材料式样来表现视觉趣味。

- 规则式水池的选址　规则式水池是城市环境中运用较多的一种形式，多运用于规则式庭园、城市广场及建筑物的外环境修饰中。水池设置位置应与其周围环境相映衬，宜位于建筑物的前方，或庭园的中心，作为主要视线上的一种重要景物(图5.43)。

(b) 规则式水池局部鸟瞰

图5.43　日本NNT武藏野研发中心外环境

- 规则式水池的设计要点　规则式水池的历史可以追溯到罗马人和波斯人，亦同样是现代庭园、露台和天井的理想水景。强烈的几何造型：圆形、长方形、椭圆形或狭长的渠道，总是带有清晰而明确的边缘。

靠近建筑的水景可以被诠释为现存建筑物的延伸，因此它的整体必须与建筑物的高度和宽度形成一定的比例才会有美感。作为露台或天井的一部分，水池应该恰当地融入到它们硬朗的景观中去，而不是从中切割。为了达到对周围建筑物的最佳反射效果，水池的底部必须是深色的，黑色尤佳。如果是在光照区，奇妙的光束会反射在外部墙面或房间的天花板上(图5.44)。

水池面积应与庭园面积有适当的比例。池的四周可为人工铺装，也可布置绿草地，地面略向池的一侧倾斜，更显美观。若配置植物，水池深度以50～100 cm为宜，以使水生植物得以生长。水池水面可高于地面，亦可低于地面。但在有霜的地区，池底面应在霜冻线以下，水平面则不可高于地面。

图5.44　日本屋久岛环境文化研修中心

②自然式静水(湖、塘)

自然式静水是一种模仿自然的造景手段,强调水际线的变化,有着一种天然野趣,追求"虽由人作,宛自天开"的艺术境界。

- 自然式静水的特点与功用

自然式静水是自然或半自然形式的水域,形状呈不规则形,使景观空间产生轻松悠闲的感觉。无论是人造的还是改造的自然水体,一般都由泥土或植物收边,适合自然式庭园或乡野风格的景区。水际线强调自由曲线式的变化,并可使不同环境区域产生统一连续性(借水连贯),其景观可引导人行经过一连串的空间,充分发挥静水的系带作用。

- 自然式静水的设计要点

设计自然式静水时应多模仿自然水体。利用水的特殊性创造出多种自然景观,这是设计的基本要点。例如:

色的景,静水在轻风的吹拂下,会产生微微起伏的波纹或层层的浪花。

光的景,倒影、逆光、反射等都能使静水水面变得波光晶莹,色彩缤纷。一池静静的水,给庭园带来的光辉和动感,的确有"半亩方塘一鉴开,天光云影共徘徊"的意境。

冰的景,即使是结冰的水面,一池平静不动的水,可能看起来颜色深沉。而结冰后,表面却是明亮耀眼。流动的水,在结冰后常常产生独特的纹路和图案。

这些自然之美,在阳光的辉映之下,更显得风采动人。自然式静水的形状、大小、材料与构筑方法,因地势、地质、水源及使用需求等不同而有所差异。如划船水面,一般要求每只游船拥有 80～85 m² 的水面。北方用于滑冰的湖面要求每人拥有 3～5 m² 的水面。

园林湖池的水深一般不是均一的,安全水深不超过 0.7 m。湖池的中部及其他部分,水的深度可根据不同使用功能要求来确定。如划船的湖池,水的深度不宜浅于 0.7 m,儿童戏水池水深一般为 0.2～0.3 m。

为避免水面平坦,在水池的适当位置,应设置小岛,或栽种植物,或设置亭榭等。人造自然式水池的任何部分,均应将水泥或堆砌痕迹遮隐。

2) 流水

(1) 流水的形式及特点　除去自然形成的河流以外,城市中的流水常设计于较平缓的斜坡或与瀑布等水景相连。流水虽局限于槽沟中,但仍能表现出水的动态美。潺潺的流水声与波光激滟的水面,也给城市景观带来特别的山林野趣,甚至也可借此形成独特的现代景观。

流水依其流量、坡度、槽沟的大小,以及槽沟底部与边缘的性质而有各种不同的特性。

槽沟的宽度及深度固定,质地较为平滑,流水也较平缓稳定。这样的流水适合于宁静、悠闲、平和、与世无争的景观环境(图 5.45a)。如果槽沟的宽度、深度富有变化,而底部坡度也有起伏,或是槽沟表面的质地较为粗糙,流水就容易形成涡流(图 5.45b)。槽沟的宽窄变化较大处也容易形成漩涡。

(a) 平缓的流水

(b) 湍急的流水

图 5.45　流水的形式

流水的翻滚具有声色效果,因此流水的设计多仿自然河川,盘绕曲折,但曲折的角度不宜过小,曲口必须较为宽大,以引导水向下缓流。一般采用S形或Z字形,使其合乎自然的曲折,但曲折不可过多。

有流水道之形但实际上无水的枯水流,在日式庭园中颇多应用,其设计与构造完全是以人工仿袭天然的做法,给游人以暂时干枯的印象。干河底放置石子、石块,构成一条河流,如两山之间的峡谷。设计枯水流时,如果偶尔在雨季或某时期枯水流会成为真水流的,则其堤岸的构造应相对坚固。

(2) 流水的设计要点

① 流水位置的确定　流水常设于假山之下、树林之中或水池瀑布的一端;应避免贯穿庭园中央,因为流水为线的运用,宜使水流穿过庭园的一侧或一隅。

② 流水的平面线形设计　在流水的平面线形设计中,要求线形曲折流畅,回转自如;两条岸线的组合既要相互协调,又要有许多变化,要有开有合,使水面富于宽窄变化。流水水面的宽窄变化可以使水流的速度也出现缓急的变化。平缓的水流段具有宁静、平和、轻柔的视觉效果,湍急的流水段则容易泛起浪花和水声,更能引起游人的注意。总之,流水的宽窄变化将会使水景效果更加生动自然,更加流畅优美。图5.46是杭州太子湾公园溪涧岸线设计,可供参考。

图5.46　杭州太子湾公园流水的线形设计

以溪涧水景闻名的无锡寄畅园八音涧,就是由带状水体曲折、宽窄变化而获得很好景观效果的范例。在涧的前端,有引水入涧和调节水量的水池,自水池而出的溪涧与相伴而行的曲径相互结合,流水忽而在曲径之左,忽而又穿行到曲径之右,宽宽窄窄、弯弯曲曲,变化无穷(图5.47)。

③ 流水的坡度、深度与宽度的确定　应尽可能遵循自然规律,上游坡度宜大,下游宜小。在坡度大的地方放圆石块,坡度小的地方放砾砂。决定坡度的大小还在于给水的多寡,给水多则坡度大,给水少则坡度小。坡度的大小没有严格限制,最小可至0.5%,近似平地,局部最大可以垂直,成为流水中的瀑布。平地造园,其坡度宜小;山坡

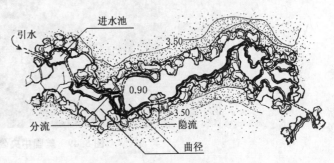

图5.47　无锡寄畅园八音涧平面图

地理水,其坡度宜大,或者大小结合,缓急相间。水流的深度应根据流量而定,以20~35 cm为宜。宽度则依水流的总长和园中其他景物的比例而定。

④ 植物的栽植及附属物的设置　水流两岸,可栽植各种观赏植物,以灌木为主,草本为次,乔木类宜少。在水流弯曲部分,为求隐蔽曲折,可多栽植树木;浅水弯曲之处,则可放入石子,栽植水中花草等。在适当的地方可设置栏杆、桥梁、园亭、水钵、雕像等(图5.48)。

(3) 流水的水源及其设置

① 引水入园　利用高差,将周围湖泊、河流、池塘或者地下水通过人工的手法引入园中。

② 利用城市供水管网系统进行补水　这是完全人工式的水源补给方式,流量宜小。这种方法费用较高,对后期管理、维护要求较高。

③ 收集天然雨水进行补给　利用自然地形尤其是坡地和建筑屋顶收集雨水,再储存起来补给造景之用。这是最生态的造园方法。

(4) 流水岸壁的构造　天然河岸和人造流水岸壁的构造一般分为土岸、石岸和水泥岸3种(图5.49、5.50)。

127

（a）平桥浅滩

（b）石灯笼

图 5.48　日本中部大学流水景观

图 5.49　美国中央公园土岸景观

（a）日本花博会碎石护岸

（b）日本德殿公园水泥贴瓷砖护岸

图 5.50　石岸与水泥岸图例

① 土岸　水流两岸坡度宜较小，必须低于水岸土壤自然安息角。土质需较粘重不会崩溃，在岸边宜培植地被植物，常水位以下还应培育水生植物。水草相间，起到水土保持和生态联系的功能，是最自然的水岸形式。

② 石岸　在土质松软或堤岸要求坚固的地方，在两边堤岸用圆石或碎石自然堆砌，既起到护坡的作用，又保持了水土之间的联系。石岸坡度也不宜太陡。

③ 水泥岸　为求堤岸的安全及永久牢固，可用水泥浆砌岸或混凝土岸。人工式庭园的水泥岸，可磨平或作斩假石饰面处理，或者表层用块料铺装贴面，如石材、马赛克、砖料等；自然式庭园的水泥岸，则宜在其表面浆砌石砾，以增加美感。但水泥岸隔绝了土壤和水流的联系，缺乏生态效益，不宜在自然河流中大量使用。

④ 人造流水道断面构造　如果场地土壤保水能力较差，而又需要在场地设计流水，可考虑硬质池底的人造流水道。其常见构造如图5.51所示。人造流水道设计的难点是如何通过水生植物等减弱设计的人工痕迹。图5.52为居住区人造流水道案例。

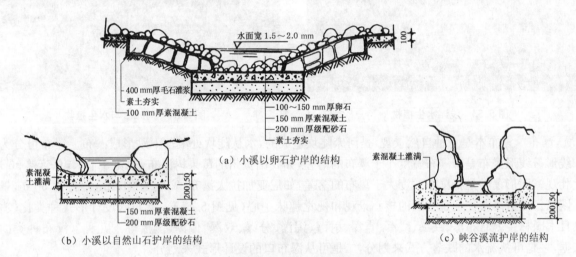

图5.51　常见流水道结构图

（a）杭州某小区流水道

（b）施工中的南京某小区流水道

图5.52　人造流水道案例

(5) 注意事项

① 天然流水的最大问题是水流变化，所以在水边应选择那些适应能力较强的植物来种植。也可以在水边设置略低于常水位的浅滩种植水生植物，形成湿地景观，并起到相应的生态功能（见图5.53、5.54）。

② 侵蚀问题也是流水中较大的问题，尤其是在转弯的地方水流最猛，它会侵蚀掉岸堤，直到把它摧毁。可以在流速较快的水中布置一些石块来减缓流速，同时在流水转弯处点置卵石，并种植一些水生植物，起到保护岸堤的作用。

3) 落水

(1) 落水的形式及特点　利用自然水或人工水聚集一处,使水从高处跌落而形成白色水带,即为落水。在城市园林设计中,常以人工模仿自然而创造落水景观。落水有水位的高差变化,线形、水形变化也很丰富,视觉趣味多。同时落水向下澎湃的冲击水声、水流溅起的水花,都能给人以听觉和视觉的享受,常成为设计焦点。根据落水的高度及跌落形式,可以分为以下几种:

图 5.53　浅滩水生植物　　　　　　　　　　　图 5.54　河滩石与水生植物

① 瀑布　瀑布本是一种自然景观,是河床陡坎造成的,水从陡坎处滚落下跌形成瀑布。瀑布可分为面形和线形。线形瀑布是指瀑布宽度小于瀑布的落差,如我国贵州的黄果树瀑布,顶宽3千米,总落差90米,无比壮观。面形瀑布是指瀑布宽度大于瀑布的落差,如尼亚加拉大瀑布,宽度为914 m,落差为50 m,景观极其恢弘。人造瀑布往往是公园的核心景观和视觉趣味中心(见图 5.55)。瀑布的设计形式种类比较多,如在日本园林中就有布瀑、跌瀑、线瀑、直瀑、射瀑、泻瀑、分瀑、双瀑、偏瀑、侧瀑等十几种。瀑布种类的划分依据,一是可从流水的跌落方式来划分,二是可从瀑布口的设计形式来划分。

(a) 杭州太子湾公园人造自然跌瀑　　　　　　　　　　　(b) 美国

图 5.55　人造瀑布示例

- 按瀑布跌落方式分,常见的有直瀑、分瀑、跌瀑和滑瀑 4 种(见图 5.56)。

直瀑:即直落瀑布。

分瀑:实际上是瀑布的分流形式,因此又叫分流瀑布。

跌瀑:也称跌落瀑布,是由很高的瀑布分为几跌,一跌一跌地向下落。

滑瀑:就是滑落瀑布。

- 按瀑布口的设计形式来分,常见的有布瀑、带瀑和线瀑 3 种(见图 5.56)。

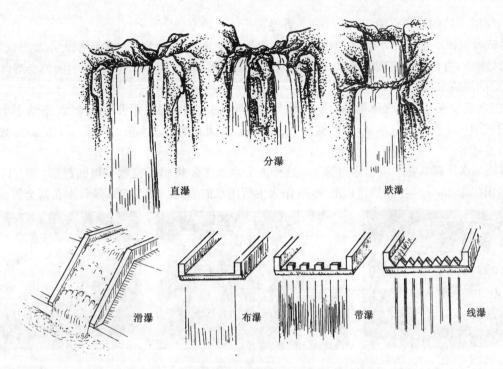

图 5.56 不同形式的瀑布

布瀑：瀑布的水像一片又宽又平的布一样飞落而下。

带瀑：从瀑布口落下的水流，组成一排水带整齐地落下。

线瀑：排线状的瀑布水流如同垂落的丝帘，这是线瀑的水景特色。

② 叠水　叠水本质上是瀑布的变异，它强调一种规律性的人工美的阶梯落水形式，具有韵律感及节奏感。它是落水遇到阻碍物或平面使水暂时水平流动所形成的，水的流量、高度及承水面都可通过人工设计来控制，在应用时应注意层数和整体效果（见图 5.57）。

（a）美国华盛顿雕塑公园叠水景观

（b）昆明世博会粤晖园叠水景观

图 5.57 叠水示例

③ 枯瀑　有瀑布之型而无水者称为枯瀑，多出现于日式庭园中。枯瀑可依据水流下落的规律，完全用人为之手法造出与真瀑布相似的效果。凡高山上的岩石，经水流过之处，石面即呈现一种铁锈色，人工营建时可在石面上涂铁锈色氧化物，如 $Fe(OH)_3$ 或 $Al(OH)_3$ 等，周围树木的种植也与真瀑布相同。干涸的蓄水池及水道，都可改为枯瀑。

④ 水帘亭　水由高处直泻下来，由于水孔较细小、单薄，流下时仿佛水的帘幕。水从亭顶向四周流下如帘，称为"自雨亭"，常见于园林中。这种水态用于园门，则形成水帘门，可以起到分隔空间的作用，产生

131

似隔非隔、又隐又透的朦胧意境。图5.58a为香港街头的水帘亭。

⑤ 溢流及泻流　水满往外流谓之溢流。人工设计的溢流形态,决定于池的面积大小及形状层次,如直落而下则成瀑布,沿台阶而流则成叠水,或以杯状物如满盈般溢流。图5.58b是昆明园博会粤晖园结合雕塑设计完成的溢流水景。

泻流的含义原来是低压气体流动的一种形式。在园林水景中,则将那种断断续续、细细小小的流水称为泻流,它的形成主要是降低水压,借助构筑物的设计点点滴滴地泻下水流。图5.58c是新加坡机场泻流水景。

⑥ 管流　水从管状物中流出称为管流。这种人工水态主要构思于自然乡里的村落,常有以挖空中心的竹竿,引山泉之水,常年不断地流入缸中,以作为生活用水的形式。图5.58d是日本花博会管流小景。

(a) 水帘亭　　　　　　　(b) 溢流　　　　　　　(c) 泻流

(d) 管流　　　　　　(e) 墙壁型壁泉　　　　　(f) 山石型壁泉

图5.58　几种落水示例

⑦ 壁泉　水从墙壁上顺流而下形成壁泉,大体上有3种类型。

• 墙壁型　在人工建筑的墙面,不论其凹凸与否,都可形成壁泉,而其水流也不一定都是从上而下,可设计成具有多种石砌缝隙的墙面,水由墙面的各个缝隙中流出,产生涓涓细流的水景。如图5.58e就是香港公园绿地中很有艺术气息的壁泉水景。

• 山石型　人工堆叠的假山或自然形成的陡坡壁面上有水流过,形成壁泉,尽显山水的自然美感。图5.58(f)是昆明园博会粤晖园山石型壁泉水景,它也是全园水系的源头。

• 植物型　在中国园林中,常用垂吊植物如吊兰、络石、藤蔓植物等在根块中塞入若干细土,悬挂于墙壁上,以水随时滋润植物并发出叮当响声者,称植物型壁泉。

(2) 落水的设计要点

① 筑造瀑布等落水景观,应师法自然,以真山真水为参考,体现自然情趣。

② 落水设计有多种形式,设计前需先行勘查现场地形,以决定大小、比例及形式,并依此绘制平面图。筑造时要考虑水源的大小、景观主题,并依照岩石组合形式的不同,进行合理的创新和变化。

③ 场地属于平坦地形时,落水景观不要设计得过高,以免看起来不自然。

④ 为节约用水,减少瀑布流水的损失,可装置循环水流系统的水泵,平时只需补充一些因蒸散而损失的水量。

⑤ 应以岩石及植栽隐蔽出水口,切忌露出塑胶水管,否则将破坏景观的自然。岩石间的固定除用石与

石互相咬合外,目前常用水泥浆砌以强化其安全性,但应尽量以植栽掩饰,以免破坏自然山水的意境。

（3）用水量估算　人工建造瀑布、叠水等落水景观,因其用水量较大,多采用水泵循环供水。用水量标准可参阅表5.1。国外有关资料表明:高2 m的瀑布,每米宽度的流量约为$0.5\ m^3/min$较为合宜。

表5.1　瀑布用水量估算(每米宽度用水量)

瀑布的落水高(m)	堰顶水流厚度(mm)	用水量$(l \cdot s^{-1})$	瀑布的落水高(m)	堰顶水流厚度(mm)	用水量$(l \cdot s^{-1})$
0.30	6	3	3.00	19	7
0.90	9	4	4.50	22	8
1.50	13	5	7.50	25	10
2.10	16	6	>7.50	32	12

（4）瀑布的设计

① 水槽　不论引用自然水源还是自来水,均应于出水口上端设立水槽储水。水槽设于假山上隐蔽的地方,水经过水槽,再由水槽中落下。

② 出水口　出水口应模仿自然,并以树木及岩石加以隐蔽或装饰(图5.59)。

当瀑布的水膜很薄时,能表现出极其生动的水态,但如果堰顶水流厚度只有6 mm,而堰顶为混凝土或天然石材时,由于施工很难达到非常平的水平,因而容易造成瀑身不完整,此时可以采用以下办法:

- 用青铜或不锈钢制成堰唇,并使落水口平整、光滑。
- 增加堰顶蓄水池的水深,以形成较为壮观的瀑布。
- 堰顶蓄水池可采用水管供水,可在出水管口处设挡水板,以降低流速。一般应使流速不超过0.9~1.2 m/s为宜,以消除紊流。

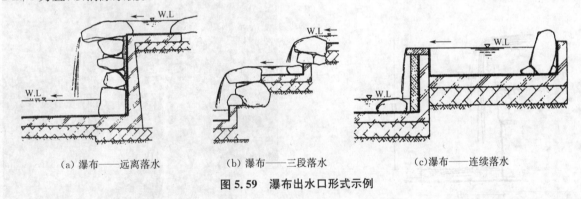

(a) 瀑布——远离落水　　(b) 瀑布——三段落水　　(c) 瀑布——连续落水

图5.59　瀑布出水口形式示例

③ 瀑身设计　瀑身设计意在表现瀑布的各种水态和性格。在城市景观构造中,注重瀑身的变化,可创造多姿多彩的水态。天然瀑布的水态是很丰富的,设计时应根据瀑布所在环境的具体情况、空间气氛,确定所设计瀑布的性格。瀑布落差的景致效果与视点的距离有密切的关系,随着视点的移动,在景观上有较大的变化。

线形瀑布水面高与宽的比例以6∶1为佳,落下的角度应当视落下的形式及水量而定,最大为直角。瀑身应全部以岩石装堆叠或饰面,内壁面可用1∶3∶5的混凝土,高度及宽度较大时,则应加钢筋。瀑身内可装饰若干植物,在瀑身外的上端及左右两侧则宜多栽植树木,使瀑布水势更为壮观(图5.60)。

④ 潭(受水池)的设计　天然瀑布落水口下面多为一个深潭。在做瀑布设计时,也应在落水口下面做一个受水池。为了防止落时水花四溅,一般的经验是使受水池的宽度(B)不小于瀑身高度(H)的2/3(图5.61),即:$B \geqslant 2H/3$

⑤ 瀑布循环水流系统　除天然瀑布外,园林中人造瀑布一般采用循环水流。杭州太子湾公园这样的大型人造瀑布可以单设泵房解决循环水流(见图5.62)。小型落水景观常见的有沉水泵(潜水泵)、水平式泵和大型沉水泵等几种瀑布循环水流系统(如图5.63)。

图 5.60 瀑身形式示例

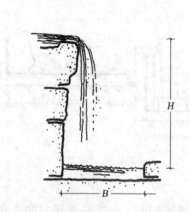

图 5.61 瀑身落差高度与潭面宽度的关系

图 5.62 杭州太子湾公园瀑布泵房

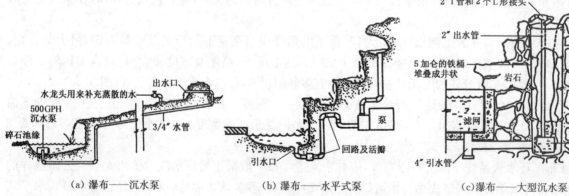

(a) 瀑布——沉水泵　　(b) 瀑布——水平式泵　　(c) 瀑布——大型沉水泵

图 5.63 瀑布循环水流系统示意图

(5)叠水的设计 叠水的外形就像一道落水的楼梯,其设计的方法和前面的瀑布基本一样,只是它所使用的材料更加整齐美观,如经过装饰的砖块、混凝土、厚石板、条形石板或铺路石板,目的是为了取得规则式设计所严格要求的几何结构。台阶有高有低,层次有多有少,构筑物的形式有规则式、自然式及其他形式,故产生了形式不同、水量不同、水声各异的丰富多彩的叠水景观。图5.64、图5.65是两例叠水的断面设计图。

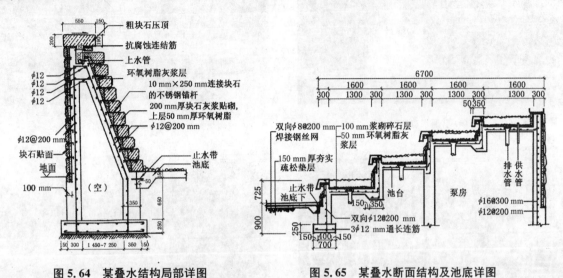

图5.64 某叠水结构局部详图　　　　　图5.65 某叠水断面结构及池底详图

4) 喷泉

喷泉是利用压力使水从孔中喷向空中,再自由落下的一种优美的造园水景工程,它以壮观的水姿、奔放的水流、多变的水形,深得人们喜爱。喷泉和其他水景工程一样,并不是人类的创造发明,而是对自然景观的艺术再现。天然喷泉广泛存在于自然界之中。自然界的喷泉是因为地下水承压向地面喷射而形成的。

(1)喷泉的作用 从造景作用方面来讲,喷泉首先可以为园林环境提供动态水景,丰富城市景观。这种水景一般都被作为园林的重要景点来使用。其次,喷泉对其一定范围内的环境质量有改良作用。它能够增加局部环境中的空气湿度,并增加空气中负氧离子的浓度,减少空气尘埃,有利于改善环境质量,有益于人们的身心健康。它还可以陶冶情操,振奋精神,培养审美情趣。正因为这样,喷泉在艺术上和技术上才能够不断地发展,不断地创新,不断地得到人们的喜爱。

(2)喷泉的形式 喷泉有很多种类和形式,如果进行大体上的区分,可以分为如下4类:

① 普通水造型喷泉 是由各种普通的水花图案组成的固定喷水型喷泉。大型的扬程可达上百米,小型的只有十几厘米,千姿百态,美轮美奂。

② 与雕塑小品结合的喷泉 喷泉的各种喷水花与雕塑及水盘、观赏柱等小品共同组成景观。两者相互配合,相得益彰。这种喷泉不喷水时一样引人注目,因此常用在重要的节点位置。

③ 可参与的娱乐性喷泉 这类喷泉以娱乐为目的,一般用于广场或水上活动中心,具有很好的参与性,是儿童特别喜欢的水景观,如音乐喷泉、光亮喷泉、激光水幕电影等。

④ 特殊的喷泉 由特殊喷头组成的水景,如雾森、跳泉、喷火泉等,一般用于特殊的环境,营造出奇异的视觉效果。(详见图5.66)

(3)喷泉布置要点 在选择喷泉位置,布置喷水池周围的环境时,首先要考虑喷泉的主题、形式,要与环境相协调,把喷泉和环境统一考虑,用环境渲染和烘托喷泉,并达到美化环境的目的,或借助喷泉的艺术造型,创造意境。一般情况下,喷泉的位置多设于建筑、广场的轴线焦点或端点处,也可以根据环境特点,作一些喷泉水景,自由地装饰室内外的空间。喷泉宜安置在避风的环境中,以保持水型。喷水池的形式有自然式和整形式。喷水的位置可以居于水池中心,组成图案,也可以偏于一侧或自由地布置。

(a) 普通水造型

(b) 与雕塑小品结合

(c) 可参与的娱乐性喷泉

(d) 雾森

图 5.66　四类喷泉示例

其次要根据喷泉所在地的空间尺度来确定喷水的形式、规模及喷水池的大小比例。表 5.2 说明环境条件与喷泉规划的关系。

表 5.2　环境条件与喷泉规划的关系

环境条件	适宜的喷泉规划
开阔的场地，如车站前、公园入口、街道中心岛	水池多选用整形式，水池要大，喷水要高，照明不要太华丽
狭窄的场地，如街道转角、建筑物前	水池多为长方形或它的变形
现代建筑，如旅馆、饭店、展览会会场等	水池多为圆形、长形等，水量要大，水感要强烈，照明要华丽
中国传统式园林	水池形状多为自然式，可做成跌水、滚水、涌泉等，以表现天然水态为主
热闹的场所，如旅游宾馆、游乐中心	喷水水姿要富于变化，色彩华丽，如使用各种音乐喷泉等
寂静的场所，如公园的一些小局部	喷泉的形式自由，可与雕塑等各种装饰性小品结合，一般变化不宜过多，色彩也较朴素

（4）喷泉工艺流程　喷泉工艺流程比较复杂，但基本流程可以用图 5.67 表达。

（5）喷头与喷泉造型　喷头及其形成的水流造型是喷泉设计的基础与核心，从某种意义上讲，就像植物材料与种植设计的关系。不掌握足够多的喷头种类并熟悉它们的特点，是没有办法设计出优秀的喷泉的。下面重点介绍常见的喷头种类及其造型。

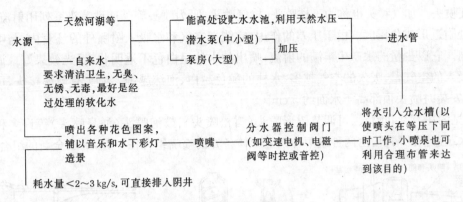

图 5.67 喷泉工艺流程

① 常用的喷头种类(图 5.68)

(a) 单射流喷头　单射流喷头又称可调直流喷头,是喷泉中应用最广的一种喷头,是压力水喷出的最基本形式。

(b) 雾状喷头　雾状喷头也称水雾喷头、喷雾喷头,这种喷头内部装有一个螺旋状导流板,使水流做圆周运动,水喷出后,形成细细的弥漫的雾状水滴,因喷嘴构造差异,喷出的水姿也有不同。这种喷头喷水时噪声小,用水量少,一般安装在雕像周围。另外,在隔热、防尘工程中也有广泛应用。

(c) 可调节环隙喷头　环隙喷头喷嘴断面为一环状缝隙,即外实内空,使水形成集中而不分散的环形水柱,安装时喷头顶部高出水面约 5 cm。当压力水从中直射喷出时,其水姿呈空心水膜,形似水晶圆柱,水势宏伟壮观,抗风性能良好,可作为喷泉的中心水柱和穹形喷射使用。

(d) 旋转喷头　它利用压力水由喷嘴喷出时的反作用力或利用水流的离心作用等其他动力带动回转器转动,使喷头边喷水边旋转。由于喷头的支管数目、弯曲方向及喷头安装的倾斜角度不同,在喷水时形成美观多姿的不同造型。

(e) 扇形喷头　扇形喷头是一种多嘴散射喷头,外形很像扁扁的鸭嘴。它是将一些直射小喷嘴设在统一配水室上,喷水造型犹如孔雀开屏,又像扇面。这种喷头可垂直安装,也可倾斜安装,广泛应用于室内外各种喷水池中。

(f) 多孔直上喷头　该喷头也叫中心喷头,是在同一个配水室上安装许多方向直射喷嘴,即多个单射流喷嘴组成一个大喷头。这些喷嘴规格相同时,喷出的水姿雄壮笔直、粗犷美观;规格不完全相同时,大小喷嘴布设得当,喷出的水姿粗壮有力、层次分明、主题突出,是大型喷泉必备的主要喷头。安装时喷头顶部高于水面约 12 cm,可调节射流的方向。

(g) 半球形喷头　半球形喷头用水量少,喷水时水声较小,水膜均匀,形似蘑菇,又名蘑菇形,在无风的条件下效果极佳,这种喷头应安装阀门调节水量,同时调节顶部盖帽,调至花形理想效果,喷头一般高出水面约 20～30 cm。

(h) 牵牛花喷头　牵牛花喷头又称喇叭花喷头。它是利用折射原理,喷水时形成均匀的薄膜,其形状在无风和一定的水压下可形成完整的喇叭花形。这种喷头适用于室内或庭院的喷水池。喷头顶部高于水面约 15 cm,在喷头下方可安装阀门调节水量,同时还可以调节喷头顶部的盖帽,使喷水花形达到最佳效果。

(i) 球形喷头　球形蒲公英喷头又名水晶绣球喷头。是在一个球形配水室上辐射安装着许多支管,每根支管的外端装有向周围折射的喷嘴,从而组成一个球体。喷水时,水姿形如蒲公英花球,雄伟壮观。由于喷嘴口径较细,对水质要求较高,需经过过滤,否则容易堵塞,影响喷水效果。这种喷头可应用于各种喷水池中。其材质多为铸铜。

(j) 半球形蒲公英形喷头　半球蒲公英喷头也称孔雀开屏喷头,但它结构原理与构造形式和开屏(散射)喷头都不相同,而与蒲公英喷头基本相同,其区别仅在于它是半球,喷出的水姿像一只孔雀。

（k）加气喷头　加气喷头也称为玉柱喷头、掺气喷头、吸力喷头等。这种喷头系列用射流泵的原理,在喷嘴的喷口处附近形成负压区。由于压差的作用,它能把空气和水吸入喷嘴外的环套内,与喷嘴内喷出的水混合并喷出。它以少量的水产生丰满的射流,喷出的水柱呈白色不透明状,反光效果好。调节外套的高度可以改变吸入的空气量,吸入的空气越多,水柱的颜色越白、泡沫越细。喷头有球形接头,可绕中心线轴向15°转动。安装时喷头顶部高于水面约5 cm。

此外,常见的还有礼花喷头、可调节树形喷头(雪松喷头)、鼓泡喷头(涌泉喷头)等许多种。各种喷头还可以根据水花造型的需要,由两种或两种以上形体各异的喷嘴组合在一起,形成全新的组合式喷头。

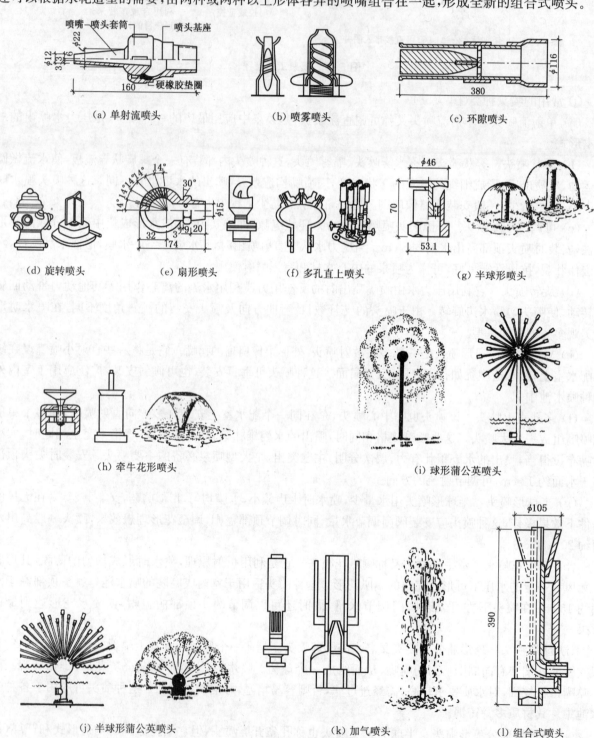

图 5.68　喷泉喷头种类

② 喷泉的水型设计　喷泉水型是由喷头的种类、组合方式及俯仰角度等几方面因素共同造成的。喷泉水型的基本构成要素，就是由不同形式喷头喷水所产生的不同水形，即水柱、水带、水线、水幕、水膜、水雾、水花、水泡等等。由这些水形按照设计构思进行不同的组合，就可以创造出千变万化的水形来。

从喷泉射流的基本形式来分，水形的组合形式有单射流、集射流、散射流和组合射流四种（见图5.69）。

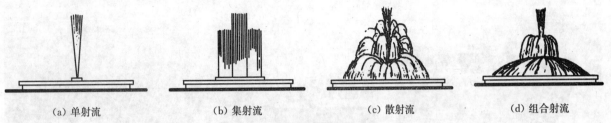

(a) 单射流　　　　(b) 集射流　　　　(c) 散射流　　　　(d) 组合射流

图 5.69　喷泉射流的基本形式图

表5.3中所列多种图形，是喷泉水型的常见样式，可供参考。

表 5.3　喷泉水型的基本样式表

名称	喷泉水型	备注	名称	喷泉水型	备注
单射形		单独布置	水幕形		直线布置
拱顶形		在圆周上布置	向心形		在圆周上布置
圆柱形		在圆周上布置	外编织形		布置在圆周上向外编织
内编织形		布置在圆周上向内编织	篱笆形		在直线或圆周上编成篱笆
屋顶形		布置在直线上	旋转形		单独布置
圆弧形		布置在曲线上	吸力形		自由布置
喷雾形		单独布置	洒水形		在曲线上布置

③ 特殊喷头及喷泉介绍　随着喷头设计的改进、喷泉机械的创新以及喷泉与电子设备、声光设备等的结合，喷泉的自由化、智能化和声光化都将有更大的发展。

• 光亮喷头与光亮喷泉　光亮喷泉是由一种特制的喷头——光亮喷头喷出形成。光亮喷头与众不同的是灯光设置在喷头内部，水在喷头内经过稳流，喷出的水柱稳定光滑、无旋流，发散水滴少，而且灯光亮度跟踪好，喷出的水柱清晰透明、光洁无瑕，像一根流动的水晶玻璃柱。调节喷水的角度和流量可以形成半径 1～7 m 的弯曲连续水柱，游客可从中行走而不会淋湿。尤其在夜间，光亮的水柱观赏性极高，给人们一种变幻莫测的感觉（图 5.70）。

图 5.70　光亮喷泉

• 跳跳泉　跳跳泉是在光亮喷头的基础上改进而成，水型新颖别致，具有很强的趣味性。喷水时根据计算机编制程序的不同，喷水长短、快慢不一，而水柱呈水晶状，水型稳定可靠，水柱光滑，发散水滴少，不易跌落。内置灯光使喷出的水柱晶亮透明，灯光跟踪效果好，可形成 1～7 m 的弯曲连续水柱，或短杆状、续点状光亮水柱。

• 激光水幕　激光光色纯正，能量集中，成为新型的民用发光体。激光可以直接扫描或通过棱镜、转镜、光栅等光学设备工作。其不同的工作方式可产生不同的效果，营造出多姿多彩的现场气氛，如：光束光芒、海涛波浪、时光隧道、动画图文等。激光水幕音乐喷泉的图像介质是水幕，其特点是突出水的流动质感。激光表演利用现代高科技光学技术，在水幕、烟雾等介质上形成色彩鲜艳、表现独特的图形、文字、动画，把音乐、喷泉、激光三者有机结合在一起，充分发挥水景空间效果，创造震撼的视觉感受和美妙景象（图 5.71）。

图 5.71　激光水幕表演

（6）喷泉的控制方式　喷泉喷射水量、时间和喷水图样变化的控制，主要有以下 3 种方式：

① 手阀控制　这是最常见和最简单的控制方式，在喷泉的供水管上安装手控调节阀，用来调节各管段中水的压力和流量，形成固定的水姿。

② 继电器控制　通常用时间继电器按照设计时间程序控制水系、电磁阀、彩色灯等的起闭，从而实现

可以自动变换的喷水水姿和灯光效果。

③ 音响控制　声控喷泉是利用声音来控制喷泉水型变化的一种自控泉。它一般由以下几部分组成：
- 声电转换、放大装置：通常是由电子线路或数字电路、计算机组成。
- 执行机构：通常使用电磁阀来执行控制指令。
- 动力设备：用水泵提供动力，并产生压力水。
- 其他设备：主要有管路、过滤器、喷头等。

声控喷泉的原理是将声音信号转变为电信号，经放大及其他一些处理，推动继电器或其他电子式开关，再去控制设在水路上的电磁阀的启闭，从而控制喷头水流的通断。这样，随着声音的起伏，人们可以看到喷水大小、高矮和形态的变化。它能把人们的听觉和视觉结合起来，使喷泉喷射的水花随着音乐优美的旋律翩翩起舞。这样的喷泉因此也被喻为"音乐喷泉"或"会跳舞的喷泉"。

(7) 喷泉的给排水系统　喷泉的水源应为无色、无味、无有害杂质的清洁水。因此，喷泉除用城市自来水作为水源外，也可用地下水；其他像冷却设备和空调系统的废水也可作为喷泉的水源。

① 喷泉的给水方式　喷泉的给水方式有下述5种：小型喷泉由城市自来水直接给水；泵房加压供水，用后排掉；大型喷泉泵房加压，循环供水；潜水泵循环供水；高位水体供水（图5.72）。

(a) 小型喷泉自来水直接供水　(b) 小喷泉加压供水　(c) 大喷泉泵房循环供水　(d) 潜水泵循环供水　(e) 利用高位蓄水池供水

图5.72　喷泉的给水方式

为了确保喷水池的卫生，大型喷泉还可设专用水泵，以供喷水池水的循环，使水池的水不断流动；并在循环管线中设过滤器和消毒设备，以消除水中的杂物、藻类和病菌。

喷水池的水应定期更换。在园林或其他公共绿地中，喷水池的废水可以和绿地喷灌或地面洒水等结合使用，作水的二次处理。

② 喷泉管道布置　大型水景工程的管道可布置在专用或共用管沟内，一般水景工程的管道可直接敷设在水池内。为保持各喷头的水压一致，宜采用环状配管或对称配管，并尽量减少水头损失。每个喷头或每组喷头前宜设置调节水压的阀门。对于高射程喷头，喷头前应尽量保持较长的直线管段或设整流器。

喷泉给排水管网主要由进水管、配水管、补充水管、溢流管和泄水管等组成。水池管线布置示意如图5.73。

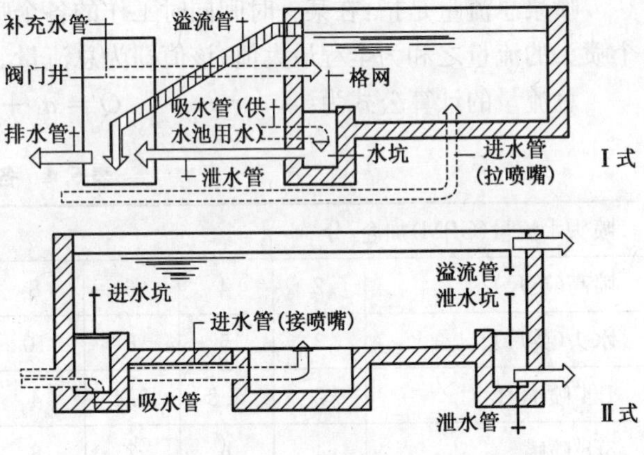

其布置特点是：

图5.73　水池管线示意图

- 由于喷水池中水的蒸发及在喷射过程中有部分水被风吹走等，造成喷水池内水量的损失，因此，在水池中应设补充水管。补充水管和城市给水管相连接，并在管上设浮球阀或液位继电器，随时补充池内水量的损失，以保持水位稳定。
- 为了防止因降雨使池水上涨而设的溢水管，应直接接通园林内的雨水井，并应有不小于3%的坡度；溢水口的设置应尽量隐蔽，在溢水口外应设拦污栅。
- 泄水管直通园林雨水管道系统，或与园林湖池、沟渠等连接起来，使喷泉水泄出后，作为园林其他水体的补给水，也可供绿地喷灌或地面洒水用，但需另行设计。

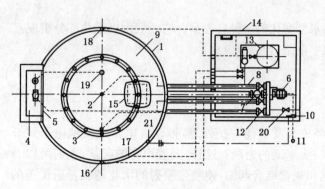

图 5.74 某喷泉工程管线设计图

1—喷水池；2—加气喷头；3—装有直射流喷头的环状管；
4—高位水池；5—堰；6—水泵；
7—吸水滤网；8—吸水关闭阀；9—低位水池；
10—风控制盘；11—风传感器；12—平衡阀；
13—过滤器；14—泵房；15—阻涡流板；
16—除污器；17—真空管线；18—可调眼球状进水装置；
19—溢流排水口；20—控制水位的补水阀；21—液位控制器

- 在寒冷地区，为防冻害，所有管道均应有一定的坡度，一般小于2%，以便冬季将管道内的水全部排空。
- 连接喷头的水管不能有急剧变化，如有变化，必须使管径逐渐由大变小，另外，在喷头前必须有一段适当长度的直管，管长一般不小于喷头直径的20~30倍，以保持射流稳定。图5.74是某喷泉工程管线设计图的实例。

(8) 喷泉的水力计算 各种喷头因流速、流量的不同，喷出的花形会有很大差异，达不到预定的流速、流量则不能获得设计的效果，因此喷泉设计必须经过水力计算，主要是求喷泉的总流量、扬程和管径。

① 总流量(Q)

单个喷嘴的流量(q)

$$q = \varepsilon\varphi f\sqrt{2gH} \times 10^{-3} = \mu f\sqrt{2gH} \times 10^{-3}$$

式中：q——喷嘴流量(L/s)；

ε——断面收缩系数，与喷嘴形式有关；

φ——流速系数，与喷嘴形式有关；

μ——流量系数，与喷嘴的形式有关，一般在0.62~0.94之间，$\mu = \varepsilon\varphi$；

f——喷嘴出水口断面积(mm^2)；

g——重力加速度($9800\ mm/s^2$)；

H——喷头入口工作水头($mm\ H_2O$)，例如入口水压是$5\ m\ H_2O$，应换算成$5000\ mm\ H_2O$。

一般喷头生产厂家也会提供各喷头的设计流量等技术参数。表5.4是美国各种喷头流量表。

喷泉总流量是指：在某一时间同时工作的各个喷头喷出的流量之和的最大值。即该时刻同时工作的n个喷头的流量之和为全程最大值，该值即为总流量。

总流量的计算公式为：$Q = q_1 + q_2 + \cdots + q_n$

表5.4 各种喷头流量表 (美制单位)

喷头水流量(GPM)加仑/分											
喷高(英尺)	2	4	6	8	10	15	20	30	50	75	100
水头(英尺)	3	5	8	10	14	20	27	41	69	97	150
1/4″喷嘴	2	2.8	3.4	4	5	6					
3/8″喷嘴	4	6	7	8	9	12	15	20			
1/2″喷嘴	7	11	12	15	19	22	26	33			
3/4″喷嘴	16	21	26	31	35	50	58	74	93		
1″喷嘴	37	46	50	56	60	82	106	127	167	199	238
1½″喷嘴					159	199	233	304	368	444	518
2″喷嘴						309	357	410	526	650	780	938
3″喷嘴								965	1220	1640	1750	1905

② 管径（D）

管径的计算公式为：
$$D = \sqrt{\frac{4Q \times 10^3}{\pi v}}$$

式中：D——管径(mm)；　　Q——流量(L/s)；　　π——圆周率(3.1416)；

　　　v——流速(通常选用500～600 mm/s)。

③ 总扬程　水泵的提水高度叫扬程。一般将水泵进出水池的水位差称为"净扬程"，水流进出管道的水头损失称为损失扬程。总扬程＝净扬程＋损失扬程。

所谓水头损失是指水在管道中流动，克服水和管道壁产生的摩擦力而消耗的势能。可用水压表在管道起止两端实测水压力，求得差值即为该段管道的水头损失值。也可用《给排水设计手册》之"水力计算表"查到各种管道每米或每千米的水头损失值。一般喷泉的损失扬程可粗略地取净扬程的10%～30%。净扬程则等于吸水高度与压力高度的和。用公式表达为：

$$H = H_1 + H_2 + H_3 + H_4$$

式中：H——总扬程(mH_2O)；　　H_1——水泵和进水管之间的高差(m)；

　　　H_2——进水管与喷头的高差(m)；　　H_3——喷头入口所需的工作水头(mH_2O)；

　　　H_4——扬程水头损失和局部水头损失之和(mH_2O)

影响喷泉设计的因素较多，有些因素不易考虑。因此设计出来的喷泉不可能全部符合预计要求。为此特别对于结构复杂的喷泉，为了达到预期的艺术效果，应通过试验加以校正。最后运转时还必须经过一系列的调整，甚至局部修改，以达目的。

5) 小型水闸

水闸是控制水流出入某段水体的水工构筑物，常设于园林水体的进出水口。主要作用是蓄水和泄水。

(1) 水闸的功能及分类

① 进水闸　设于水体入口，起联系上游和控制进水量的作用，如颐和园西北门外的水闸。

② 节制闸　设于水体出口，起联系下游和控制出水量的作用，如颐和园绣漪桥水闸。

③ 分水闸　用于控制水体支流出水，如颐和园后溪河与昆明湖东岸的水闸。

(2) 闸址选定　必须明确建水闸的目的，了解设闸部位地形、地质、水文等方面的基本情况，特别是原有的和设计的各种水位、流速与流量等。要考虑如何最有效地控制整个受益地域。先粗略地提出闸址的大概位置，然后考虑以下因素，最终确定具体位置。

① 闸孔轴心线与水流方向相顺应，使水流通过时畅通无阻。避免造成因水流改变原有流向而产生淤积现象或水岸一侧被冲刷，另一侧淤积的现象。

② 避免在水流急弯处建闸，以免因剧烈的冲刷破坏闸墙与闸底。如由于其他因素，限定要在急弯处设闸时，则要改变局部水道使其平直或缓曲。

③ 选择地质条件均匀、承载力大致相同的地段，避免发生不均匀沉陷，如能利用天然坚实岩层则最好。在同样土质条件下选择高地或旧土堤下作闸址，比利用河底或洼地为佳。

(3) 水闸结构　水闸结构由下至上可分为以下三部分。

① 地基　为天然土层经加固处理而成。水闸基础必须保证当承受上部压力后，不发生超限度和不均匀沉陷。

② 水闸底层结构　即闸底，为闸身与地基相联系部分。闸底必须承受由于上下游水位差造成跌水急流的冲力，减免由于上下游水位差造成的地基土壤管涌和经受渗流的浮托力。因此，闸底要有一定的厚度和长度。除闸底外，正规的水闸自上游至下游还包括三部分：

• 铺盖　是位于上游和闸底相衔接的不透水层。其作用是放水后，使闸底上游部分减少水流冲刷、减少渗透流量和消耗部分渗透水流的水头。

• 护坦　是下游与闸底相连接的不透水层，作用是减少闸后河床的冲刷和渗透。

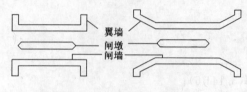

图 5.75 水闸的上层建筑

- 海漫　是下游与护坦相连接的透水层。水流在护坦上仅消耗了70%的动能。剩余水流动能造成对河底的破坏则靠海漫承担。

③ 水闸的上层建筑(图 5.75)

- 闸墙　亦称边墙,位于闸门之两侧,构成水流范围,形成水槽并支撑岸土使之不坍。
- 翼墙　与闸墙相接、转折如翼的部分,便于与上下游河道边坡平顺衔接。
- 闸墩　分隔闸孔和安装闸门的支墩,亦可支架工作桥及交通桥。多用坚固的石材制造,也可用钢筋混凝土制成。闸墩的外形影响水流的通畅程度。闸墩高度同边墙。一般闸孔宽约 2~3 m,如启闸上下水位差在 1 m 以下,则闸孔宽度可小于 2 m。叠梁式闸板水位差在 1 m 以上者,闸孔宽可大于 1 m。

5.4　水景工程构造与细部设计

5.4.1　人造水池工程

这里所指水池区别于前面所讲的河流、湖泊、池塘。河湖、池塘多取天然水源,一般不设上下水管道,面积大而只作四周驳岸处理,湖底一般只加以处理或简单处理。而人造水池面积相对小些,要求也比较精致,多取人工水源;因此,必须设置进水、溢水和泄水的管线,有的水池还要作循环水设施。水池除池壁外,池底亦必须人工铺砌,而且壁、底应一体。

1) 选址

人造水池包括规则式水池和自然式两种,在城市园林中用途很广。它可以改善小气候条件,降温和增加空气湿度,又可起美化市容、重点装饰环境的作用。如布置在广场中心、门前或门侧、园路尽端,以及与亭、廊、花架等组合在一起。大型人造水池工程选址前必须先探查。首先进行地质勘察,沿中轴和两边要打足够的钻孔,孔间距不大于 100 m。再进行坑探,确定土壤的透水能力。

适于修池塘的基址首选泥灰岩、黏土、泥质页岩等不透水的基岩层。砂质黏土、壤土或渗透力小于 0.07~0.09 m/s 的黏土夹层也是不错的选择。最好土壤表面已变成沼泽或黏土。这类基址有时候可以直接挖塘蓄水,投资小,生态性能好。

相反,易造成大量水损失的地段有:喷发岩(如玄武岩);可溶于水的沉积岩(如石灰岩、砂岩);粗粒和大粒碎屑岩(如砂岩、砂砾岩)。这类基址造水池就必须仔细做好防水处理。

2) 平面设计

水池平面设计主要是与所在环境的气氛、建筑和道路的线型特征和视线关系相协调统一。水池的平面轮廓要"随曲合方",即体量与环境相称,轮廓与广场走向、建筑外轮廓取得呼应与联系。要考虑前景、框景和背景的因素。不论规划式、自然式、综合式的水池都要力求造型简洁大方而又具有个性。水池平面设计主要显示其平面位置和尺度,标注池底、池壁顶、进水口、溢水口和泄水口、种植池的高程和所取剖面的位置。设循环水处理的水池要注明循环线路及设施要求。

3) 池底、池壁的基本构造

(1) 池底

① 基层　基层是刚性防水层的基础,也是柔性防水层的下保护层,使土工膜等柔性防水层受力均匀,免受局部集中应力的损坏。一般基层经碾压平整即可。沙砾或卵石基层经过碾压平整后,面上必须再铺 15 cm 细土层。

② 防水层　用于池底防水层的材料很多,主要有聚乙烯防水毯、聚氯乙烯防水毯、三元乙丙橡胶、膨润土防水毯、赛柏斯掺和剂、土壤固化剂等。刚性防水层的做法则是在混凝土中掺防水剂。

③ 保护层　柔性防水膜的上保护层,其作用是保护人工水池防渗工程在运行的过程中防渗膜不被破坏。一般在防水层上平铺 15 cm 过筛细土,以保护防水膜。钢筋混凝土等刚性防水层的保护层则主要用防水砂浆或马赛克等贴面,起保护和装饰双重作用。池底构造图参见表 5.5。

表 5.5 常用人工水池构造及防渗处理方法表

防水材料	做 法	备 注
灰土层池底	灰土层湖底做法：厚400~500 mm 3:7灰土分层夯实，密实度96%；素土夯实	当池底的基土为黄土时，可在池底做40~50 cm厚的3:7灰土层，并每隔20 m留一伸缩缝
聚乙烯薄膜防水层池底	聚乙烯防水薄膜湖底做法：厚450 mm黄土分层夯实；厚0.18~0.20 mm聚乙烯薄膜一层搭缝宽300mm；厚50 mm平铺黄土一层；基石辗压（12 t震动辗压）	当基土微漏，可采用聚乙烯防水薄膜池底的做法来处理
钢筋混凝土掺防水剂池底	混凝土池底做法：厚100 φ6@200混凝土；厚300 mm 3:7灰土；素土夯实	当水面不大，防漏要求很高时，可在钢筋混凝土中掺防水剂形成刚性防水池底。水池形状比较规整，则50 m内可不做伸缩缝；形状变化较大，则每隔20 m并在其断面狭窄处做伸缩缝
LDPE土工膜防水层池底	LDPE土工膜：8 cm预制混凝土砖或25 cm砂砾料层；15 cm中细砂或细土过滤层；0.5 cm厚的LDPE土工膜；10 cm厚的压实壤土层或砂土层；基础砂砾石	LDPE土工膜防水层由聚乙烯材料制成，是一种连续、柔软的防渗材料，具有施工简便、工期短、防渗性能好、适应变形能力强、无冻胀破坏、耐腐蚀性强、不易老化、造价低等优点
膨润土防水毯池底	膨润土防水毯：300 mm厚覆土或150 mm厚素混凝土；防水毯；素土夯实	膨润土，又叫膨土岩或斑脱岩，具有膨胀性、粘结性、吸附性等特殊性能。膨润土遇水膨胀形成不透水的凝胶体，从而起到天然的防水抗渗作用。其做法也可以依次用150 mm厚水泥石粉保护层、50 mm厚细石混凝土（配筋6@150双向）、面层
聚氯乙烯防水毯池底	聚氯乙烯防水毯：300 mm厚砂砾石；200 mm厚粉砂；聚氯乙烯薄膜、编织布上下各一层；300 mm 3:7灰土；素土夯实	以聚氯乙烯为主合成的高聚合物，其拉伸强度>5 MPa，断裂和伸长率>150%，耐老化性能好，使用寿命长。原料丰富，价格便宜
三元乙丙橡胶（EPDA）防水层池底	三元乙丙橡胶（EPDA）：800 mm厚卵石（粒径30~50 mm）；200 mm厚1:3水泥砂浆；三元乙丙防水卷材；300 mm 3:7灰土（400 mm~500 mm厚）；素土夯实	是由乙烯、丙烯和任何一种非共轭二烯烃共聚合成的高分子聚合物，加上丁基橡胶混炼而成的防水卷材。使用寿命可长达50年，断裂伸长率为450%，抗裂性能极佳，耐高低温性能好，能在-45~160℃长期使用

续表 5.5

防水材料	做 法	备 注
土壤固化剂防水池底	清除石块、杂草，测定土壤含水量，松散土壤均匀拌合固化剂，摊平、碾压、塑料膜覆盖、浇水养护，经胶结的土粒，填充了其中的空隙，将松散的土变为致密的土而固定	是一种性能优良的土工复合材料，是一种由多种无机材料和有机材料配制而成的水硬性胶凝材料

（2）池壁 水池池壁顶与周围地面要有合宜的高程关系。既可高于路面，也可以持平或低于路面做成沉床水池。一般所见水池的通病是池壁太高而看不到多少池水。池边若允许游人接触，则应考虑坐池边观赏水池的需要。池壁顶可做成平顶、拱顶和挑伸、倾斜等多种形式。水池与地面相接部分可做成凹入的变化。剖面应有足够的代表性，要反映从地基到壁顶各层材料的厚度。

池壁构造及做法一般与池底对应。可以按结构分为砖、条石、混凝土和钢筋混凝土等池壁。也可以按防水材料分为刚性防水池壁和柔性防水池壁。如膨润土防水毯防水池壁构造做法（从外到里）依次为：① 面层；② 100 mm 厚钢筋混凝土保护层；③ 膨润土防水毯防水层；④ 15 mm 厚 1：3 水泥砂浆找平层；⑤ 钢筋混凝土结构。

图 5.76 及 5.77 是砖砌和现浇混凝土池壁构造图。

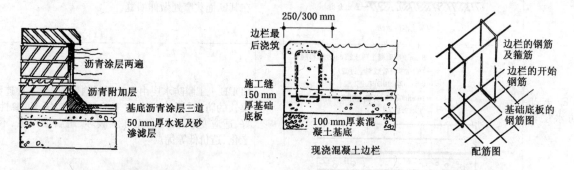

图 5.76 砖砌池壁构造图　　图 5.77 现浇混凝土池壁及配筋图

池壁压顶的做法也很多。如普通石材压顶构造做法（从上到下）依次为：① 面层；② 20 mm 厚防水砂浆（1：2 水泥砂浆＋5％防水剂）；③ 3 mm 厚聚合物水泥基防水涂抹；④ 20 mm 厚 1：3 水泥砂浆找平层；⑤ 钢筋混凝土结构。

图 5.78 是池壁压顶的常用形式。

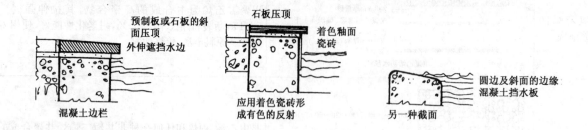

图 5.78 池壁压顶的常用形式图

4）水池设计案例

（1）规则式水池案例：北京某经济植物园水池设计图（图 5.79）

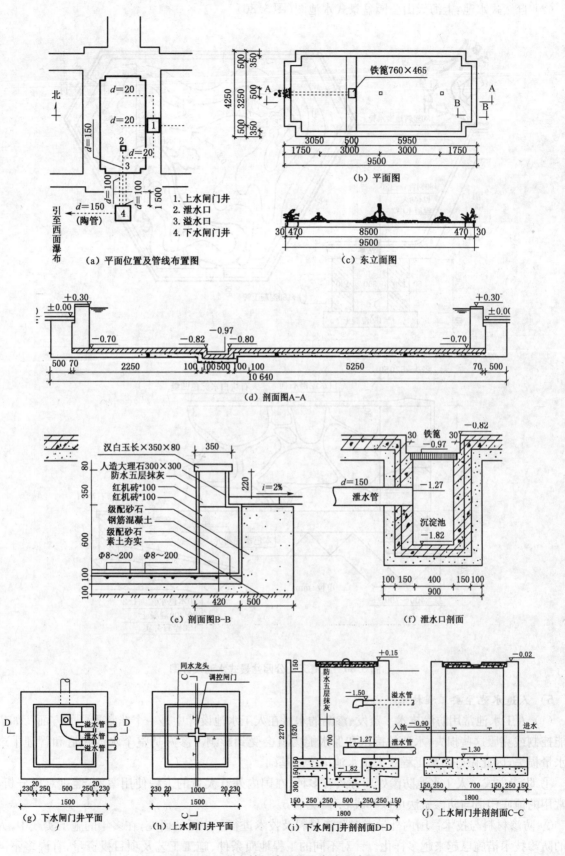

图 5.79 北京某经济植物园水池设计图

(2) 自然式水池：上海天山公园盆景式水池图(图 5.80)

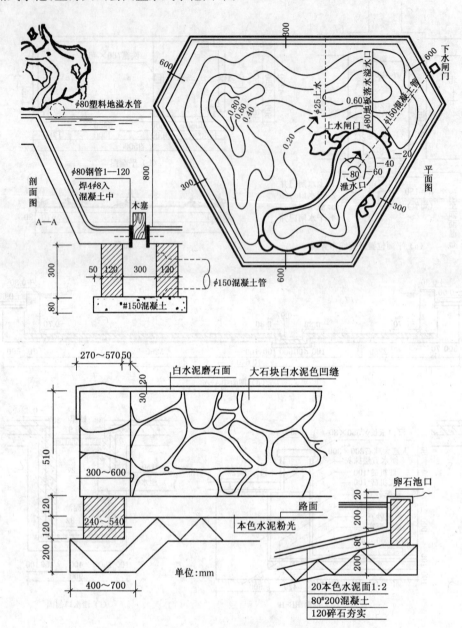

图 5.80　上海天山公园盆景式水池设计图

5) 人造水池主要工程技术

(1) 人工水池常用防渗技术　蒸发、渗漏的水量在人工水池设计中是一个非常重要的方面。如果水池不能控制或克服这些损失，水池的持水和保水能力就会受到影响。渗漏是整个水池建造和管理中最重要的水量损失，因此做好防渗工程是人工水池构建的基础。

① 防渗方式　人工水池防渗处理方式有多种，在国内外有大量的工程使用案例，经过对比分析，在国内常用的池底构造与防渗做法可以分成 8 种(见表 5.6)。

② 防渗材料与技术　国内外学者对防渗材料及技术进行了广泛的研究，在多年的施工实践中，人工水池的防渗技术措施已越来越多样化。针对不同的工程地质条件、施工工艺及项目投资量，有许多不同类型的防渗材料和技术可供选择(见表 5.6)。

表 5.6 各类防渗材料的防渗效果及适用条件

材料	防渗种类	使用年限（年）	防渗效果（$m^3/m^2 \cdot d$）	适用条件
混凝土	1. 现浇 2. 预制拼板 3. 喷混凝土	30～50	0.04～0.17	防渗、抗冲性能好，耐久性强。适合于不同地形、气候和运用条件的工程，但造价较高
砌石类	1. 浆砌片石 2. 浆砌卵石	30～50	0.09～0.4	抗冻和抗冲性能好，施工简易，耐久性强，但防渗能力一般，需劳力多，适用于石料来源丰富，有抗冻和抗冲要求的工程
沥青类	1. 沥青混凝土 2. 沥青玻璃布	25～40	0.04～0.14	防渗能力强，适应冻胀变形能力较好，造价与混凝土相近，一般适用于附近有沥青料源的工程
塑料类	1. 土料保护层 2. 刚性保护层	20～30	0.04～0.08	防渗能力强，质轻，运输便利，当用土料保护层时造价较低。适用范围广，适合大中型工程
土料类	1. 素土 2. 三合土 3. 四合土 4. 灰土	5～25	0.04～0.17	能就地取材，造价低，施工简便，但抗冻性差，耐久性差，需劳动力多，质量不易保证。适用于气候温和地区的小型工程

下面重点介绍几种防渗材料及技术。

• LDPE 土工膜

LDPE 土工膜由聚乙烯材料制成，是一种连续、柔软的防渗材料，具有下列优点：

施工简便、工期短。施工主要是挖填土方、铺膜、焊接等，不需要复杂的技术，大大缩短了周期，保证了质量。

防渗性能好。经室内试验和现场观测，采用焊接接头，可减少渗漏损失 93%～94%。

适应变形能力强。土工膜具有良好的柔韧性、延展性和较强的抗拉能力，不仅适合各种不同形状的断面，而且适用于可能发生沉陷和位移的基础。

无冻胀破坏。LDPE 土工膜具有很好的柔韧性和伸展性，不会受到冻胀的影响，因此，不会产生冻胀破坏。

耐腐蚀性强。LDPE 具有较好的抵抗细菌侵害和化学作用的性能，它不受酸、碱和土壤微生物的侵蚀，耐腐蚀性能很好。因此，特别适用于有侵蚀性水文地质条件及盐碱化地区的工程。

不易老化。国外的抗老化试验结果表明 LDPE 土工膜暴露在大气中可使用 15 年，埋在土中或水下可使用 40～50 年，而我国现行规范规定，水工建筑物经济使用年限一般为 20～50 年，因此，只要精心施工完全可以满足要求。

造价低。根据经济技术分析，每平方米 LDPE 土工膜防渗的造价平均为混凝土防渗的 1/10～1/5，浆砌石防渗的 1/10～1/4 左右，即使采用混凝土面板作保护层，其总造价也不会高于混凝土防渗，但克服了土保护层糙率大、允许流速小、易坍塌和滋生杂草等缺点。

• 膨润土

膨润土，又叫膨土岩或斑脱岩，由大约 1 亿年前白垩纪火山爆发产生的火山灰沉积而成，它具有膨胀性、粘结性、吸附性等多种特殊性能。膨润土遇水发生水合作用，膨胀后形成不透水的凝胶体，从而起到天然的防水抗渗作用。

膨润土一般分为钠基土和钙基土。钠基土由于单位晶层中存在极弱的键和良好的机理，钠离子本身半径小、离子价低，所以水能进入单位晶层间，引起晶格膨胀，其膨胀可达 10～30 倍。钙基土的膨胀速度虽然快，但是其膨胀的倍数仅为自身体积的 3 倍。用于防水材料的膨润土首选优质钠基土。膨润土粒径

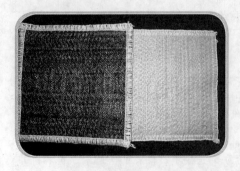

图 5.81 纳基膨润土防水毯

为 10^{-10} m～10^{-8} m（1 nm $= 10^{-9}$ m），国外称其为天然纳米材料。利用膨润土膨胀抗渗的性能，人们采用土工材料与膨润土进行复合制成土工合成黏土防水卷材，简称 GCL。

钠基膨润土防水毯简单来讲就是在一层特种土工布上（一般为有纺布）铺撒钠基膨润土，然后其上覆盖另外一种土工布（一般为无纺布），中间经过高强度针刺（每平方米百万次）将钠基膨润土紧密交织在土工布上，制成防水衬垫，因其外形像地毯一样，故称"膨润土防水毯"。根据需要，还可再覆膜，制成加强型防水毯，如图 5.81。

由于膨润土是天然无机矿物材料，不会发生降解和老化反应，环保、耐久，使用寿命长达 400 年。膨润土作为天然矿质，它产生的防渗效果是一种物理变化的过程，故这个过程可以无限次地重复并发挥作用。而且它不像塑料防渗膜，虽然防渗性能好，但细微的浸润仍然允许水体与土壤层之间发生营养与水份的交换过程，相对其他防水材料更为生态、耐用。

• 黏土 利用黏土防渗可以大幅度降低渗漏，而不是完全停止渗漏，能保证适当渗漏率，所以不影响湖水与地下水的双向调节，不使湖水变成死水。同时黏土对水质净化也有重要作用，特别是黏土可以不断吸附水体中的无机磷化物，从而避免湖泊的富氧化过程，避免有毒性的藻类生长，利于当地的生态系统恢复。

但黏土防渗相对于人工膜防渗效果略差，一般需要比较厚的黏土层才能起到较好的防渗作用；所以，采用黏土防渗的工程量和施工费都相对较高。此外，这种方法时间一长受地下水影响较大，且景观湖侧壁的渗漏问题较难解决，不能稳定保持人工湖泊的水量，需要有稳定的供给水源，最好利用雨水及中水回用补给水源。

采用粘性较强的黏土作为防渗材料时，根据需要的水分传导度选择适当的粘性土壤，对黏土层进行压实处理，一般可在湖底换填 80～100 cm 厚的保水性较好的黏土，其上再添加 1 m 左右的砂性土壤，供水生植物生长。

(2) 混凝土池底设计施工技术要点

① 混凝土池底的设计面应在霜冻线以下，并依情况不同加以处理。当基土为排水不良的黏土，或地下水位甚高时，在池底基础下及池壁之后，应放置碎石，并埋 10 cm 直径的排水管，管线的倾斜度为 1‰～2‰，将地下水导出。若池宽为 1～2.5 m 的狭长形水池，则池底基础下的排水管应沿水池的长轴埋于池的中心线下；池底基础下的地面，则向中心线作 1‰～2‰ 倾斜，池下的碎石层厚 10～20 cm，壁后的碎石层厚 10～15 cm，加以夯实，然后浇灌混凝土垫层。

② 混凝土垫层浇完隔 1～2 天（应视施工时的温度而定），在垫层面测量确定底板中心，然后根据设计尺寸进行放线，定出柱基以及底板的边线，画出钢筋布线，依线绑扎钢筋，接着安装柱基和底板外围的模板。

③ 在绑扎钢筋时，应详细检查钢筋的直径、间距、位置、搭接长度、上下层钢筋的间距、保护层及埋件的位置和数量，看其是否符合设计要求。上下层钢筋均应用铁撑（铁马凳）加以固定，使之在浇捣过程中不发生变化。

④ 底板应一次连续浇完，不留施工缝。施工间歇时间不得超过混凝土的初凝时间。如混凝土在运输过程中产生初凝或者离析现象，应在现场拌板上进行二次搅拌后方可入模浇捣。底板厚度在 20 cm 以内，可采用平板振动器，20 cm 以上应采用插入式振荡器。

⑤ 池壁为现浇混凝土时，底板与池壁连接处的施工缝可留在基础上口 20 cm 处。施工缝可以留成台阶形、凹槽形，加金属止水片或遇水膨胀橡胶带。表 5.7 是各种施工缝的优缺点及做法。

(3) 膨润土池底设计施工技术要点

① 防水毯铺设时非织造布应对着遇水面。

表 5.7 各种施工缝的做法及优缺点

施工缝种类	简 图	优 点	缺 点	做 法
台阶形		可增加接触面积,使渗水路线延长和受阻,施工简单,接缝表面易清理	接触面简单,双面配筋时,不易支模,阻水效果一般	支模时,可在外侧安设木方,混凝土终凝后取出
凹槽形		加大了混凝土的接触面,使渗水路线受更大阻力,提高了防水质量	在凹槽内易于积水和存留杂物,清理不净时影响接缝严密性	支模时将木方置于池壁中部,混凝土终凝后取出
加金属止水片		适用于池壁较薄的施工缝,防水效果比较可靠	安装困难,且需耗费一定数量的钢材	将金属止水片固定在池壁中部,两侧等距
遇水膨胀橡胶止水带		施工方便,操作简单,橡胶止水带遇水后体积迅速膨胀,将缝隙塞满、挤密	施工时易被混凝土中尖锐的石子、钢筋刺破	将腻子型橡胶止水带置于已浇筑好的施工缝中部即可

② 除了在防水毯重叠部分和边缘部位用钢钉固定外,整幅中间也需视平整度加钉。平整度应符合 $D/L = 1/6 \sim 1/10$,其中,D 为基面相邻两凸面间凹进去的深度,L 为基面相邻两凸面间的距离。

③ 膨润土的防水机理决定其只有处在一个密闭、受约束的空间内才能发挥防水作用;所以覆盖层必需有一定的厚度要求。考虑 GCL 有一定的自约束能力,因此其覆盖层厚度最好不小于 100 mm。

④ 大面积施工中防水毯尺寸不足时,可采用搭接的办法,搭接宽度不小于 100 mm。

(4) LDPE 土工膜池底设计施工要点

① 安装施工根据具体现场情况和当时气候条件适当预放 2‰~5‰ 的伸放量。

② 安装基底表面要夯实整平,去掉树根、石块等尖锐物体。

③ 安装基底阴阳角需修整圆顺,圆角半径≥50 cm。

④ 焊接施工采用双轨热熔、单轨热熔、挤出式焊条焊接工艺。焊接缝表面必须清理干净。接缝搭接宽度为 10 cm。

⑤ 铺设安装必须让接缝进行错位安装,以避免出现十字焊接缝,一般采用 T 型安装铺设。膜边采用边沟锚固填埋方式或压条密封安装。

另外,为防止 LDPE 土工膜被刺破,首先在砂砾料的基层上铺设 10 cm 厚的壤土层或细砂土层作为下层保护层,压平整并确保没有外露砖石等硬物后再铺设 LDPE 土工膜,待焊接后再铺设 15 cm 的中细砂或壤土作为上层过渡层,最后铺设预制混凝土方砖或砂砾料。

5.4.2 护坡及驳岸工程

1) 驳岸工程

(1) 驳岸概述 水景驳岸是在园林水体边缘与陆地交界处,为稳定岸壁,保护湖岸不被冲刷或水淹所设置的构筑物。园林驳岸也是园景的组成部分。在古典园林中,驳岸往往用自然山石砌筑,与假山、置石、花木相结合,共同组成园景。

驳岸设计的好坏,影响了滨水区能否成为吸引游人的空间,并且,作为城市中的生态敏感带,驳岸的处理对于滨水区的生态也有非常重要的影响,因此,驳岸必须结合所处环境的地形地貌、地质条件、材料特性、种植特色以及施工方法、技术经济要求等来选择其结构形式,在实用、经济的前提下注意外形的美观,使其与周围景色协调。

(2) 驳岸的设计原则

① 结构稳定性原则　驳岸的最初功能是规范水的流向,而驳岸在规范水的流向的同时会接受来自水流的冲淘和背后土的压力的侵袭,因此驳岸结构稳定是园林驳岸存在的最首要的前提。为满足这一原则,必须要在充分调查现场情况的基础上,分析岸坡的潜在威胁与崩塌形式,进行必要的结构稳定性验算、抗倾覆验算与抗滑坡验算,在充分科学的论证后,进行经济有效的园林驳岸构造设计。同时也只有园林驳岸抵抗住墙后土压力和流水的冲淘,园林驳岸才能继续发挥其他能力的余地。

② 场所地域性原则　场所地域性也是园林驳岸构造设计的重要原则。该原则不仅要求园林驳岸要与该地域的大环境相协调,而且要尊重该地域的场所特征,避免盲目的构造设计。如场所大环境缺水,地下水位低,设计一定要防渗,避免采用水量充沛地区的典型驳岸构造的做法;又如北方有冻土,这也是和南方不同的典型场所特征,会对园林驳岸构造设计产生重要的影响。

③ 景观亲水性原则　景观亲水性是园林驳岸所特有的性质。园林驳岸处于风景秀美的公园绿地中,兼具水陆两者之优点,是积聚人气的场所。因此进行必要的景观和亲水设计是园林驳岸的独特要求,在适宜的位置设置亲水性平台、台阶、木栈道等亲水性设施,将加大游客对园林驳岸和滨水空间的切身体验。

④ 良好生态性原则　水陆交界的环境特殊性决定了驳岸更需要健康良好的生态环境,为植物、动物、微生物提供良好的栖息空间。当然生态性原则应该和前面所述原则相统一,因地制宜,尽可能地采取适宜且多样的形式满足不同的环境生态条件和各种功能。

⑤ 主从关系原则　驳岸只是园林中的一个内容,以配角为主,因此要遵循主从关系原则,色调、色彩和材质等应该与周围环境和其他造园要素相协调,不突兀和喧宾夺主,不适宜用对比色,最宜使用互补色或补色。不过有些时候也可以根据造景需要,重点突出驳岸景观。

(3) 驳岸的类型　园林驳岸有多种分类方法,常见的有按造景分类、按结构形式分类和按所用材料分类三种。

① 按造景分类一般分为规则式、自然式和混合式。

• 规则式驳岸　指用块石混凝土砌筑的几何式岸壁,多属永久性的,如常见的重力式、半重力式、扶壁式驳岸等。特点是简洁明快,但缺少变化,如图5.82。

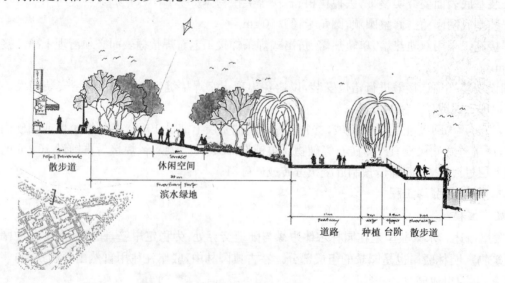

图 5.82　规则式驳岸

- 自然式驳岸 指外观无固定形状或规格的岸坡处理,如常用的假山石驳岸、卵石驳岸等。特点是自然亲切,景观效果好,如图 5.83。

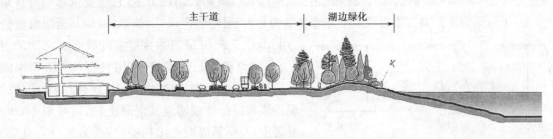

图 5.83 自然式驳岸

- 混合式驳岸 是规则式和自然式相结合的驳岸类型。一般是毛石岸墙,自然山石岸顶。特点是易于施工,具有一定的装饰性,如图 5.84。

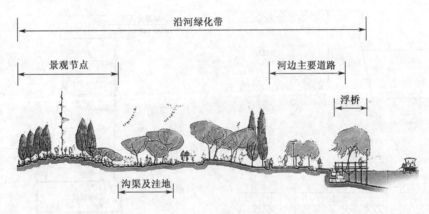

图 5.84 混合式驳岸

② 按结构形式分类,一般分为重力式驳岸、悬臂式驳岸、扶垛式驳岸、桩板式驳岸等(如图 5.85)。

- 重力式驳岸 主要依靠墙身自重来保证岸壁的稳定,抵抗墙背土压力。常见有混凝土重力式、块石砌重力式、砖砌重力式等,后面将重点讲解。

- 混凝土悬壁式驳岸 一般设置在高差较大或是表面要求光滑的水池壁以及不适宜采用浆砌块石驳岸之处,造价较高。

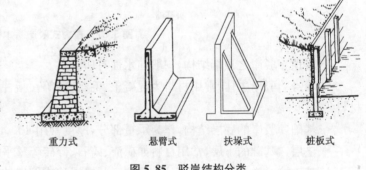

图 5.85 驳岸结构分类

- 扶垛(扶壁)式驳岸 是从墙上突出的一种加固结构,是和墙体连成一体的支墩。

- 桩板式驳岸 又叫插板式驳岸,采用钢筋混凝土(或木)桩作支墩,加插入的钢筋混凝土板(或木板)组成,支墩靠横拉条和锚板连接来固定。拉条一端事先配以铣 M27 螺母的螺纹,以便穿入锚板预留孔位内,作紧固之用。拉条安置定位后,外露面应涂红,并用沥青麻布包裹,以防锈蚀。板与支墩的连接形式分板插入支墩和板紧靠支墩两种。桩板式驳岸特点是体积小、造价低、施工快,当土体不高时较宜采用,冲刷地段则不宜采用。

③ 按使用材料分类,一般分为天然材料园林驳岸和人工材料园林驳岸。

(4) 重力式园林驳岸的设计 园林驳岸不同于普通水工堤坝和防洪墙,相对而言它的防洪要求较低,具有更大的灵活性和机动性,而景观生态学和美学要求较高,在长期实践中形成了相互交叉而又相对独立的一种设计原理与方法。现介绍常见的重力式驳岸设计方法。

① 重力式驳岸结构形式的选择　园林中使用驳岸形式以重力式结构为主,它主要依靠墙身自重来保证岸壁稳定,抵抗墙背土压力。重力驳岸按其墙身结构分为整体式、砌块式、扶壁式;按其所用材料分为砖(用 MU7.5 砖和 M10 水泥砂浆砌筑而成,临水面用 1:3 水泥砂浆粉面)、浆砌块石(用块石及 M7.5 水泥砂浆作胶结材料分层砌筑,使之坚实成整体,临水面砌缝用水泥砂浆勾成凸缝或凹缝)、混凝土(目前常用 MU10 块石混凝土)及钢筋混凝土结构等;按其形式分为直立式、倾斜式和台阶式(见图 5.86)。

图 5.86　重力式驳岸基本形式

由于园林中驳岸高度一般不超过 2.5 m,可以根据经验数据来确定各部分的构造尺寸,而省去繁杂的结构计算。重力式园林驳岸的基本构造见图 5.87。

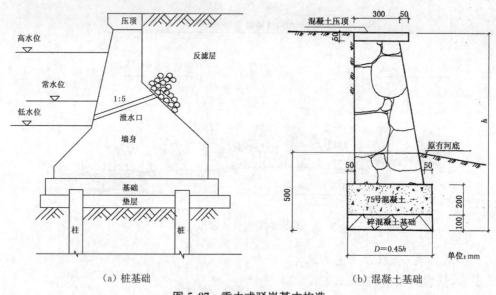

图 5.87　重力式驳岸基本构造

- 压顶　驳岸之顶端结构,一般向水面有所悬挑。
- 墙身　驳岸主体,常用材料为混凝土、毛石、砖等。板柱式可用木板、毛竹板等材料做临时性的驳岸材料。
- 基础　驳岸的底层结构,作为承重部分,厚度常用 400 mm,宽度在高度的 0.45～0.8 倍范围内。
- 垫层　基础的下层,常用材料如矿渣、碎石、碎砖等整平地坪,以保证基础与土层均匀接触。
- 基础桩　增加驳岸的稳定性,是防止驳岸滑移或倒塌的有效措施,同时也兼起加强土基承载能力的作用。材料可以用木桩、灰土桩等。
- 沉降缝　由于墙高不等,墙后土压力、地基沉降不均匀等的变化差异时所必须考虑设置的断裂缝。
- 伸缩缝　避免因温度等变化引起的破裂而设置的缝。一般间隔 10～25 m 设置一道,宽度一般采用 10～20 mm,有时也兼做沉降缝用。
- 泄水孔　为排除地面渗入水或地下水在墙后的滞留,应考虑设置泄水孔,其分布可作等距离布置,@3～5 m,驳岸墙后孔口处需设倒滤层,以防阻塞。做法常用打通毛竹管埋于墙身内,铺设成 1:5 斜度,泄水孔出口高度宜在低水位以上 500 mm。
- 倒滤层　为防止泄水孔入口处土颗粒的流失,又要能起到排除地下水的作用,常用细砂、粗砂、碎石等组成。

后倾式驳岸是重力式驳岸的特殊形式,墙身后倾,较前者经济,受力合理,造价低于前者。在岸线固定、地质情况较好处,基础可借筑河池内。它介于一般重力式驳岸和护坡之间,因此具有两者的优点。基础桩同样亦可按重力式设置。

下面详细介绍砌体、桩基、沉褥等多种重力式驳岸形式。

- 砌体驳岸结构　是指在天然地基上直接用毛石、砖等砌筑的驳岸,特点是埋设深度不大,基址坚实稳固。如块石驳岸中的虎皮石驳岸、条石驳岸、假山石驳岸等。此类驳岸的选择应该根据基址条件和水景景观要求而定,既可处理成规则式,也可以结合山石做成自然式(见图5.88)。

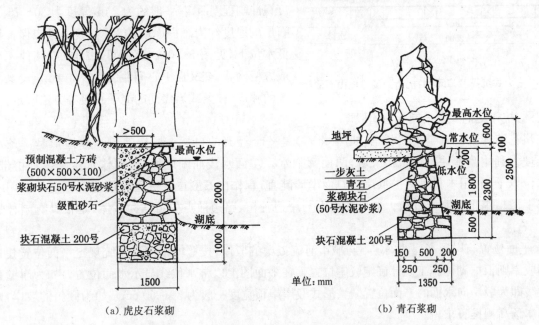

图5.88　重力式砌体驳岸示例:北京动物园驳岸图

- 桩基驳岸结构　桩基是我国古老的水工基础做法,在水利建设中得到广泛的应用,直至现在仍是常用的一种水工地基的处理方法。当地基表面为松土层且下层为坚实土层或者基岩时,最宜使用桩基。其特点是:基岩或坚实土层位于松土层下,桩尖打下去,通过桩尖将上部荷载传给下面的基岩或坚实土层,若桩打不到基岩,则利用摩擦桩,借木桩侧面与泥土间的摩擦力将荷载传到周围的土层中,以达到控制沉陷的目的(见图5.89)。

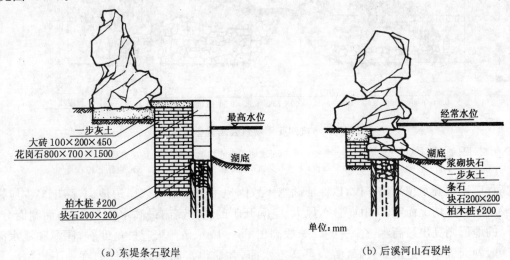

图5.89　重力式桩基驳岸示例:北京颐和园梅花桩驳岸

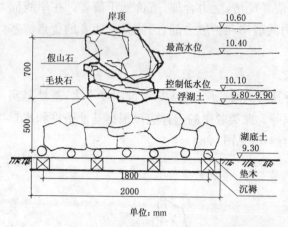

图 5.90 重力式沉褥驳岸示例：杭州西湖苏堤山石驳岸

• 沉褥驳岸　沉褥或称沉排，它是用树木枝杆编成的柴排。沉褥驳岸即用沉排做基层的重力式驳岸。在沉排上加载块石等重物使之下沉到水下的地表，一旦其下土基被湖水淘冲而下沉时，沉褥也随之下沉，土基相应得到了保护。

这对水流速度不大的河湖水岸尤为相宜，也起到了扩大基底面积、减少正压力和不均匀沉陷的作用。沉褥的宽度视冲刷程度而定，一般约为 2 m，厚度为 30～75 cm。块石层的厚度约为沉褥厚度的 2 倍，其上缘应保证浸没在低水位下（见图 5.90）。沉褥可用柳枝或其他木柴条编成方格网状，交叉点中心间距φ30～60 cm。交叉处用细柔的藤皮、枝条或涂焦油的绳子扎接等方法固定。

实例：杭州花港观鱼公园金鱼园驳岸

杭州花港观鱼公园金鱼园驳岸（如图 5.91）是一个经典的自然式驳岸案例。原地形是一条水塘中间的土埂。利用当地块料填筑扩大后，两面都临水。左面水浅而湖底坡缓，用作水生鸢尾种植带，根部在低水位以下，利用木材沉褥护低岸。右面岸墙陡直，宜作山石驳岸。桩间除用碎石填充外还用木材沉褥。岸上散植鸡爪槭和五针松。驳岸的山石与岸边种植、路边散点山石结为一体，是很具有园林特色的驳岸。

② 平面位置与岸顶高程的确定　与城市河流接壤的驳岸，按照城市河道系统规定平面位置建造。园林内部驳岸则根据湖体施工设计确定驳岸位置。在平面图上以常水位线显示水面位置。如为岸壁直墙则常水位线即为驳岸向水面的平面位置。整形式驳岸岸顶宽度一般为 30～50 cm。如为倾斜的坡岸，则根据坡度和岸顶高程推算求得。

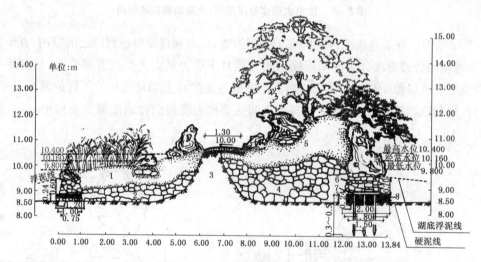

图 5.91 杭州花港观鱼公园金鱼园驳岸

1—园土及西湖淤泥；2—坟地灰梆碎块填底；3—原有土埂；4—坟地灰梆碎块填底；5—灰土方加埂土，每 30 cm 分层夯实；
6—干砌块石；7—椿头加盖石板；8—木柴沉褥，每束木柴直径 10～12 cm，束距φ30 cm。

岸顶高程应比最高水位高出一段，以保证湖水不致因风浪拍岸而涌入岸边地面，高出多少应根据当地风浪拍击驳岸的实际情况而定。湖面宽广、风大、空间开旷的地方高出最高水位多一些，而湖面分散、空间内具有挡风的地形则高出最高水位少一些。一般高出 25～100 cm。从造景角度看，深潭和浅水面的要求不一样。一般湖面驳岸贴近水面较好，游人可亲近水面，并显得水面丰盈、饱满。在地下水位高、水面大、岸边地形平坦的情况下，对于游人量少的次要地带，可以考虑短时间被最高水位淹没，从而降低由于大面积垫土或加高驳岸的造价。

(5) 园林驳岸断面结构详图

① 混凝土仿木驳岸和塑竹驳岸断面结构详图　木驳岸采用自然的实圆木排列于水岸,和水面土坡融为一体,有良好的视觉和生态效果。因木材易受水腐蚀,可改用混凝土仿木桩,视觉效果尚好,但生态性略差(见图 5.92)。类似的水泥塑竹驳岸也是一种仿生态驳岸的做法,采用水泥塑竹处理岸壁,增强了驳岸的装饰性,延长了使用寿命,又给人一种亲切自然的感觉(如图 5.93)。

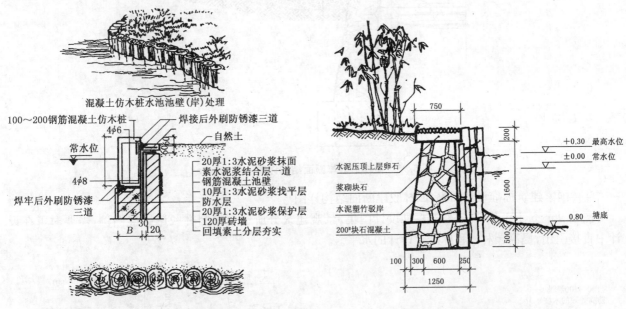

图 5.92　混凝土仿木桩池岸　单位:mm

图 5.93　塑竹驳岸　单位:mm

② 浆砌块石驳岸断面结构详图　浆砌块石驳岸岸墙要求墙面平整、美观,砂浆饱满,勾缝严密。驳岸墙体应于水平方向 2～4 m、竖直方向 1～2 m 处预留泄水孔,口径为 120 mm,以排除墙后的积水,保护墙体。也可以设置暗沟,填置砂石排除积水。图 5.94 为常见浆砌块石驳岸断面结构详图。

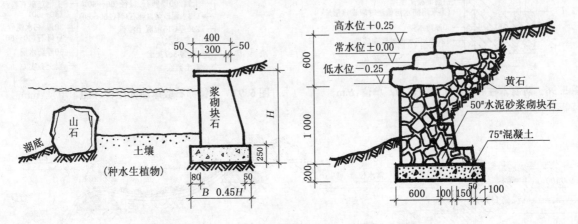

图 5.94　浆砌块石驳岸示例　单位:mm

③ 阶梯形驳岸断面结构详图

阶梯形驳岸主要应用在水位变化较为明显的地带,在不同的水位情况下,此类驳岸会呈现不同的装饰效果,在常水位时,人们可以下几个阶梯到水边,参与各种亲水活动。在洪水位时,上层驳岸角色转换,起到防护作用(如图 5.95)。

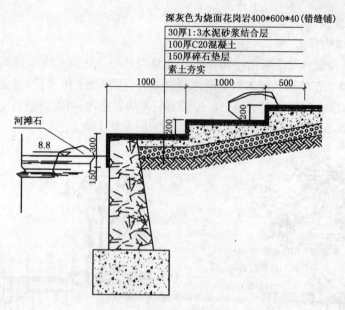

图 5.95　阶梯形驳岸断面结构详图　　单位：mm

④《国家建筑标准设计图集》园林驳岸断面结构详图

图 5.96～5.101 是《国家建筑标准设计图集》景观建筑分册选用的园林驳岸标准图例，需要时可在设计中直接引用，提高园林工程标准化设计的水平。

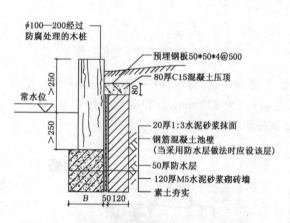

图 5.96　防腐木柱驳岸断面结构详图　单位：mm

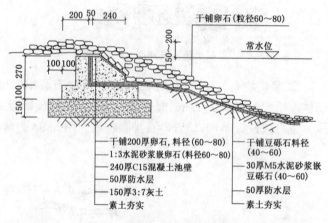

图 5.97　干铺卵石驳岸断面结构详图　单位：mm

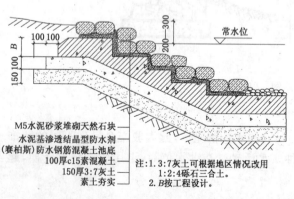

图 5.98　干砌天然块石驳岸断面结构详图　单位：mm

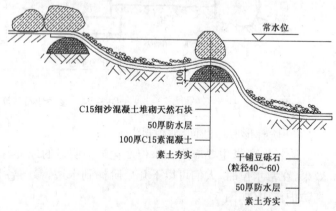

图 5.99　混凝土砌天然石块驳岸断面结构详图　单位：mm

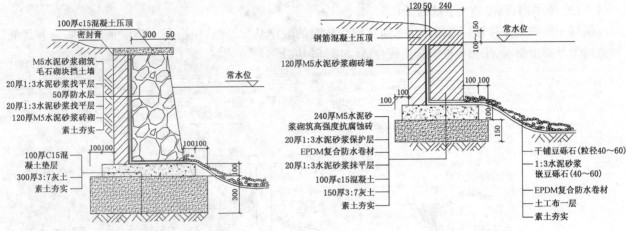

图 5.100 混凝土压顶浆砌毛石驳岸断面结构详图 单位:mm

图 5.101 混凝土压顶砌砖驳岸断面结构详图 单位:mm

(6) 园林驳岸相关设计规范 在《公园设计规范》(CJJ 48—92)第七章对驳岸有以下规范:

① 河湖水池必须建造驳岸并根据公园总体设计中规定的平面线形、竖向控制点、水位和流速进行设计。岸边的安全防护应符合本规范第 7.1.2 条第三款、第四款的规定。

② 岸顶至水底坡度小于 100% 者应采用植被覆盖;坡度大于 100% 者应有固土和防冲刷的技术措施。

③ 寒冷地区的驳岸基础应设置在冰冻线以下,并考虑水体及驳岸外侧土体结冻后产生的冻胀对驳岸的影响,需要采取的管理措施在设计文件中注明;驳岸地基基础设计应符合《建筑地基基础设计规范》(GBJ7)的规定。

④ 采取工程措施加固驳岸,其外形和所用材料的质地、色彩均应与环境协调。

(7) 园林驳岸的破坏与加固、修缮 由于园林驳岸的材料的老化和设计师对现场影响因素的考虑不全,会使园林驳岸具有潜在危险。因此对园林驳岸进行加固和修缮也是必须注意的一个环节。

① 驳岸的破坏因素 驳岸可以分成湖底以下基础部分、常水位以下部分、常水位与最高水位之间的部分和不淹没的部分,驳岸不同部分的破坏因素各不相同。

• 基础部分 由于池底地基强度和岸顶荷载不相适应而造成不均匀的沉陷,使驳岸出现纵向裂缝甚至局部塌陷。在寒冷地区湖水不深的情况下,可能由于冰胀而引起基础变形。木桩做的桩基则因受腐蚀或水底某些动物的破坏而朽烂。在地下水位很高的地区会产生浮托力,影响基础的稳定。

• 常水位以下的部分 由于常年被水淹没,其主要破坏因素是水浸渗。在我国北方寒冷地区常因水渗入驳岸内再冻胀以后使驳岸胀裂。有时会造成驳岸倾斜或位移。常水位以下的岸壁又是排水管道的出口,如安排不当亦会影响驳岸的稳固。

• 常水位至最高水位 这一部分经受周期性的淹没。如果水位变化频繁,则对驳岸也形成冲刷腐蚀的破坏。

• 最高水位以上不淹没的部分 这部分主要受浪击、日晒和风化剥蚀。驳岸顶部则可能因超过荷载和地面水的冲刷受到破坏。另外,由于驳岸下部的破坏也会引起这一部分受到破坏。

了解破坏驳岸的主要因素以后,可以结合具体情况采取防止和减少破坏的措施。实践证明,园林驳岸要稳定,首先要满足最基本的一个条件:作用在墙体上所有力的合力的延长线与基础底面交于一点,该点与墙踵的距离应在 1/6~1/3 的墙体高度范围内。不满足该条件的驳岸比较容易倒塌。

② 加固与修缮方法

• 基础被湖水冲刷掏空时的抢救方法 驳岸基础一般应砌筑在河湖床最低冲刷线 1 m 以下,但往往会发生河床、湖床的变动,以致影响到基础。严重时基础下面被掏空,引起驳岸的倾斜和倒塌。因此需要对这种隐患进行排除,可以通过抛石护基、混凝土护脚加固、板桩护基、叠草包等方法来加固。

抛石护基是在驳岸基础被冲刷以致有掏空危险,或已被掏空时的简便应急措施。一般抛石坡度在 1:

1~1:1.5范围内,高度应大于基础面0.5~1.0 m。

混凝土护脚也是种较好选择。在基部有掏空危险的驳岸基脚外侧,用混凝土浇灌加固护脚。若最低水位高于基础顶面时,采用板桩护脚比较合适(如图5.102)。

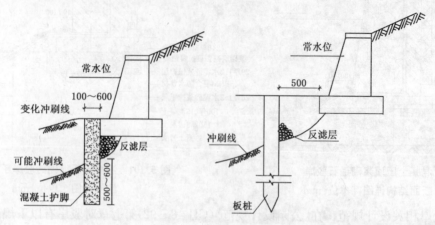

图5.102 混凝土护脚与板桩护基构造示意 单位:mm

- 墙身基脚综合加固 当驳岸有可能发生严重倒塌危险,而以上方法不能奏效时,可以采用贴壁式加固。较简便的方法是用板桩紧贴原驳岸打入土中,再在板桩与原驳岸间浇捣混凝土及用块石混凝土填充。
- 钢筋混凝土墙裂缝修补 对于缝宽大于10 mm,缝长大于500 mm的裂缝需进行修补。可以采用水泥砂浆、环氧树脂或环氧树脂拌和修补。

2) 护坡工程

(1) 概述 护坡(side-slope protection work)是防止堤岸坡面遭受冲刷侵蚀而铺筑的保护设施,包括在坡面上所做的各种铺砌和栽植。护坡可以防止波浪冲刷、雨水侵蚀、冰冻、风蚀、干裂以及滑坡等破坏作用,以保证岸坡的稳定。

护坡的类型有:抛石、干砌石、浆砌石、混凝土预制板、钢筋混凝土板、沥青混凝土、柳框填石和草皮等。从广义上讲,依护坡的功能可将其概分为两种:

① 仅为抗风化及抗冲刷的坡面保护工程,该保护工程并不承受侧向土压力,如喷凝土护坡、格框植生护坡、植生护坡等均属此类,仅适用于平缓且稳定无滑动之虞的边坡上。

② 提供抗滑力之挡土护坡,大致可区分为:(a)刚性自重式挡土墙(如:砌石挡土墙、重力式挡土墙、倚壁式挡土墙、悬壁式挡土墙、扶壁式挡土墙);(b)柔性自重式挡土墙(如:蛇笼挡土墙、框条式挡土墙、加筋式挡土墙);(c)锚拉式挡土墙(如:锚拉式格梁挡土墙、锚拉式排桩挡土墙)。

严格地讲,驳岸也是护坡的一种特殊形式。但在园林中,护坡常特指自然山地的陡坡、土假山的边坡、园路的边坡,尤其是湖池的坡岸,如果坡度不陡,通常不做驳岸,而顺其自然、就地取材,采用各种材料做成伸向水中或平地的斜坡。

(2) 园林护坡的常见类型及做法 园林护坡根据不同的形式和作用分为:抛石护坡、干砌石护坡、混凝土预制框格护坡、园林绿地护坡、编柳抛石护坡等类型。

① 抛石护坡 在岸坡较陡、风浪较大的情况下,或因为造景的需要,在园林中常使用抛石护坡。护坡的石料应就地取材,最好选用石灰岩、砂岩、花岗岩等块石,也可以用大卵石等护坡,以表现海滩滨江风光。在寒冷的地区还要考虑石块的抗冻性。

抛石护坡是将适当级配的石块倾倒在坝坡的垫层上,不加人工铺砌,厚度为0.5~0.9 m。垫层一般采用砂砾石,厚0.3~0.6 m,按反滤层的原则设计。护坡不允许土壤从护面下流失。为此应做过滤层,并且护坡应预留排水孔,每隔25 m左右做一伸缩缝。抛石护坡能适应坝体较大的不均匀沉陷,但护面高度以<2 m为宜。

② 干砌石护坡 当水面较大,坡面较高(一般在2 m以上时),则护坡要求较高,可干砌石护坡。干砌石护坡是选择坚固不易风化的石块,用人工铺砌在碎石或砾石垫层上,砌石厚度为0.2~0.6 m,用人工夯

填的垫层最小厚度为 0.15～0.25 m,在大型工程中使用机械化施工时,则往往铺筑垫层厚在 1 m 以上。块石用 75 号水泥砂浆勾缝。压顶石用 75 号浆砌块石,坡脚石一定要坐在湖底下(见图 5.103)。

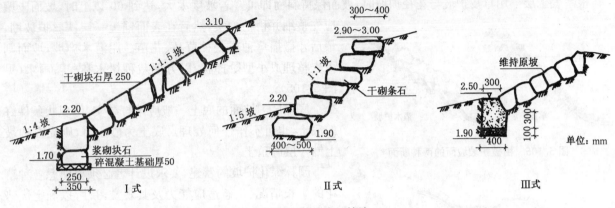

图 5.103 干砌石护坡

③ 预制框格护坡 一般是用预制的混凝土、塑料、铁件、金属网等材料制作的框格,覆盖、固定在陡坡坡面,框格内仍可植草种树,从而固定、保护了坡面。当坡面很高、坡度很大时,采用这种护坡方式的优点比较明显。因此,这种护坡最适于较高的道路边坡、水坝边坡、河堤边坡等的陡坡。混凝土预制框格护坡,常用方形板和六角形板。方形板边长尺寸 0.9 m,六角形板的每边尺寸为 0.3～0.4 m,厚度一般为 0.15～0.20 m。板下的垫层厚度采用 0.15～0.25 m。

预制框格还有塑料、铁件、金属网等材料制作的,其每一个框格单元的设计形状和规格大小都可以有许多变化。预制生产的框格在边坡施工时装配成各种简单的图形,用锚和矮桩固定后,再往框格中填满肥沃壤土,土要填得高于框格,并稍稍拍实,以免下雨时流水渗入框格下面,冲刷走框底泥土,使框格悬空。框格内应植草灌以固定土壤,生态美观(见图 5.104)。

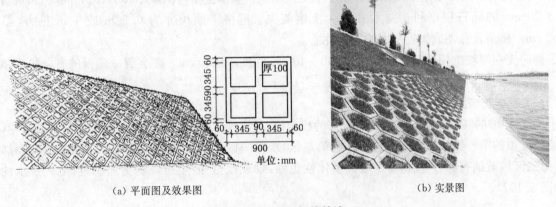

(a) 平面图及效果图　　(b) 实景图

图 5.104 预制框格护坡

④ 园林绿化护坡 当岸壁坡角在自然安息角以内,水岸缓坡地形在 1∶20～1∶5 间起伏变化是很美的。这时水面以上部分可用草皮、灌木和花径等园林绿化形式护坡,即在坡面种植草皮或花灌木,利用密布土中的根系来固土,使土坡能够保持较大的坡度而不滑坡。将园林坡地设计为倾斜的花径或草径,既美化了坡地,又起到了护坡的作用。

• 植被护坡的坡面设计 这种护坡的坡面是采用草皮护坡、灌丛护坡或花径护坡方式所做的坡面,这 3 种护坡的坡面构造基本上是一样的。一般而言,植被护坡的坡面构造从上到下的顺序是:植被层、坡面根系表土层和底土层。各层的构造情况如下:

植被层 采用草皮护坡的植被层厚 15～45 cm;用花径护坡的植被层厚 25～60 cm;用灌木丛护坡,则灌木层厚 45～180 cm。在设计中,最好选用须根系发达的植物,其护坡固土作用比较好。草皮要尽可能从土壤条件和湿度接近于边坡土质的草地上切取,移植草皮的时间最好是秋季和早春。植被层慎用乔木做护坡植物,因乔木重心较高,有时可因树倒而使坡面坍塌,若确需使用则应加防护措施。

根系表土层　用草皮护坡与花径护坡时,坡面保持斜面即可。若坡度太大,达到60°以上时,坡面土壤应先整细并稍稍拍实,然后在表面铺上一层铁丝护坡网,最后才撒播草种或栽种草丛、花苗。用灌木护坡,坡面则可先整理成小型阶梯状,以方便栽种树木和积蓄雨水(见图5.105)。

图5.105　植被护坡坡面的两种断面

底土层　坡面的底土一般应拍打结实,但现状条件好的底土,也可不作任何处理。底土为砂土时,则先在边坡上铺一层腐殖土。

园林绿化护坡的营建,要求设计者必须要熟悉各种草花的生长情况、生态适应能力及其观赏习性,以确定优势种和优势种群,实现缀花草地近期与长远景观相结合,更科学、合理、经济。

• 园林绿化护坡的截水沟设计　为了防止地表径流直接冲刷坡面,应在坡的上端设置一条小水沟,以阻截、汇集地表水,从而保护坡面。截水沟一般设在坡顶,与等高线平行,沟宽20～45 cm,深20～30 cm,用砖砌成。沟底、沟内壁用1:2水泥砂浆抹面。为了不破坏坡面的美观,可将截水沟设计为盲沟,即在截水沟内填满砾石,砾石层上面覆土种草。从外表看不出坡顶有截水沟,但雨水流到沟边就会下渗,然后从截水沟的两端排出坡外(如图5.106)。

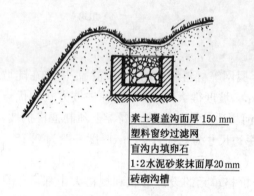

图5.106　护坡的截水沟的构造

⑤ 编柳抛石护坡　采用新截取的柳条十字交叉编织。编柳空格内抛填厚20～40 cm的块石,块石下设厚10～20 cm的砾石层以利于排水和减少土壤流失。柳格平面尺寸为0.3 m或1 m见方,厚度为30～50 cm。柳条发芽便成为较坚固的护坡设施。

编柳时先在岸坡上用铁钎开孔洞,间距30～40 cm,深度50～80 cm。在空洞中顺根的方向打入顶面直径为5～8 cm的柳树橛子,橛顶高出块石顶面5～15 cm。

(3) 生态型护坡设计

① 生态护坡的特点　生态护坡具有良好的稳定性,且实现了绿化体系与生态水系的紧密结合,其包括常水位至坡顶的第一区域和常水位至坡脚的第二区域,第一区域铺设有卵石及湿生植物并适当添加软质景观,第二区域散铺有卵石,使得整个坡面整体性更强,景观性更佳,生态环境更加稳定,游人亲水性也更好(如图5.107)。

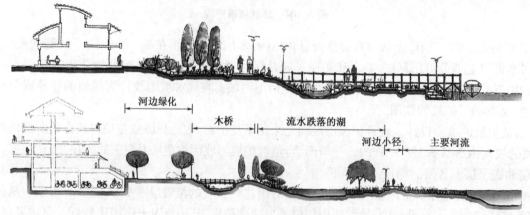

图5.107　生态型护坡

② 生态型护坡的新材料与新技术

• 无砂混凝土护坡　无砂混凝土是由大粒径的粗骨料、水泥和水配制而成的混凝土。由于水泥浆不起填充作用，只是包裹在石子表面将石子胶结成大孔结构的整块混凝土结构，因此，它具有孔隙多、透水性大、抗变形能力好的特点。孔隙多、透水性大有利于植物的生长发育。无砂混凝土块护坡如图5.108。

无砂混凝土块护坡的施工较简单，关键在植物的种植。首先，无砂混凝土块表面必须足够粗糙，以提高表面及孔隙内的附土和保土能力，草籽拌和入种植土后，轻耙入孔隙内，并覆盖表面；选择合适的种植时间，如春季，以保证植物在汛期到来前，有足够的生长时间；按时养护，对植物生长较差的部位应及时补种避免块体裸露。

• 三维土工网护坡　三维土工网是一种类似于丝瓜瓤状的植草土工网，以加入炭黑的尼龙丝加工制成，丝与丝的交叉点熔合粘接，相互缠绕，质地蓬松，孔隙率在90%以上，在其孔隙中可填加土料和草种。植草穿过网垫生长后，其根系深入土中，植物、网垫、根系与土合为一体，形成牢固密贴于坡面的表皮，可有效地防止坡土被暴雨径流或水流冲刷破坏(如图5.109)。

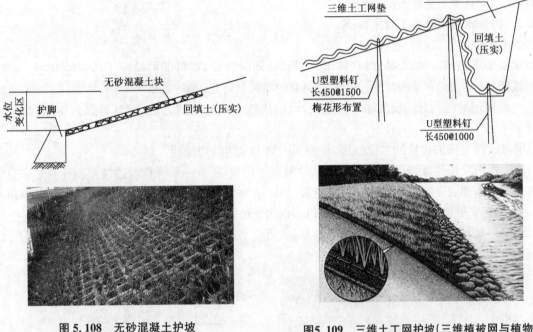

图5.108　无砂混凝土护坡　　　图5.109　三维土工网护坡(三维植被网与植物根系咬合加强防冲能力)

铺设有三维土工网垫的岸坡在草皮没有长成之前，可以保护土地表面免受风雨的侵蚀，在播种初期还起到稳固草籽的作用。实践证明，草皮形成以前，当坡度为45°时，土工网垫的固土阻滞率高达97.5%，当坡度为60°时，土工网垫的固土阻滞率仍高达84%，可见三维网具有极好的固土效果，提高了边坡的抗冲刷能力。当边坡的植被覆盖率达到30%以上时，能承受小雨的冲刷，覆盖率达80%以上时能承受暴雨的冲刷。在河道迎水坡水流有一定流速的情况下，植被起良好的消能作用，促进落淤。实验表明，在水流较深情况下，它能够抵御6 m/s的短期流速，对历时2 d的水流，也能经受4 m/s的流速，并能使流速显著降低。

• 格宾网护坡　格宾网是金属线材编织的六角形网制成的网笼，内填块石，网格的大小以不漏填充的块石为限。它具有以下特性：

适应性强，柔韧性高，不易断裂，能很好地适应地基的变形，可以承受大范围的变形。耐腐蚀抗冲刷，有很强的抵御自然破坏、恶劣气候及地震冲击力的能力。具透水性，石头缝隙间可填充淤泥，有利于植物生长，其多孔结构也有利于生物的栖息，可与周围自然环境融为一体。施工简便，不需特殊技术，只需将石头装人笼子封口即可。节约运输费用,可将其折叠起来运输,在工地配装。格宾网护坡如图 5.110 所示。

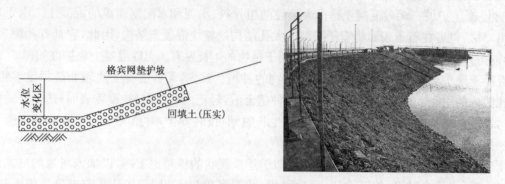

图 5.110　格宾网护坡

施工要点:铺设格宾网时网间上下左右要连接好,坡脚要有足够的埋深。石块装笼时要保护好土工布,笼底选择较小的石块,从下而上石块按小到大安放。石笼的孔隙间必须认真覆土,否则不利于植物的生长,植物类型的选择与无砂混凝土相似。

5.4.3　特殊水池设计施工技术要点

1) 临时性水池

临时水池要求结构简单,安装方便,使用完毕后能随时拆除,在可能的情况下能重复利用。临时水池的结构形式简单,在临时水池内根据设计安装小型的喷泉与灯光设备。

设置一个使用时间相对较长的临时性水池,可以用挖水池基坑的方法,而且可以做得相对自然一些。方法步骤如下:

(1) 定点放线　按照设计的水池外形,在地面上划出水池的边缘线。

(2) 挖掘水坑　按边缘线开挖,由于没有水池池壁结构层,所以一般开挖时边坡限制在自然安息角范围内。挖到预定的深度后应把池底与池壁整平拍实,剔除硬物和草根。在水池顶部边缘还需挖出压顶石的厚度,在水池中如果需要放置盆栽的水生植物,可以根据水生植物的生长需要留有土墩,土墩也要拍实整平。

(3) 铺塑料布　在挖好的水池上覆盖塑料布,然后放水,利用水的重量把塑料布压实在坑壁上,并把水加到预定的深度(如图 5.111)。

 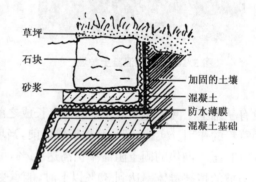

图 5.111　塑料布铺底做法

(4) 压顶　将多余的塑料布裁去,用石块或混凝土预制块将塑料布的边缘压实,并形成一个完整的水池压顶。

(5) 装饰　可以把小型喷泉设备一起放在水池内,并摆上水生植物的花盆。

(6) 清理　清理现场内的杂物杂土,将水池周围的草坪恢复原状。这样,一个临时性水池就形成了。

2) 预置模水池

(1) 预制模水池的种类及应用　预制模水池是国外较为常用的一种小型水池制造方法,通常用高强度塑料制成,易于安装,如高密度聚乙烯塑料(HDP)、ABS 工程塑料以及玻璃纤维。如图 5.112,预制模最大跨度可达 3.66 m,但以小型为多,一般只有 0.9~1.8 m 的跨度,0.46 m 的深度,最小的深度仅有 0.3 m。

塑料预制模的造价一般低于玻璃纤维增强膜或玻璃纤维预制模,但使用寿命也相对较短,数年之后就会变脆、开裂和老化。

在选购预制模时,另一个需要考虑的因素是预制模上沿的强度。尽管玻璃纤维预制模也须做一些技术处理,但无需这么多的加固措施。为避免日后出现麻烦,选定使用塑料预制模后,一定要确保预制模上沿水平,绝对不能弯翘。

预制模有各种规格,许多预制模上都留有摆放植物的池台。在选择这类预制模时,一定要注意地台的宽度要能放得下盆栽植物。

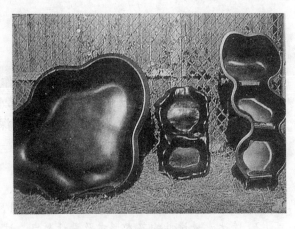

图 5.112 预制模水池实物

(2)预制模水池的安装 专业安装预制模水池绝不仅仅是画线、挖坑和回填那么简单。首先要使预制模边缘高出周围地面 2.5~5 cm,以免地表径流流进池塘污染池水,或造成池水外溢。挖好的池底和地台表面都要铺上一层 5 cm 厚的黄沙。如果池沿基础较为牢固,可用一层碎石或石板来加固池沿。池塘周围用挖出的土或新鲜的表土覆盖,以遮住凸起的池沿。

安装预制模水池程序:标出池塘形状—挖坑—铺一层砂子—把预制模水池放在恰当的位置—开始回填—将池塘放水检查—沿池塘铺上石块。

将预制模放入挖好的池中,测量池沿的水平面,同时往池中注入 2.5~5 cm 高的水。注水时慢慢地沿池边填入沙子。用水管接水,将沙子慢慢地冲入池边。将池水基本注满,同时用水将填沙冲入,使回填沙与池水基本处于同一水平。然后,再继续测量池沿的水平面。当回填沙达到挖好的池沿,而且预制模边也处于水平时,便可以加固池边了。加固池边材料可以是现浇混凝土、加水泥的土或一层碎石。其后也可在池塘上修瀑布或水槽,可参照相关章节。

3)水生植物池与养鱼池

水生植物池与养鱼池的关键是水。鱼类排泄物、空中的灰尘、雨中杂质等的沉淀腐烂,会造成池水缺氧,鱼类生病以至窒息死亡,进而成为寄生虫的温床,故要注意池底水的清洁,防止混浊,保持水中丰富的氧气。

水生植物生长极快,对每种植物应该用水泥或塑料板等材料做成各种形状的围池或种植池,或者直接用缸种植,限制水生植物的生长区域,避免向全池塘蔓延,并防止水生植物种类间互相混杂生长。

为便于施工,在施工前最好能把池塘水抽干。池塘水抽干后,用石灰或绳划好要做围池(或种植池)的范围,在砌围池的位置挖一条下脚沟,下脚沟最好能挖到老底子处。先用砖砌好围池墙,再在围池墙两面抹 2~3 cm 厚的水泥砂浆,阻止水生植物的根穿透围池墙。围池墙也可以使用各种塑料板,塑料板要进到泥的老底子处,塑料板之间要有 0.3 cm 的重叠,防止水生植物根越过围池。围池墙做好后,再按水位标高添土或挖土。用土最好是湖泥土、稻田土、黏性土,适量施放肥料,整平后即可种植水生植物(如图 5.113)。

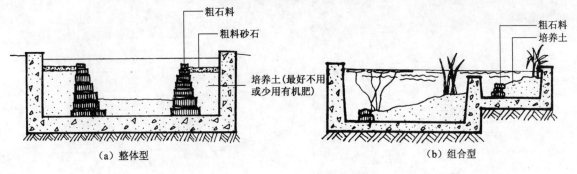

图 5.113 水生植物栽培池

工程上要注意：
① 池底要设缓和的坡度。
② 在最深部分设汇水区，安装塑胶管吸水。
③ 给水口要安装于水面上。下部给水口仅作为预备使用，这样清扫较方便。
④ 水宜放流，以夏天一天内能更换池内全部水量的一半为宜，水温在25℃左右最理想。
⑤ 养鱼时池深30～60 cm，或有最大鱼长的深度即可。
⑥ 池中养水生植物可增加水池的生动效果，一般可使用盆栽或种植穴方式。

■ 思考与练习

1. 请以西湖为例，谈谈水景在城市中的作用。
2. 简述水景设计的基本形式及设计要点。试在500 m² 的庭院中设计融合四种基本形式的水景。
3. 试深化设计本章图5.82至图5.84的三种驳岸形式。
4. 简述生态护坡的特点，调查并绘制三种优秀的生态护坡设计图。

6 细部设计

本章介绍园林工程中细部设计的定义及在职业实践和设计教学中所起的作用,并针对铺装、花池、坐椅和墙这四种典型的细部设计类型,针对品质、美学、创造力和实施等关键设计要素,分析其实用功能和构图作用,阐述其基本构造和常用材料,并总结其设计要点。读者可从中找到有关园林工程细部设计核心内容的介绍,及设计师所关注的关键要素的介绍。

6.1 导言

6.1.1 细部的概念

在园林设计中,很多不同的场合都会使用"细部"一词,它有许多用法和定义,可以分为如下两组:园林建设中的细部和园林设计中的细部。园林建设中的细部是指在细部尺度上的园林建设操作和园林建材、安装指导材料以及在现场施工中的细部性能与构造等,其中包括一系列在设计单位中经常使用的术语,如"构造细部"、"细部图纸"(详图)、和"现场细部"等。这些定义指的是用文字、图纸表达细部,使人们可以交流和理解,以及对建造实施过程中所需材料、技术和工艺的描述。园林设计中的细部是关于设计概念、主题和形式的,它们出现在设计构思的形成和发展过程中,是园林设计的一部分。园林设计的细部是复杂设计概念的一部分,可以在设计概念的发展过程中形成,也可以是园林设计概念本身。它决定了细部的类型或条件,例如:在绘图比例为1:50以上的图纸中由铺地、花池或坐椅所建立的图形和空间元素,都可称之为"园林设计的细部"。

本章所分析的细部是指以上两种概念的结合,既强调其在设计中的重要性,认为细部设计是一个过程,或者说在细部尺度上的设计过程,是对园林规划设计内容的细化;同时,将其作为施工图册中详图部分加以分析,详细阐述其构造、材料等。本章的主要目的是将设计概念、细部形式和细部构造结合起来研究。

6.1.2 细部的性质

细部具有适宜性、精确性、安全性、耐久性、连续性及文化性等6个方面的特性,这些特性最终将决定园林工程中细部的形式和品质。

1) 细部的适宜性

细部的适宜性是指细部以适宜的形式、图案、色彩、纹理、材料和工艺对应特定的场地、自然及人文条件。

2) 细部的精确性

细部的精确性包括以下三个层次:

(1) 设计概念的表达 细部简单或复合地、清晰地表达总体景观构思的设计概念,并在该项目的整个过程中支持并强化这一概念,每个细部不是成为独立的片段,而是都在支持并解释总体设计概念。

(2) 细部语言的层次 每个单独的细部都是整个基地的细部系统的一部分,促成细部语言在任何不同时间段在同一层次发展。

(3) 安装时的精确性 细部与细部之间以精确的形式交接。

3) 细部的安全性

细部从尺度上说是园林中最容易与人接触的部分,应充分考虑其安全性,包括以下几个方面:

(1) 细部本身的安全性 应通过消除锐角、加固结构、符合人体工程学原理等方式,确保其对游人不造成人身伤害。

(2) 细部的警示功能 在危险地段或在易发生事故的地段,设置用于提醒游人注意的细部如铺装、护栏等,能起到安全防范的作用。

4) 细部的耐久性

细部的耐久性关注的是细部在设定时间内的坚固性、恒定性和持久性,是指细部自身能在这一时间内应对由于外部条件引起的细部材料、结构、机械以及美学的变化。

5) 细部的连续性

细部的连续性包括以下两个层次:

(1) 空间连续性　通过空间中垂直于水平面上的细部把基地不同部分联系起来。

(2) 视觉联系性　通过相似性、重复性将基地不同部分联系起来。

6) 细部的文化性

细部通过与传统建筑、园林等细部产生关联,或者与某些具有文化符号性质的图形结合,对城市的历史文化特点有所反映。

6.1.3 细部的分类

当代的园林细部类型可按照以下类别分组:标准的细部、地方性的细部和特殊的细部。

1) 标准的细部

这类细部不断被采用,经过长期使用受到好评,在功能和美学方面都很成功,并具有一定的普适性,被正规的机构所接受,成为他们满意的细部。比如由中国建筑标准设计研究院出版的《环境景观—室外工程细部构造》中所列举的细部基本都是经过实践检验的标准细部(图6.1)。

图 6.1　砌块砖铺地

2) 地方性的细部

地方性的细部是设计师使用当地的材料和建造方法,参考历史性景观或当地景观明显的地区特征,形成的符合当地气候模式及地方性习惯与价值观的细部。这类细部与基地场所及文脉紧密相连,所运用的设计方法往往具有普适性,因而有一定的参考价值。因此,地方性的细部也可称为"可模仿的细部"。比如,日本的京都迎宾馆庭院内的碎石路,其石料本身来自设计场地内,经过挑选和水洗,再一一研磨整形(图6.2),这一做法加强了园林作品与原有场地的关系。

图 6.2　日本的京都迎宾馆庭院内的碎石路

3) 特殊的细部

特殊的细部是在某个项目或某个场所使用的独特的、特殊的细部。这些细部与标准的细部及地方性的细部的不同点在于灵感的来源和设计师的出发点是与基地场所及文脉无关的美学或文化概念,比如,威尼斯建筑双年展中的中国馆——瓦园(图6.3)。设计师王澍为了展现中国本土建筑师和艺术家对中国城市现状的一种思想态度和工作方式,采用取自旧城拆迁的回收旧瓦,支撑起一片巨大的瓦面,这与场地本身毫无关系。因此,特殊的细部不宜随意在别处套用或模仿。

图 6.3　威尼斯建筑双年展中国馆瓦园

6.1.4 细部设计的内容

本章阐述的细部设计的内容以园林工程中对最后的实施效果有较大影响的铺装、坐椅、墙和花池为主,从三方面展开分析:

首先,分析每一类细部的实用功能和构图作用;

第二,阐述每一类细部的建造材料并列举若干典型的构造样式;

第三,结合前面两点内容,总结其设计要点。

具体内容以体现细部的适宜性、精确性、安全性、耐久性、连续性与文化性等特性以及这些细部与周围其他要素的相互关系为主。至于施工流程、要点及由细部典型构造样式演变出的各种构造形式可参阅其他相关参考资料。

6.2 铺装

地面覆盖材料有铺装、水以及植被层,如草坪、多年生地被植物或低矮灌木等。在所有这些铺地要素中,铺装材料是唯一"硬质"的要素。园林铺装是指在园林绿地中采用天然或人工的材料,如沙石、混凝土、沥青、木材、瓦片、青砖等,按一定的形式或规律铺设于地面形成的地表形式,又称铺地。园林铺装不仅包括路面,还包括广场、庭院、停车场等铺装。

6.2.1 铺装的实用功能

与其他园林设计要素一样,铺装也具有许多实用功能和美学功能,有些功能是单独出现,而大多数的功能则同时出现,其中的许多功能常和其他要素相结合。

1) 提高场地寿命

铺装最明显的使用功能是使地面适应长期的磨蚀,保护地面不直接受到破坏。与草坪、地被或裸露的土地相比,有铺装的地面能经受住长久而大量的践踏磨损。铺装按其承受外来压力和磨蚀的能力,可分为车行铺装和人行铺装。

2) 引导作用

精心推敲的铺装形状和材质变化组合可以起到某种指引作用。当地面被铺成一条带状或某种线型时会指出明确的方向。铺装可以通过以下几种方式发挥这一功能:铺装呈现明显的带状并以草坪或和铺装有明显区别的要素为背景时,可以指示游人行走的方向;铺装呈现某种线型或者铺装上的某种主要材料以某种线型铺设时,会产生一定的方向感(图6.4);铺装上的分割线宽度不一致时,粗的线条具有方向性(图6.5)。另外,当铺装材料发生变化时,容易吸引游人进入。因此,主园路和次园路的铺装材料可以有所区分,这有利于将游人导向相应的景点,园林建筑入口处场地的铺装可以做适当的变化,以吸引游人进入(图6.6)。

图6.4 铺装呈现某种明显的线型

图6.5 粗的线条具有方向性

图6.6 园林建筑入口处铺装

3) 暗示游览速度和节奏

铺装材料和形状还能影响游人行走的速度和节奏(图6.7、6.8)。铺装的路面越宽,运动的速度也就越缓慢。在较宽的路上,游人能随意停留观看景物而不妨碍旁人行走,而当铺装路面较窄时,游人便只能一直向前行走,几乎没有机会停留。路面上如果使用粗糙难行的铺装材料,游人就不会行走得很快;而如果使用较平整易行的材料则可提高游人的通行速度。在线型道路上行走的节奏也能受到地面铺装的影响。行走节奏包括两个部分,一是游人脚步的落处,二是行人步伐的大小,两者都受到各种铺装材料的间隔距离、

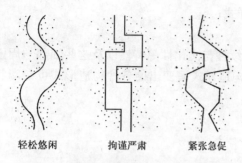

图6.7 不同形状的铺装可控制游览速度

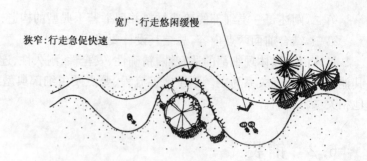

图6.8 铺装形状和景物结合控制游览速度

接缝距离、材料的差异、铺装的宽度等因素的影响。道路上铺装的宽窄变化,也会形成紧张、松弛的节奏,由此而限制游人行走的快慢。另外,改变铺装材料的式样,也能使行人走在铺装上感受到节奏的变化。

4) 提供休息场地

合适的铺装纹理能使铺装产生静止的休息感。当铺装处于适宜的位置,并且以无方向性的形式出现时它会暗示着一种静态停留感(图6.9)。适宜的位置是指道路的尽端或一旁等无交通流线穿越的位置;无方向性的形式是指铺装以"回"字形或正方形等无任何指向性的形式出现。在使用铺装创造休息场所时,应仔细考虑铺装材料、造型和色彩。铺装材料应质感细腻,不反光;造型应简洁大方;色彩以素雅为主,避免过于鲜艳或对比太强烈。

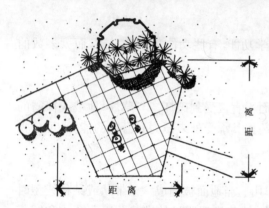

图6.9 无方向性铺装能暗示出一种静态停留感

5) 表示场地的用途

铺装材料以及其在不同空间中的变化,能在室外空间中表示出不同地面的用途。铺装材料的变换能使游人辨认和区别出运动、休息、入座、聚集等场地的功能。如果改变铺装材料的色彩、质地或铺装材料本身的组合,那么各空间的用途或活动的区别也由此而得到明确(图6.10)。实践证明,如果用途有所变化,则不同地面的铺装应在设计上有所变化;如果用途或活动不变,则铺装也应保持原样。铺装表示地面的使用功能,最明显的应用便是在安全提醒方面,比如提醒人注意危险地段、地面高差变化等。

6.2.2 铺装的构图作用

铺装作为园林空间界面中的底界面,在构图方面发挥着重要的作用:影响空间比例、统一作用、基底作用、构成空间个

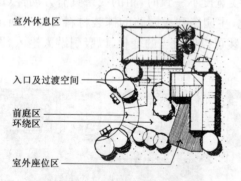

图6.10 铺装能表示出不同的地面用途和功能

性和创造视觉趣味。

1) 影响空间比例

铺装能影响空间的比例及场地上其他物体的尺度感。人所观察的物体与人自身或人熟悉的物体之间的比例关系给人的感受称为尺度感。每一块铺装材料的大小,以及铺砌形状的大小和间距等,都能影响铺装的视觉比例。形体较大、较开展,会使一个空间产生一种宽敞的尺度感(图6.11);而较小、紧缩的形状,则使空间具有压缩感和亲密感(图6.12)。铺装分割线(带)的宽度、分割线(带)之间的铺料的大小会影响场地尺度感和场地中其他各要素的尺度感(图6.13)。比如,铺装的分割线(带)之间的间距过大,而分割线(带)之间的铺料无进一步的细分,就会使场地内的植物、小品设施等显小,从而造成比例失调。一般的,场地面积较小时,铺装应使用大块铺料或加大分割线(带)之间的间距,从而使场地显得较大,削弱其局促感;

如果场地面积大,则相反处理,使场地尺度感趋于亲切和人性化。

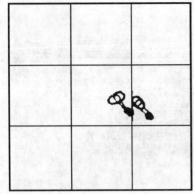
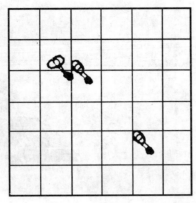

图6.11 铺装图案使人感到尺度大　　图6.12 铺装图案使人感到尺度小　　图6.13 铺装影响空间比例的实例

2) 统一作用

铺装有统一协调各要素的作用,铺装这一作用,是利用其充当与其他设计要素和空间相关联的公共因素来实现的。即使在设计中,其他因素会在尺度和特性上有着很大的差异(图6.14),但在总体布局中,铺装有两种途径发挥统一协调各要素的作用:

(1) 利用铺装线与建筑、小品、植被等其他要素的对位关系,相互之间便连接成整体。比如,铺装线与场地上其他要素在轴线、边界、中心线上有对齐、平行或垂直的位置关系(图6.15)。

(2) 铺装的形状与场地上其他要素的平面形状保持一致性或相似性(图6.16)。

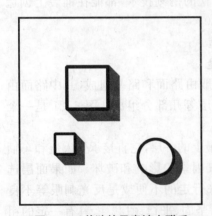
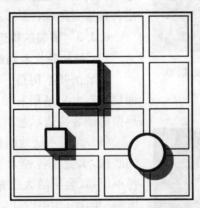
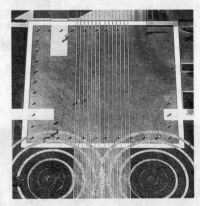

图6.14 单独的元素缺少联系　　图6.15 铺装线统一各因素　　图6.16 铺装与各因素形状相似

3) 背景作用

铺装还可以为其他引人注意的景物作中性背景。在这一作用中,铺装地面被看作是一张空白的桌面或一张白纸,为其他焦点物的布局安置提供基础,铺装也可作为建筑、雕塑这样一些因素的背景。凡充当背景的铺装应满足以下要求:

(1) 色彩上趋于中性色,颜色纯度、明度要低,不鲜艳、不反光,并且尽量减少变化;

(2) 铺装材料的质地与被衬托的景物的质地应存在一定的对比关系(图6.17);

(3) 铺装线与被衬托的景物存在一定的对位关系(图6.18)。

4) 构成空间个性

铺装的材料质地、形状及铺砌图案都能对所处的空间产生重大影响。不同的铺装材料和图案造型,都能形成和增强这样一些性质,如细腻感、粗犷感、宁静感和喧闹感。即便是同一种铺装材料,其不同的加工方式、不同的铺砌方式,也能形成完全不同的视觉效果,比如日本某瓦片铺装,精确地按设计形式铺砌瓦片,空间显得极为细腻;而中国古典园林中的花街铺地同样运用瓦片,却显得古朴自然,与古典园林追求自然美的意境一致(图 6.19)。

图 6.17 铺装以质感、色彩衬托景物

图 6.18 铺装线与景物之间存在着精确的对位关系

图 6.19 瓦片铺成铺装即可形成细腻感,也可形成古朴自然的感受

5) 创造视觉趣味

马赛克、卵石、水刷石、碎瓷片和瓦片等碎料或粒料铺装材料可按设计意图拼成各种具象或者抽象图案,形成某种视觉趣味,例如中国传统园林中的花街铺地。也可以使用现代工艺技术在块料铺装材料上镌刻图案,这种方式使得铺装在表达地方文化特性上,显示出很强的表现力。无论用传统的拼花还是现代的镌刻技术,都能在铺装上创造出各种视觉趣味(图 6.20)。

6.2.3 铺装的构造

1) 铺装的基本构造

铺装的基本构造一般由路面和路基组成,其中路面由面层、结合层、基层和垫层等几部分组成。图 6.21 是一个典型的铺装构造示意图。

图 6.20 铺装设计成棋盘

(1) 面层 是地面最上的一层,它直接承受人流和车辆的磨损,承受着各种大气因素的影响和破坏。如果面层选择不好,就会给游人带来行走的不便或是反光刺眼等不良影响。因此,面层设计要坚固、平稳、耐磨耗、具有一定的粗糙度、少尘;并便于清扫。

(2) 结合层 在采用块料铺筑路面层时,在路面与基层之间,为了粘结和找平而设置的一层,结合层一般选用3~5 cm 厚的粗砂,或 25 号水泥石灰混合灰浆,或 1∶3 石灰砂浆。

(3) 基层 一般在路基之上,起承重作用。一方面支承由面层传下来的荷载,另一方面把荷载传给路基。基层不直接接受车辆和气候因素的作用,对材料的要求比面层低。一般选用坚硬的(砾)石、灰土或各种工业废渣等筑成。

(4) 垫层 在路基排水不良,或有冻胀翻浆的地段上为了排水、隔温、防冻的需要,在基层下用煤渣石、石灰土等筑成。在园林铺地中也可以用加强基层的办法,而不另设此层。

(5) 路基 是地面面层的基础,它不仅为地面铺装提供

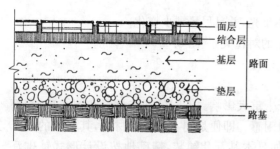

图 6.21 铺装构造的基本示意图

一个平整的基面,承受地面传下来的荷载,也是保证地面强度和稳定性的重要条件之一,对保证铺地的使用寿命具有重大的意义。一般认为,黏土或砂性土,开挖后用蛙式跳夯夯实三遍,如无特殊要求,就可以直接作为地基。对于未压实的下层填土,经过雨季被水浸润后,能以其自身沉陷稳定,当其容重为180 g/cm³时,可以用作地基。在严寒地区,严重的过湿冻胀土或湿软呈橡皮状土,宜采用1∶9或2∶8灰土加固,其厚度一般为15 cm。

(6) 附属工程　包括种植池、明沟和雨水井。种植池是为满足绿化而特地设置的,规格依据相关规范而定,一般为1.5 m×1.5 m。明沟和雨水井是为收集不透水铺装上的雨水而建的构筑物,园林中常以砖块砌成。

2) 铺装构造的类型

铺装的构造按面层材料来分可分为整体铺装、块料铺装和粒料铺装;按基础特性来分可分为刚性铺装和柔性铺装;按透水性来分可分为透水铺装和不透水铺装。

(1) 整体铺装、块料铺装和粒料铺装(图6.22～6.24)　整体铺装是指整体浇注、铺设的铺装,如混凝土、沥青、塑胶地面等;块料铺装是以石材、烧结砖、混凝土预制板等整形板材、块料作为结构面层的铺装;粒料铺装是以碎石、木屑、煤渣等碎料、粒料为结构面层的铺装。块料铺装边缘应设置边条以防止使用时发生水平位移。

图6.22　整体铺装:混凝土

图6.23　块料铺装:天然石板、石块

图6.24　粒料铺装:砾石

(2) 刚性铺装和柔性铺装(图6.25、6.26)　刚性铺装是指基层或面层含有混凝土或钢筋混凝土的铺装。柔性铺装是指铺装构造中不含混凝土或钢筋混凝土,基层为砾石、灰土或煤渣。柔性铺装应以硬质材料收边。

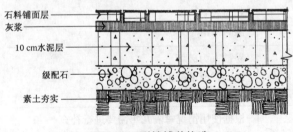
图6.25　刚性铺装构造

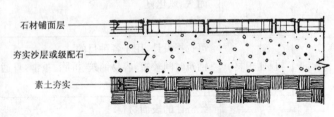
图6.26　柔性铺装构造

(3) 透水铺装和不透水铺装　透水铺装是指铺装面层、基层或面层间隙具有透水的特性,比如透水砖、透水混凝土、透水沥青、植草砖、砾石等。有时在必须使用混凝土基层时,为达到透水目的,采取在混凝土上打孔的方法。不透水铺装是指采用非透水性的砖、混凝土、石材等材料铺设的铺装。不透水铺装一般应设置暗沟或明沟等排水设施。

3) 铺装的材料性能比较

(1) 面层材料　面层材料包括整体铺装、块料铺装及粒料铺装三类,各类铺装材料的性能详见表6.1。

表 6.1 铺装的材料性能对照表

铺装类型		优势	劣势
整体铺装	混凝土	铺筑容易,可有多种表面、质地和颜色 可整年使用,有多种用途 使用期维护成本低,耐久 热量吸收低 表面坚硬,无弹性,可做成曲线形状	需要设置变形缝,有的表面不美观,铺筑不当会分解 难以使颜色一致及持久,浅颜色反射并能引起眩光 有些类型会受防冻盐腐蚀 张力强度相对较低而易碎,弹性低
	沥青	热辐射低且反光弱,可整年使用,有多种用途 耐久,维护成本低 表面不吸尘,弹性随混合比例而变化 表面不吸水,可做成曲线形式,可做成通气性的	边缘如无支撑将易磨损 热天会软化 汽油、煤油和其他石油溶剂可将其溶解 如果水渗透到底层易受冻胀损害
	合成表面	可用于特殊目的的设计(如运动场、跑道) 颜色范围广,比混凝土或水泥弹性大 有时可铺设在旧的混凝土或沥青之上	铺筑或维修可能需要专门培训的劳动力 比沥青或混凝土成本高
块料铺装	烧结砖	有防眩光表面,路面不滑 颜色范围广,尺度适中,容易维修	铺筑成本高,清洁困难; 冰冻天气易发生碎裂; 易受不均衡沉降影响,会风化
	瓷砖	表面光滑 色泽鲜艳	只适用于温暖的气候 铺筑成本高
	花岗岩	坚硬且密实,在极端易风化的天气条件下耐久 能承受重压,能够抛光成坚硬光洁的表面 耐久且易于清洁	坚硬致密,难于切割 有些类型易受化学腐蚀 相对较贵
	石灰岩	操作容易 颜色和质地丰富	易受化学腐蚀(特别是在湿润气候和城市环境下)
	砂岩	操作容易 耐久	易受化学腐蚀(特别是在湿润气候和城市环境下)
	片岩	耐久,风化慢 颜色丰富	相对较贵 湿时易滑
	模压板材	可选择设计,用于各种目的 铺筑时间较短,容易铺筑、拆除、重铺,且通常不需要专业化的劳动力	易被人为破坏 比沥青或混凝土成本高
粒料铺装	砾石、矿渣	经济性的表面材料 透水性强	根据使用情况每隔几年需要进行补充 可能会有杂草生长,需要加边条 不适宜老人、女性(高跟鞋)行走
	卵石	质感好 可拼成各种图案	铺筑时间长 缺点是表面不平整有让人崴脚的危险

(2) 结合层材料 白灰干砂施工时操作简单,遇水后会自动凝结,由于白灰体积膨胀,密实性好。净干砂施工简便,造价低,但如果经常遇水会使砂子流失,造成结合层不平整。混合砂浆由水泥、白灰、砂组成,整体性好,强度高,粘结力强,适用于铺筑块料路面,但造价较高。

(3) 基层材料 基层的选择应视路基土壤的情况、气候特点及路面荷载的大小而定,并应尽量利用当地材料。在冰冻不严重、基土坚实、排水良好的地区,在铺筑游步道时,只要把路基稍微平整,就可以铺砖修路。灰土基层是由一定比例的白灰和土拌合后压实而成,使用较广,具有一定的强度和稳定性,易透水,后期强度接近刚性物质,在一般情况下使用一步灰土布厚度为 30 cm 的灰土,踩实到 15 cm 左右,在夯实到 10 cm 多的厚度,在交通量较大或地下水位较高的地区,可采用压实后厚度为 20~25 cm 或二步灰土(在一步灰土上加土重复一步灰土的施工过程)。在季节性冰冻地区,地下水位较高时,为了防止发生道路翻浆,基层应选用隔温性较好的材料。据研究认为,砂石的含水量少,导温率大,故该结构的冰冻深度大,如用砂石做基层,需要做得较厚,不经济;石灰土的冰冻深度与土壤相同,石灰土结构的冻胀量仅次于亚黏土,说明密度不足的石灰土(压实密度小于 85%)不能防止冻胀,压实密度较大时可以防冻;煤渣石灰土或矿渣石灰土作基层,用 7:1:2 的煤渣、石灰、土混合料,隔温性较好,冰冻深度最小,在地下水位较高时,能有效地防止冻胀。

6.2.4 铺装的设计要点

1) 对位关系

铺装与场地上的建筑物、小品在轴线、边界、中心线上有对齐、平行或垂直的位置关系,使铺装能有效地发挥统一各个要素的作用(图 6.27~6.29)。植物配置形式与铺装形式存在对应关系,铺装划分方式与建筑、小品立面划分方式应存在一定的相似性。

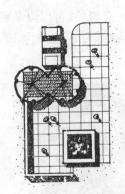
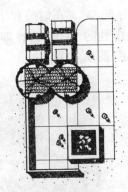
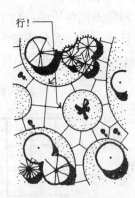

图 6.27　铺装的分割线与周围其他要素对齐　　　　图 6.28　铺装的分割线与周围其他要素垂直

图 6.29　铺装与其他要素的对位关系实例

2) 视觉调整

铺装分隔单元的尺度关系根据周围要素如建筑物、小品、植物的尺度确定。图纸上的内容在现实中会受到透视及视错觉的影响。一个正方形场地上的砖的长边均朝一个方向铺设,如果顺着砖的长边观看,会感觉空间纵深感加强,反之则突出了空间的宽度(图 6.30)。因此,狭长的场地,铺装的铺设线形应与场地长边的方向垂直,以此调整空间纵深感(图 6.31)。另外,当场地呈线性时,图 6.32 所示铺法对铺砌工艺要求很高,如人行道,要使顺着人行道的砖缝保持笔直或整齐是较为困难的,因为砖的长边是连续排列的,人眼很容易识别(图 6.32);而图 6.31 所示铺法则较适用,与人行道方向平行的砖缝是打断的,即使有误差也不易觉察,与人行道方向垂直的砖缝虽然连续,但长度较短,容易铺砌,并且这一方向的直线的平直度,人眼不易觉察。

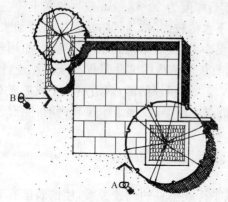
图6.30 砖铺筑成铺地图案

图6.31 从A点看强调空间宽度

图6.32 从B点看强调空间深度

3) 材料组合

两种不同性质的材料中间应以某种中性材料分隔(图6.33)。在铺装和小品的交界处,可以以某种中性材料收边。作为分隔带的材料在质地、色彩、形状上是中性的、自然的,比如近年来常用的规格为10 cm×10 cm的灰色花岗岩小料石或者卵石就很适宜做分隔带(图6.34)。

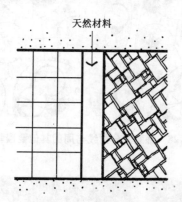
图6.33 以天然材料隔开两种不同的材料

图6.34 以卵石作分隔带材料

4) 安全问题

首先,室外场地铺装应注意防滑,主要从铺装面层工艺及防止青苔两方面入手。室外场地铺装不适于大面积使用光滑材质,比如面层抛光的石材。如使用石材铺装,按铺装的使用功能和使用频率可分别采用火烧面、荔枝面、斧凿面、拉丝面等表面处理工艺。光滑材质可运用于花池、树池等收边的位置,铺设宽度不应超过30 cm。第二,在危险及容易发生事故的地段,铺装应予以提示。比如,台阶向下的第一级踏步应用铺装的质感或颜色予以提示,尤其是在台阶的级数较少,踢面高度较低的情况下。不设护栏的滨水场地临水处应以铺装的形式给予人提示。

6.3 墙

广义地讲,园林中的墙应包括园林内所有能够起阻挡作用的、以砖石、混凝土等实体性材料修筑的竖向工程构筑物,可分为边界围墙、景观墙和挡土墙等。在园林中作为园界,起防护功能,同时美化街景的墙体为边界围墙;在园林中为截留视线,丰富园林景观层次,或者作为背景,以便突出景物时所设置的墙称为景观墙;由自然土体形成的陡坡超过所容许的极限坡度时,土体的稳定性就遭到了破坏,从而产生了滑坡和塌方,如若在土坡外侧修建人工的墙体便可维持稳定,这种在斜坡或一堆土方的底部起抵挡泥土崩散作用的工程结构体,称为挡土墙;在园林水体边缘与陆地交界处,为稳定岩壁、保护河岸不被冲刷或水淹所设置的与挡土墙类似的构筑物称为驳岸,或叫"浸水挡土墙"。

6.3.1 墙的实用功能与构图作用

1) 边界围墙

（1）界定用地边界　边界围墙使区域范围界限分明,并为其所封闭的空间提供安全感。边界围墙在边界确立长久的界限,加强了各自财产的位置范围,同时用来保护财产不受破坏,并抵制那些不受欢迎的行为和活动。

（2）美化城市环境　除了一些特殊单位,边界围墙一般要求将单位内部绿地的景色渗透出来,美化城市视觉环境,增加城市景观的层次;同时,边界围墙本身应设计得具有一定的吸引力,与植物、地形等要素结合,形成生动的街景立面。

（3）突出单位特色　边界围墙可通过一定的设计手法,运用某种与单位特征有关联的符号或图形突出单位的特色。

当前,我国的公园逐步实现开放式管理,边界围墙在新建的公园中逐步失去作用,但对于单位、机关边界围墙仍是划定边界、保护财产、美化街景和突出单位特色必不可少的要素。

2) 景观墙

（1）构成空间　景观墙在构成空间方面的作用主要体现在制约空间和分隔空间两方面。景观墙体可以在垂直面上制约和封闭空间,而它们对空间的制约和封闭程度,取决于它们的间距、高度和材料,也就是说,墙体越坚实、越高,则空间封闭感越强烈。当墙体与观赏者之间的高度与视距为1∶1时,墙体便能形成完全封闭;而低矮墙体或矮灌木只是暗示空间,而无实体来封闭空间范围。墙体能将相邻的空间彼此隔离开;有时候,在设计的功能分配布局上需要将不相同甚至不协调的空间布置在一起,此时,墙体像建筑的内墙一样,使这些不同用途的空间在彼此不干扰的情况下并存在一起(图6.35)。

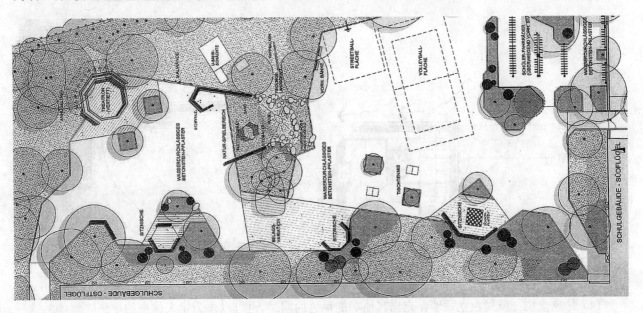

图 6.35　景墙用于分隔不同功能的空间

（2）屏障视线　具体可分为挡景、漏景和框景三种情况。墙体是可用于遮挡影响美观或景区画面完整性的物体,有时也故意屏障视线,以避免景物一览无余,造成景区层次单一(图6.36)。有些情况中,视线仅需部分被屏障,景物并非不悦,而是需要用部分遮挡来逗引观赏者,诱惑他(她)向景物走去,以窥其全貌,这种方式称为漏景。漏墙墙面虚实变化丰富,加上大小、明暗的相互作用,趣味无穷(图6.37)。此外,由于墙体透空,就不会显得笨重厚实。如对形成漏景的框予以美化处理,便形成框景(图6.38)。

图 6.36 挡景

图 6.37 漏景

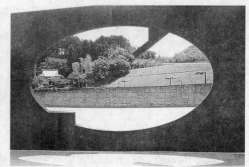
图 6.38 框景

（3）调节气候　景观墙可以在一定程度上削弱阳光和风所带来的影响。无论是自身也好，还是与植物相配合，都可以阻挡阳光照射在建筑物的外墙上，减低建筑物室内的温度；还可以一定的布局形式引导、改变风向（图 6.39、6.40）。

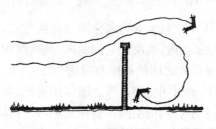
实墙会在背风面形成涡流风

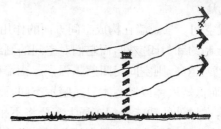
向上倾斜的通风口使风流向从空间上通过

图 6.39 景墙的构造引导风向

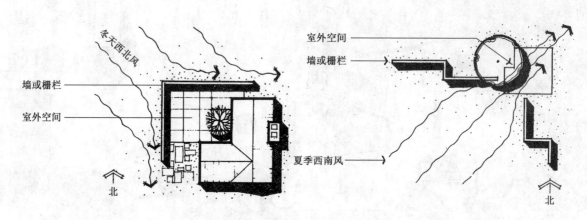

图 6.40 景墙的平面布局引导风向

（4）休息坐椅　低矮独立式墙在充当其他功能角色的同时，也可以作为供人休息的坐椅。墙体的这种作用在使用频繁的城市空间或其他外部空间中，具有广泛的实用性。在这些地方，既要适应大量游人就坐的需要，又不宜让许多的长凳堆砌在环境之中，而低矮墙体正好能解决这个矛盾。为了能使人舒适就座，墙体高度必须和标准座椅相关尺寸相符，宽度不小于 300 mm，细节可详见"6.4 坐椅"中的有关内容。

（5）充当背景　景墙以单纯的形式充当其他具有视觉焦点效果的景物的背景。比如苏州园林中的白墙，大多充当这种角色。以白色衬托植物、假山的景物，所谓"白墙为纸，以石为绘"（图 6.41）。廊往往依附白墙而建，以实衬虚，衬托廊的通透、精巧。有时也将墙体立面顶部设计成曲线状，配合景物形成丰富的立面形式。

(6) 视觉媒介　类似于铺装统一功能,将零散的景物通过景墙联系成整体(图6.42)。

(7) 文化表达　在景墙上雕刻带有文化符号特征的图形,表达地方文化(图6.43)。

图6.41　苏州博物馆中白墙衬托景石

图6.42　墙作为构图的主要手段

图6.43　墙与文化符号结合

3) 挡土墙

挡土墙是防止土坡坍塌、承受侧向压力的构筑物,它在园林建筑工程中被广泛地用于房屋地基、堤岸、码头、河池岸壁、路堑边坡、桥梁台座、水榭、假山、地道、地下室等工程中。在山区、丘陵地区的园林中,挡土墙常常是非常重要的地上构筑物,起着十分重要的作用。挡土墙的具体作用可归结如下:

(1) 固土护坡　阻挡土层塌落　挡土墙的主要功能是在较高地面与较低地面之间充当泥土阻挡物,以防止陡坡坍塌(图6.44)。当由厚土构成的斜坡坡度超过所允许的极限坡度时,土体的平衡即遭到破坏,发生滑坡与坍塌。

(2) 节省占地,扩大用地面积　在一些面积较小的园林局部,当自然地形为斜坡地时,要将其改造成平坦地,以便修筑房屋。可利用挡土墙将斜坡地改造为两级或多级台地,以便获得更大的使用面积(图6.45)。

(3) 削弱台地高差　当上下台地地块之间高差过大,下层台地空间受到强烈压抑时,地块之间挡土墙的设计可以化整为零,分作几层台阶形的挡土墙,以缓和台地之间高度变化太强烈的矛盾(图6.46)。

图6.44　挡土墙固土护坡

图6.45　挡土墙扩大用地面积

图6.46　挡土墙削弱台地高差

(4) 制约空间和空间边界　当挡土墙采用两方甚至三方围合的状态布置时,就可以在所围合之处形成一个半封闭的独立空间。有时,这种半闭合的空间很有用处,能够为园林造景提供具有一定环绕性的良好的外在环境。

(5) 造景作用　由于挡土墙是园林空间的一种竖向界面,在这种界面上进行一些造型造景和艺术装饰,就可以使园林的立面景观更加丰富多彩,进一步增强园林空间的艺术效果(图6.47)。

挡土墙的作用是多方面的。除了上述几种主要功能外,它还可作为园林绿化的一种载体,增加园林绿色空间或作为

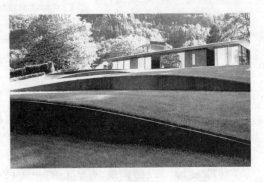
图6.47　挡土墙增强园林空间的艺术效果

休息之用。

6.3.2 墙的构造和材料

1) 边界围墙

现在的城市建设一般要求场地的围墙为通透式,将场地内的绿化景观透出来,丰富城市景观,因此,当前的边界围墙的构造通常是砖砌体结合金属围栏的形式(如图 6.48),一般是连续式的墙体。墙体基础部分一般采用砖砌体,露出地面大约墙高的1/3的高度,再辅以贴面或饰面。常用的贴面材料为文化石(通常为板岩)、蘑菇石(花岗石)及各种面砖。常用的饰面为水刷石、斩假石、真石漆等。砖砌体以上一般以方管、扁铁、钢筋、打孔钢板、钢板网、钢丝网及各种金属型材为材料,设计成各种围栏。如围墙长度较长,为增强其稳定性和调节视觉平衡,每隔一定距离安置一立柱,有时为增强景观效果,立柱上往往会做些雕饰或将立柱设计成灯柱的形式,以产生一定的韵律感或表达场地本身的特点。边界围墙构造应注意以下几点:

(1) 如遇地形高差变化大,可采用单元重复和跌级式相结合的方式消除落差;
(2) 墙体金属围栏部分应尽量避免被人攀爬的可能性;
(3) 应做好排水处理,可每隔一定距离在砖砌体与地面交界处留排水口;
(4) 所有露明铁件如刷普通漆则应先刷防锈漆两度,如刷氟碳漆,可免去刷防锈漆的工序。

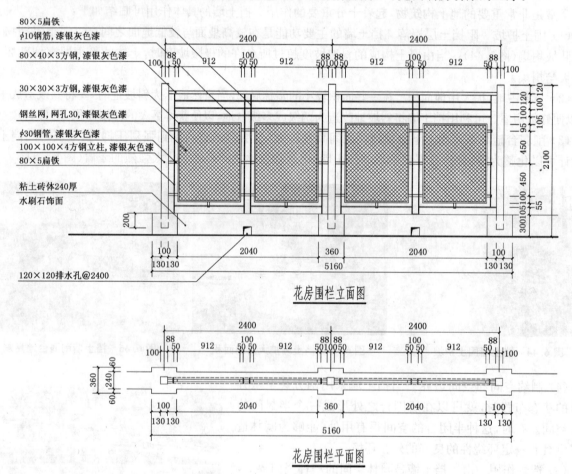

图 6.48 边界围墙构造举例

2) 景观墙

(1) 砖墙 以砖砌筑,有实心的一砖(240 mm 厚)、半砖(120 mm 厚)、空斗墙三种,主要通过变化压顶、墙上花窗、粉刷、线脚以及平面立体构成组合来进行造型设计。目前较多的是在混凝土压顶下安置砖砌图案、雕饰或混凝土预制花格,与作为下段的实心砖墙勒脚来组成。如此压顶、墙身和墙基,俗称"三段式",应用广泛(图 6.49)。

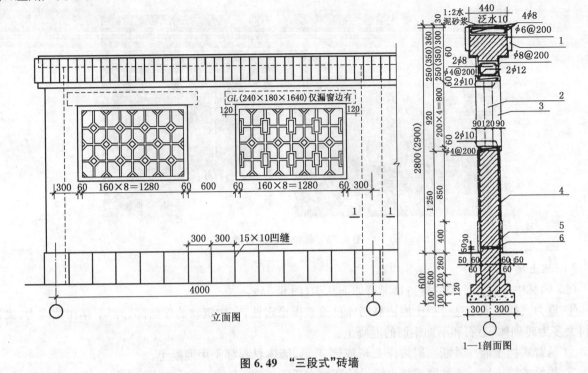

图 6.49 "三段式"砖墙

(2)混凝土墙 以钢筋混凝土浇筑而成的景墙,坚固耐用,通常辅以贴面,如花岗岩、砂岩、板岩、砖贴面等。

(3)石墙 采用石块或预制混凝土块直接砌筑(图 6.50),其构造类似于重力式挡土墙。

(4)木栅景墙 以木板、木柱构成横向或竖向排列的墙体(图 6.51),一般需要进行表面的防腐处理。

 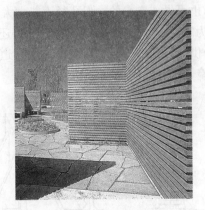

图 6.50 混凝土预制块砌筑　　图 6.51 木栅景墙

(5)生态绿色墙 构造与边界围墙同,上部为透空栏杆露明,下部为砖砌体,植物与墙结合,有垂直攀援型、篱垣悬挂型、缠绕蔓生型和艺术绿墙型等多种形式(图 6.52)。

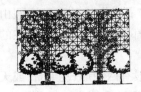   

图 6.52 各种形式的生态绿墙

（6）特殊的墙　利用某些特殊材料建造的墙体，比如不锈钢或利用工业零件废品制作的，具有现代艺术风格的墙体(图6.53)。

图6.53　特殊构造的景墙

3) 挡土墙

(1) 园林中一般挡土墙的构造情况有如下几类(图6.54)：

① 重力式挡土墙　这类挡土墙依靠墙体自重取得稳定性，在构筑物的任何部分都不存在拉应力，砌筑材料大多为砖砌体、毛石和不加钢筋的混凝土。

② 悬臂式挡土墙　其断面通常作L形或倒T形，墙体材料都是用混凝土。

③ 扶垛式挡土墙　当悬臂式挡土墙设计高度大于6 m时，在墙后加设扶垛，连起墙体和墙下底板，扶垛间距为1/2～2/3墙高，但不小于2.5 m。

④ 桩板式挡土墙　预制钢筋混凝土桩，排成一行插入地面，桩后再横向插下钢筋混凝土栏板，栏板相互之间以企口相连接，这就构成了桩板式挡土墙。

⑤ 砌块式挡土墙　按设计的形状和规格预制混凝土砌块，然后用砌块按一定花式做成挡土墙。砌块一般是实心的，也可做成空心的。但孔径不能太大，否则挡土墙的挡土作用就降低了。这种挡土墙的高度在1.5 m以下为宜。用空心砌块砌筑的挡土墙，还可以在砌块空穴里充填树胶、营养土，并播种花卉或草籽，以保证水分供应；待花草长出后，就可形成一道生趣盎然的绿墙或花卉墙。这种与花草种植结合一体的砌块式挡土墙，被称做"生态墙"。

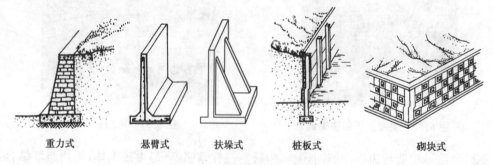

重力式　悬臂式　扶垛式　桩板式　砌块式

图6.54　各类挡土墙的示意图

(2) 园林挡土墙的材料　在古代有用麻袋、竹筐取土，或者用铁丝笼装卵石成"石龙"，堆叠成庭园假山的陡坡，以取代挡土墙，也有用连排木桩插板做挡土墙的，这些土、铁丝、竹木材料都用不太久，所以现在的挡土墙常用石块、砖、混凝土、钢筋混凝土等硬质材料构成。

① 石块　不同大小、形状和区域特色的石块，都可以用于建造挡土墙。石块一般有两种形式：毛石(或天然石块)、加工石。无论是毛石或加工石用来建造挡土墙都可使用下列两种方法：浆砌法和干砌法。浆砌法，

就是将各石块用粘结材料粘合在一起。干砌法是不用任何粘结材料来修筑挡土墙,此种方法是将各个石块巧妙地镶嵌成一道稳定的砌体,则由于重力作用,每块石头相互咬合十分牢固,增加了墙体的稳定性。

② 砖　也是挡土墙的建造材料,它比起石块,能形成平滑、光亮的表面。砖砌挡土墙需用浆砌法。

③ 混凝土和钢筋混凝土　既可现场浇筑,又可预制。现场浇筑具有灵活性和可塑性;预制水泥件则有不同大小、形状、色彩和结构标准。从形状或平面布局而言,预制水泥件没有现浇的那种灵活和可塑之特性。

④ 木材　粗壮木材也可以做挡土墙,但须进行加压和防腐处理。用木材做挡土墙,其目的是使墙的立面不要有耀眼和突出的效果,特别能与木建筑产生统一感。其缺点是没有其他材料经久耐用,而且还需要定期维护,以防止其受风化和潮湿的侵蚀。木质墙面最易受损害的部位是与土地接触的部分,因此,这一部分应安置在排水良好、干燥的地方,尽量保持干燥。木质挡土墙在实际工程中应用较少。

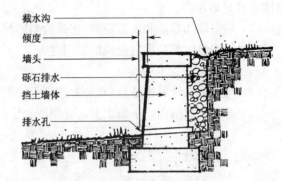

图 6.55　挡土墙的细部构造

(3) 挡土墙的剖面细部构造(以重力式挡土墙为例)。

① 挡土墙的剖面细部构造如图 6.55 所示。

② 重力式挡土墙常见的横断面形式有以下 3 种(图 6.56)。直立式:直立式挡土墙是指墙面基本与水平面垂直,但也允许有约 10∶0.2～10∶1 的倾斜度的挡土墙。倾斜式:倾斜式挡土墙常指墙背向土体倾斜,倾斜坡度在 20°左右的挡土墙。台阶式:对于更高的挡土墙,为了适应不同土层深度的土压力和利用土的垂直压力增加稳定性,可将墙背做成台阶形。

图 6.56　重力式挡土墙的 3 种横断面形式

③ 挡土墙排水处理。挡土墙后土坡的排水处理对于维持挡土墙的安全意义重大,因此,应给予充分重视。常用的排水处理方式有:一、地面封闭处理,即在土壤渗透性较强而又无特殊使用要求时,可作 20～30 cm 厚夯实黏土层或种植草皮封闭,还可采用胶泥、混凝土或浆砌毛石封闭;二、设地面截水明沟,即在地面设置一道或数道平行于挡土墙的明沟,利用明沟纵坡将降水和上坡地面径流排除,减少墙后地面渗水,必要时还要设纵、横向盲沟,力求尽快排除地面水和地下水(图 6.57、6.58);三、内外结合处理,即在墙体之后的填土之中,用乱毛石做排水盲沟,盲沟宽不小于 50 cm。经盲沟截下的地下水,再经墙身的泄水孔排出墙外。

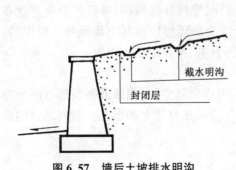

图 6.57　墙后土坡排水明沟

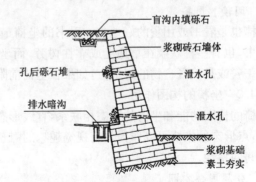

图 6.58　墙背排水盲沟和暗沟

6.3.3　墙的设计要点

1) 边界围墙

(1) 透绿借景　尽量采取通透的形式,彰显庭院的美景,美化沿途街景。

(2) 设计恰当的形式单元　这是边界围墙设计的关键,合适的形式单元不仅可以形成优美的韵律感,使横向的构图获得合理的划分,并能使围墙灵活地适应地形的高差变化。

(3) 与所围合的场地的特点相符。

2) 景观墙

(1) 明确墙体的功能,选取合适形态:连续型还是独立型。

(2) 协调与建筑、场地等园林要素的空间关系,尽可能与花池、水池等小品相结合,室外空间中孤立的墙体容易显得单薄。

(3) 依据墙体功能和观赏距离,选择恰当的材质以表现应有的质感。

(4) 协调墙体的高度与视线的封闭性。

3) 挡土墙

(1) 与地形设计紧密结合,充分发挥挡土墙的功能,避免设置无实际意义的挡土墙。

(2) 参与景观构图。平面上参与分割围合空间;立面上可与雕刻相结合。

6.4　坐椅

园林中的坐椅属于休息性小品设施,在恰当的位置设置形式优美的坐椅,具有舒适宜人的效果。丛林中、草地上、大树下,几张坐椅往往能将无组织的自然空间变为有意境的风景。

6.4.1　铺装的实用功能

1) 休息

园林中的建筑虽然也提供休息场所,但现代园林主要以植被为主,建筑的分布点有限,为了使游人在游赏、活动的过程中能获得短暂的休息以补充体力,坐椅的设置是必不可少的。

2) 交谈

坐椅除了供游人休息、等候外,也是三两好友交谈的好地方。任何场所只要有坐椅就可以坐下来谈天,但是经过特别设计的坐椅更有助于人们交谈。直线排列的坐椅,人们在交谈时总是很别扭地转向对方,而群体组合安排的坐椅,能使人便于面对面交谈。此外,在僻静之处,人们之间的交谈会更轻松自如。

3) 观赏

在恰当的观景点,面向观赏面设置坐椅,按照设计师的预期引导人们的观赏活动,确保游人能在舒适的环境下观赏到最佳的景致。有时,靠近主要的活动场所处也可以设置坐椅,因为对某些游人来说,观看别人的活动是他们最感兴趣的事之一。

4) 阅读、用餐

坐椅也是看书或用餐的好地方。看书的坐椅最适合于校园等教育机构,因为有些学生喜欢在室外坐椅上看书,也有些喜欢躺在草地上或靠在树旁,而坐椅的干净表面还可以放些书籍纸张。同样的,坐椅也是享用午餐或是快餐食物的好地方,如果在坐椅前附设桌子,看书、用餐则更加便利。

6.4.2　坐椅的构图作用

坐椅的构图功能和坐椅的形态相联系,直线形态的坐椅可以分隔空间,曲线或折线形态的坐椅可以围合空间,点形态的坐椅可以作为具有视觉趣味的雕塑存在,与空间在材质上和形态上紧密结合的坐椅可以强化空间的特性。

1) 分隔围合空间

利用坐椅排列成行,可分隔出不同功能的空间,比如滨河步道上以坐椅为隔断分割出通行空间和休憩观赏空间(图 6.59)。利用坐椅向心排列围合安定的休息空间(图 6.60)。坐椅分隔围合空间的功能常和绿篱、墙体等结合,以弥补椅背高度的不足。有时,在特殊的场合,如椅背后必须留出通行空间的情况下,为增强坐椅在使用者心理上形成的领域感,而将椅背高度增加至夸张的尺度(图 6.61)。

图6.59 坐椅用以分隔不同功能的空间

图6.60 坐椅用以围合空间

图6.61 加高椅背的坐椅

2) 强化空间特性

将坐椅和道路的线形、场地的边界结合起来,或者坐椅的构成形式与其他硬质要素如建筑、场地在尺度、色彩和材质保持一致时,可起到强化空间特性的作用。比如,图6.62中形状与道路吻合的红色坐椅强化滨河绿带线性空间的特征并优化了景观效果。再如图6.63中的坐椅以扁钢为材料,并与铺地的构成形式保持统一,强化了具有现代艺术气氛的空间特征。

3) 创造视觉趣味

坐椅打破常规的形态,与雕塑小品结合,创造某种视觉趣味。比如,在坐椅上放置就坐姿态的人物雕塑,吸引人就坐或拍照留念,形成游人与设施之间的对话。或者,坐椅本身设计成有趣的雕塑小品,但在概念上仍保留坐椅的形态(图6.64~6.66)。

图6.62 坐椅与道路边界形态一致

图6.63 坐椅与铺装形式统一

图6.64 与抽象雕塑结合

图6.65 与传统根雕艺术结合

图6.66 与抽象艺术结合

6.4.3 坐椅的构造

园林中的坐椅可分为标准坐椅、种植池坐椅、台阶坐椅、坐墙和其他等五种类型,其中以标准坐椅的构造为标准,其余各类坐椅在尺寸、材质等方面以之为参考。

1) 标准坐椅

坐椅的标准形态,包含靠背、坐面、椅腿等部分,有时靠背可取消。标准坐椅一般可分为成品坐椅与定制坐椅两类。随着我国园林绿地建设事业的发展,工厂生产的户外成品坐椅不仅种类繁多,符合人体工程学原理(图6.67),而且形态美观,设计师有很大的选择余地。但有时为了使坐椅与场地在形式上达到统一的效果,也会采用以设计图纸为依据定制坐椅的方法(图6.68),但这种设计方式造价较高。在设计定制坐椅时应注意正确的尺寸,这样才能使坐椅舒适实用。对于成人来说,坐位应高于地面37~43 cm,宽度为40~45 cm之间。如果加靠背,那么靠背应高于坐面38 cm。而且坐面与靠背应形成微倾的曲线,与人体相吻合。带扶手的坐椅，扶手应高于坐面15～23 cm。坐面下应留有足够的空间以便收腿和脚。这样，坐椅的腿或支撑结构应比坐椅前部边缘凹进去至少7.5～15 cm。另外，如果坐椅下不设置铺装场地，那么在坐椅下面就应铺设硬质材料或砾石，防止该区因长期雨淋和践踏出现坑穴。

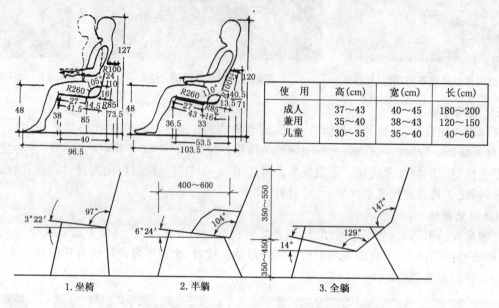

图6.67 标准坐椅的基本尺寸与要素

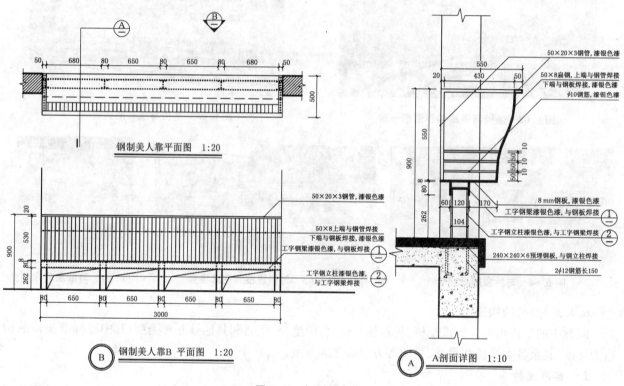

图6.68 钢制美人靠

2）种植池坐椅

将种植池与坐椅结合，在某些情况下是一举多得的方法，既保护了植物，又形成了坐椅，还借用了树荫。种植池坐椅分为花池坐椅和树池围椅两种形式。花池坐椅将花池池壁的高度和压顶的宽度设计得符合就坐要求（图6.69）。树池围椅是以形态连续或独立的坐椅围合树池的一种坐椅形式，树池中一般是冠大荫浓的大乔木，既利用树荫形成覆盖空间，又很好地保护了植物（图6.70）。

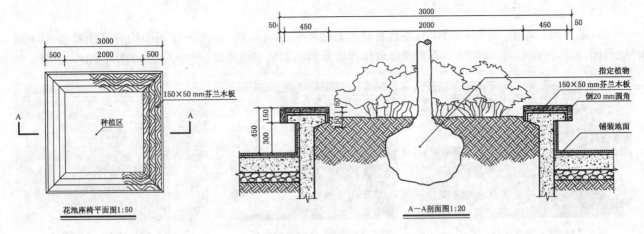

图 6.69 花池坐椅

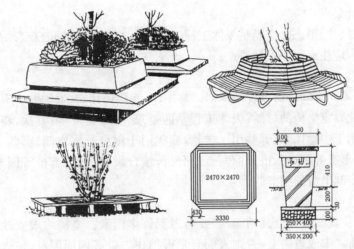

图 6.70 树池围椅

3) 台阶坐椅

现代园林中常设计观演舞台以满足人们开展文化娱乐活动的需要。围绕表演舞台，利用地形高差设计台阶式的看台，台阶高度常为 30 cm，并辅以木质铺面，形成台阶坐椅(图 6.71)，有时还利用滑槽等构造设计成可移动的坐面。现代滨水景观常设置临水观景平台，有时也设置台阶坐椅。

4) 坐墙

在多边形场地边界的某一角，形成"L"型或者圆形场地形成半包围的墙体，将其高度限定在 30～40 cm，辅以坐面，形成既分割空间又可供休息的坐墙。这种景观墙的构造通常包括砌体、基础和椅面三个部分(图 6.72)。

图 6.71 台阶坐椅

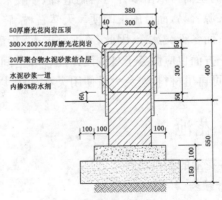

图 6.72 坐墙

5）其他

草地、置石、雕塑、挡土墙、驳岸只要具有被想象成坐椅的可能性,在实际使用中均有可能被游人自发地利用,某些情况下,设计师可以有意识地将这些要素的形态暗示成坐椅,吸引人就坐(图6.73～6.75)。

图6.73 游人坐在起伏的草皮上

图6.74 游人坐在艺术小品上

图6.75 游人坐在堤坝上

6.4.4 坐椅的设计要点

坐椅的设计除了在尺寸、形态上应满足人体工程学原理及户外使用的特殊要求外,还应结合坐椅在园林中的使用和构图功能,应注意以下设计要点。

1）统筹规划

坐椅的设置应根据不同空间的需求统一规划。首先,应明确使用者的构成,尤其是特殊人群(老人、儿童、病人等)的比例,以此确定坐椅的材质、人体工程学的要求、分布密度等;其次,将全园的坐椅按不同功能分类设计,明确哪些用于中途休憩,哪些用于赏景,哪些用于围合分隔空间,哪些用于点景等等,以此为依据确定坐椅的类型和形态等;第三,根据前两点的分析,结合设计理念、造价等因素,确定成品坐椅和定制坐椅的比例,并确定定制坐椅的细节。

2）位置和朝向

坐椅的设计与安放位置必须配合其功能,需要考虑到许多因素。坐椅一般安放在活动场所和道路的旁边,不能直接放于场所之中或道路上,否则人们会觉得挡住去处或四周混乱,使人坐立不安。最好是在角落或活动场所边沿。如果坐椅背靠墙或树木,最令人觉得安稳,踏实。另一个理想的场所是在树荫下或荫棚下,树冠的高度限制了空间高度,同时提供阴凉。设置在比较空旷的场地上的坐椅,则为户外就坐的人们提供另一种选择:有人喜欢绿荫,有的喜爱阳光。而在一年之中,有些日子能享受阳光是很舒适的。

高纬度地区的晚秋、寒冬及早春之际,没有多少人愿意在阴冷的室外就坐。炎热地区的夏季也同样。对于一年中的这些气候因素应该多加考虑。如秋冬之际,建筑物南边的坐椅可以接受温暖的阳光比较受欢迎;此外,应该注意不使坐椅受到冬天寒冷的西北风的侵袭。在冬春季节,坐椅不应设置于建筑物北面或处于冬季寒风吹袭的位置。

3）材料的选择

园林中的坐椅可以由多种材料制造,但一般来说坐面用木质材料比较合适(图6.71)。木质较为暖和、轻便,材料来源容易,而且施工简便。天然石材、砖、金属以及水泥也用于坐面材料,但夏天经阳光暴晒后,坐面会发烫,而冬天又冰冷,因此,不适宜老人、儿童及妇女就坐。使用何种材料一方面应充分考虑使用者的特征,另一方面也应服务于具体设计内容和空间特性,再者因园林中坐椅的用量较大,应尽量考虑使用合成材料或可再生材料,避免大量使用天然石材,以符合建设"节约型"园林的要求。

6.5 花池

6.5.1 花池的实用功能

1）栽种植物

花池最主要的功能是提供栽种植物的容器、提高种植面积,保护花木免遭行人踩踏及满足植物生长所必须的条件(图 6.76)。

2) 提供休息设施

某些空间中不适宜放置坐椅时,可将花池砌体的高度和上表面的宽度设计成符合游人就坐的要求,作为休息设施,其形态可以与坐椅相似(详见坐椅一节中的花池坐椅),也可以仅仅具有被想象成坐椅的形态(图 6.77)。

图 6.76 栽种植物

图 6.77 提供休息设施

6.5.2 花池的构图作用

1) 围合分隔空间

利用形态连续的种植池或多个独立的花池分隔空间,形成不同的功能区域(图 6.78、6.79)。以花池分隔、围合空间的优点在于保持了空间的通透性,又可形成相对稳定的空间;由于以植物为主,比用墙体或构筑物形成的空间边界更为自然。

图 6.78 连续花坛分隔空间

图 6.79 独立花坛分隔空间

2) 增加竖向变化

在某些缺少竖向变化的空间中,通过设置跌级式花坛或处理花坛边缘和种植土的形态,增加场地的竖向变化和细节(图 6.80)。

3) 形成视觉焦点

位于建筑物的中轴线、道路交叉点、场地中心的花池可形成视觉焦点,在具有向心形态特征的空间中其视觉焦点的效果尤为突出(图 6.81)。

图 6.80 增加竖向变化

图 6.81 形成视觉焦点

4) 构成空间序列

利用花池边缘的平面形状有规律的变化,或者花坛的有序排列可形成轴线、韵律、方向等空间序列(图6.82)。

图 6.82 构成空间序列

6.5.3 花池的构造和材料

1) 固定式花池

一般有方形、圆形、正多边形,需要时还可拼合。固定式花池有普通花池和水中花池,普通花池通常为砌筑式,水中花池的构造由于防水和排水的需求相对比较复杂。

(1) 砌筑式花池　通常包含压顶、砌体和基础,块石砌筑可取消压顶。压顶为花岗岩石板或现浇钢筋混凝土板,以防止雨水渗入破坏砖砌体。砌体通常将块石或砖以标号为 M5 的水泥砂浆砌筑,砌体与地面接触部分留出排水孔,砖砌体内壁与排水孔上方要做防潮层,可采用掺入防水粉的水泥砂浆为材料。基础部分为避免砌体出现不均匀沉降而设置大放脚。

① 毛石花池(图 6.83)
② 清水砖砌花池(图 6.84)
③ 饰面花池(图 6.85、6.86)

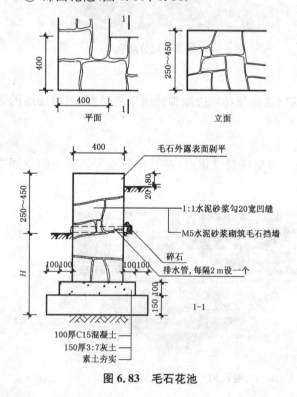

图 6.83 毛石花池　　　　图 6.84 清水砖砌花池

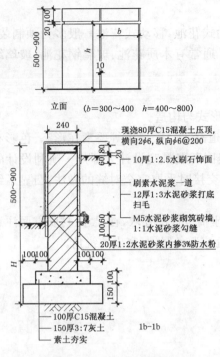
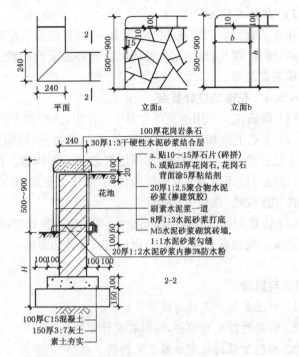

图 6.85 水刷石饰面花池　　　　　图 6.86 花岗岩饰面花池

（2）水中花池　水中花池相比普通花池，其主要特征在于具有防水与排水要求（图 6.87、6.88）。因此，水中花池的构造与水池的构造基本相同，包含钢筋混凝土池壁、池底、防水层，另外池底还必须设置排水管，覆盖 15 cm 厚的碎石滤水层，确保降水量过大时，花池中多余的水分能经由排水管排出，滤水层上再覆不低于 30 cm 厚的种植土。水中花池的面积不能超过水池总面积的 2/3。

图 6.87 水中花池实景

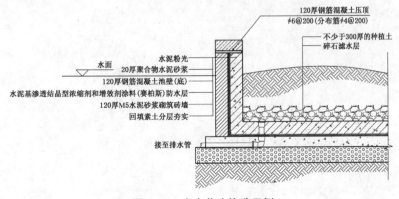

图 6.88 水中花池构造示例

2) 移动式花池

在不适宜设置固定花池的场地中,可以根据要求放置移动式花池,移动式花池一般多为预制装配式,可搬卸、堆叠、拼接,地形起伏处还可以顺势做成台阶跌落式。通常有木质花池、玻璃钢花池、玻璃纤维混凝土模制花池等。

6.5.4 花池的设计要点

(1) 明确花池的用途及在方案中的作用,选择相应的花池形式与构造。

(2) 形态上应和其他要素相结合:与场地边界、铺装形式、道路、坐椅、墙体等要素在形态、色彩和组合形式上建立统一协调的关系,加强细部之间的整体感。比如美国著名景观设计大师丹·凯利设计的喷泉广场,花池与地面铺装采取同样的材质,简化了形式,并在拼缝交接时采取完全对缝的做法,凸显了细部的精确性和连续性,强化了整体性。

(3) 注意细部的舒适度和安全性,花池作为坐椅时应按照坐椅设计的要求,在尺寸、材质方面注意人体的舒适度。花池在分隔空间、界定道路或场地边界时,在转角处应避免坚硬、突出的锐角。

■ 讨论与思考

1. 什么是园林工程的细部设计?
2. 细部的性质有哪些,如何在设计中体现?
3. 如何加强园林中细部之间的整体性?
4. 结合实例探讨如何在城市园林绿地中正确使用"标准的细部"、"地方性的细部"和"特殊的细部"?
5. 结合实例探讨如何在细部设计中体现"生态"、"节约"和"地域性"?

7 景观照明工程

本章研究如何利用电、光来塑造园林的灯光艺术形象,创造明亮、优美的园林环境,满足群众夜间游园活动、节日庆祝活动及安全保障的需要。我们先了解园林供电的基本知识,然后再重点研究如何利用电、光来塑造园林的灯光艺术形象。

7.1 供电基本知识

在学习景观照明工程之前,应了解有关电源、电压、变电和送配电等方面的基本知识。

7.1.1 电源与电压

1) 电源

使其他形式的能量转变为电能的装置叫电源,如发电机、电池等。园林供电基本上都取之于地区电网,而地区电网的电源则为发电厂中的水力或火力发电机,只有少数距离城市较远的风景区才可能利用自然山水条件自己发电使用。发电厂的电能需要通过输电线路,送到远距离的工业区、城市和农村。电能传输有两种方式:经变压器升压后直接输送的电能称之为"交流输电";高压交流经整流,变换为直流后再输送的称之为"直流输电"。交流输电输送的交流电是电压、电流的大小和方向要随着时间变化而作周期性改变的一类电能。园林照明、喷泉、提水灌溉、游艺机械等的用电,都是交流电。在交流电供电方式中,一般都提供三相交流电源,即在同一电路中有频率相同而相位互差120°的三个电源。园林供电系统中的电源也是三相的。

2) 电压与电功率

电压是静电场或电路中两点间的电势差,实用单位为伏(V)。在交流电路中,电压有瞬时值、平均值和有效值之分,常将有效值简称为"电压"。电功率是电做功快慢程度的量度,常用单位时间内所做的功或消耗的功来表示,单位为瓦特(W)。园林设施所直接使用的电源电压主要是220 V和380 V的,属于低压供电系统的电压,其最远输送距离在350 m以下,最大输送功率在175千瓦(kW)以下。中压线路的电压为1~10千伏(kV),10 kV的输电线路的最大送电距离在10 km以下,最大送电功率在5000 kW以下。高压线路的电压在10 kV以上,最大送电距离在50 km以上,最大送电功率在10 000 kW以上(参见表7.1所列)。

表7.1 输电线路电压与送电距离

线路电源(kV)	送电距离(km)		送电功率(kW)	
	架空线	埋地电缆	架空线	埋地电缆
0.22	≤0.15	≤0.20	≤50	≤100
0.38	≤0.25	≤0.35	≤100	≤175
6	10~5	≤8.00	≤2000	≤3000
10	15~8	≤10.00	≤3000	≤5000
35	50~20		2000~10 000	
110	150~50		1万~5万	
220	300~100		10万~50万	
330	600~200		20万~100万	

3) 三相四线制供电

从电厂的三相发电机送出的三相交流电源,采用三根火线和一根地线(中性线)组成一条电路,这种供电方式就叫做"三相四线制"供电。在三相四线制供电系统中,可以得到两种不同的电压,一是线电压,一是相电压。两种电压的大小不一样,线电压是相电压的1.73倍大。单相220 V的相电压一般用于照明线路的单相负荷;三相380 V的线电压则多用于动力线路的三相负荷。三相四线制供电的好处是不管各相负荷多少,其电压都是0～220 V,各相的电器都可以正常使用。当然,如各相的负荷比较平衡,则更有利于减少地线的电流和线路的电耗。园林设施的基本供电方式都是三相四线制的。

4) 用电负荷

负荷又称"负载",指动力或电力设备在运行时所产生、转换、消耗的功率。例如发电机在运行时的负荷指当时所发出的千瓦数。电力用户的负荷是指该用户向电网取用的功率。设备实际运行负荷与额定负荷相等时称"满负荷"或"全负荷",超过额定负荷时则称"过负荷"。有时将连接在供电线路上的用电设备,例如电灯、电动机、制冰机等,称为该线路的负荷。不同设备的用电量不一样,其负荷就有大小的不同。负荷的大小即用电量,一般用度数来表示,1度电就是1 kWh。在三相四线制供电系统中,只用两条电线工作的电气设备如电灯,其电源是单相交流电源,其负荷称为单相负荷;凡是应用三根电源火线或四线全用的设备,其电源是三相交流电源,其负荷也相应属于三相负荷。无论单相还是三相负荷,接入电源而能正常工作的条件,都是电源电压达到其额定数值。电压过低或过高,用电设备都不能正常工作。根据用电负荷性质(重要性和安全性)的不同,国家将负荷等级分为三级:其中一级负荷是必须确保不能断电的,如果中断供电就会造成人身伤亡或造成重大的政治、经济损失,这种负荷必须有两个独立的电源供应系统;二级负荷是一般要保证不断电的,若断电就会造成公共秩序混乱或较大的政治、经济损失;三级负荷是对供电没有特殊要求,没有一、二级负荷的断电后果的。

7.1.2 送电与配电

1) 电力的输送

由火力发电厂和水电站生产的电能,要通过很长的线路输送,才能送达到电网用户的电器设备。送电距离越远,则线路的电能损耗就越大。送电的电压越低,电耗也会越大。因此,电厂生产的电能必须要用高压输电线输送到远距离的用电地区,然后再经降压,以低压输电线将电能分配给用户。通常,发电厂的三相发电机产生的电压是6 kV、10 kV或15 kV,在送上电网之前都要通过升压变压器升高电压到35 kV以上。输电距离和功率越大,则输电电压也应越高。高压电能通过电网输送到用电地区所设置的6 kV、10 kV降压变电所,降低电压后又通过中压电路输送到用户的配电变压器,将电压再降到380/220 V,供各种负荷使用。图7.1是这种送配电过程的示意简图。

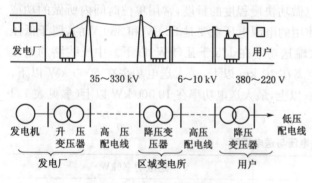

图7.1 送配电过程示意简图

2) 配电线路布置方式

为用户配电主要是通过配电变压器降低电压后,再通过一定的低压配电方式输送到用户设备上。在到达用户设备之前的低压配电线路,可采用如下所述的布置形式。

(1) 链式线路　从配电变压器引出的380/220 V低压配电主干线,顺序地连接起几个用户配电箱,其线路布置如同链条状。这种线路布置形式适宜在配电箱设备不超过5个的较短的配电干线上采用。

(2) 环式线路　通过从变压器引出的配电主干线,将若干用户的配电箱顺序地联系起来,而主干线的末端仍返回到变压器上。这种线路构成了一个闭合的环。环状电路中任何一段线路发生故障,都不会造成整个配电系统断电。以这种方式供电的可靠性比较高,但线路、设备投资也相应要高一点。

(3) 放射式线路 由变压器的低压端引出低压主干线至各个主配电箱,再由每个主配电箱各引出若干条支干线,连接到各个分配电箱。最后由每个分配电箱引出若干小支线,与用户配电极及用电设备连接起来。这种线路分布呈三级放射状,供电可靠性高,但线路和开关设备等投资较大,所以较适合用电要求比较严格、用电量也比较大的用户地区。

(4) 树干式线路 从变压器引出主干线,再从主干线上引出若干条支干线,从每一条支干线上再分出支线与用户设备相连。这种线路呈树木分枝状,减少了许多配电箱及开关设备,因此投资比较少。但是,若主干线出故障,则整个配电线路即不能通电,所以,这种形式用电的可靠性不太高。

(5) 混合式线路 即采用上述两种以上形式进行线路布局,构成混合了几种布置形式优点的线路系统。例如在一个低压配电系统中,对一部分用电要求较高的负荷采用局部的放射式或环式线路,对另一部分用电要求不高的用户则可采用树干式局部线路,整个线路则构成了混合式(如图 7.2 所示)。

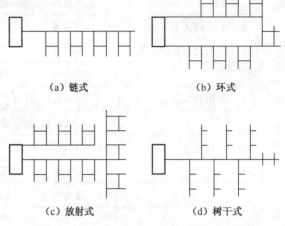

图 7.2 低压配电线路的布置方式

7.2 照明工程

视觉中物之所以存在,乃是光的作用。从单一的物品到环境整体,"光"界定其质感、颜色、体积甚至于精神层面的特质。从苏州庭园中白粉墙漫射的光产生剪影般的背景,到大上海东方明珠塔屹立在夜空中宝石般的璀璨辉煌,人们通过光,把自然的升华为人性的,把人性的回归为自然的。在高度文明的今天,人类对灯的认识,绝不仅是照明功能这一粗浅刻板的观点,而已经积极地延伸到文化艺术科学的层面。

不同的灯具用在不同的地方,以不同的使用方法,创造出不同的灯光效果,不仅具有艺术性、安全性、防范性、经济性,还融为环境的一道景观。富有创造性的造型设计,能使白天的街道更具魅力,而灯光明暗、色泽、层次的变化则营造出夜晚环境的魅力,突出了城市与人、自然与人类之间的和谐共存。那么光的性质是什么?怎样选择光源?什么是灯具的艺术性、安全性、防范性、经济性?如何选择灯具?这些将是我们下面要探讨的问题。

7.2.1 光和电光源

1) 光的性质与强弱

(1) 色温 光的性质是由光的色温来确定的。色温是使国际标准黑体发出某一颜色光的温度,用作衡量各种光源发射出光的颜色。不同的光产生不同的色调,有的显现暖色调,有的显示冷色调。我们以开尔文(K)为计量单位来表示色温的变化(见表 7.2,图 7.3、7.4)。

(2) 光的强弱 常用的照明光线量度单位有光通量、发光强度、照度和亮度等。

图 7.3 白天的太阳表现出强烈的颜色,色温约为 5500K

图 7.4 夕阳的色温通常为 2000~3000 K

表7.2 色与色温关系对照表

自然光	色温	相应的电光源
晴朗的天空	12 000 K	
	7500 K	蓝色金属卤化物灯
阴云的天空	7000 K	
白天北窗射进的光	6500 K	白色荧光灯
	5500 K	白色金属卤化物灯
头顶的太阳光	5250 K	
	4500K	汞灯
圆月光	4152K	
	3300K	暖色荧光灯
	2800K	白炽灯
	2100K	高压钠灯
地平线上的太阳光	1850K	

① 光通量（F） 光通量指单位时间内光通过的大小，说明一个光源在不管其方向的情况下发出的光能总量，其符号为F，光通量的单位是流明（lumen，简写lm）。

② 发光强度（I） 发光强度是光源在某方向发出的光通量的强度。发光强度的单位是坎德拉（cd）。它表示在一球面立体角内均匀发出1流明的光通量。

③ 照度（E） 照度表示被照物表面接收的光通量密度，可用来判定被照物的照明状况，其表示符号为E。照度的常用单位是勒克斯（lx），它等于1流明的光通量均匀分布在$1 lm^2$的被照面上，即1 lx＝$1 lm/m^2$。照明的照度按如下系列分级：简单视觉照明应采用0.5、1、2、3、5、10、15、20、30 lx；一般视觉照明应采用50、75、100、150、200、300 lx；特殊视觉照明应采用500、750、1000、1500、2000、3000 lx。

④ 亮度（L） 亮度指发光面在某一方向的发光强度与可看到面积的乘积。表示一个物体的明亮程度，用符号L来代表。亮度的单位是尼脱（nt），$1 nt＝1 cd/m^2$。

⑤ 光效 光效是电光源将电能转化为光的能力，以发光量除以输入功率表示，单位是每瓦流明数。

⑥ 光衰（Light depreciation） 灯输出的有效光将会逐渐衰减至原始照度的50%～70%。通常新装灯具的初始照度是其需要量的1.5～2倍，避免超过灯的预期寿命而使光照不足。

（3）色温、亮度与气氛的关系 光色对人有一定的生理和心理作用。在生理作用方面，红色使人神经兴奋，蓝色使人沉静，夜晚看到火或红色的灯光感到物体的距离近，而看到蓝色则会感到物体的距离远。这是由于红黄色光的波长较长，有近感；而蓝色光波长较短，有远感的原因。在心理作用方面，红色能使人食欲增强，而且蓝色则使人食欲减退。人看到红色、橙色易联想到火，看到蓝色易联想到水。因此我们把红、橙、黄称为暖色，把青、蓝、紫称为冷色，而白、灰、黑亦属于冷色范畴(表7.3)。

表7.3 光色与气氛的关系

色温值	光色	气氛效果	相应的电光源
≥5000 K	带蓝的白色	清凉、幽静	高级金卤灯、镝灯
3300～5000 K	白色	爽快、明亮	日光灯、白色金卤灯、白色荧光灯、汞灯
≤3300 K	带黄的白色	稳重、祥和	白炽灯、高压钠灯

除了色温影响照明气氛之外，色温与亮度的关系也影响环境的气氛。当使用色温高的光源时，如亮度不够、均匀度不好时，会给人一种阴森可怕的感觉。所以在医院、学校或行人稀少的地方，慎用色温高的光

源,同时应特别注意亮度的要求。相反,使用色温低的光源,亮度太高则会使环境变得闷热、压抑。所以在使用色温低的光源时,也应注意控制光的亮度。一般情况下室内照明如使用白炽灯,照度在 50~200 lx,而用日光灯、金卤灯,照度往往需要在 300~500 lx 以上(见图 7.5)。

2) 光的照明质量

高质量的照明效果是对受照环境的照度、亮度、眩光、阴影、显色性、稳定性等因素正确处理的结果。在园林照明设计中,这些方面都是要注意处理好的。

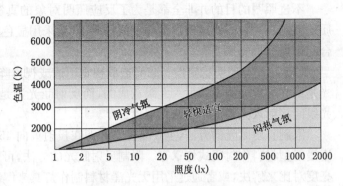

图 7.5 亮度、色温与气氛的关系图

(1) 照度与亮度　照度水平是衡量照明质量的一种基本技术指标。在影响视力的因素方面,由不同照度水平所造成的被观察物与其背景之间亮度对比的不同,是我们考虑照度安排时的一个主要出发点。不同环境照度水平的确定,要照顾到视觉的分辨度、舒适度、用电水平和经济效益等诸多因素。表 7.4 是一般园林环境及其建筑环境所需照度水平的标准值。

表 7.4　园林环境与建筑照明的照度标准值

照度(lx)	园林环境	室内环境
10~15	自行车场、盆栽场、卫生处置场	配电房、泵房、保管室、电视室
20~50	建筑入口外区域、观赏草坪、散步道	厕所、走道、楼梯间、控制室
30~75	小游园、游憩林荫道、游览道	舞厅、咖啡厅、冷饮厅、健身房
50~100	游戏场、休闲运动场、建筑庭院、湖岸边、主园路	茶室、游艺厅、主餐厅、卫生间、值班室、播音室、售票室
75~150	游乐园、喷泉区、游艺场地、茶园	商店顾客区、视听娱乐室、温室
100~200	专类花园、花坛区、盆景园、射击馆	陈列厅、小卖部、厨房、办公室、接待室、会议室、保龄球馆
150~300	公园出入口、游泳池、喷泉区	宴会厅、门厅、阅览室、台球室
200~500	园景广场、主建筑前广场、停车场	展览厅、陈列厅、纪念馆
500~1000	城市中心广场、车站广场、立交广场	试验室、绘图室

注:表中所列标准照度的范围,均指地面的照度标准。

在园林环境中,人的视觉从一处景物转向另一处景物时,若两处亮度差别较大,眼睛将被迫经过一个适应过程,如果这种适应过程次数过多,视觉就会感到疲劳。因此,在同一空间中的各个景物,其亮度差别不要太大。另一方面,被观察景物与其周围环境之间的亮度差别却要适当大一些。景物与背景的亮度相近时,不利于观赏景物。所以,相近环境的亮度就应当尽可能低于被观察物的亮度。国际照明委员会(CIE)推荐认为,被观察物的亮度如为相近环境亮度的 3 倍时,视觉清晰度较好,观察起来比较舒适。

(2) 光源的显色性　同一被照物在不同光源的照射下显现出不同颜色的特性就是光源的显色性。照射对象的颜色效果在很大程度上取决于光的显色性,其表现方法有两种:一种是正确表现照射对象的色彩,即所谓的"忠实显色",比如白炽灯照射图画,画中的颜色变化很少,真实地反映了图画中的颜色;另一种是加强显色,比如绿色金属卤化物灯照在绿树上,树的颜色会更显亮丽。

评价显色性的指标叫显色指数(Ra),由于人们非常习惯于在日光照射下分辨颜色,所以在显色性比较中,就以日光或接近日光光谱的人工光源作为标准光源,以其显色性为显色指数 100。光源的显色指数数值越接近 100,显色性越高。比如白天的阳光 Ra 为 100,日光灯 Ra 为 63~76,金属卤化物灯的 Ra 为 70,高压钠灯的 Ra 为 23,白炽灯的 Ra 为 95。

不过照明的目的并非全都是为了反应照明对象的真实颜色，所以，并不能说显色指数越高的光源，其质量就越高。在需要正确辨别颜色的场所，就要采用显色指数高的光源，或者选择光谱适宜的多种光源混合起来进行混光照明。

(3) 眩光与照明稳定性　眩光造成视觉不适或视力降低，其形式有直射眩光和反射眩光两种。直射眩光是由高光度光源直接射入人眼造成的，而反射眩光则是由光亮的表面如金属表面和镜面等反射出强烈光线间接射入人眼而形成眩光现象。

限制直射眩光的方法，主要是控制光源在投射方向45℃～90℃范围内的亮度，如采用乳白玻璃灯泡或用漫射型材料作封闭式灯罩等。限制反射眩光的方法，可以通过适当降低光源亮度并提高环境亮度、减小亮度对比来解决，或者通过采用无光泽材料制作灯具来解决。

照明光源要求具有很好的稳定性，但稳定性却是受电源电压变化影响的。在对照明质量要求较高的情况下，照明线路应当完全和动力线路分开，从配电变压器引出一条至几条照明专用干线，分别接入各照明配电箱，然后再从配电箱引出多条照明支线，将多个照明点连接起来，为照明输送电源，避免动力设备对电压的冲击影响，或者安装稳压器以控制电压变化。

气体放电光源在照射快速运动的物体时，会产生频闪现象，破坏视觉的稳定性，甚至使人产生错觉发生事故。因此，气体放电光源不能用于有快速转动或移动物体的场所作为照明光源。如果要降低频闪效应，可采用三相电源分相供给三灯管的荧光灯；对单相供电的双灯管荧光灯则采用移相法供电，这就可有效地减少频闪现象。

(4) 立体感　为了使照明对象更富有魅力，有必要做有立体感、层次感的照明。对照明对象而言，没有立体感和过分强调立体感都不是最好的处理效果。

立体感是由照明对象左右两侧明暗之差形成的，若左右差距不够，照明阴影则不明显，差距太大，则阴影强烈。一般较适当的照度差在1∶3～1∶5之间。

3) 电光源的种类及其应用

根据发光特点，照明光源可分为热辐射光源(图7.6)和气体放电光源(图7.7)两大类。热辐射光源最具有代表性的是钨丝白炽灯和卤钨灯，气体放电光源比较常见的有荧光灯、荧光高压汞灯、金属卤化物灯、钠灯、氙灯等。

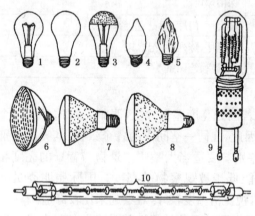

图7.6　热辐射光源的种类

1. 普通白炽灯　2. 乳白灯泡
3. 镀银碗形灯泡　4～5. 火焰灯
6～7. PAR灯　8. R灯　9. 卤钨灯　10. 管状卤钨灯

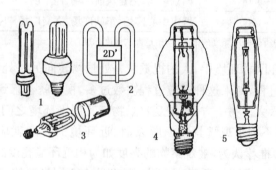

图7.7　气体放电光源的种类

1. H灯　2. 双D灯　3. 双曲灯　4. 高压汞灯　5. 钠灯

(1) 白炽灯　普通白炽灯具有构造简单、使用方便、能瞬间点亮、无频闪现象、价格便宜、光色优良、易于进行光学控制并且可适合各种用途等特点。所发出的光以长波辐射为主，呈红色，与天然光有些差别。其发光效率比较低，仅6.5～19 lm/W，只有2%～3%的电能转化为光。灯泡的平均寿命为750～1500小时左右。白炽灯灯泡有以下一些形式。

① 普通型 为透明玻璃壳灯泡,有功率为 10 W、15 W、20 W、25 W、40 W 以至 1000 W 等多种规格。40 W 以下是真空灯泡,40 W 以上则充以惰性气体。

② 反射型 在灯泡玻璃壳内的上部涂以反射膜,使光线向一定方向投射,光线的方向性较强,功率常见有 40～500 W。

③ 漫射型 采用乳白玻璃壳或在玻璃壳内表面涂以扩散性良好的白色无机粉末,使灯光具有柔和的漫射特性,常见有 25～250 W 等多种规格。

④ 装饰型 用颜色玻璃壳或在玻璃壳上涂以各种颜色,使灯光成为不同颜色的色光,其功率一般为 15～40 W。

⑤ 水下型 水下灯泡一般用特殊的彩色玻璃壳制成,功率为 1000 W 和 1500 W。这种灯泡主要用在涌泉、喷泉、瀑布水池中作水下灯光造景。

(2) 微型白炽灯 这类光源虽属白炽灯系列,但由于它功率小,所用电压低,因而照明效果不好,在园林中主要是作为图案、文字等艺术装饰使用,如可塑霓虹灯、美耐灯、带灯、满天星灯等。微型灯泡的寿命一般在 5000～10 000 小时以上,其常见的规格有 6.5 V/0.46 W、13 V/0.48 W、28 V/0.84 W 等几种,体积最小的其直径只有 3 mm,高度只有 7 mm。特种微型白炽灯泡主要有以下三种形式:

① 一般微型灯泡 这种灯泡主要是体积小、功耗小,只起普通发光装饰作用。

② 断丝自动通路微型灯泡 这种灯泡可以在多灯串联电路中某一个灯泡的灯丝烧断后,自动接通灯泡两端电路,从而使串联电路上的其他灯泡能够继续发光。

③ 定时亮灭微型灯泡 灯泡能够在一定时间中自动发光,又能在一定时间中自动熄灭。这种灯泡一般不单独使用,而是在多灯泡串联的电路中,使用一个定时亮灭微型灯泡来控制整个灯泡组的定时亮灭。

(3) 卤钨灯 是白炽灯的改进产品,光色发白,较白炽灯有所改良;其发光效率约为 21 lm/W,平均寿命约 500～2000 小时,其规格有 500 W、1000 W、1500 W、2000 W 四种。卤钨灯有管形和泡形两种形状,具有体积小、功率大、可调光、显色性好、能瞬间点燃、无频闪效应、发光效率高等特点,多用于较大空间和要求高照度的场所。管形卤钨灯需水平安装,倾角不得大于 4°,在点亮时灯管温度达 600 ℃左右,故不能与易燃物接近。

(4) 荧光灯 俗称日光灯,其灯管内壁涂有能在紫外线刺激下发光的荧光物质,依靠高速电子,使灯管内蒸气状的汞原子电离而产生紫外线进而发光。其发光效率一般可达 45 lm/W,有的可达 70 lm/W 以上。灯管表面温度很低,光色柔和,眩光少,光质接近天然光,有助于颜色的辨别,并且光色还可以控制。灯管的寿命长,一般在 2000～3000 h,国外也有达到 10 000 h 以上的。荧光灯的常见规格有 8 W、20 W、30 W、40 W 等,其灯管形状有直管形、环形、U 形和反射形等。近年来还发展有用较细玻璃管制成的 H 形灯、双 D 形、双曲灯等,被称为高效节能日光灯,其中还有些将镇流器、启辉器与灯管组装成一体的,可以直接代换白炽灯使用。从发光特点方面,可以将荧光灯分为下述几种形式:

① 普通日光灯 是直径为 16 mm 和 38 mm、长度为 302.4～1213.6 mm 的直灯管。

② 彩色日光灯 灯管尺寸与普通白光灯相似,有蓝、绿、白、黄、淡红等各色,是很好的装饰兼照明用的光源。

③ 黑光灯 能产生强烈的紫外线辐射,用于诱捕危害园林植物的昆虫。

④ 紫外线杀菌灯 也产生强烈紫外线,但用于小卖、餐厅食物的杀菌消毒和其他有机物贮藏室的灭菌。

(5) 荧光高压汞灯 发光原理与荧光灯相同,有外镇流荧光高压汞灯和自镇流荧光高压汞灯两种基本形式。自镇流荧光高压汞灯利用自身的钨丝代作镇流器,可以直接接入 220 V/50 Hz 的交流电路上,不用镇流器。荧光高压汞灯的发光效率一般可达 50 lm/W,灯泡的寿命可达 5000 h,具有耐震、耐热的特点。普通荧光高压汞灯的功率为 50～1000 W,自镇流荧光高压汞灯的功率则常见 160 W、250 W 和 450 W 三种。高压汞灯的再启动时间长达 5～10 s,不能瞬间点亮,因此不能用于事故照明和要求迅速点亮的场所。这种光源的光色差,呈蓝紫色,在光下不能正确分辨被照射物体的颜色,故一般只用作园林广场、停车场、通车主园路等,不需要仔细辨别颜色的大面积照明场所。

(6) 钠灯　是利用在高压或低压钠蒸气中放电时发出可见光的特性制成的灯。钠灯的发光效率高,一般在100 lm/W以上,寿命长,一般在3000 h左右。其规格从70～400 W的都有。低压钠灯的显色性差,但透雾性强,很少用在室内,主要用于园路照明。高压钠灯的光色有所改善,呈金白色,透雾性能良好,故适用于一般的园路、出入口、广场、停车场等要求照度较大的广阔空间照明。

(7) 金属卤化物灯　是在荧光高压汞灯基础上,为改善光色而发展起来的所谓第三代光源。灯管内充有碘、溴与锡、钠、镝、铱、铟、铊等金属的卤化物,紫外线辐射较弱,显色性良好,可发出与天然光相近似的可见光。发光效率可达到70～100 lm/W,其规格则有250 W、400 W、1000 W和3500 W等四种。金属卤化物灯类的最新产品是陶瓷金属卤化物灯(CMH)。金属卤化物灯尺寸小,功率大,光效高,光色好,启动所需电流低,抗电压波动的稳定性比较高,因而是一种比较理想的公共场所照明光源。但它也有不足,寿命较短,一般在1000 h左右,3500 W的金属卤化物灯则只有500 h左右。

(8) 氙灯　氙灯具有耐高温、耐低温、耐震、工作稳定、功率可做到很大等特点,并且其发光光谱与太阳光极其近似,因此被称为"人造小太阳",可广泛应用于城市中心广场、立交桥广场、车站、公园出入口、公园游乐场等面积广大的照明场所。氙灯的显色性良好,平均显色指数达90～94,其光照中紫外线强烈,因此安装高度不得小于20 m。不足的是氙灯的寿命较短,在500～1000 h之间。

园林照明的常用光源在电工特性方面的比较,可见表7.5。

表7.5　常用照明光源的特性比较表

	白炽灯	卤钨灯	荧光灯	荧光高压汞	管形氙灯	高压钠灯	金属卤化物灯
额定功率(W)	10～1000	500～2000	6～125	50～1000	1500～10 000	250～400	400～1000
光效(lm/W)	6.5～19	19.5～21	25～67	30～50	20～37	90～100	60～80
平均寿命(h)	1000	1500	2000～3000	2500～5000	500～1000	3000	2000
显色系数	95～99	95～99	70～80	30～40	90～94	20～25	65～85
色温(K)	2700～2900	2900～3200	2700～6500	5500	5500～6000	2000～2400	5000～6500
启动稳定时间	瞬时	瞬时	1～3 s	4～3 min	1～2 s	4～8 min	4～8 min
再启动时间	瞬时	瞬时	瞬时	4～10 min	瞬时	10～20 min	10～15 min
功率因素 $\cos\varphi$	1	1	0.33～0.7	0.44～0.7	0.44～0.9	0.44	0.4～0.61
频闪效应	不明显	不明显	明显	明显	明显	明显	明显
表面亮度	大	大	小	较大	大	较大	大
电压对光通影响	大	大	较大	较大	较大	大	较大
温度对光通影响	小	小	大	较小	小	较小	较小
耐震性能	较差	差	较好	好	好	较好	好
所需附件	无	无	镇流器 启辉器	镇流器	镇流器 启辉器	镇流器	镇流器 触发器
使用场所	大量用于景物装饰照明、水下照明和公共场所强光照明	较大空间和要求高照度的场所。如广场、体育场、建筑物等照明	家庭、办公室、图书馆、商店等建筑物室内照明	公园、广场、步行道、运动场所等大面积室外照明	特别适合城市广场、公园入口及游乐场所等大面积场所的照明	广泛用于公园、广场、医院、道路、机场等	主要用于广场、大型游乐场、体育场、道路等投光照明

4) 电光源的选择

为园林中不同的环境确定照明光源,要根据环境对照明的要求和不同光源的照明特点作出选择。

对园林内重点区域或对辨别颜色要求较高、光线条件要求较好的场所照明,应考虑采用光效较高和显色指数较高的光源,如氙灯、卤钨灯和日光色荧光灯等。对非主要的园林附属建筑和边缘区域的园路等,应优先考虑选用廉价的普通荧光灯或白炽灯。

需及时点亮、经常调光和需要频繁开关灯的场所,或因频闪效应影响视觉效果以及需要防止电磁干扰的场所,宜采用白炽灯和卤钨灯。

如城市中心广场、车站广场、立交桥广场、园景广场和园林出入口场地等有高挂条件并需大面积照明的场所,宜采用氙灯或金属卤化物灯。

选用荧光高压汞灯或高压钠灯,可在振动较大的场所获得良好而稳定的照明效果。

当采用一种光源仍不能满足园林环境显色要求时,可考虑采用两种或多种光源作混光照明,来改善显色效果。

在选择光源的同时,还应结合考虑灯具的选用,灯具的艺术造型、配光特色、安装特点和安全特点等,都要符合充分发挥光源效能的要求。

5) 园林灯具选择

灯具是光源、灯罩及其附件的总称。灯具的作用是固定电光源,把光分配到需要的方向,防止光源引起的眩光以及保护光源不受外力及外界潮湿气体的影响等。

(1) 灯具的分类 灯具有装饰灯具和功能灯具两类,装饰灯具以灯罩的造型、色彩为首要考虑因素,而功能灯具却把提高光效、降低眩光、保护光源作为主要选择条件。一种比较通行的划分方法,是按照灯具的散光方式分为五类:

① 间接型灯具 灯具下半部用不透光的反光材料做成,光通量仅为 0%~10%。光线全部由上半部射出,经顶棚再向下反射,上半部可具有 90%~100% 的光通量。这类灯具的光线均匀柔和,能最大限度地减弱阴影和眩光,但光线的损失量很大,使用起来不太经济,主要是作为室内装饰照明灯具。

② 半直接型灯具 这种灯具常用半透明的材料制成开口的灯罩样式,如玻璃碗形灯罩、玻璃菱形灯罩等。它能将较多的光线照射到地面或工作面上,又能使空间上半部得到一些亮度,改善了空间上、下半部的亮度对比关系。上半部的光通量为 10%~40%,下半部为 60%~90%。这种灯具可用在冷热饮料厅、音乐茶座等需要照度不太大的室内环境中(见图 7.8(a))。

③ 半间接型灯具 灯具上半部用透明材料,下半部用漫射性透光材料做成。照射时可使上部空间保持明亮,光通量达 60%~90%,而下部空间则显得光线柔和均匀,光通量为 10%~40%。在使用过程中,上半部容易积灰尘,会影响灯具的效率。半间接型灯具主要用于园林建筑的室内装饰照明(见图 7.8(a))。

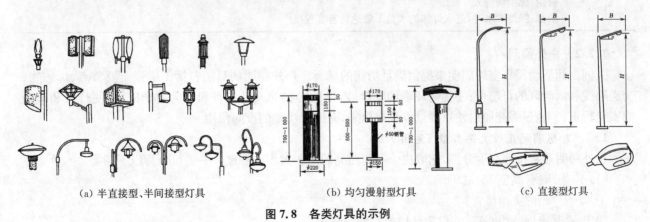

(a) 半直接型、半间接型灯具　　(b) 均匀漫射型灯具　　(c) 直接型灯具

图 7.8　各类灯具的示例

④ 均匀漫射型灯具 常用均匀漫射透光的材料制成封闭式的灯罩,如乳白玻璃球形灯等。灯具上半部和下半部光通量都差不多,各为 40%~60%。这种灯具损失光线较多,但造型美观,光线柔和均匀,因此

常被用作庭院灯、草坪灯及小游园场地灯(见图 7.8(b))。

⑤ 直接型灯具　一般由搪瓷、铝和镀银镜面等反光性能良好的不透明材料制成,灯具的上半部几乎没有光线,光通量仅为 0%～10%,下半部的光通量达 90%～100%,光线集中在下半部发出,方向性强,产生的阴影也比较浓。在园路边、广场边、园林建筑边都常用直接型灯具(见图 7.8(c))。

如果按照灯具的结构方式来划分,可分为开启型、闭合式、密封式和防爆式;即光源与外界环境直接相通的开启式灯具,具有能够透气的闭合透光罩的保护式灯具,透光罩将内外隔绝并能够防水防尘的密闭式灯具,在任何条件下也不会引起爆炸的防爆式灯具。

(2) 道路与街路照明灯具的安全要求

根据《道路与街路照明灯具的安全要求》(GB 7000.5—1996)和 IEC(国际电工委员会)标准,道路和街路照明灯具应符合如下基本要求:

①灯具的结构要求;②关于爬电距离和电器间隙;③关于接地规定的要求;④关于外部及内部接线要求;⑤关于防触电保护要求;⑥关于防水、防尘要求;⑦关于绝缘电阻和介电强度;⑧关于耐热、耐火和耐电痕要求;⑨关于防腐、防范的要求,详见《道路与街路照明灯具的安全要求》。

(3) 合格的灯具应具备的基本要求

① 抗风能力　整个灯具投影面上承受 150 km/h 的风速时,没有过分弯曲和结构件移动。

② 防护等级　IP55、IP56 或 IP66 如表 7.6。

③ 安全有效接地　灯具在安装、清洁或更换灯泡等其他电器时,绝缘体可能会出现问题,变为带电的金属体,因此保证它们永久地、可靠地与接地端子或接地触点连接。

④ 使用双层保护的导线　如 BVV 1.5 mm^2/500 V,并装有过载保护装置,如保险丝等。

⑤ 触电保护　在正常使用过程中,即使是徒手操作,如更换灯泡,带电部件是不易触及的;更换镇流器、触发器等导电元件时,不需整片断电,通过断开保险丝的方法就可进行操作。

⑥ 电器箱的配置　电器箱在便于维护的同时应能有效地防止幼稚儿童玩耍中触及带电部件。

⑦ 良好的防腐性能　钢件应经过热镀锌处理或使用铝质及不锈钢材料。

表 7.6　各种防护等级的含义

等级	含义
IP 55	防尘:不能完全防止尘埃进入,但进入量不会妨碍光源的正常光效 防水:任何方向的喷水无有害影响
IP 56	防尘:不能完全防止尘埃进入,但进入量不会妨碍光源的正常光效 防水:强烈喷水时,进入灯体的水量不致达到有害程度
IP 66	防尘:无尘埃进入 防水:强烈喷水时,进入灯体的水量不致达到有害程度

7.2.2　户外照明

人们夜间活动需要室外照明来提供满足功能的场所。户外照明的目的包括①增强重要节点、标志物、交通路线和活动区的可辨性;②提高环境的安全性,降低潜在的人身伤害和人为财产破坏,使行人和车辆能安全行走;③通过强光照射使重要景点显露出来,有助于场地的夜间使用。

1) 户外照明的几种主要类型(见图 7.9)

户外照明通常按照高度分类,它取决于需要照亮的面积大小和照度。一般可分为以下四类。

(1) 广场照明(高度 15～20 m)

① 位于广场的突出位置;

② 设置时应创造中心感,并成为区域中心的象征;

③ 成本高,安装和维护难度大,要求具有很高的安全性;

④ 光源为高功率的高压钠灯或金属卤化物灯。

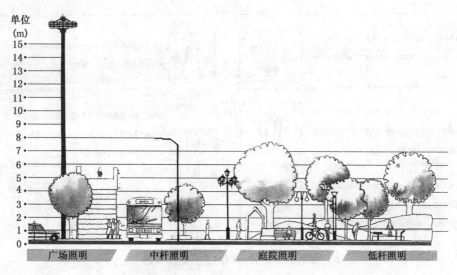

图 7.9 户外照明的几种主要方式

(2) 中杆照明(高度 6~15 m)

① 着重于路面宽阔的城市干道、行车道两侧,主要为行车所用,要求确保路面明亮度;

② 要求不能有强烈的眩光干扰行车视线;

③ 要求照度较为均匀,长距离连续配置,刻画出空间光的延续美感;

④ 使用高压钠灯为主。

(3) 庭院照明(高度 3~6 m)

① 广泛用于非主行车道的街道、商业街、景观道路、公园、广场、学校、医院、住宅小区等;

② 要求保证路面明亮的同时,力求使"光和影"的组合配置富有旋律,因为它的高度较低,最能让人感觉到它的存在,所以必须根据环境的气氛精心设计外观造型,并具有良好的安全性和防范性;

③ 主要使用高压钠灯、金属卤化物灯或荧光灯等。

(4) 低杆照明(高度 1 m 以下)

① 不是连续的照明方式,只是在树木或角落部分,做突出点缀性照明和安全性照明;

② 注重光产生的突出效果;

③ 宜使用节能灯或白炽灯。

2) 户外照明的主要配光形式和光照形式

(1) 配光形式 照明配光形式的选择由明确的功能要求来决定,它影响到光线强度、光照形式和设备选型。各类配光形式一般用配光曲线来定量说明。所谓配光曲线,其实就是表示一个灯具或光源发射出的光在空间中的分布情况。它可以记录灯具的光通量、光源数量、功率、功率因数、灯具尺寸、灯具效率以及灯具制造商、型号等信息。当然最关键的还是记录了灯具在各个方向上的光强。

配光曲线按照其对称性质通常可分为:轴向对称、对称和非对称配光。轴向对称:又被称为旋转对称,指各个方向上的配光曲线都是基本对称的,一般的筒灯、工矿灯都是这样的配光。对称:当灯具 C0°和 C180°剖面配光对称,同时 C90°和 C270°剖面配光对称时,这样的配光曲线称为对称配光。非对称:就是指 C0°~180°和 C90°~270°任意一个剖面配光不对称的情况。

配光曲线按照其光束角度通常可分为:窄配光(<20°)、中配光(20°>40°)、宽配光(>40°)。图 7.10 介绍了户外照明的主要配光形式和配光曲线。

(2) 光照形式 户外照明的光照形式很多,大致可分为定向照明和漫射照明。定向照明(directional lighting)指光主要是从某一特定方向投射到工作面和目标上的照明。漫射照明(diffused lighting)指光无显著特定方向投射到工作面和目标上的照明。定向照明常用于景观目的,常见以下几种方式(图 7.11)。

全方位扩散型	灯具自身露出空间，光线从各个方向放射，即能达到明亮的路面效果，能使空间显得宽敞。适用于商店、步行道路、站前广场、公园等。		上、下方向型	光从上下方向扩散，水平方向的光受到限制，适用于种植着高大树木的公园、广场等。	
下方向主体型	比起全方位扩散型来，上方受到很大限制，从横方向可以看出发光部分，突出灯具本身的空间效果，具有较强的装饰效果，适用于公园、广场、人行道等。		下方向主体型	内藏反应器，从侧面完全看不到发光部分，光线倾斜，朝下大部分垂直向下，仅注重单方向路面照明效果。适用于主干道之行车道的中杆照明。	
下方向主体型	下方可以看出发光部分、光线大部分朝下、强调灯具的造型和路面的照明效果。由于光线朝下，使用时节奏感强、不产生光污染，适用于公园、住宅、步行街道等。		下方向主体型	内藏反应器，从主体上只能看见部分光源，光线大部分垂直照射，侧光弱，仅注重路的照明效果。使用于主干道中杆照明。	

图 7.10　户外照明的主要配光形式

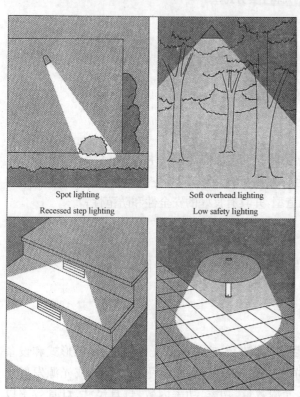 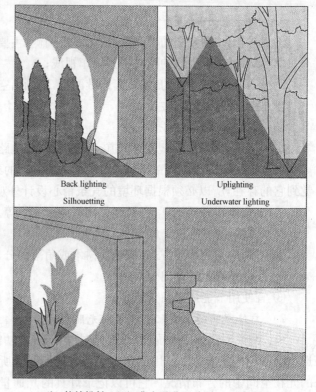

（a）向下投射（上左 重点照明；上右 柔和顶光照明；下左 内嵌式台阶照明；下右 低矮安全照明）　　（b）特效投射（上左 背光照明；上右 向上泛光照明；下左 剪影照明；下右 水下照明）

图 7.11　定向照明的几种形式

① 重点照明（Spot lighting）　为提高限定区域或目标的照度，使其比周围区域亮，而设计成有最小光束角的照明。

② 柔和顶光照明（Soft overhead lighting）　通过下方向主体型配光，使局部空间柔和明亮，有较大光束角的照明。

③ 内嵌式台阶照明（Recessed step lighting）　嵌于台阶内部的电光源投射到台阶面上，使台阶区域相对明亮，方便行人安全行走的定向照明。

④ 低矮安全照明（Low safety lighting）　在道路铺装的角落部分或转折处用低矮的下方向主体型配

光,做突出点缀性或安全性的照明。

⑤ 背光照明(Back lighting) 通过定向照明提高景物后面背景的照度,从而凸显景物轮廓的照明。

⑥ 泛光照明(flood lighting) 通常由泛光灯投光来照射某一情景或目标,且其照度比其周围照度明显高的照明。景观中常用向上泛光照明来渲染景物的色彩和形态。

⑦ 剪影照明(Silhouetic lighting) 通过定向照明投光于景物,并在背景上形成景物的黑色轮廓、侧面影像等剪影效果的照明。

⑧ 水下照明(Underwater lighting) 通过安装于池壁上的水下彩灯定向照明投光于水下景物的照明。

3) 公园、绿地的照明原则

公园、绿地的室外照明,主要以明视及饰景为目的。明视照明以园路及广场为主,而饰景照明则需创造各种环境气氛。由于环境复杂,用途各异,变化多端,因而很难予以硬性规定,仅提出以下原则供参考。

(1) 目标明确　户外照明应支持设计的全部目标。没有适当的照明,一个设计和功能很好的户外场所在夜晚可能变得不安全并无法充分利用。诸如种植、雕塑、行人及车辆、交通、道路等元素,都需要特殊的照明以完善美学、功能和安全目标。

(2) 节能环保　公园的种类是很多的,而且公园内的各种建筑、广场及设施对照明的要求也各不相同,需要采用不同的照明方式及相应的设备,对光源与灯具的性能要求也不同。因此必须根据照度标准中推荐的照度进行设计。当某些饰景照明能够同时满足明视要求时,可以用饰景照明兼顾明视照明,力求节能环保、环境友好。

(3) 景观突出　饰景照明是创造夜间景色的照明,可以显示出环境的气氛,用不同方式布置的饰景照明,可以创造出安逸祥和、热情奔放、流光溢彩、庄严肃穆等不同的氛围。应把握白天园林景观的设计意图,通过夜晚对趣味景物的特殊照明,背景空间的适当衬托以及和谐的色彩加以强化。原则上,以能最充分体现其在灯光下的景观效果为原则来布置照明措施,不要泛泛设置。

4) 植物的饰景照明

树叶、灌木丛林以及花草等植物以其舒心的色彩、和谐的构图和美丽的形态成为城市不可缺少的景观组成部分。在夜间环境下,饰景照明能够延长其发挥作用的时间,并且不是以白天的面貌重复出现,而是以新的姿态展露在人们面前。

(1) 植物饰景照明应遵循的原则

① 要研究植物的基本几何形状(圆锥形、球形、塔形等)以及植物在空间所展示的形态,照明类型必须与其相一致。如针叶树只在强光下才反映良好,宜采取暗影处理法;而阔叶树种白桦、垂柳、枫树等对泛光照明有良好的反映效果;对淡色的和耸立空中的植物,可以用强光照明,得到一种突显轮廓的效果。

② 从远处观察,成片树木的投光照明通常作为背景而设置,一般不考虑个别的目标,而只考虑其颜色和总的外形大小。从近处观察目标,并需要对目标进行直接评价的,则应该对目标作单独的光照处理。

③ 不应使用某些光源去改变树叶原来的颜色。但可以用某种颜色的光源去加强某些植物的景观效果。如白炽灯包括反射型卤钨灯能增加红、黄色花卉的色彩,使它们显得更加鲜艳;小型投光器的使用会使局部花卉色彩绚丽夺目;汞灯使树木和草坪的绿色鲜明亮丽等等。

④ 许多植物的颜色和外观是随着季节的变化而变化的,照明也应适于植物的这种变化。对未成熟的及未伸展开的植物和树木,一般不施以饰景照明。

(2) 照明设备的选择和安装

① 照明设备的选择　照明设备的挑选(包括型号、光源、灯具光束角等)主要取决于被照明植物重要性和要求达到的效果。应以能增加树木、灌木和花卉的美观为主要前提。同时,所有灯具都必须是水密防虫的,并能耐除草剂与除虫药水的腐蚀。

② 灯具的安装　投射植物的灯具安装要考虑到白天的美观,灯具一般安装在地平面上。为了避免灯具影响割草等绿化养护工作,可以将灯具固定在略微高于水平面的混凝土基座上。这种布灯方法比较适用于只有一个观察点的情况,如果被照明物附近有多个观察点或围绕目标可以走动时,要注意消除眩光。

将投光灯安装在灌木丛后是一种可取的方法,这样既能消除眩光又不影响白天的外观。

(3) 树木的投光照明　向树木投光的方法是:

① 投光灯一般是放置在地面上,根据树木的种类和外观确定排列方式。有时为了更突出树木的造型和便于人们观察欣赏,也可将灯具放在地下灯槽内。

② 如果想照明树木上的一个较高的位置(如照明一排树的第一根树杈及其以上部位),可以在树的旁边放置一根高度等于第一根树杈的小灯杆或金属杆来安装灯具。

③ 在落叶树的主要树枝上,安装一串串低功率的白炽灯泡,可以获得装饰的效果。但这种安装方式一般在冬季使用。因为在夏季树叶会碰到灯泡,灯泡会烧伤树叶,对树木生长不利,也会影响照明的效果。

④ 对必须安装在树上的投光灯,其系在树杈上的安装环必须能按照植物的生长规律进行调节。

⑤ 对树木的投光造型是一门艺术,图 7.12 为树木投光照明的几种主要布灯方式。

・对一片树木的照明　用几只投光灯具,从几个角度照射过去。照射的效果既有成片的感觉,也有层次、深度的感觉(见图 7.12a)。

・对一棵树的照明　用两只投光灯具从两个方向照射,成特写景头(见图 7.12b)。

・对一排树的照明　用一排投光灯具,按一个照明角度照射。既有整齐感,也有层次感(见图 7.12c)。

・对高低参差不齐的树木的照明　用几只投光灯,分别对高、低树木投光,给人以明显的高低、立体感(见图 7.12d)。

・对两排树形成的绿荫走廊照明　对于由两排树形成的绿荫走廊,采用两排投光灯具相对照射,效果很佳(见图 7.12e)。

・对树杈、树冠的照明　在大多数情况下,对树木的照明主要是照射树杈与树冠,因为照射了树杈、树冠不仅层次丰富、效果明显,而且光束的散光也会将树干显示出来,起衬托作用(见图 7.12f)。

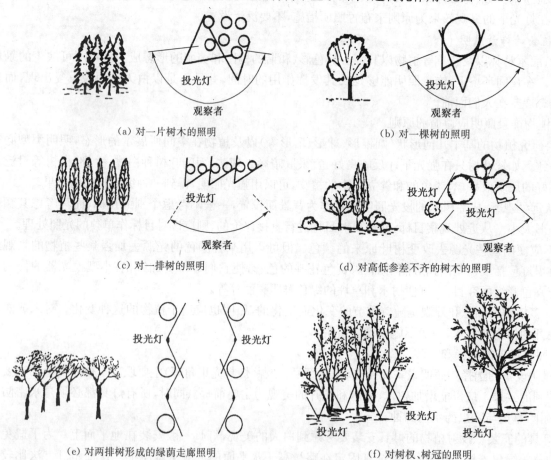

图 7.12　树木照明方法

(4) 花坛的照明　对花坛的照明方法是：

① 由上向下观察处在地平面上的花坛，采用蘑菇式灯具向下照射。这些灯具放置在花坛的中央或侧边，高度取决于花的高度。

② 花有各种各样的颜色，就要使用显色指数高的光源：白炽泡、紧凑型荧光灯，都能较好地应用于这种场合。

5）水景照明

水是生命的源泉，理想的水景应既能听到它的声音，又能通过光线看到它的闪烁与摆动。

(1) 水景照明的运用与主要照明方法　水景种类繁多，因此水景照明的应用形式有很多种。如图7.13(a)所示，水下灯光可平行于水面从池壁向池中央照明，这是最常见的水池照明；灯光也可以如图b所示从水族箱或试验水槽的四个角斜射入水中；照明可以应用于喷水、瀑布（图c）；也可以在室内外温泉、浴场发挥明视与景观的双重功能（图d）；照明还可以运用于自然水体，让灯光从驳岸射向水面，从而产生水光潋滟的视觉效果（图e）；照明也常常运用于浅海水域，以达到娱乐或工作的目的（图f）。表7.7则简述了几种水景照明方法的主要特点与问题。

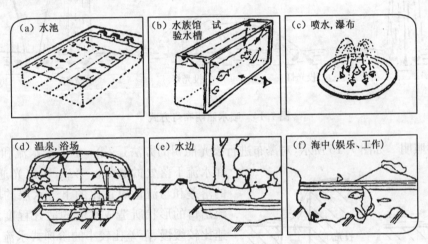

图 7.13　水景照明的常见应用形式

表 7.7　水景照明方法的特点与问题

	(a) 水面以上照明	(b) 浮游照明	(c) 水中照明	(d) 室内照明	(e) 水边照明组合
特点	光不均称；有摇动效果；器具简单	安装位置在任何地方都可以；造成明暗差；水面上没有光害；维修检查容易	可以局部照明也可以用遥控方式配线，改变照射方向反过来利用光膜现象，使其轮廓化	可以使展望窗附近明亮可以在室内进行灯具的维修检查	与(a)相同
简图					
问题要点	水面发生眩光；光源眩目；要采取防台风等对应措施	灯具的安装不稳定；鱼类不要成为黑色轮廓；没有波浪的摇动效果；制定防止生物附着的对策	不适于一般照明；不能看到光源；制定防止生物附着对策	可以形成光膜变为平面画像，窗玻璃上能够有附着物	与(a)相同

（2）喷水和瀑布的照明　喷水和瀑布可用照明处理得很美观,不过灯光须通过流水以造成水柱的晶莹剔透、闪闪发光。无论是在喷水的四周,还是在小瀑布流入池塘的地方,均宜将灯光置于水平面之下。在水下设置灯具时,应注意使其在白天难于发现,但也不能埋得过深,否则会引起光强的减弱。一般安装在水面以下 100 mm 为宜。

① 对喷水的照明　在水流喷射的情况下,将投光灯具装在水池内的喷口后面或装在水流的落点下面,或者在这两个地方都装上投光灯具。因为水离开喷口处的水流密度最大,当水流通过空气时会发生扩散。由于水和空气有不同的折射率,使投光灯的光在进出的水柱上产生二次折射。在"下落点",水已变成细雨一般,投光灯具应装在离下落点大约 100 mm 的水下,使下落的水珠闪闪发光,照射的效果极佳(见图 7.14)。

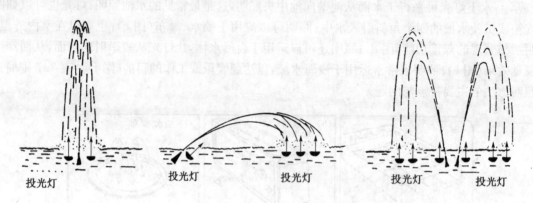

图 7.14　喷水照明布灯方式

② 对瀑布的照明　如图 7.15 所示,对瀑布进行投光照明的方法是:第一,对于水流和瀑布,灯具应装在水流下落处的底部。第二,输出光通应取决于瀑布的落差和与流量成正比的下落水层的厚度,还取决于流出口的形状所造成水流的散开程度。第三,对于流速比较缓慢、落差比较小的阶梯式水流,每一阶梯底部或侧壁必须装有照明。线状光源(荧光灯、线状的卤素白炽灯等)最适合于这类情形。第四,由于下落水的重量与冲击力,可能冲坏投光灯具的调节角度和排列,所以必须牢固地将灯具内嵌于水槽壁内或加重灯具。第五,具有变色程序的动感照明,可以产生一种固定的水流效果,也可以产生变化的水流效果。第六,某些大瀑布采用前照灯光,即将投光灯放置在瀑布落水处的前方向瀑布照射,效果很好,但如果让设在远处的投光灯直接照在瀑布上,效果并不理想。

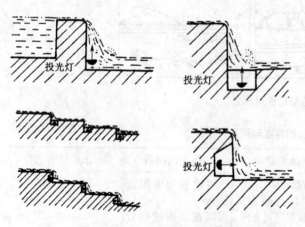

图 7.15　针对不同流水效果采用的投光照明方法

（3）静水和湖的照明　对湖的投光照明方法是:

① 对于静水面照明,如果以直射光照在水面上,对水面本身作用不大,但却能使其附近被灯光所照亮的小桥、树木或园林建筑等呈现出波光粼粼的效果,有一种梦幻似的意境。

② 所有静水或慢速流动的水,比如水槽内的水、池塘、湖或缓慢流动的河水,其镜面效果是令人十分感兴趣的。所以只要照射河岸边的景象,必将在水面上反射出令人神往的景观,分外具有吸引力。

③ 对岸上引人注目的物体或者伸出水面的物体如斜倚着的树木等,都可用浸在水下的投光灯具来照明。

④ 对由于风等原因而使水面涌动的景象,可以通过岸上的投光灯具直接照射水面来得到令人感兴趣的动态效果。此时的反射光不再均匀,照明提供的是一系列不同亮度区域中呈连续变化的水的形状。

⑤ 彩色装饰灯可创造节日气氛,特别反映在水中更为美丽,但是这种装饰灯光不易获得一种宁静、安详的气氛,也难以表现出大自然的壮观景象,只能有限度地调剂使用。静水照明参见图 7.30。

(4) 水景照明的施工　水中的灯具应具有抗蚀性和耐水构造,又由于在水中设置时会受到波浪或风的机械冲击,因此必须具有一定的机械强度。水中布线必须满足电气设备的有关技术规程和各种标准,同时在线路方面也应有一定的强度。水中使用的灯具上常有微生物附着或浮游物堆积的情况,要能够易于清扫或检查表面。水景照明施工中的设施系统和水光电控制系统见图 7.16、7.17。施工的要点见图 7.18。

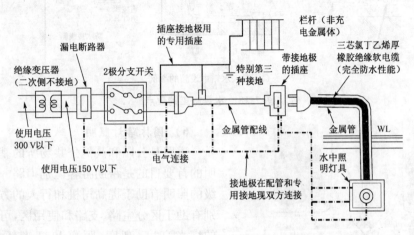

图 7.16　水景照明施工中的设施系统图

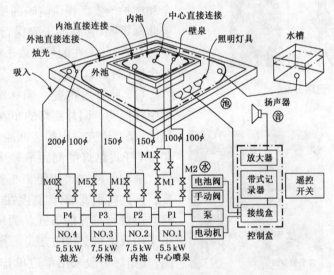

图 7.17　水景照明施工中的水、光、电控制系统图

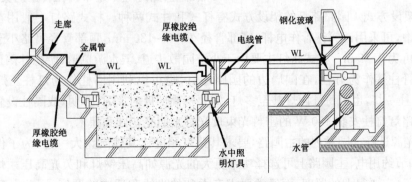

(a) 水中照明灯具的设置举例(水池)

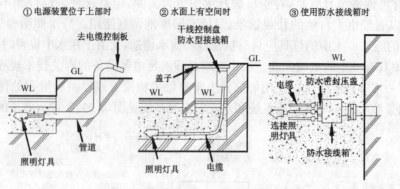

(b) 引入水箱中设施的举例

图 7.18 水景施工的要点

6) 园林路灯照明

道路是公园和其他公共场所的基本脉络。路灯照明的首要目的是帮助游客识别道路。通过提供不同等级的照明有助于提高司机和行人的方向感。微妙的差别有助于区分主路、支路和使用区,可以通过使用不同的灯光亮度、高度、距离和灯光颜色来实现(见图7.19)。路灯照明的另一个重要目的是保证行人安全和维护治安。提供清晰的照明形式和有效的光照覆盖非常重要,它有助于确保行人安全。在适当的地方安装灯,消除潜在的易受攻击的黑暗处,也有助于提高安全感(图7.20)。

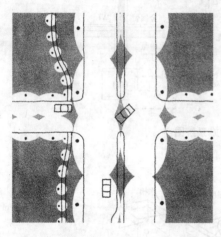

图 7.19 照明分级

(1) 路灯的布置 园林路灯以庭园照明为主,偶见中杆照明。园林路灯的布置既要保证路面有足够的照度,又要讲究一定的装饰性,路灯的间距一般为10~40 m,杆式路灯的间距取较大值,柱式路灯则取较小值。采取何种方式如何来布置路灯,主要看园路的宽度。园路特别宽的,如宽度在7 m 以上的,可采用沿道路双边对称布置的方式。为使灯光照射更加均匀,也可采用双边相交错的方式。若是宽度在7 m 以下的园路,其路灯一般采用单边单排的方式布置。在园路的弯道处,路灯要布置在弯道的外侧。在道路的交叉结点部位,路灯应尽量布置在转角的突出位置上。

图 7.20 照明形式与安全

(2) 路灯的架设方式 园路路灯的架设方式有杆式和柱式两种。杆式路灯一般用在园林出入口内外和通车的主园路中,可采用镀锌钢管作电杆,底部管径 Φ160~180 mm,顶部管径可略小于底部,高度为5~8 m,悬伸臂长度可为1~2 m。柱式路灯主要用于小游园散步道、滨水游览道、游憩林荫道等处,由石柱、砖柱、混凝土柱、钢管柱等作为灯柱,在围墙边的园路路灯,也可以利用墙柱作为灯柱。灯柱一般可设计为0.9~5 m 高。每柱一灯,也可每柱两灯甚至多灯,需要提高照度时,多灯齐明,或隔柱设置控制开关来调整照明。还可利用路灯灯柱安装 150 W 的密封光束反光灯来照亮花圃和灌木。

(3) 路灯的光源选择 园林内的主园路,要求其路灯照度比其他园路大一些,为了保证有较好的照明效果、装饰效果和节约用电,主园路上可选择功率更大的光源如高压钠灯和荧光高压汞灯。园林内其他次要园路路灯,则不一定要很大的照度,而经常要求有柔和的光线和适中的照度,因此可酌情使用具有乳白玻璃灯罩的白炽灯或金属卤化物灯。

在公园、绿地园路装照明灯时，要注意路旁树木对道路照明的影响。可以采取适当减少灯间距、加大光源的功率以补偿由于树木遮挡所产生的光损失；也可以根据树型或树木高度不同，采用较长的灯柱悬臂以使灯具突出树缘外，或改变灯具的悬挂方式等以减少树木的遮挡。总之，园路照明设计中，无论是路灯的布置位置和配光形式，还是其架设方式和光源选择，都应当密切结合具体园林环境来灵活确定，要做到既使照度符合具体环境照明要求，又使光源、灯具的艺术性比较强，具有一定的环境装饰效果。

7）园林场地照明

在对小面积的园林场地进行照明设计时，要考虑场地面积和形状对照明的要求。若是矩形的小面积场地，则灯具最好布置在两个对角上或在4个角上都布置。灯具布置最好要避开矩形边的中段。圆形的小面积场地，灯具可布置在场地中心，或对称布置在场地边沿。一般可选用卤钨灯、金属卤化物灯和荧光高压汞灯等作为光源。

休息场地面积一般较小，可用较矮的柱式庭院灯布置在四周，灯间距可以小一些，在10～15 m之间即可。光源可采用白炽灯或卤钨灯，灯具则既可采用直射型的，也可采用漫射型的。直射型灯具适宜于有阅读、观看要求的场地；漫射型灯具则宜设置在不必清楚分辨物体细节的一些休息场地，如坐椅区、园林中的活动场地、露天咖啡座、茶座等。

游乐或运动场地因动态物多，运动性强，在照明设计中要注意不能采用频闪效应明显的光源如荧光灯、荧光高压汞灯、高压钠灯、金属卤化物灯等，而要采用频闪效应不明显的卤钨灯和白炽灯。灯具一般以高杆架设方式布置在场地周围。

园林草坪场地的照明一般以装饰性为主，但为了体现草坪在晚间的景色，也需要有一定的照度。对草坪照明和装饰效果最好的是矮柱式灯具和低矮的石灯、球形地灯、水平地灯等，由于灯具比较低矮，能够很好地照明草坪，并使草坪具有柔和的、朦胧的夜间情调。灯具一般布置在距草坪边线1.0～2.5 m的草坪上，若草坪很大，也可在草坪中部均匀地布置一些灯具。

灯具的间距可在8～15 m之间，其光源高度可在0.5～1.5 m之间。灯具可采用均匀漫射型和半间接型的，最好在光源外设有金属网状保护罩，以保护光源不受损坏。

光源一般要采用照度适中的、光线柔和的、漫射性的一类，如装有乳白玻璃灯罩的白炽灯、装有磨砂玻璃罩的普通荧光灯和各种彩色荧光灯、异形的高效节能荧光灯等等（图7.21）。

图7.21 园林场地与草坪照明实例

8）园林建筑照明

(1) 园林建筑内部照明　分为整体照明、局部照明与混合照明三种方式。具体情况如下所述：

① 整体照明　是为整个被照明场所设置的照明。它不考虑局部的特殊需要，而将灯具均匀地分布在被照明场所上空，适合于对光线投射方向无特别要求的地方，如公园的餐厅、接待室、办公室、茶室、游泳馆等处。

② 局部照明　是在工作点附近或需要突出表现的照明对象周围，专门为照亮工作面或重点对象而设置的照明。它常设置在对光线方面有特殊要求或对照度有较高要求之处，只照射局部的有限面积。如动物园笼

舍的展区部分、公园游廊的入口区域、庙宇大殿中的佛像面前和突出建筑细部装饰的投射性照明等。

③ 混合照明　是由整体照明与局部照明结合起来共同组成的照明方式。在整体照明基础上,再对重点对象加强局部照明。这种方式有利于节约用电,在现代建筑室内照明设计中应用十分普遍,如在纪念馆、展览厅、会议厅、园林商店、游艺厅等处,就经常采用这种照明方式。

园林中一般的风景建筑和服务性建筑内部,多采用荧光灯和半直接型、均匀漫射型的白炽灯作为光源,使墙壁和顶棚都有一定亮度,整个室内空间照度分布比较均匀。干燥房间内宜使用开启式灯具;潮湿房间中,则应采用瓷质灯头的开启式灯具;湿度较大的场所,要用防水灯头的灯具;特别潮湿的房间,则应该用防水密封式灯具。

高大房间可采用壁灯和顶灯相结合的布灯方案,而一般的房间则仍以采用顶灯照明为好。单纯用壁灯作房间照明时,容易使空间显得昏暗,还是不采用为好。高大房间内的灯具应该具有较好的装饰性,可采用一些优美造型的玻璃吊灯、艺术壁灯、发光顶棚、光梁、光带、光檐等来装饰房间。

在建筑室内布置灯具,如果用直接型或半直接型的灯具布置,要注意避免在室内物体旁形成阴影,就是面积不大的房间,也希望要安装两盏以上灯具,尽量消除阴影。

(2) 园林建筑外部照明　公园大门建筑和主体建筑,如楼阁、殿堂、高塔等,以及水边建筑如亭、廊、榭、舫等,常可进行立面照明,用灯光来突出建筑的夜间艺术形象。建筑立面照明的主要方法有用灯串勾勒轮廓和用投光灯照射两种。

沿着建筑物轮廓线装置成串的彩灯,能够在夜间突出园林建筑的轮廓,彩灯本身也显得光华绚丽,可增加环境的色彩氛围。这种方法耗电量很大,对建筑物的立体表现和细部表现不太有利,一般只作为园林大门建筑或主体建筑装饰照明所用。但在公园举行灯展、灯会活动时,这种方法就可用作普遍装饰园林建筑的照明方法。

采用投光灯照射建筑立面,能够较好地突出建筑的立体性和细部表现,不但立体感强、照明效果好,而且耗电较小,有利于节约用电。这种方法一般可用在园林大门建筑和主体建筑的立面照明上。投光灯的光色还可以调整为绿色、蓝色、红色等,则建筑立面照明的色彩渲染效果会更好,色彩氛围和环境情调也会更浓郁(见图 7.21 右及 7.22)。

图 7.22　园林建筑照明实例

对建筑照明立面的选择,一般应根据各建筑立面的观看概率多少来决定,一般以观看概率多的立面作为照明面。

在建筑立面照明中,要掌握好照度的选择。照度大小应当按建筑物墙壁、门窗材料的反射系数和周围环境的亮度水平决定。根据《民用建筑电气设计规范规程》(JGJ/T 16—2008),建筑物立面照明的照度值可参考表7.8的数据。

表7.8 建筑物立面照明的推荐照度

建筑物或构筑物立面特征		平均照度(lx)		
		环境状况		
外观颜色	反射系数(%)	明亮	明	暗
白 色	75~85	75~100	50~75	30~50
明 色	45~70	100~150	75~100	50~75
中间色	20~45	150~200	100~150	75~100

(3)园林古建筑照明 在全面了解中国古建筑特征的基础上,根据建筑物的使用功能、建筑风格、结构特征、饰面材料、装饰图案以及建筑所处的环境,抓住照明的重点部位,以突出重点,兼顾一般的多元空间立体照明的方法,充分展示建筑物艺术风采。

照明设计要点:

① 突出建筑之体 充分体现古建筑特征,突出一个"古"字 鉴于中国古建筑的布局、形态色彩与现代建筑不同,因此夜景照明的用光、配色、灯具造型均应突出古建特征,力求准确地表现其特有的文化和艺术内涵。

② 强化特征细部 通过照明的亮度和颜色的变化,既要显现出建筑物的轮廓,又尽可能清新地展现其特征局部,如斗拱彩画等装饰细部的特征,表现出最佳的层次感和立体感。

③ 符合规范的亮度水平 照明的亮度水平必须严格执行有关标准 由于古建筑表面的反射比即反光系数较低,故按亮度标准设计为宜。

④ 照明光源和灯具 光源必须具有良好的显色性能,用光以暖色调为主。色彩力求简洁、庄重和鲜艳;灯具造型应和古建筑协调一致,并富有民族特色。

⑤ 符合安全规范 照明设备具有防火、防水及防腐蚀性能,设备安装应谨慎,切勿损坏古建筑、文物或遗迹、遗址。

⑥ 易于后期维护 整个照明设施要维修方便,便于管理。

9) 雕塑、雕像的饰景照明

对高度不超过5~6 m的小型或中型雕塑,其饰景照明的方法如下:

(1)照明点的数量与排列,取决于被照目标的类型。要求是照明整个目标,但不要均匀,其目的是通过阴影和不同的亮度,创造一个轮廓鲜明的效果。

(2)根据被照明目标的位置及其周围的环境确定灯具的位置:①处于地面上的照明目标,孤立地位于草地或空地中央(图7.23)。此时,灯具的安装尽可能与地面平齐,以保持周围的外观不受影响和减少眩光的危险;也可装在植物或围墙后的地面上。②坐落在基座上的照明目标,孤立地位于草地或空地中央。为了控制基座的亮度,灯具必须放在更远一些的地方,并且基座的边,不能在被照明目标的底部产生阴影(图7.24a)。③坐落在基座上的照明目标,位于行人可接近的地方。通常不能围着基座安装灯具,因为从透视上说距离太近。只能将灯具固定在公共照明杆上或装在附近建筑的立面

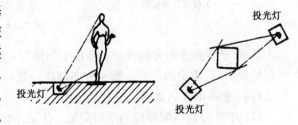

图7.23 雕塑投光照明一:无基座

上,但必须注意避免眩光(图7.24b)。

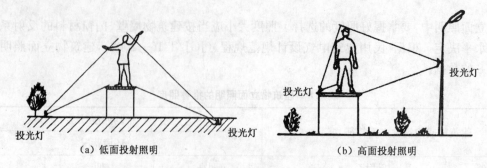

(a) 低面投射照明　　　　(b) 高面投射照明

图7.24　雕塑投光照明二:有基座

(3) 通常照明塑像脸部以及像的正面主体部分,背部照明要求低得多,甚至下一点都不需要照明。

(4) 从下往上照明雕塑时要注意,凡是可能在塑像脸部产生不愉快阴影的方向不能施加照明。

(5) 对某些塑像,材料的颜色是一个重要的要素。一般说,用白炽灯照明有好的显色性。通过使用适当的灯泡——汞灯、金属卤化物灯、钠灯,可以增加材料的颜色。采用彩色照明最好能做一下光色试验。

10） 旗帜的照明

对旗帜的照明方法如下:

① 由于旗帜会随风飘动,应该始终采用直接向上的照明以避免眩光。

② 对于装在大楼顶上的一面独立的旗帜,在屋顶上布置一圈投光灯具,光圈的大小是旗帜能达到的极限位置。将灯具向上瞄准,并略微向旗帜倾斜。根据旗帜的大小及旗杆的高度,可以采用3～8只宽光束投光灯照明(图7.25a)。

③ 当旗帜插在一个斜的旗杆上时,从旗杆两边低于旗帜最低点的平面上分别安装两只投光灯具,这个最低点是在无风情况下确定的(图7.25b)。

④ 当只有一面旗帜装在旗杆上时,也可以在旗杆上装一圈PAR密封型光束灯具。为了减少眩光,这种灯组成的圆环离地至少2.5 m高。为了避免烧坏旗帜布料,在无风时,圆环离垂挂的旗帜下面至少有40 cm距离(图7.25c)。

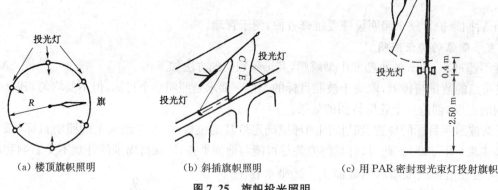

(a) 楼顶旗帜照明　　　(b) 斜插旗帜照明　　　(c) 用PAR密封型光束灯投射旗帜

图7.25　旗帜投光照明

⑤ 对于多面旗帜分别升在旗杆顶上的情况,可以用密封光束灯分别装在地面上进行照明。为了照亮所有的旗帜,且不论旗帜飘向哪一方向都能照亮,灯具的数量和安装位置取决于所有旗帜覆盖的空间。

11） 生活小区的照明

(1) 小区公共空间环境的照明配置　生活小区外环境的灯光照明应满足居民日常生活的需要,提供安全、舒适、优美、柔和的灯光效果,尤其要注意路灯和庭院灯的布点,防止灯光对住户夜晚休息的影响。公共场所的灯光宜明亮而柔和,避免眩光,慎用冷色调光源。整个小区的照明应采用多路控制,以满足不同时段的需要,节约能源。

小区里夜间多要求环境幽静(公共活动区除外),冷色光源更易给人静的感觉。

一般小区平均照度在 $1 lx/m^2$ 左右,而道路要达到 $2 lx/m^2$ 左右。从数字上看,小区照明比道路照明要暗得多,其实并非如此,只是道路对亮度均匀性(最低亮度与平均亮度之比)有一定的要求,一般不低于40%。因为对于快速行驶的车辆而言,明显的亮度变化容易引起视觉错误甚至暂时地失去视觉,造成交通事故。而小区中车辆、人员行进速度都比较缓慢,对住宅小区而言,亮度均匀性的概念没有实际意义。所以住宅小区中一些主出入口、路口、公共区亮度都比较高,而其他地方亮度较低,因此平均亮度较低。出于交通方面的同样考虑,道路要求无眩光或眩光极小,所以道路比较适合采用截光或半截光灯具,一方面防止眩光,一方面增加光效。而小区照明对眩光不做限制,可以采用非截光灯具,同时由于非截光灯具的光不但射到地面,还射到其他工作面(如墙面、树林、建筑物等等),还能起到一定的环境照明效果。

照明的视觉指导作用一般跟灯的排列有关,单侧排列指引性最强,双侧对称次之,双侧交叉最次。由于生活小区内车行道路比较直、变化小,对照明指引性要求低,所以大都采用均匀性好的双侧交叉和双侧对称排列。生活小区人行道路路型较为复杂,路口多、分叉多,所以要求照明有较好的视觉指导作用,一般多采用单侧排列。另外在小区中进行照明设计应时刻注意避免室外照明对居民室内环境起不良的影响,这一点主要是通过选择合理的灯具和恰当的灯位来控制。

(2)小区宅间环境照明的配置　早期的小区宅间环境照明往往倾向于重复设置相当数量的庭院灯和草坪灯,庭院灯的功率较大,基本都是团状的光,无法较有效地照亮楼间和底层小庭院中的道路和植物,却很容易地将行走此间的人的注意力吸引到灯泡上,掩盖了景观特色,压倒了建筑细节(见图 7.26)。

(a) 散步道

让生活在此的人们能够充分感受大自然的绿色之道。应利用高方位的照明确保夜晚的安全,并用低柱照明(草坪灯)营造出一种格调优美的舒适环境。

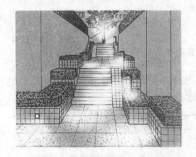

(b) 小道

人们日常生活区的小路,连接住户与住户、广场与广场之间的路。应根据庭园植物的高度使用低柱照明,以突出绿色点缀的效果和供人行走的灯光,为了确保行人的安全,建议庭院灯与脚光灯同时使用。

(c) 街心小花园

在小街边设有长椅、植物的休憩场所。借助住宅二楼透过的灯光采用稍低的公园灯(柱高3.3m)全方位照明。成为一象征性,并产生舒适柔和的灯光效果。

(d) 生活区道路

住宅区的人行道、车道是生活在此地的人们常行之路。所以应使用让人感到有安全防范作用和象征街道主旋律的庭院灯,一般也使用低柱照明。

(e) 公共场所

住宅区的路口或中央设立的象征性的公共空间是这条街的正大门。为增加街区小路的基本灯光,展现街区的情调,推荐加些光亮。

(f) 小公园

儿童公园、附近草坪公园为生活在此的人们提供了休闲的场所。在这些场所应使用全方位照明灯具,使人感到舒适、安全。

图 7.26　生活小区灯光的配置

合理的小区宅间照明,应该在楼间的步行道、绿化视觉节点以及景观小品等处,设置较小功率的照明设施,照亮道路和其他特色部分,营造一种温和自然的楼间氛围。具体在灯具布置时,还可以选择一些标志性的植物或建筑小品,经过装饰后作为路标,巧妙而安全地指引小区内行人行进的方向,沿路还可以欣赏小区景观在夜间特有的形态。灯具位置的选择尽量让其在白天看起来不显眼,做到"见光不见灯。"

(3) 庭院照明施工方法　庭院是居家生活的重要场所,庭院照明应考虑家庭的活动情况,创造安全的活动环境和良好的生活氛围。庭院照明电源一般引自住家。可按照施工拉线方式分为移动式、埋地式和架空式施工。移动式的电线放在地表,不永久固定,便于灯具移动位置,方便但不够安全、美观;埋地式将电源线埋入地下,较为整洁、安全,但工程量较大,也不便于变得;架空式电源线架在 3 m 以上的空中,方便,也较安全,但不够美观(图 7.27)。

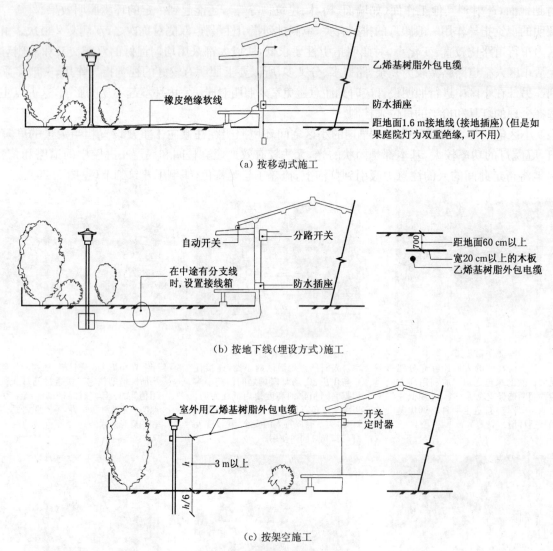

图 7.27　庭院照明的施工方式

图 7.28 是室外灯具安装的图示。介绍了不同室外灯具在不同施工方式中的细节与注意事项。

12) 溶洞照明

(1) 明视照明　明视照明是以溶洞通道为中心开展活动和工作所需的照明,它包括常见光和附加灯光两部分。当导游介绍景观时,两种灯光同时亮,而导游离开该景观时,附加的那部分灯光便自动熄灭。这样做可以省电,更重要的是通过灯光的明暗变化烘托气氛,给游客以动感,提高欣赏情趣。

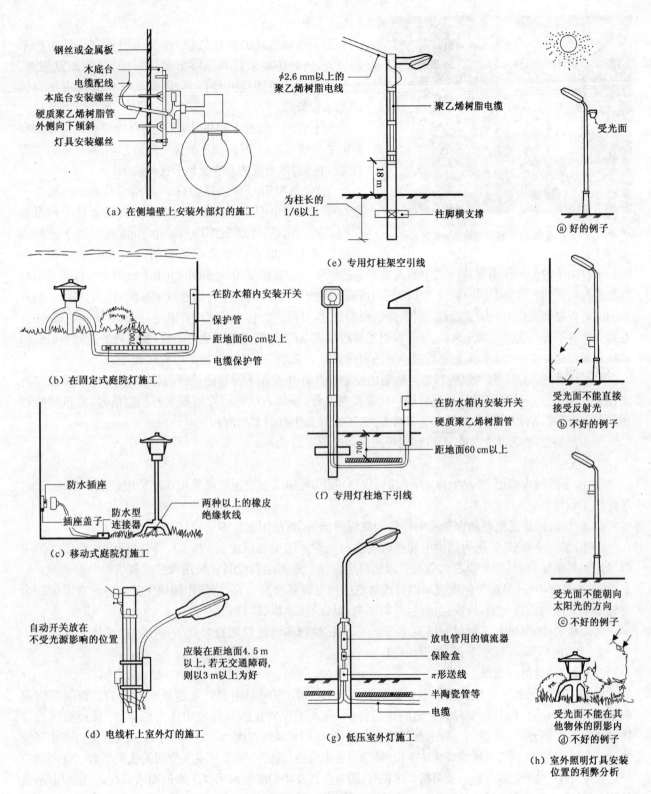

图 7.28 室外照明灯具的安装

通道照明灯具不宜安装过高,以距离底部 200 mm 为宜,为了保证必要的照度值(≮0.5 lx),每4～6 m 应设置 60 瓦照明灯具 1 盏。

(2) 饰景照明　饰景照明是用于烘托景物的,利用灯光布景让大自然的鬼斧神工辅以精心设计的光色,表现各种主题,如"仙女下凡"、"金鸡报晓"、"大闹天宫"等,给游客以丰富的想象,得到美的享受

图 7.29 溶洞照明实例

(见图 7.29)。

为了得到较好的烘托效果,饰景照明不宜采用大功率的灯光,同时还要求灯具能够下部位可变,又能调整焦点。在目标附近还可增设其他灯具,以亮度对比方式突出目标的艺术形象。

为了表现一种艺术构思,饰景用的灯光的颜色应根据特定的故事情节进行设计,而不能像一般游艺场、舞厅的灯光那样光怪陆离,使景观的意境受到干扰和破坏。

(3)应急照明 应急照明(emergency lighting)是当一般照明因故断电时为了疏散溶洞内游客而设置的一种事故照明装置。包括:①疏散照明(escape lighting)用于确保疏散通道被有效地辨认和使用的照明。②安全照明(safety lighting)用于确保处于潜在危险之中的人员安全的照明。③备用照明(stand-by lighting)用于确保正常活动继续进行的照明。应急照明一般设置于溶洞内通道的转角处,为人员疏散的信号指示提供一定的照度。通常采用的灯内电池型应急照明装置是一种新颖的照明灯具,其内部装有小型密封蓄电池、充放电转换装置、逆变器和光源等部件。交流电源正常供电时,蓄电池被缓缓充电;当交流电源因故中断时,蓄电池通过转换电路自动将光源点亮。应急照明应采用能瞬时点亮的照明光源,一般采用白炽灯,每盏功率取 30 瓦。

(4)灯光的控制 明视照明和饰景照明的控制有红外光控和干簧管磁控等两种方式,一般以采用红外光控方式居多。这种遥控器包括发射器和接收器两部分,导游人员利用发射器发射控制信号,通过接收器通、断照明线路,启闭灯光。红外光为不可见光,不受外界干扰时其射程可达 7~10 m。

对于需要经常变幻的灯光,可以利用可控硅调光器进行调光。

(5)安全措施

① 由于溶洞内潮湿,容易触电,为了保证安全可靠,溶洞供电变压器应采用 380 V 中性点不接地系统,最好能用双回路供电。

② 溶洞内的通道照明和饰景照明在特别潮湿的场所,其使用电压不应超过 36 V。

③ 根据安全要求,溶洞内的供电和照明线路不允许采用黄麻保护层的电缆。固定敷设的照明线路可以采用塑料绝缘,塑料护套铝芯电缆或普通塑料绝缘线。非固定敷设时宜采用橡胶或氯丁橡胶套电缆。

④ 在溶洞内,凡是由于绝缘破坏而可能带电的用电设备金属外壳,均须作接地保护。将所有电缆的金属外皮不间断地连接起来,构成接地网,并与洞内水坑的接地板(体)相连。

接地板装于水坑内,其数量不得少于两个,以便在检修和清洗接地板时互为备用。接地体采用厚度不少于 5 mm,面积不少于 0.75 m² 的钢板制作。

7.2.3 户外灯光造景

园林的夜间形象主要是在园林固有景观的基础上,利用夜间照明和灯光造景来塑造的。夜间照明和造景往往密不可分,园林环境有其突出的生态特性,行人不仅要在园林环境中休闲娱乐,而且还要欣赏穿插在景观各处的建筑、雕塑、小品、水景等等。有鉴于此,园林景观在夜间以灯光的手段强化和突出整个环境的设计构思和造型特点,使环境成为一个以线带面、突出重点、既统一和谐又主次分明的优美景观。在园林户外灯光设计中,对于光源的色彩及明暗要求较高,而显色性及均匀度等照明要素则退而求其次,一般要服从造景的需要,力求营造出高质量的夜间景观。前文以照明为重点,下面则主要讨论灯光造景的方法。

1) 用灯光强调主景

为了突出园林的主景或各个局部空间中的重要景点,我们可以采用直接型的灯具从前侧方对着主景照射,使主景的亮度明显大于周围环境的亮度,从而鲜明突出地表现主景,强调主景。灯具不宜设在正前方,正前方的投射光对被照物的立体感有一定削弱作用。一般也不设在主景的后面,若在后面,将会造成眩光并使主景正面落在阴影中,不利于主景的表现,除非是特意为了用灯光来勾勒主景的轮廓,否则都不要从后面照射主景。园林中的雕塑、照壁、主体建筑等,常用以上方法进行照明强调(图7.30)。图7.15是法国第纳古城的中心广场夜景,也是典型的用灯光强调主景的实例。

图7.30 园林用灯光强调主景实例

在对园林主体建筑或重要建筑用灯光照射加以强调时,如果充分利用建筑物的形象特点和周围环境的特点,有选择地进行照明,就能够获得建筑立面照明的最大艺术效果。如建筑物的水平层次形状、竖向垂直线条、长方体形、圆柱体形等形状要素,都可以通过一定方向光线的投射、烘托而更加富于艺术性的表现。又如利用建筑物近旁的水池、湖泊作为夜间一个黑色的投影面,使被照明的建筑物在水中倒映出来,可获得建筑物与水景交相映衬的效果。或者将投光灯设置在稀树之后,透过稀疏枝叶向建筑照射,可在建筑物墙面投射出许多光斑、黑影,也进一步增强了建筑物的光影表现(图7.29)。

2) 用色光渲染氛围

利用有色灯光对园林夜间景物以及园林空间进行照射着色,能够很好地渲染园林的环境气氛和夜间情调。这种渲染可以从地上、夜空和动态音画三个方面进行。

(1) 景物色光渲染 园林中的草坪、水面、花坛、树丛、亭廊、曲桥、山石甚至铺装地面等,都可以在其边缘地带设置投射灯具,利用灯罩上不同颜色的透色片透出各色灯光,来为地面及其景物着色。亭廊、曲桥、地面用各种色光都可以,但草坪、花坛、树丛则不能采用蓝、绿色光,因为在蓝、绿色光照射下,活的植物却仿佛成了人造的塑料植物,给人虚假的感觉(图7.31)。

(2) 夜空色光渲染 对夜空的色彩渲染有漫射型渲染和直射型渲染两种方式。漫射型渲染是用大功率的光源置于漫射性材料制作的灯罩内,向上空发出色光。这种方式的照射距离比较短,因此只能在较小范围内造成色光氛围。直射型渲染则是用方向性特强的大功率探照灯,向高空发射光柱。若干光柱相互交叉晃动、扫射,形成夜空中的动态光影景观。探照灯光一般不加色彩,若成为彩色光柱,则照射距离就会缩短了。对夜空进行色光渲染,在灯具上还可以做些改进,加上一些旋转、摇摆、闪烁和定时亮灭的功能,使夜空中的光幕、光柱、光带、光斑等具有各种形式的动态效果。

(3) 动态音画渲染 在园景广场、公园大门内广场以及一些重点的灯展场地,采用水景、巨型电视屏等,以音画结合的方式来渲染园林夜景,能够增强园林夜景的动态效果。此外,也可以对园林中一些照壁或建筑山墙墙面进行灯光投影,在墙面投影出各种图案、文字、动物、人物等简单的形象,可以进一步丰富园林夜间景色。

3) 灯光造型

灯光、灯具还有装饰和造型的作用。特别是在喷泉水景及灯展、灯会上,灯的造型千变万化,绚丽多彩,成了夜间园林的主要景观。

(1) 装饰彩灯造型 用各种形状的微光源和各色彩灯以及定时亮灭灯具,可以制作成装饰性很强的图形、纹样、文字及其他多种装饰物。

图 7.31 园林景物色光渲染实例

① 装饰灯的种类　专供装饰造型用的灯饰种类比较多,下面列举其中一些较常见的装饰灯。

• 满天星　是用软质的塑料电线间隔式地串联起低压微型灯泡,然后接到220 V电源上使用。这种灯饰价格低、耗电少、灯光繁密,能组成光丛、光幕和光塔等。

• 美耐灯　商业名称又叫水管灯、流星灯、可塑电虹灯等,是将多数低压微型灯泡按2.5 cm或5 cm的间距串联起来,并封装于透明的彩色塑料软管内制成的装饰灯。如果配以专用的控制器,则可以实现灯光明暗、闪烁、追逐等多种效果。在灯串中如有一两个灯泡烧坏,电路能够自动接通,不影响其他灯泡发光。在制作灯管图案时,可以根据所需长度在管外特殊标记处剪断,如果需要增加长度,也可使用特殊连接件作有限的加长。

• 小带灯　是以特种耐用微型灯泡在导线上连接成串,然后镶嵌在带形的塑料内做成的灯带。灯带一般宽10 cm,额定电压有24 V和22 V两种,小带灯主要用于建筑、大型图画和商店橱窗的轮廓显示,也可以拼制成简单的直线图案作环境装饰用。

• 电子扫描霓虹灯　这也是一种线形装饰灯,是利用专门的电子程序控制器来作发光控制,使灯管内发光段能够平滑地伸缩、流动,动态感很强,可作图案装饰用。这种灯饰要根据设计,交由灯厂加工定做,市面上难以购到合用的产品。

• 变色灯　在灯罩内装有红、绿、蓝三种灯泡,通过专用的电子程序控制器控制三种颜色灯泡的发光,在不同颜色灯泡发光强弱变化中实现灯具的不断变色。

• 彩虹玻璃灯　这种灯饰是利用光栅技术开发的,可以在彩虹玻璃灯罩内产生五彩缤纷的奇妙光效果,显得神奇迷离,灿烂夺目。

② 图案与文字造型　用灯饰制作图案与文字,应采用美耐灯、霓虹灯等管状的易于加工的装饰灯。先要设计好图案和文字,然后根据图案文字制作其背面的支架,支架一般用钢筋和角钢焊接而成。将支架焊稳焊牢之后,再用灯管照着设计的图样做出图案和文字来。为了方便更换烧坏的灯管,图样中所用灯管的长度不必要求很长,短一点的灯管多用几根也是一样的。由于用作图案、文字造型的线形串灯具有管体柔软、光色艳丽、绝缘性好、防水、节能、耐寒、耐热、适用环境广、易于安装和维护方便等等优点,因而在字形显示、图案显示、造型显示和轮廓显示等多种功能中应用十分普遍。

③ 装饰物造型　利用装饰灯还可以做成一些装饰物,用来点缀园林环境。例如,用满天星串灯组成一条条整齐排列的下垂的光串,可做成灯瀑布,布置于园林环境中或公共建筑的大厅内,能够获得很好的装饰效果。在园路路口、桥头、亭子旁、广场边等环境中,可以在4～7 m高的钢管灯柱顶上,安装许多长度相等的美耐灯软管,从柱顶中心向周围披散展开,组成如椰子树般的形状,这是灯树。用不同颜色的灯饰还可以组合成灯拱桥、灯窑塔、灯花篮、灯座钟、灯涌泉等等多姿多彩的装饰物。

(2) 灯展中的灯组造型　在公园内举办灯展灯会,不但要准备许多造型各异的彩灯灯饰,而且还要制作许多大型的造型灯组。灯组造型所用题材范围十分广泛,每一灯组都是由若干的造型灯形象构成的。

在用彩灯制作某种形象时,一般先要按照该形象的大致形状做出骨架模型,骨架材料的选择视该形象体量的大小轻重而定,大而重的要用钢筋、铁丝焊接做成骨架;小而轻的则可用竹木材料编扎、捆绑成为骨架。骨架做好后,进行蒙面或铺面工作。蒙面或铺面的材料多种多样,常用的有色布、绢绸、有色塑料布、油布、碗碟、针药瓶、玻璃片等等,也有直接用低压灯泡的。如果是供室内展出的灯组,还可以用彩色纸作为蒙面材料。

(3) 激光照射造型　在应用探照灯等直射光源以光柱照射夜空的同时,还可以使用新型的激光射灯,在夜空中创造各种光的形状。激光发射器可发出各种可见的色光,并且可随意变化光色,各种色光可以在天空中绘出多种曲线、光斑、图案、花形、人形甚至写出一些文字来,使园林的夜空显得无比奇幻,具有很强的观赏性。

7.2.4　照明工程设计步骤与要点

1) 公园、绿地照明设计的基本步骤

(1) 在进行户外照明设计以前,应首先掌握下列原始资料:

① 公园、绿地的总平面图、竖向设计图以及主要建筑物的平面图、立面图和剖面图。

② 该公园、绿地对电气的要求(设计任务书),特别是一些专用性强的公园、绿地照明,应明确提出照度、灯具选择、布置、安装要求。

③ 电源的供电情况及进线方位。

(2) 户外照明设计的基本步骤:

① 明确照明对象的功能和照明要求　根据不同的照明对象选择有针对性的照明方式和灯具。

② 选择照明方式　根据设计任务书中对电气的要求,在不同的场合选择不同的照明方式。

③ 选择光源和灯具　根据公园绿地的配光和光色要求、与周围景色配合等来选择光源和灯具。灯具的合理布置,除考虑光源光线的投射方向、照度均匀性等,还应考虑经济、安全和维修方便等。

④ 进行照度计算　具体照度计算可参考有关照明手册。

2) 公园、绿地照明设计要点

园林照明的设计及灯具的选择应在设计之前作一次全面细致的考察。可在白天对周围环境空间进行仔细的观察,以决定何处适宜于灯具的安装,并考虑采用何种照明方式最能突出表现夜景。与其他景观设计一样,园林照明也要兼顾局部和整体的关系。位置适当的灯具布置可创造出一系列兴奋点,所以恰到好处的设计可以增加夜晚园林的活力;但统筹全园的整体设计,则有利于分别主次、突出重点,使园林的夜景在统一的规划中显现出秩序感和本身的特色。如能将各类照明有机地结合,可最大限度地减少不必要的灯具,节省能源和灯具上的花费。而与造园设计一并考虑,能避免因考虑不周而带来的重复施工。

照明设计的原则应突出园中造型美丽的建筑、山石、水景与花木,掩藏园景的缺憾。园林的不同位置对照明的要求具有相当大的差异,为展示出园内各种景物的优美,照明方法应因景而异。建筑、峰石、雕塑与花木等的投射灯光应按需要使之强弱有所变化,以便在夜晚展现各自的风韵;园路两侧的路灯应照度均匀连续,从而满足安全的需要。为使小空间显得更大,可只照亮必要的区域而将其余置于阴影之中;而对大的室外空间,处理的手法正相反,这样会产生一种亲切感。园林照明应慎重使用光源上的调光器,大多数采用白炽灯作为光源的园灯使用调光器后会使光线偏黄,给被照射的物体蒙上一层黄色,对于植物,会呈现病态,失去了原有的生机。彩色滤光器也最好少用,因为经其投射出的光线会造成失真感,对于植物尤显不真实。当然,天蓝滤光器例外,它能消除白炽灯中的黄色调,使光线变成令人愉快的蓝白光。

灯光亮度要根据活动需要以及保证安全而定,过亮或过暗都会给游人带来不适。照明设计尤其应注意眩光。所谓眩光是指使人产生极强烈不适感的过亮、过强的光线。将灯具隐藏在花木之中既可以提供必需的光亮又不致引起眩光。要确定灯光的照明范围还须考虑灯具的位置,即灯具高度、角度以及光分布,而照明时所形成的阴影大小、明暗要与环境及气氛相协调,以利于用光影来衬托自然,创造一定的场景与气氛。这都应在白天对周围空间进行仔细的观察,并通过计算校合,才能确定最佳的景观照明效果。

虽然灯具设置的目的主要用于照明,以便在黑夜游人也能活动自如,然而布置适宜、造型优美的园灯在白天也有特殊的装饰作用。灯具的选择,虽说应优先考虑灯光效果,但其造型也相当重要,尤其是那些具有装饰作用的灯具,不能太随意,也不能太普通,否则难以收到良好的效果。外观造型应符合使用要求与设计意图,强调灯具的艺术性有助于丰富空间的层次和立体感。所以园灯的形式和位置应在照明需要的基础上兼顾白天的装饰作用。

3) 公园、绿地照明设计的安全性

(1) 防侵犯照明　城市园林属于人员密度相对较高的室外公共场所,从人身安全角度考虑,夜间照明要满足能够迅速识别远处来人行为的要求,以便有足够时间作出正确的反应。在夜间,能够看清楚对面走近的行人脸部表情的照度最为适宜,可以有效地避免由于照度不足引发的夜间恶性伤害事件。

(2) 应急照明　园林场所的夜间照明设置应防止由断电引起的突发性事件,需设置应急照明。所谓应急照明,就是因正常照明的电源失效而启用的照明。正常电源断电后到应急电源供电的转换时间越短越好,应急照明持续工作时间应由园林观景点的设计人流量、疏散通道情况等确定,一般不宜小于 30 min。应急照明的光源可采用 LED 灯或紧凑型荧光灯等节能光源。对于可能发生安全事故的场所,还应采用长余辉材料作成疏散用的指示标记,尤其在护栏、台阶、出口等处采用自发光的指示标记,使人群能识别障碍物、转弯处等找到疏散方向。长余辉材料能吸收天然光和灯光,并将吸收的光能"储存"起来,当吸光5~15 min后,一旦停电,则能在较暗处持续发光12 h以上。

(3) 照射方向　园林景观照明的灯光照射方向应避开人们的眼睛,尤其是禁止用高亮度的光束射向人群或有人活动的场所。如强光射入人眼,会产生失明眩光,易给活动的人们造成安全事故。由于激光束的亮度极高,光束指向性又强,如射入人眼,则会损坏视网膜,引发人眼病变,所以在园林夜间照明中使用激光束照射时,严禁照射人群,同时也严禁用激光束固定照射一处物体,否则会产生高温高热,使易燃物体发生火灾等安全事故,在晃动激光束时,也应控制好晃动速度。

(4) 用电安全　园林景观照明设备必须符合防止触电要求,即要求电气防护类别在一般场所可采用Ⅰ类和Ⅱ类灯具,在使用条件较差的场所应采用Ⅲ类防触电保护电气产品。例如金属外壳的泛光照明灯具可用Ⅰ类灯具,塑料外壳的可用Ⅱ类灯具;而金属的配电箱、控制柜外壳,应是接地连续性的Ⅰ类防触电保护电气产品;水下使用的灯具应使用防触电保护为超低电压的Ⅲ类灯具。设置于人们易触及的街道、庭园、广场等处的景观照明装置的金属部件,应进行安全接地处理;同时尽量使灯具安装高度符合要求,避免人员触及,如在墙面上安装的灯具宜在2.5 m以上,成组安装的落地灯架不宜低于3 m;达不到上述高度的,应设置护栏、挡板,同时按国家标准的安全防范系统的通用图形符号设置安全提示标志。用电安全是保证人身安全的一个重要方面,在进行园林照明建设时必须遵循国家有关标准、规范的规定。

(5) 照明设备财产安全　景观照明灯具及电气设备的外壳防护等级,应遵循国家标准《外壳防护等级分类》(GB 4208)中与灯具使用环境相适应的基本规定,景观照明设备的耐热等级也要满足使用环境要求。景观照明宜采用一体化灯具,同时应使选用的灯具便于安装、维修、清扫、换灯方便,坚固耐用,灯具外壳上不得有毛刺、飞边等锋利的凹凸;同时,必须具备抗风、雨、雪、冰、雹等恶劣气象条件的能力,以及抗大气腐蚀能力,能确保在设计使用寿命时间内安全运行。园林照明的电气装置和线路,必须与可燃物之间采取隔热措施,有良好的散热条件,防止因短路和过载故障引发电气火灾。园林景观照明装置传递给园林中建(构)筑物的荷载或附加应力,应经过相关单位对设计的认可,不得超过建(构)筑物的允许承载能力。高空(屋顶、高层建筑的外墙)安装的景观照明装置,必须与建(构)筑物主体结构作牢固固定。计算风荷载时,对非常突出、高耸的高大建(构)筑物,应考虑一定的风压高度变化系数。安装在室外高空的园林照明装置必须进行防雷和安全接地处理,避免发生雷击现象。

(6) 环境安全　城市园林景观照明不仅要提升园林环境自身的形象,而且要有利于创建一个周边乃至城市主体的宜居环境。照明设计应使园林夜间照明符合光污染的防治标准规定。尤其是周边有居住建筑和医院建筑病房楼时,这类场所在室内直接看到的,室外景观照明的发光强度,不应超过通常情况下人体的耐受度。此外,由于昆虫等具有趋光性,对于含有较多的波长为380 nm附近的光辐射和高亮度的景观照明灯会强烈地吸引昆虫和飞鸟,并使它们发生扑灯而亡的现象;而城市园林又是整个城市飞鸟昆虫相对较为聚集的地方,所以,在进行园林景观照明建设时也要考虑昆虫等的生活习惯,也不应干扰动物的昼夜活动的生物钟节律;应在满足环境照明的同时,降低照明产生的亮度,所有这些措施均有利于保护该区域的生态平衡。同时,景观照明的灯光不应长时间、大光通量,并且不按植物生长需要地照射植物,尤其是禁止对光照敏感的枫树、垂柳等树种进行景观照明。总之,景观照明不应破坏植物体内的生物钟节律,要保护树木和花草等植物的正常生长,保护生态环境,创造一个宜居的城市环境。

■ 讨论与思考

1. 园路的照明设计原则主要有哪些?
2. 景观照明设计主要包括哪些方面?
3. 园林环境中建筑物照明应该注意哪些方面?
4. 园林景观照明中如何做到技术性和经济性的统一?

8 假山石景工程设计

假山石景作为我国传统的基本造园要素,在现代景观设计中同样占有重要地位。读者在学习本章时既要掌握我国传统假山设计的原则和要点,又要将其和现代石景设计紧密联系在一起,取其精髓,运用到现代设计中来,创作出具有民族特色又不乏时代特征的景观。

8.1 假山石景概论

有人认为建筑、山石、水、植物是构成景观的四大要素,这足以说明山石在景观设计中所占的重要地位。景观中的山石是对自然山石的艺术摹写,故称之为"假山",它不仅师法于自然,而且还凝结了设计师的艺术创造,因而除形神兼备外,还具有传情的作用。《园冶》所说:"片山有致,寸石生情"就是这个意思。中国园林艺术一个很重要的特点,就是把山石作为最重要的景物来利用,特别是大量营造的山石地形和石景景观,使园林"无园不山,无园不石"。

8.1.1 假山石景的沿革

真正意义上的堆山应是从秦汉开始的。秦汉时期的自然山水园林已经开始有意识地以自然山水为蓝本并对其进行初步的模仿。

六朝时期,人工堆山更为兴盛,此时堆山不再是对自然山水的简单模仿,而以追求"仿佛丘中","有若自然"为目的的写意堆山法渐占主导地位。

唐代是风景园林全面发展时期,唐代园林虽然亦挖池堆山,但园林更趋向小型化发展,对园林的欣赏也出现了近观细玩的喜好。唐代人不但堆山,还更喜石。

宋代园林最为著名的艮岳,对假山的创作更进一步。宋人米芾对奇石订了"瘦、皱、漏、透"四字品评标准,为后人所沿用。

明清时代是我国古代园林的最后兴盛时期,其叠石造山理论与技巧已全面成熟。明代计成的《园冶》、文震亨的《长物志》、清代李渔的《闲情偶寄》中都有关于假山的论述。

8.1.2 假山石景的类型

1) 假山的类型

假山的类型划分历来有很多不同的方式,这里就最常用的堆山材料和景观特征两个划分依据来介绍其类型。

从堆山主要材料分,有土山、带石土山、带土石山和石山等四类。

(1) 土山 是以泥土作为基本堆山材料。这种类型的假山占地面积往往很大,是构成园林基本地形和基本景观的重要因素。

(2) 带石土山 是土多石少的山。

(3) 带土石山 是石多土少的山。这种土石结合、露石不露土的假山,占地面积小,但山的特征最为突出,适于营造奇峰、悬崖、深峡、崇山峻岭等多种山地景观,在江南园林中数量最多。

(4) 石山 其堆山材料主要是自然山石,只在石间空隙处填土配植植物。这种假山一般规模都比较小,主要用在庭院、水池等比较闭合的环境中,或者作为瀑布、山泉的山体应用。

从景观特征来分,可分为仿真型、写意型、透漏型、实用型、盆景型等五类。

① 仿真型 这种假山的造型是模仿真实的自然山形,山景如同真山一般。峰、崖、岭、谷、洞、壑的形象都按照自然山形塑造,能够以假乱真,达到"虽由人作,宛如天开"的景观效果。

② 写意型 其山景也具有一些自然山型特征,但经过明显的夸张处理。在塑造山形时,特意夸张了山

体的动势、山形的变异和山景的寓意,而不再以真山山形为造景的主要依据。

③ 透漏型　山景基本没有自然山形的特征,而是由很多穿眼嵌空的奇形怪石堆叠成可游可行可登攀的石山地。山体中洞穴、孔眼密布,透漏特征明显,身在其中,也能感到一些山地境界。

④ 实用型　这类假山既可能有自然山形特征,又可以没有山的特征,其造型多数是一些庭院实用品的形象,如庭院山石门、山石屏风、山石墙、山石楼梯等。在现代公园中,也常把工具房、配电房、厕所等附属小型建筑掩藏于假山内部。这种在山内藏有功能性建筑的假山,也属于实用山一类。

⑤ 盆景型　在有的园林露地庭园中,还布置有大型的山水盆景。盆景中的山水景观大多数都是按照真山真水形象塑造的,而且还有着显著的小中见大的艺术效果,能够让人领会到咫尺千里的山水意境。

2) 石景的类型

根据石块数量和景观特点,园林石景基本可以分为子母石、散兵石、单峰石、象形石、石玩石等五类。

(1) 子母石　是以一块大石为主,带有几个大小有别的较小石块所构成的一组景物石。母石和子石紧密联系,相互呼应,有聚有散地自然分布于草坪上、山坡上、水池中、树林边、路边等等地方。

(2) 散兵石　无呼应联系的一群自然山石分散布置在草坪、山坡等处,主要起点缀环境,烘托野地氛围的作用,这样的一群或几块山石就叫散兵石(注:此处散兵石的概念与明代计成《园冶》中不同,后者是一种石材名称)。

(3) 单峰石　是由形状古怪奇特,具有透、漏、皱、瘦特点的一块大石,或是一块有若干小石拼合成的大石独立构成石景,这种石景即是单峰石。如上海、苏州、杭州等地历史上遗留下来,号称江南名石的"玉玲珑"、"冠云峰"、"瑞云峰"、"绉云峰",就属于这类石景。

(4) 象形石　是天生具有某种逼真的动物、器物形象的石景。这种石景十分难得。但如果有幸能够获得,布置在园林中,将会引起游人极大的兴趣。

(5) 石玩石　是形态奇特、精致或质地与色彩晶莹美丽的观赏石,主要供室内陈列观赏,古代也称为"石供"、"石玩"。

8.1.3　假山的功能作用

1) 骨架功能

利用假山形成全园的骨架。现存的许多中国古代园林莫不如此。整个园子的地形骨架、起伏、曲折皆以假山为基础来变化。如:明代南京徐达王府之西园(今南京之瞻园)、明代所建今上海之豫园、清代扬州之个园和苏州的环秀山庄等,总体布局都是以山为主,以水为辅,而建筑并不一定占主要的地位。

2) 空间功能

利用假山可以对园林空间进行分隔和划分,将空间分成大小不同,形状各异,富于变化的形态。在假山区可以创造出流动空间,闭合空间,纵深空间。假山还能够将游人的视线或视点引到高处或低处。用假山组织空间还可以结合障景、对景、背景、框景、夹景等手法灵活运用。

3) 造景功能

假山景观是自然山地景观在园林中的再现。自然界奇峰异石、悬崖峭壁、层峦叠嶂、深峡幽谷、泉石洞穴、海岛石礁等等景观形象,都可以通过假山石景在园林中再现出来。在庭院中、园路边、广场上、墙角处、水池边,甚至在屋顶花园等等多种环境中,假山和石景还能作为观赏小品,用来点缀风景,增添情趣。

4) 工程功能

用山石作驳岸、挡土墙、护坡和花台等。在坡度较陡的土山坡地,常散置山石以护坡,这些山石可以阻挡和分散地面径流,降低地面径流的流速,从而减少水土流失。例如,北海琼华岛南山部分的群置山石、颐和园龙王庙土山上散点山石等都有减少冲刷的效用。在坡度更陡的山上往往开辟成自然式的台地,在山的内侧所形成的垂直土面,多采用山石做挡土墙。自然山石挡土墙的功能和整形式挡土墙的基本功能相同,而在外观上曲折、起伏、凹凸多致。例如颐和园的"圆明斋"、"写秋轩",北海的"酣古堂"、"亩鉴室"周围都是自然山石挡土墙的佳品。

5) 使用功能

用假山作为室内外自然式的家具器设,既不怕日晒夜露,又可结合造景。

8.2 中国传统假山设计

8.2.1 传统假山材料

1) 湖石

即太湖石,因原产太湖而得名,它是江南园林中运用最为普遍的一种,它是经过溶融的石灰岩,在我国分布很广,只是在色泽、纹理和形态方面有些差别。

(1) 太湖石　真正的太湖石原产于苏州所属的太湖中的洞庭西山,山石质坚而脆。由于风浪或溶融作用,其纹理纵横,脉络显隐。石面上遍多坳坎,称"弹子窝",叩之有微声,还自然地形成沟缝穴洞,有时窗洞相套,玲珑剔透,蔚为奇观,有如天然的雕塑品,观赏价值较高,如图8.1所示。

图8.1　太湖石

(2) 房山石　产于北京房山大灰场一带山上,并因之为名。它也是石灰岩,但为红色山土所渍满。新开采的房山岩呈土红色、桔红色或更淡一些的土黄色,日久以后表面带些灰色,质地不如南方的太湖石那样脆,但有一定的韧性,这种山石也具有太湖石的涡、沟、环、洞的变化,因此也有人称之为北方湖石。它的特征除了颜色和太湖石有明显区别之外,容量比太湖石大,叩之无共鸣声,多密集的小孔而无大洞。外观比较沉实、浑厚、雄壮,这与太湖石外观轻巧、清秀、玲珑有明显的差别,如图8.2所示。和这种山石比较接近的还有镇江所产的砚山石,形态颇多变化而色泽淡黄清润,叩之有微声,也有褐灰色的,石多穿眼相通,有运至外省掇山的。

图8.2　房山石

图8.3　黑英

(3) 英石　是岭南园林中所用的山石,也常见于几案石品,原产广东省英德县一带,英石质坚而特别脆,用手指弹叩有较响的共鸣声。淡青灰色,有的间有自然脉络,这种山石多为中、小形体,很少见有大块。英石又分白英、灰英和黑英三种,一般所见以灰英属多,白英、黑英因物稀而为贵,所以多用特置或散点,如图8.3所示。

(4) 灵璧石　原产安徽省灵璧县,石产土中,被赤泥渍满,须刮洗方显本色,其中灰色甚为清润,质地亦脆,用手指弹亦有共鸣声,石面有坳坎的变化,石形亦千变万化,但其很少有婉转回折之势,须借人工以全其美,这种山石可掇山石小品,更多情况下作为盆景石玩,如图8.4所示。

(5) 宣石 产于宁国县,其色犹如积雪覆盖于灰色石面上,也由于为赤土浸渍,因此又带些赤黄色,非刷净不见其质,所以愈旧愈白。由于它有积雪一般的外貌,扬州个园用它作为冬山的材料,效果很好,如图8.5所示。

2) 黄石

黄石是一种带橙黄色的细砂岩,产地很多,以常熟虞山的自然景观最为著名。苏州、常州,镇江等地皆有所产。其石形顽劣,节理面近乎垂直、雄浑沉实,与湖石相比它又有一番景象,平正大方,立体感强,块钝而棱锐,具有强烈的光影效果,如图8.6所示。明代所建上海豫园的大假山、苏州耦园的假山和扬州个园的秋山均为黄石掇成的佳品。

3) 青石

青石即一种青灰色的细砂岩,北京西郊洪山口一带均有所产。青石的节理面不像黄石那样规整,不一定是相互垂直的纹理,也有交叉互织的斜纹,就形体而言,多成片状,故又有"青云片"之称,如图8.7所示。北京圆明园"武陵春色"的桃花洞,颐和园后湖某些局部都用这种青石为山。

4) 石笋

石笋即外形修长如竹笋的一类山石的总称。这类山石原产地颇广,石皆卧于山土中,采出后直立于地上,园林中常作独立小景布置,如个园的春山等。常见石笋有以下几种,如图8.8所示。

(1) 果笋 在青灰色的细砂中沉积了一些卵石,如银杏树所产的白果嵌在石中,因此得名。有些地方把大而圆的头向上的称为"虎头笋",而上面尖而小的称为"凤头笋"。

(2) 乌炭笋 顾名思义,这是一种乌黑色的石笋,比煤炭的颜色稍浅而无甚光泽,常用浅色景物作背景,使石笋的轮廓更清新。

(3) 慧剑 这是北京的称法,指的是一种净面青灰色的石笋,北京颐和园前山东腰有数仗的大石笋,就是这种石笋作的特置小品。

图8.4 灵璧石

图8.5 宣石

图8.6 黄石

图8.7 青石

图8.8 个园中的石笋

8.2.2 传统置石艺术

1) 布置形式

（1）**特置** 由于单块山石的姿势突出,或玲珑或奇特,立之可观时,就特意摆在一定的地点作为一个小景或局部的一个构图中心来处理,这种处理石方法就叫做"特置",如图 8.9 所示。特置石多为湖石,对于湖石的特置要求"透、漏、瘦、皱"四字,后人又加一"丑"字。特置可在正对大门的广场上,门内前庭中或别院中。例如,瞻园入口处的"仙人峰"既为框景,又是小空间构成中心,与大空间产生对比。较为著名的特置有江南三大名石:上海豫园内的"玉玲珑"、杭州花圃内的"绉云峰"、苏州第十中学内的"瑞云峰"。特置好比单字书法或特写镜头,本身应具有比较完美的构图关系。古典园林中的特置山石常镌刻题咏或命名。

图 8.9 特置

（2）**孤置** 孤立独处地布置单个山石,并且山石是直接放置在或半埋在地面上,这种石景布置方式是孤置。孤置石景与特置石景主要的不同是没有基座承托石景,石型的罕见程度及山石的观赏价值都没有后者高,如图 8.10 所示。

孤置的石景一般能够起到点缀的作用,常常被当做园林局部地方的一般陪衬景物使用,也可以布置在其他景物之旁,作为附属景物。孤置石的布置环境,可以在路边、草坪上、水边、亭旁、树下,也可以布置在建筑或园墙的漏窗或取景窗后,与窗口一起构成漏景或框景。在山石材料的选择方面,孤置石的要求并不高,只要石型自然,石面是由风化所形成,而不是人工劈裂或雕琢形成的,都可以使用。当然,石型越奇特,观赏价值越高,孤置石的布置效果也会越好。

图 8.10 孤置

（3）**对置** 两个山石布置在相对的位置上,呈对称或者对立、呼应状态,这种置石方式即是对置,如图 8.11 所示。两块山石的体量大小、姿势方向和布置位置,可以对称,也可以不对称。前者就叫做对称对置,而后者则叫不对称对置。对置的石景可起到装饰环境的配景作用。其布置一般是在庭院门两侧、园林主景两侧、路口两侧,园路转折点两侧、河口两岸等环境条件下。

（4）**散置** 即将山石零星散置,所谓"攒三聚五",散漫布置有立有卧,或大或小。散置的运用最为广泛,在掇山的山脚、山坡、山头,在池畔水际,在溪涧河流,在林下,在花境中,在路旁,都可以散点而成意趣。散置的组合要有高有低,有主有次,有聚有散,有断有续,曲折迂回,顾盼呼应,疏密有致,层次分明,如图8.12所示。

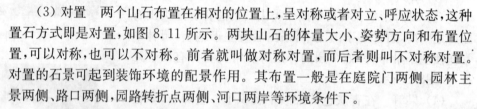

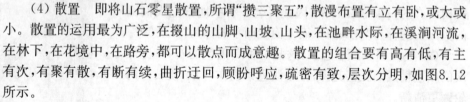

图 8.11 对置　　　　图 8.12 散置

（5）**群置** 山石成群布置,作为一个群体来表现,我们称之为"群置"(聚点)。群置的手法看气势,关键在于一个"活"字,要求石块大小不等,体形各异,布置时疏密有致,前后错落,左右呼应,高低不一,形成生动的自然石景,如图8.13所示。

群置的运用很广,如在建筑物或园林的角隅部分常用群置块石的手法来配饰,这在传统上叫做"抱角"或"镶隅"。另外"蹲配"是山石在台阶踏跺(涩浪)边的处理,以体量大而高者为"蹲",体量小而低者为"配",如图8.14所示。明代画家龚贤所著《画诀》说:"石不必一丛数块,大石间小石,然后联络。面宜一向,即不一向亦宜大小顾盼。石小宜平,或在水中,或从土出,要有着落。"又说:"石有面、有足、有腹。亦如人之俯、仰、坐、卧,岂独树则然乎。"所以在群置时要考虑到这些,虽然寥寥数块山石却要主次分明,高低错落,能有"寸石生情"。

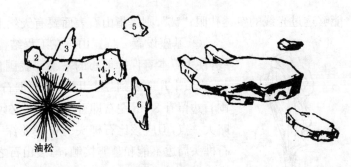

图8.13 群置

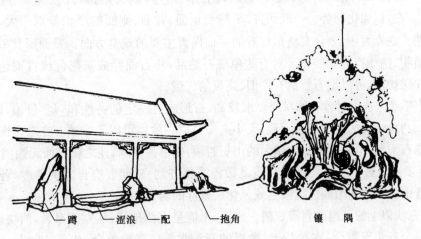

图8.14 群置的运用

(6) 山石器设 用自然山石作室外环境中的家具器设,如作为石桌凳、石几、石水钵、石屏风等等,既有实用价值,又有一定的造景效果。这种石景布置的方式,即是山石器设,如图8.15所示。作为一类休息用地的小品设施,山石器设宜布置在其侧方或后方有树木遮阴之处,如在林中空地、树林边缘地带、行道树下等,以免因夏季日晒而游人无法使用。除承担一些实用功能之外,山石器设还用来点缀环境,以增强环境的自然气息。特别是在起伏曲折的自然式地段,山石器设能够很容易与周围的环境相协调;而且它不怕日晒雨淋,不会生锈腐烂,可在室外环境中代替铁木制作的椅凳。

图8.15 山石器设

江南园林也常结合花台做几案处理。这一类可以说是一种无形的、附属于其他景物的山石器设。从以上坡地几案来说,乍一看是山坡上用作护坡的散点山石,但需要休息的游人到此很自然地就坐下休息,这才能意识到它的用处。

2) 设计要点

(1) 单置设计要点

① 选石 一般应选轮廓线凹凸变化大、姿态特别、石体空透的高大山石。用作单峰石的山石,形态上要有瘦、漏、透、皱的特点。所谓"瘦",就是要求山石的长宽比值不宜太小,石形不臃肿,不呈矮墩状,要显得精瘦而有骨力;"漏",是指山石内要有漏空的洞道空穴,石面要有滴漏状的悬垂部分;"透",特指山石上

能够透过光线的空透孔眼;"皱",则是指山石表面要有天然形成的皱折和皱纹。

② 基座设置 特置山石在工程结构方面要求稳定和耐久,关键是掌握山石的重心线,使山石本身保持重心的平衡。我国传统的做法是用石榫头稳定,榫头一般不用很长,大致十几厘米到二十几厘米,根据石之体量而定。但榫头要争取比较大的直径,周围石边留有3 cm左右即可。石榫头必须正好在重心线上,基磐上的榫眼比石榫的直径略大一点,但应该比石榫头的长度要深一点,这样可以避免因石榫头顶住榫眼底部而石榫头周边不能和基磐接触,吊装山石之前,只需在石榫眼中浇灌少量粘合材料,待石榫头插入时,粘合材料便自然地充满了空隙的地方,如图8.16所示。

图8.16 石榫示意

③ 形象处理 单峰石的布置状态一般应处理为上大下小。上部宽大,则重心高,更容易产生动势,石景也容易显得生动。有的峰石适宜斜立,就要在保证稳定安全的前提下布置成斜立状态。有的峰石形态左冲右突,可以故意使其有所偏左或有所偏右,以强化动势。一般而言,单峰石正面、背面、侧面的形状差别很大,正面形状好,背面形状却可能很差。在布置中,要注意将最好看的一面向着主要的观赏方向。背面形状差的峰石,还可以在石后配植观赏植物,给予掩饰和美化。对有些单峰石精品,将石面涂成灰黑色或古铜色,并且在外表涂上透明的聚氨酯作保护层,可以使石景更有古旧、高贵的气度。

(2)对置设计要点 选用对置石的材料要求较高,石形应有一定的特性和观赏价值,即是能够作为单峰石使用的山石。两块山石的形状不必对称,大小高矮可以一致也可以不一致。在取材困难的地方,也可以用小石拼成单峰石形状,但须用两三块稍大的山石封顶,并掌握平衡,使之稳固而无倾倒的隐患。

(3)散置设计要点 散点之石要不感到凌乱散漫或整齐划一,而要有自然的情趣,若断若续,相互连贯,彼此呼应,仿若山岩余脉和山间巨石散落或风化后残存的岩石。

从平面上看,三块以上的石组排列需成斜三角形,不能呈直线排列;从立面来看,两块以上的石堆应与石头的顶点构成一个三角形组合;在数量上,散置的石头常采用奇数组合,如三、五、七。总之,散点无定式,随势随形而定点。

8.2.3 传统掇山艺术

1)基本法则

掇山是堆叠山石以构成艺术造型,它要求其天然奇巧之趣,而不露斧凿之痕,叠石关键在于"源石之生,辨石之灵,识石之态"。即应根据石性——石块的阴阳向背、纹理脉络、石形石质,使叠石形象、生动、优美。

掇山的基本法则是:"有真为假,作假成真","虽由人作,宛自天开"。

掇山的具体方法可概括为32个字,即:因地造山,巧于因借,山水结合,主次分明,三远变化,远近相宜,寓情于石,情景交融。

2)平面设计

(1)假山平面布局 在园林或其他城市环境中布置假山,要坚持因地制宜的设计原则,处理好假山与环境的关系、假山的观赏关系、假山与游人活动的关系和假山本身造型形象方面的诸多关系。

① 山景布局与环境处理 假山布局地点的确定与假山工程规模的大小有关。大规模的园林假山,既可以布置在园林的适中地带,又可在园林中偏于一侧布置。而小型的假山,则一般只在园林庭院或园墙一角布置。假山最好能布置在园林湖池溪泉等水体的旁边,使其山影婆娑,水光潋滟,山水景色交相辉映,共同成景。在园林出入口内外、园路的端头、草地的边缘地带等等位置上,一般也都适宜布置假山。

假山与其环境的关系很密切,受环境影响也很大。在一侧或几侧受城市建筑所影响的环境中,高大的建筑对假山的视觉压制作用十分突出。在这样的环境布置假山,就一定要采取隔离和遮掩的方法,用浓密的林带为假山区围出一个独立的造景空间来。或者,将假山布置在一侧的边缘地带,山上配置茂密的混交风景林,使人们在假山上看不到或很少看到附近的建筑。

在庭院中布置假山时,庭院建筑对假山的影响无法消除,只有采取一些措施来加以协调,以减轻建筑对假山的影响。例如,在仿古建筑庭院中的假山,可以通过在山上合适之处设置亭廊的办法来协调;在现代建筑庭院中,也可以通过在假山与建筑、围墙的交接处配植灌木丛的方式来进行过度,协调二者关系。

② **主次关系与结构布局** 假山布局要做到主次分明,脉络清晰,结构完整。主山(或主峰)的位置虽然不一定要布置在假山区的中部地带,但却一定要在假山山系结构核心的位置上。主山位置不宜在山系的正中,而应当偏于一侧,以避免山系平面布局呈现对称状态。主山、主峰的高度及体量,一般应比第二大的山峰高、大1/4以上,要充分突出主山、主峰的主体地位,做到主次分明。

除了孤峰式造型的假山以外,一般的园林假山都要有客山、陪衬山与主山相伴。客山是高度和体量仅次于主山的山体,具有辅助主山构成山景基本结构骨架的重要作用。客山一般布置在主山的左、右、左前、左后、右前、右后等几个位置上,一般不能布局在主山的正前和正后方。陪衬山比主山和客山的体量小了很多,不会对主、客山构成遮挡关系,反而能够增加山景的前后风景层次,很好的陪衬、烘托主、客山,因此其布置位置可以十分灵活,几乎没有限制。

主、客、陪这三种山体结构部分相互的关系要协调,要以主山作为结构核心,充分突出主山。而客山则要根据主山的布局状态来布置,要与主山紧密结合,共同构成假山的基本结构。陪衬山主要应当围绕主山布置,但也可少量围绕着客山布置,可以起到进一步完善假山山系结构的作用。

③ **自然法则与形象布局** 园林假山虽然有写意型与透漏型等不一定直接反映自然山形的造山类型,但所有假山创作的最终源泉还是自然界的山景资源。即使是透漏型的假山,其形象的原形还是能够在风蚀砂岩或海蚀礁岸中找到。堆砌这类假山的材料如太湖石、钟乳石,其空洞形状本身也就是自然力造成的。因此假山布局和假山造型都要遵从对比、运动、变化、聚散的自然景观发展规律,从自然山景中汲取创作的素材营养,并有所取舍、提炼、概括与加工,从而创造出更典型、更富于自然情调的假山景观。这就是说,假山的创作要"源于自然,高于自然",而不能离开自然,违背自然法则。

④ **风景效果及观赏安排** 假山的风景效果应当具有丰富的多样性,不但要有山峰、山谷、山脚景观,而且还要有悬崖、峭壁、深峡、幽洞、怪石、山道、泉涧、瀑布等等多种景观,甚至还要配植一定数量的青松、红枫、岩菊等观赏植物,进一步烘托假山景观。

由于假山是建在园林中,规模不可能像真山那样无限地大,要在有限的空间中创造无限大的山岳景观,就要求园林假山必须具有小中见大的艺术效果。小中见大效果的形成,是创造性地采用多种艺术手法才能实现的,如利用对比手法、按比例缩小景物、增加山景层次、逼真地造型、小型植物衬托等等方法,都有利于小中见大效果的形成。

在山路的安排中,增加路线的弯曲、转折、起伏变化和路旁景物的布置,造成"步移景异"的强烈风景变换感,也能够使山景效果丰富多彩。

任何假山的形象都有正面、背面和侧面之分,在布局中,要调整好假山的方向,让假山最好的一面向着视线最集中的方向。例如在湖边的假山,其正面就应当朝着湖的对岸;在风景林边缘的假山,也应以其正面向着林外,而以背面朝向林内。确定假山朝向时,还应该考虑山形轮廓,要以轮廓最好的一面向着视线集中的方向。

假山的观赏视距的确定,要根据设计的风景效果来考虑。需要突出假山的高耸和雄伟,则将视距确定在山高的1~2倍距离上,使山顶成为仰视风景;需要突出假山优美的立面时,就应采取山高的3倍以上的距离作为观赏视距,使人们能够看到假山的全景。在假山内部,一般不刻意安排最佳观赏视距,随其自然。

⑤ **造景观景与兼顾功能** 假山布局一方面是安排山石造景,为园林增添重要的山地景观;另一方面还要在山上安排一些台、亭、廊、轩等设施,提供良好的观景条件,使假山造景和观景两相兼顾。另外,在布局上,还要充分利用假山的组织空间作用、创造良好生态环境的作用和实用小品的作用,满足多方面的造园

要求。

(2) 假山平面形状设计　实际上就是对由山脚线所围合成的一块地面形状的设计。山脚线就是山体的平面轮廓线形,因此假山平面设计也就是对山脚线、位置、方向的设计。山脚轮廓线形设计,在造山实践中被叫做"布脚"。所谓"布脚",就是假山的平面形状设计。在布脚时,应当按照下述的方法和注意点进行。

脚线应当设计为回转自如的曲线形状,要尽量避免成为直线。曲线向外凸,假山的山脚也随之向外凸出;向外凸出达到比较远的时候,就可形成山的一条余脉。曲线若是向里凹进,就可能形成一个回弯或山坳;如果凹进很深,则一般会形成一条山槽。

山脚曲线凸出或凹进的程度大小,根据山脚的材料而定。土山山脚曲线的凹凸程度应小一些,石山山脚曲线的凹凸程度则可比较大。从曲线的弯曲程度来考虑,土山山脚曲线的半径一般不要小于 2 m,石山山脚曲线的半径则不受限制,可以小到几十厘米。在确定山脚曲线半径时,还要考虑山脚坡度的大小。在陡坡处,山脚曲线半径可适当小一些;而在坡度平缓处,曲线半径要大一些。

在设计山脚线过程中,要注意由它所围合成的假山基底平面形状及地面面积大小的变化情况。假山平面形状要随弯就势,宽窄变化,如同自然;而不要成为圆形、卵形、椭圆形、矩形等规则的形状。如若土山平面被设计为这些形状,那么其整个山形就会是圆丘、梯台形,很不自然。设计中,对假山基底面积大小的变化更要注意。因为基底面积越大,则假山工程量就越大,假山的造价也相应会增大。所以,一定要控制好山脚线的位置和走向,使假山只占用有限的地面面积,就能造出很有分量的山体来。

设计石山的平面形状,要注意为山体结构的稳定提供条件。当石山平面形状成直线式的条状时,山体的稳定性最差。如果山体同时又比较高,则可能因风压过大或其他人为原因而使山体倒塌。况且,这种平面形状必然导致石山成为一道平整的山石墙,石山显得单薄,山的特征反而被削弱了。当石山平面是转折的条状或是向前后伸出山体余脉的形状时,山体能够获得最好的稳定性,而且使山的立面有凸有凹,有深有浅,显得山体深厚,山的意味更加显著。

(3) 假山平面的变化手法　平面设计得好,其立面的造型效果就有保证也做得很好,但这要依靠假山平面的变化处理才能做到。假山平面必须根据所在场地的地形条件来变化,以便使假山能够与环境充分地协调。在假山设计中,平面设计的变化方法是很多的,择主要方法来说,则有以下几种。

① 转折　假山的山脚线、山体余脉、甚至整个假山的平面形状,都可以采取转折的方式造成山势的回转、凹凸和深浅变化,这是假山平面设计中最常用的变化手法。

② 错落　山脚凸出点、山体余脉部分的位置,采取相互间不规则地错开处理,使山脚的凹凸变化显得很自由,破除了整齐的因素。在假山平面的多个方面进行错落处理,如前后错落、左右错落、深浅错落、线段长短错落、曲直错落等等,就能够为假山的形状带来丰富的变化效果。

③ 断续　假山的平面形状还可以采用断续的方式来加强变化。在保证假山主体部分是一大块连续的、完整的平面图形前提下,假山前后左右的边缘部分都可以有一些大小不等的小块山体与主体部分断开。根据断开方式、断开程度的不同和景物之间相互连续的紧密程度不同,就能够产生假山平面形状上的许多变化。

④ 延伸　在山脚向外延伸和山沟向山内延伸的处理中,延伸距离的长短、延伸部分的宽窄和形状曲直以及相对两山以山脚相互穿插的情况等等,都有许多变化。这些变化,一方面使山内山外的山形更为复杂,另一方面也使得山景层次、景深更具有多样性。另外,山体一侧或山后余脉向湖池水中延伸,可以暗示山体扎根很深。山脚被土地掩埋或在假山边埋石,则是石山向地下延伸。这些延伸方式,都可以产生不可见的假山平面变化。

⑤ 环抱　将假山山脚线向山内凹,或者使两条假山余脉向前伸出,都可以形成环抱之势。通过山势的环抱,能够在假山某些局部造成若干半闭合的独立空间,形成比较幽静的山地环境。而环抱处的深浅、宽窄以及平面形状,都有很多变化,又可使不同地点的环抱空间具有不同的景观格调,从而丰富了山景的形象。环抱的处理一般都局限在假山区内。如果要将这种方式引用到整个园林中,在经济上常常是不可能

的。因为我们不可能用高大的山体环抱在园林的四周,所以就只能在园林的一个局部采用环抱手法造型,而且还要采用以少胜多的手法,用较少的山石材料,在园林的各个边缘创造出环抱之势。例如,园林水体采用假山石驳岸,是使假山石环抱水体;用假山石砌筑树木花台,是山石对树木的环抱;以断续分布的带石土丘围在草坪四周,是假山环抱草坪构成的盆地等等。

⑥ 平衡　假山平面的变化,最终应归结到山体各部分相对平衡的状态上。无论假山平面怎样地千变万化,最后都要统一在自然山体形成的客观规律上,这就是多样统一的形式规律。平衡的要求,就是要在假山平面的各种变化因素之间加强联系,使之保持协调。

总之,假山平面布脚的方法很多。众多的变化方法如果能有针对性地合理运用,就一定能够为假山平面设计带来成功,为山体的立面造型奠定良好的基础。

3) 立面造型

在假山立面形象设计中,一般把假山主立面和一个重要的侧立面设计出来即可,而背面以及其他立面则在施工中根据设计立面的形状现场确定。大规模的假山,也有需要设计出多个立面的,则应根据具体情况灵活掌握。一般地讲。主立面和重要立面一确定,背立面和其他立面也就相应地大概确定了,有变化也是局部的,不影响总体造型。设计假山立面的主要方法和步骤如下所述。

(1) 确立意图　在设计开始之前,要确定假山的控制高度、宽度以及大致的工程量,确定假山所用的石材和假山的基本造型方向。

(2) 先勾轮廓　根据假山设计平面图,或者直接在纸上构思和绘草图。草图构思时,应首先确定一个大致的比例,再预定假山石材轮廓特征。例如,采用青石、黄石造山,假山立面的轮廓线形应比较挺拔,能给人坚硬的感觉。采用湖石造山,立面轮廓线就应圆转流畅,给人柔和、玲珑的感受。假山轮廓线与石材轮廓线能保持一致,就能方便假山施工,而且造出的假山更能够与图纸上的设计形象吻合。

设计中为了使假山立面形象更加生动自然,要适当地突出山体外轮廓线较大幅度的起伏曲折变化。起伏度大,假山立面形象变化也大,就可打破平淡感。当然,起伏程度还是应适当,过分起伏可能给人矫揉造作的感觉。

在立面外轮廓初步确定之后,为了表明假山立面的形状变化和前后层次距离感,就要在外轮廓图形以内添画上山内轮廓线。画内部轮廓线的一些凹陷点和转折点落笔,再根据设想的前后层次关系绘出前后位置不同的各处小山头、陡坡或悬崖的轮廓线。

(3) 反复修改　初步构成的立面轮廓不一定能令人满意,还要不断推敲研究并反复修改,直到获得比较令人满意的轮廓图形为止。

在修改中,要对轮廓图的各部分进行研究,特别是要研究轮廓的悬挑、下垂部分和山洞洞顶部位在结构上能否做得出,能否保证不发生坍塌现象。要多从力学的角度来考虑,保证有足够的安全系数。对于跨度大的部位,要用比例尺准确量出跨度,然后衡量能否做到结构安全。如果跨度太大,结构上已不能保证安全,就要修改立面轮廓图,减小跨度,保证安全。在悬崖部分,前面的轮廓悬出,那么崖后就应很坚实,不要再悬出。总之,假山立面轮廓的修改,必须照顾到施工方便和现实技术条件所能够提供的可能性,特别是安全性。

(4) 确定构图　经过反复修改,立面的轮廓图就可以确定下来了。这时假山各处山顶的高度、山的占地宽度、大概的工作量、山体的基本形象等都已经符合预定的设计意图,因此就可以进入下一步工作了。

(5) 再勾皴纹　立面的各处轮廓都确定之后,要添绘皴纹线表明山石表面的凹凸、皱折、纹理形状。皴纹线的线形,要根据山石材料表面的天然皱折纹理的特征绘出,也可参考国画山水画的皴法绘制,如披麻皴、折带皴、卷云皴、解索皴、荷叶皴、斧劈皴等。这些皴法在一般的国画山水画技法书籍中都可以找到。

(6) 增添配景　在假山立面适当部分添画植物。植物的形象应根据所选树种或草种的固有形状来画,可以采用简画法,表现出基本的形态特征和大小尺寸即可,不必详细画。绘有植物的位点,在假山施工中要预留能够填土的种植槽孔。

(7) 画侧立面　根据主立面各处的对应关系和平面图所示的前后位置关系,并参照上述方法步骤,对假山的一个重要侧立面进行设计,并完成侧立面图绘制。

(8) 完成设计　以上步骤完成后,假山立面设计就基本成形了。这时,还要将立面图与平面图相互对照,检查其形状上的对应关系。如有不能对应的,要修改假山平面图;但也可根据平面图而修改立面图。平、立面图能够对应后,即可以定稿了。最后,按照修改,添画定稿的图形,进行正式描图,并标注控制尺寸和特征点的高程,假山设计也就完成了。

陈植先生曾指出,"筑山之术,实为一种专门学术,其结构应有画意、诗意,始能引人入胜。不然便感平淡无奇,或竟流于刀山剑树,然筑山复非画家诗人所尽能也。良以绘画为平面,筑山为立体,平面者,目之可及者、只一面,立体者,目之可及者乃五面,且假山复非若绘画之可望而不可即也,可远眺,可近观,可登临,可环睹,其材料随地而不同,好恶因人而异致,益以能力范围,复未必尽似。一山之筑,一石之叠,应因人、因地、因力、因财、各制其宜,不若山水画家之各就所长,信手挥成者也。"由此可见,假山的设计需全盘考虑,综合各方因素来设计,才能如意完成。

4) 假山的图纸表现

一般来说,假山设计要完成的图纸有:

(1) 总平面图　标出所设计的假山在全园的位置,以及与周围环境的关系。比例根据假山的大小一般可选用1∶1000～1∶200。

(2) 平面图　表示主峰、次峰、配峰在平面上的位置及相互间的关系,并标上标高,如果所设计的假山有多层,要分层画出平面图。比例根据假山的大小一般可选用1∶300～1∶50。

(3) 主要立面图　表明主峰、次峰、配峰等在立面上的关系,并画出主要的纹理、走向。比例同平面图。

(4) 透视图　用透视图可以形象、生动地表示出设计意图,并可解决某些假山师傅不识图的问题。

(5) 主要断面图　必要时可画一至数个主要横、纵断面图,比例根据具体情况而定。

5) 优秀案例

(1) 扬州个园　个园是扬州古典园林叠石之代表作,为中国古典名园之一。个园的假山以堆砌精巧而闻名于世,运用不同的石头,分别表现春夏秋冬景色,号称"四季假山",如图8.17。入园,春景选用石笋插入于竹林中,寓意雨后春笋;夏景于荷花池畔叠以湖石,过桥进洞似入炎夏浓荫;体现秋景的是坐东朝西的黄石假山。峰峦起伏,山石雄伟,登山俯瞰,顿觉秋高气爽;冬景采用宣石堆叠的雪狮图如隆冬白雪。透过冬山西墙圆形漏窗,又可窥见春晖融融的春山,体现了前呼后应的构筑匠心。游园一周,如隔一年,体现了画家所谓"春山淡冶而如笑,夏山苍翠而如滴,秋山明净而如妆,冬山惨淡而如睡"和"春山宜游,夏山宜看,秋山宜登,冬山宜居"的画理。

(a) 春山

(b) 夏山

(c) 秋山

(d) 冬山

图 8.17　个园四季假山

（2）南京瞻园　南京的瞻园是以山为主、以水为辅的山水园,如图 8.18 所示。瞻园的主景与骨干由三座各具风姿的假山组成,北假山陡峭雄峙,西假山蜿蜒如龙,南假山巍峨雄浑。

北假山原为明代遗物,以体态多变的太湖石堆成,尚保留有若干明代"一拳代山,一勺代水"的叠山技法,临水有石壁,下有石径,临石壁有贴近水面的双曲桥。山腹中有盘石、伏虎、三猿诸洞。石壁下有两层较大的石矶,有高有低,有凸有凹,中有悬洞,形态自然,丰富了岸线的变化,增加了游人游览的趣味。

西假山则以土为主体,用太湖石驳岸,石头犹从土中长出,充满自然野趣,山侧留一洞口,供游人涉足探幽。西山上有为赏景而设的两座亭子。"岁寒亭"因周围栽有松、竹、梅,又被称作"三友亭";形同折扇而得名的"扇面亭",四周种有常青乔木,绿意浓郁,苍翠欲滴,山林幽雅,游人至此,仿佛步入仙境。

图 8.18　瞻园假山

最令人赞赏的是南假山。一千多吨太湖石经筛选后,按纹理走向拼成斜列状;石缝成竖向相叠以水泥砂浆胶合置于山后;为承受硕大无比的山体重压,底部打下梅花桩,桩中缝隙用石块挤紧,使之既经得起游人的攀登,又经得起暴风骤雨的冲刷;山有两重层次,分别以石包土,土包石的方法相互交替使用;轮廓上采取矮山伴高山错落有致的方式。叠成绝壁、主峰、危崖、洞龛、钟乳石、山谷、配峰、次峰、步石、石径,使南假山呈现群峰跌宕、层次分明、自然幽深的壮丽景观,加上人工瀑布与水洞,遍植的藤萝、红枫与黑松,将南假山装扮得生机盎然,郁郁葱葱,展现出一幅青松伴崖石的美妙画卷,成为建国后我国掇山造园艺术中独具特色的经典范例。

8.2.4　假山结构设计

1) 假山基础设计

假山基础必须能够承受假山的重压,才能保证假山的稳固。不同规模和不同重量的假山,对基础的抗压强度要求也是不相同的。而不同类型的基础,其抗压强度也不相同。

（1）基础类型　假山的基础类型一般常见的有几类,如图 8.19 所示。下面分别介绍这几类基础的基本情况和应用特点。

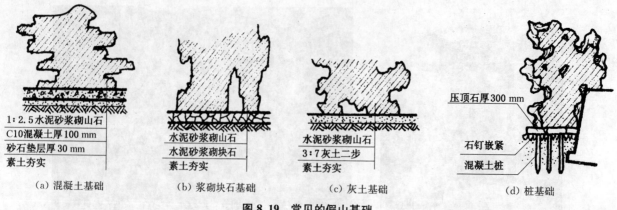

图 8.19 常见的假山基础

① 混凝土基础　是采用混凝土浇筑成的基础。这种基础抗压强度大，材料易得，施工方便。由于其材料是水硬形的，因而能够在潮湿的环境中使用，且能适应多种土地环境。目前，这种基础在规模较大的石假山中应用最广泛。

② 浆砌块石基础　这是采用水泥砂浆或石灰砂浆砌筑块石做成的假山基础。采用浆砌块石基础能够便于就地取材，从而降低基础工程造价。基础砌体的抗压强度较大，能适应水湿环境及其他多种环境。这也是应用比较普遍的假山基础。

③ 灰土基础　采用石灰与泥土混合所做的假山基层，就是灰土基础。灰土基础的抗压强度不高，但材料价格便宜，工程造价较低。在地下水位高、土壤潮湿的地方，灰土的凝固条件不好，应用有困难。但如果在干燥季节施工或通过挖沟排水，改善灰土的凝固条件，在水湿地还是可以采用这种基础的。这是因为灰土在凝固时有比较好的条件，待凝固后就不会透水，还可以减少土壤冻胀引起的基础破坏。

④ 桩基础　用木桩或混凝土桩打入地基做成的假山基础，即桩基础。木桩基础主要在古代假山下应用，混凝土桩基则是现代假山工程中应用的基础形式。桩基主要用在土质疏松地方或新的回填土地方。

(2) 基础设计　假山基础的设计要根据假山类型和假山工程规模而定。人造土山和低矮的石山一般不需要基础，山体直接在地面上堆砌。高度在 3 m 以上的石山，就要考虑设置适宜的基础了。一般来说，高大、沉重的大型石山，需选用混凝土基础或块石浆砌基础；高度和重量适中的山石，可用灰土基础或桩基础。基础的设计要点如下所述：

① 混凝土基础设计　混凝土基础从下至上的构造层次及其材料做法是这样的：最底下是素土地基，应夯实；素土夯实层之上，可做一个砂石垫层，厚 30～70 mm；垫层上面为混凝土基础层，混凝土层的厚度及强度，在陆地上可设计为 100～200 mm，用 C15 混凝土，或按 1∶2∶4 至 1∶2∶6 的比例，用水泥、砂和卵石配成混凝土。在水下，混凝土层的厚度则应设计为 500 mm 左右，强度等级应采用 C20。在施工中，如遇坚实的基础，则可挖素土槽浇注混凝土基础。

② 浆砌块石基础设计　设计这种假山基础，可用 1∶2.5 或 1∶3 水泥砂浆砌一层块石，厚度为 300～500 mm；水下砌筑所用水泥砂浆的比例则应为 1∶2。块石基础层下可铺 30 mm 厚粗砂作找平层，地基应作夯实处理。

③ 灰土基础设计　这种基础的材料主要是用石灰和素土按 3∶7 的比例混合而成。灰土每铺一层厚度为 30 cm，夯实到 15 cm 厚时，则称为一步灰土。设计灰土基础时，要根据假山高度和体量大小来确定采用几步灰土。一般高度在 2 m 以上的假山，其灰土基础可设计为一步素土加两步灰土。2 m 以下的假山，则可按一步素土加一步灰土设计。

④ 桩基础设计　古代多用直径 10～15 cm，长 1～2 cm 的杉木桩或柏木桩做桩基，木桩下端为尖头状。现代假山的基础已基本不用木桩桩基，只在地基土质松软时偶尔有采用混凝土桩基的。做混凝土桩基，先要设计并预制混凝土桩，其下端仍应为尖头状。直径可比木桩基大一些，长度可与木桩基相似，打桩方式也可参照木桩基。

2）山体结构设计

山体内部的结构主要有四种,即环透结构、层叠结构、竖立结构和填充结构,如图8.20所示。这几种结构的基本情况和设计要点如下:

（1）环透式结构　它是指采用多种不规则空洞和孔穴的山石,组成具有曲折环形通道或通透形空洞的一种山体结构。所用山石多为太湖石和石灰岩风化后的怪石。

（2）层叠式结构　假山结构若采用这种形式,则假山立面的形象就具有丰富的层次感,一层层山石叠砌为山体,山形朝横向伸展,或是敦实厚重,或是轻盈飞动,容易获得多种生动的艺术效果。在叠山方式上,层叠式假山又可分为下述两种:

① 水平层叠　每一块山石采用水平状态叠砌,假山立面的主导线条都是水平线,山石向水平方向伸展。

② 斜面层叠　山石倾斜叠砌成斜卧状、斜升状;石的纵轴与水平线形成一定夹角,角度一般为10°～30°,最大不超过45°。

层叠式假山石材一般可用片状山石最适于做层叠的山体,其山形常有"云山千叠"般的飞动感。体形厚重的块状、墩状的自然山石,也可用于层叠式假山。而由这类山石做成的假山,则山体充实,孔洞较少,具有浑厚、凝重、坚实的景观效果。

环透式假山

层叠式假山

竖立式假山

图8.20　常见的山体结构形式

（3）竖立式结构　这种结构形式可以造成假山挺拔、雄伟、高大的艺术形象。山石全部采用立式砌叠,山体内外的沟槽及山体表面的主导皴纹线,都是从下至上竖立着的,因此整个山势呈向上伸展的状态。根据山体结构的不同竖立状态,这种结构形式又分直立结构与斜立结构两种。

① 直立结构　山石全部采取直立状态砌叠,山体表面的沟槽及主要皴纹线都相互平行并保持直立。采取这种结构的假山,要注意山体在高度方向上的起伏变化和平面上的前后错落变化。

② 斜立结构　构成假山的大部分山石,都采取斜立状态;山体的主导纹线也是斜立的。山石与地平面的夹角在45°以上,并在90°以下。这个夹角一定不能小于45°,不然就成了斜卧状态而不是斜立状态。假山主体部分的倾斜方向和倾斜程度应是整个假山的基本倾斜方向和倾斜程度。山体陪衬部分可以分为1～3组,分别采用不同的倾斜方向和倾斜程度,与主山形成相互交错的斜立状态,这样能够增加变化,使假山造型更加具有动感。

采用竖立式结构的假山石材,一般多是条状或长片状的山石,矮而短的山石不能多用。这是因为,长条形的山石易于砌出竖直的线条。但长条形山石在水泥砂浆粘合成悬垂状态时,全靠水泥的粘结力来承受其重量,因此,对石材质地就有了新的要求。一般要求石材质地粗糙或石面小孔密布,这样的石材用水泥砂浆作粘合材料的附着力很强,容易将山石粘合牢固。

（4）填充式结构　一般的土山、带土石山和个别的石山,或者在假山的某一局部山体中,都可以采用这种结构形式。这种假山的山体内部是由泥土、废砖石或混凝土材料填充起来的,因此其结构的最大特点就是填充。按填充材料及其功能的不同,可以将填充式假山分为以下三种情况。

① 填土结构　山体由泥土堆填构成,或者,在用山石砌筑的假山壁后或假山穴坑中用泥土填实,都属于填土结构。假山采用填土结构,既能够造出陡峭的悬崖绝壁,又可少用山石材料,降低假山造价,而且还能够保证假山有足够大的规模,也有利于假山上的植物配植。

② 砖石填充结构　以无用的碎砖、石块、灰块和建筑渣土作为填充材料,填埋在石山的内部或土山的底部,既可增大假山的体积,又处理了园林工程中的建筑垃圾,一举两得。这种方式在一般的假山工程中都可以应用。

③ 混凝土填充结构 有时,需要砌筑的假山山峰又高又陡,在山峰内部填充泥土或碎砖石都不能保证结构的牢固,山峰容易倒塌。在这种情况下,就应该用混凝土来填充,使混凝土作为主心骨,从内部将山峰连成一个整体。混凝土是采用水泥、砂、石子按比例 1∶2∶4～1∶2∶6 的比例搅拌配置而成,主要是作为假山基础材料及山峰内部的填充材料。混凝土填充的方法是:先用山石将山峰砌筑成一个高 70～120 cm (要高低错落)、再砌筑第二层山石筒体,并按相同的方法浇筑混凝土。如此操作,直至峰顶为止,就能够砌筑起高高的山峰。

3) 山洞结构设计

大中型假山一般要有山洞。山洞使假山幽深莫测,对于创造山景的幽静和深远境界是十分重要的。山洞本身也有景可观,能够引起游客极大的游览兴趣。在假山山洞的设计中,还可以使假山洞产生更多的变化,从而更加丰富其景观内容。

(1) 洞壁的结构形式 从结构特点和承重分布情况来看,假山洞壁可分为以山石墙体承重的墙式洞壁和以山石洞柱为主、山石墙体为辅而承重的墙柱式洞壁两种形式。如图 8.21 所示。

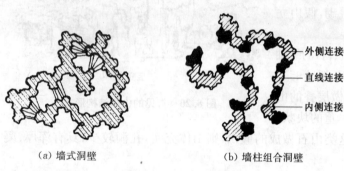

(a) 墙式洞壁　　(b) 墙柱组合洞壁

图 8.21　洞壁结构形式

① 墙式洞壁　这种结构形式是以山石墙体为基本承重构件的。山石墙体是用假山石砌筑的不规则石山墙,用作洞壁具有整体性好、受力均匀的优点。但洞壁内表面比较平,不易做出大幅度的凹凸变化,因此洞内景观比较平淡。采用这种结构形式做洞壁,所需石材总量比较多,假山造价稍高。

② 墙柱式洞壁　由洞柱和柱间墙体构成的洞壁,就是墙柱式洞壁。在这种洞壁中,洞柱是主要的承重构件,而洞墙只承担少量的洞顶荷载。由于洞柱承担了主要的荷载,柱间墙就可以做得比较薄,可以节约洞壁所用的山石。墙柱式洞壁受力比较集中,壁面容易做出大幅度的凹凸变化,洞内景观自然,所用石材的总量可以比较少,因此假山造价可以降低一些。洞柱有连墙柱和独立柱两种,独立柱有直立石柱和层叠石柱两种做法。直立石柱是用长条形山石直立起来作为洞柱,在柱底有固定柱脚的座石,在柱顶有起联系作用的压顶石。层叠石柱则是用块状山石错落有致地层叠砌筑而成,柱脚、柱顶也可以有垫脚座石和压顶石。

(2) 山洞洞顶设计　由于一般条形假山的长度有限,大多数条石的长度都在 1～2 m。如果山洞设计为 2 m 左右宽度,则条石的长度就不足以直接用做洞顶石梁,这就要采用特殊的方法才能做出山洞顶来。因此,假山洞的洞顶结构一般都要比洞壁、洞底复杂一些。从洞顶的常见做法来看,其基本结构方式有三种,就是盖梁式、挑梁式和拱券式。下面,分别就这三种洞顶结构来考察它们的设计特点。

① 梁盖式洞顶　假山石梁或石板的两端直接放在山洞两侧的洞柱上,呈盖顶状,这种洞顶结构形式就是盖梁式。盖梁式结构的洞顶整体性强,结构比较简单,也很稳定,因此是造山中最常用的结构形式之一。但是,由于受石梁长度的限制,采用梁盖式洞顶的山洞不宜做得过宽,而且洞顶的形状往往太平整,不像自然的洞顶。因此,在洞顶设计中就应对假山施工提出要求,希望尽量采用不规则的条形石材来做洞顶石梁。石梁在洞顶的搭盖方式一般有以下几种,如图 8.22 所示。

- 单梁盖顶　即洞顶由一条石梁盖顶受力。
- 双梁盖顶　使用两条长石梁并进行盖顶,洞顶荷载分布于两条梁上。
- 三角梁盖顶　三条石梁呈三角形搭在洞顶,有三条梁共同受力。
- 丁字梁盖顶　由两条长石梁相交成丁字形,作为盖顶的承重梁。
- 井字梁盖顶　二条石梁纵向并行在下,另外二条石梁横向并行搭盖在纵向石梁上,多梁受力。
- 藻井梁盖顶　洞顶由于多梁受力,其梁头交搭成藻井状。

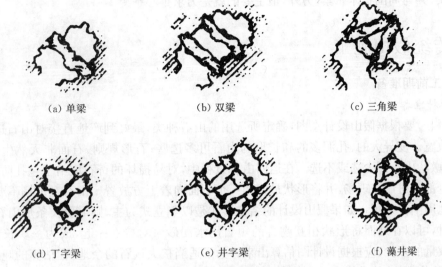

图 8.22 洞顶平面布置

② 挑梁式洞顶 用山石从两侧洞壁洞柱向洞中央对悬挑伸出,并合拢做成洞顶,这种结构就是挑梁式洞顶结构,如图 8.23 所示。

③ 拱券式洞顶 这种结构形式用于较大跨度的洞顶,是用块状山石作为券石,以水泥砂浆作为粘合材料,顺序起拱,做成拱形洞顶。这种洞顶的做法也有称作为造环桥法的,其环拱所承受的重力是沿着券石从中央分向两侧互相挤压传递,能够很好地向洞柱、洞壁传力,因此不会像挑梁式和盖板式洞顶那样将石梁压裂,将挑梁压塌。由于

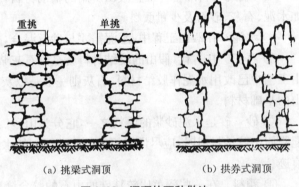

图 8.23 洞顶的两种做法

做成洞顶的石材不是平直的石梁或石板,而是多块不规则的自然山石,其结构形式又使洞顶洞壁连成一体,因此这种结构的山洞洞顶整体感很强,洞景自然变化,与自然山洞形象相近。在拱券式结构的山洞施工过程中,当洞壁砌筑到一定高度后,须先用脚手架搭起操作平台,而后人在平台上进行施工,这样就能够方便操作,同时也容易对券石进行临时支撑,使拱券工作能够保证质量。

4) 山顶结构设计

山顶立峰,俗称为"收头",叠山常作为最后一道工序,所以它实际就是山峰部分造型上的要求,而出现了不同的结构特点。凡"纹"、"体"、"面"、"姿"为观赏最佳者,多用于收头之中。不同峰顶及其要求如下:

(1) 堆秀峰 其结构特点在于利用丰厚强大的重力,镇压全局,它必须保证山体重力线垂直于底面中心,并起均衡山势的作用。

峰石其本身可为单块,也可为多块拼叠而成。体量宜大,但也不能过大而压塌山体。

(2) 流云峰 流云式重于挑、飘、环、透的做法。因此在其中层,已大体有了较为稳固的结构关系,所以一般在收头时,不宜作特别突出的处理,但也要求把环透飞舞的中层收合为一。在用石料方面,常要用与中层类似形态和色彩的石料,以便将开口自然受压于石下,它本身就能完成一个新的环透体,但也可能作为某一个挑石的后盾,掇压于后,这样既不会破坏流云式轻松的特色,又能保证叠石的绝对安全。除用一块山石外,还可以利用多块山石巧安巧斗,充分发挥叠石手法的多变性,从而创造出变化多端的流云顶,但应注意避免形成头重脚轻的不协调现象。

(3) 剑立峰 凡利用竖向石形纵立于山顶者,称之为剑立峰。首先要求其基石稳重,同时在剑石安放

时必须充分落实,并与周围石体靠紧,另外,最主要的就是力求重心平衡。

8.3 传统假山施工

8.3.1 施工前期准备

1) 施工材料准备

(1)山石备料 要根据假山设计意图,确定所选用的山石种类,最好到产地直接对山石进行初选,初选的标准可适当放宽。变异大的、孔洞多的和长形的山石可多选些;石形规则、石面非天然生成而是爆裂面的、无孔洞的矮墩状山石可少选或不选。在运回山石过程中,对易损坏的奇石应给予包扎防护。山石材料应在施工之前全部运进施工现场,并将形状最好的一个石面向着上方放置。山石在现场不要堆起来,而应平摊在施工场地周围待选用。如果假山设计的结构形式是以竖立式为主,则需要长条形山石比较多;在长形石数量不足时,可以在地面将形状相互吻合的短石用水泥砂浆对接在一起,成为一块长形山石留待选用。山石备料数量的多少,应根据设计图估算出来。为了适当扩大选石的余地,在估算的吨位数上应再增加 $1/4 \sim 1/2$ 的吨位数,这就是假山工程的山石备料总量了。

(2)辅助材料准备 堆叠假山所用的辅助材料,主要是指在叠山过程中需要消耗的一些结构性材料,如水泥、石灰、砂石及少量颜料等。

① 水泥 在假山工程中,水泥需要与砂石混合,配成水泥砂浆和混凝土后再使用。

② 石灰 在古代,假山的胶结材料就是以石灰浆为主,再加进糯米浆使其粘合性能更强。而现代的假山工艺中已改用水泥作胶结材料,石灰则一般是以灰粉和素土一起,按 3∶7 的配合比配制成灰土,作为假山的基础材料。

③ 砂 砂是水泥砂浆的原料之一,它分为山砂、河砂、海砂等,而以含泥少的河砂、海砂质量最好。在配制假山胶结材料时,应尽量用粗砂。粗砂配制的水泥砂浆与山石质地要接近一些,有利于削弱人工胶合痕迹。

④ 颜料 在一些颜色比较特殊的山石的胶合缝口处理中,或是在以人工方法用水泥材料塑造假山和石景的时候,往往要使用颜料来为水泥配色。需要准备什么颜料,应根据假山所采用山石的颜色而确定。常用的水泥配色颜料是:炭黑、氧化铁红、柠檬铬黄、氧化铬绿和钴蓝。

另外,还要根据山石质地的软硬情况,准备适量的铁爬钉、银锭扣、铁吊架、铁扁担、大麻绳等施工消耗材料。

2) 施工工具的准备

(1)绳索 是绑扎石料后起吊搬运的工具之一。一般来说,任何假山石块,都是经过绳索绑扎后起吊搬运到施工地后叠置而成的。所以说绳索是很重要的工具之一。

绳索的规格很多,假山用起吊搬运的绳索是用黄麻长纤维丝精制而成的,选直径 20 mm 粗 8 股黄麻绳,25 mm 粗 12 股黄麻绳,30 mm 粗 16 股黄麻绳、40 mm 粗 18 股黄麻绳,作为对各种石块绑扎起吊用绳索。因黄麻绳质地较柔软,打结与解扣方便且使用次数也较长,可以作为一般搬运工作的主要结扎工具。以上绳索的负荷值为 $200 \sim 1500$ kg(单根)。在具体使用时可以自由选择,灵活使用(辅助性小绳索不计在内)。

绳索活扣是吊运石料的唯一正确操作方法,它的打结法与一般起吊搬运技工的活结法相同。

绳索打结是对吊运套入吊钩或杠棒而用的活结,但如何绑扎是很重要的,绑扎的原则是选择在石料(块)的重心位置处,或重心稍上的地方。两侧打成环状,套在可以起吊的突出部分或石块底面的左右两侧角端,这样便于在起吊时愈吊因重力作用反而附着牢固的程度愈大。严禁有因稍事移动而滑脱的情况出现。

(2)杠棒 是原始的搬抬运输工具,但因其简单、灵活、方便,在假山工程运用机械化施工程度不太高的现阶段,仍有其使用价值,所以我们还需要将其作为重要搬运工具之一来使用。杠棒在南方取毛竹为材,直径6～8 cm。要求取节密的新毛竹根部,节间长约为6～11 cm为宜。毛竹杠棒长度约为1.8 m。北方杠棒以柔韧的黄檀木为优,多加工成扁形适合人肩扛抬,杠棒单根的负荷重量要求达到200 kg左右为佳。较重的石料要求双道杠棒或3～4道杠棒由6～8人扛抬。这时要求每道杠棒的负荷平均,避免负荷不均而造成工伤事故。

(3) 撬棍　是指用粗钢筋或六角空芯钢长约1～1.6 m不等的直棍段,在其两端各锻打成偏宽锲形,与棍身呈45°～60°不等的撬头,以便将其深入待撬拨的石块底下,用于撬拨要移动的石块,这是假山施工中使用最多且重要的另一手工操作的必备工具。

(4) 破碎工具(大、小榔头)　破碎假山石料要运用大、小榔头。一般多用24磅、20磅到18磅大小不等的大型榔头,用于锤击石块需要击开的部分,是现场施工中破石用的工具之一。为了击碎小型石块或使石块靠紧,也需要小型榔头,其尺寸与形状是一头与普通榔头一样为平面,另一头为尖啄嘴状,小榔头的尖头是用做修凿之用,大榔头是用做敲击之用。

(5) 运载工具　对石料的较远距离的水平运输要靠半机械的人力车或机动车。这些运输工具的使用一般属于运输业务,在此不多赘述。

(6) 垂直吊装工具

① 吊车　在大型假山工程中,为了增强假山的整体感,常常需要吊装一些巨石,在有条件的情况下,配备一台吊车还是有必要的。如果不能保证有一台吊车在施工现场随时待用,也应做好用车计划,在需要吊装巨石的时候临时性地租用吊车。一般的中小型假山工程和起重重量在1 t以下的假山工程,都不需要使用吊车,而用其他方法起重。

② 吊称起重架　这种杆架实际上是由一根主杆和一根臂杆组合成的可作大幅度旋转的吊装设备。架设这种杆架时,先要在距离主山中心点适宜位置的地面挖一个深30～50 cm的浅窝,然后将直径150 mm以上的杉杆直立在其上作为主杆。主杆的基脚用较大石块围住压紧,不使其移动;而杆的上端则用大麻绳或用8号铅丝拉向地面上的固定铁桩并拴牢绞紧。用铅丝时应每2～4根为一股,用6～8股铅丝均匀地分布在主杆周围。固定铁桩粗度应在30 mm以上,长50 cm左右,其下端为尖头,朝着主杆的外方斜着打入地面,只留出顶端供固定铅丝。然后在主杆上部适当位置吊拴直径在120 mm以上的臂杆,利用杠杆作用吊起大石并安放到合适的位置上。

③ 起重绞磨机　在地上立一根杉杆,杆顶用4根大绳拴牢,每根大绳各由1人从4个方向拉紧并服从统一指挥,既扯住杉杆,又能随时作松紧调整,以便吊起山石后能作水平方向移动。在杉杆的上部还要拴上一个滑轮,再用一根大绳或钢丝绳从滑轮穿过,绳的一端拴吊着山石,另一端再穿过固定在地面的第二滑轮,与绞磨机相连,转动绞磨,山石就被吊起来了。

④ 手动铁链葫芦(铁辘轳)　手动葫芦简单实用,是假山工程必备的一种起重设备。使用这种工具时,也要先搭设起重杆架。可用两根结实的杉杆,将其上端紧紧拴在一起,再将两杉杆的柱脚分开,使杆架构成一个三脚架。然后在杆架上端拴两条大绳,从前后两个方向拉住并固定杆架,绳端可临时拴在地面的石头上。将手动的铁链葫芦挂在杆顶,就可用来起重山石。起吊山石的时候,可以通过拉紧或松动大绳和移动三脚架的柱脚,来移动和调整山石的平面位置,使山石准确地吊装到位。

(7) 嵌填修饰用工具　假山施工中,对嵌缝修饰需用一简单的手工工具,像泥雕艺术家用的塑刀一样,用大致宽20 mm,长约300 mm,厚为5 mm的条形钢板制面,呈正反S形,俗称"柳叶抹"。

为了修饰抹嵌好的灰缝使之与假山混同,除了在水泥砂浆中加色外,还要用毛刷沾水轻轻刷去砂浆的毛渍处。一般用油漆工常用的大、中、小三种型号的漆帚作为修饰灰缝表面的工具。蘸水刷光的工序,要待所嵌的水泥缝初凝后开始,不能早于初凝之前(嵌缝约45 min后),以免将灰缝破坏。

3) 假山工程量估算

假山工程量一般以设计的山石实用吨位数为基数来推算,并以工日数来表示。假山采用的山石种类不同、假山造型不同、假山砌筑方式不同,都会影响工程量。由于假山工程的变化因素太多,每工日的施工定额也不容易统一,因此准确计算工程量有一定难度。根据十几项假山工程施工资料统计的结果,包括放样、选石、配制水泥砂浆及混凝土、吊装山石、堆砌、刹垫、搭拆脚手架、抹缝、清理、养护等全部施工工作在内的山石施工平均工日定额,在精细施工条件下,应为 0.1～0.2 t/每工日;在大批量粗放施工情况下,则应为 0.3～0.4 t/每工日。

4) 施工人员配备

假山工程需要的施工人员主要分三类,即施工主持人员、假山技工和普通工。对各类人员的基本要求如下:

(1) 假山施工工长 即假山工程专业的主办施工员,有人也称之为假山相师,在明、清两代则曾被叫做"山匠"、"山石匠"、"张石山、李石山"等。假山工长要有丰富的叠石造山实践经验和主持大小假山工程施工的能力,要具备一定的造型艺术知识和国画、山水画理论知识,并且对自然山水风景要有较深的认识和理解。其本身也应当熟练地掌握假山叠石的技艺,是懂施工、会操作的技术人才。在施工过程中,施工工长负有全面的施工指挥职责和施工管理职责,从选石到每一块山石的安放位置和姿态的确定,他都要在现场直接指挥。对每天的施工人员调配、施工步骤与施工方法的确定、施工安全保障等管理工作,也需要他亲自做出安排。假山施工工长是假山施工成败的关键人员,一定要选准人。每一项假山工程,只需配备一名这样的施工员,一般不宜多配备,否则施工中难免出现认识不一致,指挥不协调,影响施工进度和质量的情况。

(2) 假山技工 这类人员应当掌握山石吊装技术、调整技术、砌筑技术和抹缝修饰技术的熟练技术工作,他们应能够及时、准确地领会工长的指挥命令,并能够带领几名普通工进行相应的技术操作,操作质量能达到工长的要求。假山技工的配备数量,应根据工程规模大小来确定。中小型工程配 2～5 名即可,大型工程则应多一些,可以多达 8 名左右。

(3) 普通工 应具有基本的劳动者素质,能正确领会施工工长和假山技工的指挥意图,能按技术示范要求进行正确的操作。在普通工中,至少要有 4 名体力强健和能够抬重石的工人。普通工的数量,在每施工日中不得少于 4 人,工程量越大,人数相应越多。但是,由于假山施工具有特殊性,工人人数太多时容易造成窝工或施工相互影响的现象,所以宁愿拖长工期,减少普通工人数。即使是特大型假山工程,最多配备 12～16 人就可以了。

8.3.2 假山基础施工

1) 假山定位与放线

首先在假山平面图上按 5 m×5 m 或 10 m×10 m 的尺寸绘出方格网,在假山周围环境中找到可以作为定位依据的建筑边线、围墙边线或园路中心线,并标出方格网的定位尺寸。按照设计图方格网及其定位关系,将方格网放大到施工场地的地面。在假山占地面积不大的情况下,方格网可以直接用白灰画到地面;在占地面积较大的大型假山工程中,也可以用测量仪器将各方格交叉点测设到地面,并在点上钉下坐标桩。放线时,用几条细绳拉直连上各坐标桩,就可表示出地面的方格网。

以方格网放大法,用白灰将设计图中的山脚线在地面方格网中放大绘出,把假山基地平面形状(也就是山石的堆砌范围)绘到地面上。假山内有山洞的,也要按相同的方法在地面绘出山洞洞壁的边线。

最后,依据地面的山脚线,向外取 50 cm 宽度绘出一条与山脚线相平行的闭合曲线,这条闭合线就是基础的施工边线。

2) 基础施工

假山基础施工可以不用开挖地基而直接将地基夯实后就做基础层,这样既可减少土方工程量,又可以节约山石材料。当然,如果假山设计中要求开挖基槽,则还是应挖了基槽再做基础。

在做基础时,一般应先将地基土面夯实,然后再按设计摊铺和压实基础的各结构层,只有做桩基础可以不夯实地基,而直接打下基础桩。

打桩基时,桩木按梅花形排列,称"梅花桩"。桩木相互的间距约为 20 cm。桩木顶端可露出地面或湖底 10～30 cm,其间用小块石嵌紧嵌平,再用平正的花岗石或其他材料铺一层在顶上,作为桩基的压顶石。或者,不用压顶石而在桩基的顶面用一步灰土平铺并夯实,做成灰土桩基也可以。混凝土桩基的做法和木桩桩基一样，也有往桩基顶上设压顶石与设灰土层两种做法。

如果是灰土基础的施工，则要先开挖基槽。基槽的开挖范围按地面绘出的基础施工边线确定，即应比假山山脚线宽50 cm。基槽一般挖深为50～60 cm。基槽挖好后，将槽底地面夯实，再填铺灰土做基础。所用石灰应选新出窑的块状灰，在施工现场浇水化成细灰后再使用。灰土中的泥土一般就地采用素土，泥土应整细，干湿适中，土质粘性稍强的比较好。灰、土应充分混合，铺一层（一步）就要夯实一层，不能几层铺下后只作一层来夯实。顶层夯实后，一般还应将表面找平，使基础的顶面成为平整的表面。

浆砌块石的基础施工，其块石基础的基槽宽度也和灰土基础一样，要比假山底面宽50 cm左右。基槽地面夯实后，可用碎石、3∶7灰土或1∶3水泥干砂铺在地面做一个垫层。垫层之上再做基础层。做基础用的块石应为棱角分明的、质地坚实的、有大有小的石材，一般用水泥砂浆砌筑。用水泥砂浆砌筑块石可采用浆砌与灌浆两种方法。浆砌就是用水泥砂浆挨个地拼砌；灌浆则是先将块石嵌紧铺装好，然后再用稀释的水泥砂浆倒在块石层上面，并促使其流动，灌入块石的每条缝隙中。

混凝土基础施工也比较简便。首先挖掘基础的槽坑，挖掘范围按地面的基础施工边线，挖槽深度一般可按设计的基础层厚度，但在水下作假山基础时，基槽的顶面应低于水底10 cm左右。基槽挖成后夯实底面，再按设计做好垫层。然后，按照基础设计所规定的配合比，将水泥、砂和卵石搅拌配制成混凝土，浇筑于基槽中并捣实铺平。待混凝土充分凝固硬化后，即可进行假山山脚的施工。

8.3.3 假山山脚施工

山脚施工是山体施工起始部分，其主要工作包括拉底、起脚和做脚。这三部分是紧密联系的。

1) 拉底

所谓拉底，就是在山脚线范围内砌筑第一层山石，即做出垫底的山石层。

(1) 拉底方式　假山拉底的方式有满拉底和周边拉底两种。

① 满拉底是在山脚线的范围内用山石满铺一层。这种拉底的做法适宜规模较小、山底面积也较小的假山，或在北方冬季有冻胀破坏地方的假山。

② 周边拉底是先用山石在假山山脚沿线砌成一圈垫底石，再用乱石、碎砖或泥土将石圈内全部填起来，压实后即成为垫底的假山底层。这一方式适合基底面积较大的大型假山。

(2) 山脚线处理

① 露脚　即在地面上直接做起山底边线的垫脚石圈，使整个假山就像是放在地上似的。这种方式可以减少山石用量和用工量，但假山的山脚效果会稍差一些。

② 埋脚　是将山底周边垫底山石埋入土下约20 cm深，可使整座假山看上去仿佛是从地下长出来似的。在石边土中栽植花草后，假山与地面的结合就更加紧密、更加自然了。

(a) 点脚法

(3) 技术要求　首先要注意选择适合的山石来做山底，不得用风化过度的松散的山石。其次，拉底的山石底部一定要垫平垫稳，保证不能摇动，以便于向上砌筑山体。第三，拉底的石与石之间要紧连互咬。第四，山石之间要不规则地断续相间，有断有连。第五，拉底的边缘部分，要错落变化，使山脚弯曲时有不同的半径，凹进时有不同的凹深和凹陷宽度，要避免山脚的平直和浑圆形状。

(b) 连脚法

2) 起脚

在垫底的山石层上开始砌筑假山，就叫"起脚"。

(1) 起脚边线做法　可以采用点脚法、连脚法或块面脚法三种做法。如图8.24所示。

① 点脚法　所谓点脚，就是先在山脚线处用山石做成相隔一定

(c) 块面脚法

图8.24　起脚的做法

距离的点,点与点之上再用片状石块或条石盖上,这样,就可以在山脚的一些局部造出小的洞穴,加强假山的深厚感和灵秀感。

② 连脚法　就是做山脚的山石依据山脚的外轮廓变化,呈曲线状起伏连接,使山脚具有连续、弯曲的线形。一般的假山都常用这种方法处理山脚。采用这种山脚做法,主要应注意使做脚的山石以前错后移的方式呈现不规则的错落变化。

③ 块面脚法　这种脚也是连续的,但与连脚法不同的是,块面脚要使做出的山脚线呈现大进小退的形象。山脚凸出部分与凹进部分各自的整体感都要很强,而不是像连脚法那种小幅度的曲折变化。

(2) 起脚的技术要求　起脚石直接作用于山体底部的垫脚石,它和垫脚石一样,都要选择质地坚硬、形状安稳,少有空穴的山石材料,以保证能够承受山体的重压。除了土山和带石土山之外,假山的起脚安排宜小不宜大,宜收不宜放。起脚一定要控制在地面山脚线的范围内,宁可内收一些,也不要向山脚线外突出。这就是说山体的起脚要小,不能大于上部分准备拼叠造型的山体。即使因起脚太小而导致砌筑山体时的结构不稳,还有可能通过补脚来加以弥补。如果起脚太大,以后砌筑山体时造成山形臃肿、呆笨、没有一点险峻之势时,就不好挽回了。到时要通过打掉一些起脚石来改变臃肿的山形,就极易将山体结构震动松散,造成整座假山的倒塌隐患。所以,假山起脚还是稍小点为好。

起脚时,定点摆线要准确。先选到山脚突出点的山石,并将其沿着山脚线先砌筑上,待多数主要的凸出点山石都砌筑好了,再选择和砌筑平直线、凹进线处所有山石。这样,既保证了山脚线按照设计而呈现弯曲转折状,避免山脚平直的毛病,又使山脚凸出部位具有最佳的形状和最好的皱纹,增加了山脚部分的景深效果。

3) 做脚

即是用山石砌筑成山脚,它是在假山的上面部分,山形山势大体施工完成以后,于紧贴起脚石外缘部分拼叠山脚,以弥补起脚造型不足的一种操作技法。在施工中,山脚可以做成如下所示的几种形式,如图8.25所示。

(1) 凹进脚　山脚向山内凹进,随着凹进的深浅宽窄不同,脚坡做成直立、陡坡或缓坡都可以。

(2) 凸出脚　是向外凸出的山脚,其脚坡可做成直立状或坡度较大的陡坡状。

(3) 断连脚　山脚向外凸出,凸出的端部与山脚本体部分似断似连。

(4) 承上脚　山脚向外凸出,凸出部分对着其上方的山体悬垂部分,起着均衡上下重力和承托山顶下垂之势的作用。

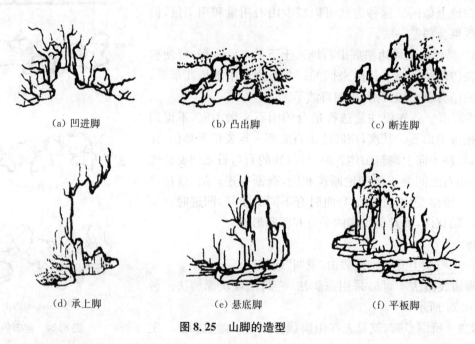

(a) 凹进脚　　　　(b) 凸出脚　　　　(c) 断连脚

(d) 承上脚　　　　(e) 悬底脚　　　　(f) 平板脚

图 8.25　山脚的造型

(5) 悬底脚　局部地方的山脚底部做成低矮的悬空装，与其他非悬底山脚构成虚实对比，可增强山脚的变化。这种山脚最适用于水边。

(6) 平板脚　片状、板脚山石连续地平放山脚，做成如同山边小路一般的造型。突出了假山上下的横竖对比，使景观更为生动。

8.3.4 假山山体施工

无论是堆山还是叠石，要取得完美的造型并保证其坚固耐久，就必须依靠对石料本身重力的安排而构成假山主体合理的结构关系。在施工中，总结出"十字诀"，即"安、连、接、斗、跨、拼、悬、卡、剑、垂"，如图8.26所示。现将这些字诀在施工造型中的含意说明如下：

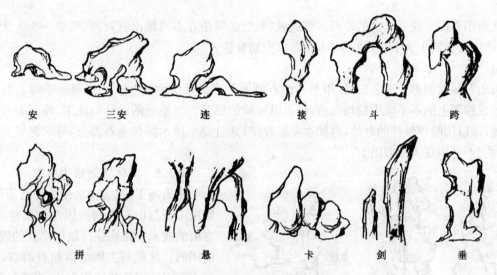

图8.26　假山山体施工手法

1) 安

安是安置山石的意思。放一块山石叫做"安"一块山石。特别强调放置要安稳，其中又分单安、双安与三安。双安是在两块不相连的山石上面安放一块山石的形式。三安则是在三块山石上安放一石，使之形成一体。安石强调一个"巧"字，即本来不具备特殊形体的山石，经过安石以后，可以组成具有多种形体变化的组合体，这就是《园冶》中所说的"玲珑安巧"的含义。

2) 连

山石之间水平方向的衔接称为"连"。"连"不是平直相连，而要错落有致，变化多端。有的连缝紧密，有的疏连，有的续连。同时要符合皱纹分布的规律。

3) 接

山石之间竖向衔接称为"接"。"接"既要善于利用天然山石的茬口，又要善于补救茬口不够吻合的所在。同时要注意山石的皱纹，一般来说竖纹与竖纹相接，横纹与横纹相连，但有时也可以有所变化。

4) 斗

斗是仿自然岩石经水冲蚀成洞穴的一种叠石造型。叠置中取两块竖向造型的，姿态各异的山石分立两侧，上部用一块上凸下凹的山石压顶，构成如两羊头角对顶相斗的形象。

5) 拼

在比较大的空间里，因石材太小，单置时体量不够时，可以将数块以至数十块山石拼成一整块山石的形象，这种作法称为"拼"。如在缺少完整石材的地方需要特置峰石，也可以采用拼峰的办法。

6) 跨

如山石某一侧面过于平滞，可以旁挂一石以全其美，称为"跨"。跨石可利用茬口交合或上层镇压来稳定。

7) 悬

对仿溶洞的假山洞的结顶,常用此法。它是在上层山石内倾环拱形成的竖向洞口中,插进一块上大下小的长条形的山石。由于山石的上端被洞口卡住,下端便可倒立空中,以湖石类居多。

8) 剑

山石竖长,直立如剑的做法为"剑"。多用于各种石笋或其他竖长的山石(如青石、木化石等),立"剑"可以造成雄伟昂然的景观,也可作为小巧秀丽的景象,因地、因石而制宜。作为特置的剑石,其地下部分必须有足够的长度以保证稳定。一般立"剑"都自成一景,如与其他山石混杂,则显得不自然。并且立刻要避免"排如炉烛花瓶、列似刀山剑树",忌"山、川、小"形的排列。

9) 卡

卡是在两山石间卡住一悬空的小石。要造成"卡",必须使左右两块山石对峙,形成一个上大下小的楔口,而被卡的山石也要上大下小,使正好卡在楔口中而自稳。

10) 垂

从一块山石顶偏侧部位的企口处,用另一山石倒垂下来的做法称为"垂"。也即处于峰石头旁的侧悬石。用它造成构图上的不平衡中的均衡感,给人以惊险的感觉。对垂石的设计与施工,特别要注意结构上的安全问题,可以用暗埋铁杆的办法,再加水泥浆胶结,并且要用撑木撑住垂石部分,待水泥浆充分硬结后再去除。"垂"不宜用在大型假山上。

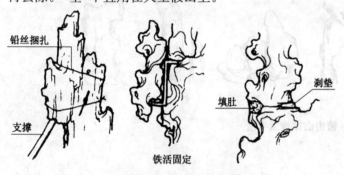

图8.27 辅助结构施工

8.3.5 山体辅助结构施工

叠山施工中,无论采用哪种结构形式,都要解决山石与山石之间的固定与衔接问题,而这方面的技术方法在任何结构形式的假山中都是通用的。这是与主体结构相对而言,即利用主要山石本体以外的结构方法,来满足加固要求,实际上它常是总体结构中的关键所在,在施工程序上它几乎和主体结构同时进行。

山体的辅助结构施工大致有以下几种,如图8.27所示。

1) 刹

在操作过程中,常称"打刹"、"刹一块"等,意在向石下放一石,以托垫石底,保持其平稳,用于叠石,均力求大面或坦面朝上,而底面必然残缺不全、凹凸不平,为求其平衡稳固,就必须利用不同种类的小型石块填补于石下,对此称为打刹,而小石本身称之为"刹"。为了弥补叠石底面的缺陷,刹石技术是叠山的关键环节。

(1) 材料

① 清刹 一般有青石类的块刹与片刹之分。块状的无显著内外厚薄之分,片状的有明显的厚薄之分,一般常用于一些缝中。

② 黄刹 一般湖石类之刹称为黄刹,常无平滑断面或节理石,多呈圆团状或块状,适用于太湖石的叠石当中。

不论哪种刹石,都要求质地密结,性质坚韧,不易松脆,其大小很不一致,小者掌指可取,大者双手难持,可随机应变。

(2) 应用方式

① 单刹 因单块最为稳固,不论底面大小,刹石力求单块解决问题,严防碎小。一块刹石称为单刹。

② 重刹 用单刹力所不及者,可重叠使用,重一、重二、重三均可,但必须卡紧无脱落之危险。

③ 浮刹 凡不起主力作用而填入底口者,一方面美其石体,更为便于抹灰,这种刹石叫浮刹。

(3) 操作要点　尽力因口选刹，避免就刹选口。叠石底口朝前者为前口，朝后者为后口，刹石应前后左右照顾周全，需在四面找出吃力点，以便控制全局。

打刹必须在确定山石的位置以后再进行，所以应先用托棍将石体顶稳，不得滑脱。

向石底放刹，必须左右横握，不得上下手拿，以防压伤。

安放刹石和叠石相同，均力求大面朝上。用刹常薄面朝内插入，随即以平锤式撬棍向内稍加捶打，以求抵达最大吃力点，俗称"随口锤"，或"随紧"。

若几个人围着石同时操作，则每面刹石向内捶打，用力不得过猛，得知稳固即可停止，否则常因用力过大，一点之差而使其他刹石失去作用，或因为用力过大而砸碎刹石。

若叠石处于前悬状态，必须使用刹块，这时必须先打前口再打后口，否则，会因次序颠倒而造成叠石塌落现象。施工人员应一手扶石，一手打刹，随时察觉其动态与稳固情况。

叠石之中，刹石外表可凹凸多变，以增加石表之"魂"在两个巨石叠落时相接，刹的表面应当缓其接口变化，使上下叠石相接自如，不致生硬。

2) 支撑

山石吊装到山体一定位点上，经过位置、姿势的调整后，就要将山石固定在一定的状态上，这时就要先进行支撑，使山石临时固定下来。支撑材料应以木棒为主，以木棒的上端顶着山石的某一凹处，木棒的下端则斜着落在地面，并用一块石头将棒脚压住。一般每块山石都要用2~4根木棒支撑，因此，工地上最好能多准备一些长短不同的木棒。此外，使用铁棍或长形山石，也可以作为支撑材料。用支撑固定方法主要是针对大而重的山石，这种方法对后续施工操作将会有一些障碍。

3) 捆扎

为了将调整好位置和姿态的山石固定下来，还可采用捆扎的方法。捆扎方法比支撑方法简便，而且对后续施工基本没有阻碍现象。这种方法最适宜体量较小山石的固定，对体量特大的山石则还应该辅之以支撑方法。山石捆扎固定一般采用8号或10号铅丝。用单根或双根铅丝做成圈，套上山石，并在山石的接触面垫上或抹上水泥砂浆后，再进行捆扎。捆扎时铅丝圈先不必收紧，应适当松一点；然后再用小钢杆将其绞紧，使山石无法松动。

4) 铁活固定

对质地比较松软的山石，可以用铁耙钉打入两相链接的山石上，将两块山石紧紧地抓在一起，每一处连接部位都应打入2~3个铁耙钉。对质地坚硬的山石连接，要先在地面用银锭扣连接好，再作为一整块山石用在山体上。或者，在山崖边安置坚硬山石时，使用铁吊架，也能达到固定山石的目的。

5) 填肚

山石接口部位有时会有凹缺，使石块的连接面积缩小，也使连接两块山石之间成断裂状，没有整体感。这时就需要填肚。所谓填肚，就是用水泥砂浆把山石接口处的缺口填补起来，一直要填得与石面齐平。

6) 勾缝与胶结

没有发明石灰以前，假山的勾缝只可能是干砌或用素泥浆砌。从宋代李诫《营造法式》中可以看到用灰浆泥胶结假山，并用粗墨调色勾缝的记载。明、清的假山勾缝做法尚有桐油石灰、石灰纸筋、明矾石灰、糯米浆拌石灰等多种，湖石勾缝再加青煤，黄石勾缝后刷铁屑盐卤等，使之与石色相协调。

现代假山的勾缝与胶结，广泛使用水泥砂浆。勾缝用"柳叶抹"。有勾明缝和暗缝两种做法。一般是水平向缝都勾明缝，在需要时将竖缝勾成暗缝，即在结构上成为一体，而外观上有自然山石缝隙。勾明缝务必不要过宽，最好不要超过2 cm。如缝过宽，可用随形之石块填缝后再勾浆。

8.4　现代石景工程

8.4.1　塑山、塑石的一般工艺

塑山是用雕塑艺术的手法，以天然山岩为蓝本，人工塑造的假山或石块，如图8.28所示。早在百年

图 8.28 现代塑山

前,在广东、福建一带就有传统的灰塑工艺。20世纪50年代初在北京动物园用钢筋混凝土塑造了狮虎山,20世纪60年代塑山、塑石工艺在广州得到了很大的发展,标志着我国假山艺术发展到一个新阶段,创造了很多具有时代感的优秀作品。那些气势磅礴、富有力感的大型山水和巨大奇石与天然岩石相比,它们自重轻,施工灵活,受环境影响较小,可按理想预留种植穴,因此它为设计创造了广阔的空间。塑山、塑石通常有两种做法:一为钢筋混凝土塑山,一为砖石混凝土塑山,也可以两者混合使用。

1) 钢筋混凝土塑山

钢筋混凝土塑山也叫钢骨架塑山,以钢材作为塑山的骨架,适用于大型假山的塑造。

施工工艺流程如下:

(1)打基础 根据基地土壤的承载能力和山体的重量,计算确定其尺寸大小。通常做法是根据山体底面的轮廓线,每隔4 m做一根钢筋混凝土柱基,如山体形状变化大,则局部柱子加密,并在柱间做墙。

(2)立钢骨架 它包括浇注钢筋混凝土柱子、焊接钢骨架、捆扎造型钢筋、盖钢板网等,其做法如图8.29所示。其中造型钢筋架和盖钢板网是塑山效果的关键之一,目的是为造型和挂泥之用。钢筋要根据山形做出自然凹凸的变化。盖钢板网时一定要与造型钢筋贴紧扎牢,不能有浮动现象。

(3)面层批塑 先打底,即在钢筋网上抹灰两遍,材料配比为水泥+黄泥+麻刀,其中水泥与砂为1:2,黄泥为总重量的10%,麻刀适量。水灰比1:0.4,以后各层不加黄泥和麻刀。砂浆拌和必须均匀,随用随拌,存放时间不宜超过1 h,初凝后的砂浆不能继续使用,构造如图8.30所示。

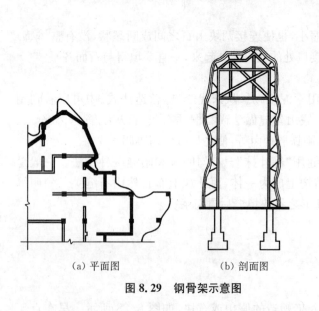

图 8.29 钢骨架示意图

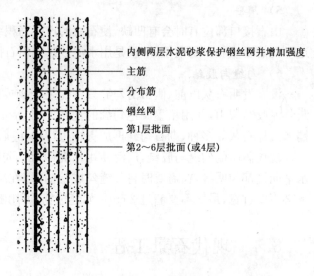

图 8.30 面层批塑

人工塑石能不能够仿真,关键在于石面抹面层的材料、颜色和施工工艺水平。要仿真,就要尽可能采用相同的颜色,并通过精心的抹面和石面裂纹、棱角的精心塑造,使石面具有逼真的质感,才能达到做假如真的效果。

(4) 修饰成型　表面修饰主要有以下三方面的工作。

① 皱纹和质感　修饰重点在山脚和山体中部。山脚应表现粗犷,有人为破坏、风化的痕迹,并多有植物生长。山腰部分,一般在 1.8~2.5 m 处是修饰的重点,追求皱纹的真实,应做出不同的面,强化力感和棱角,以丰富造型。注意层次,色彩逼真。如模仿的是水平的砂岩岩层,那么石面的皱裂及棱纹中,在横的方向上就多为比较平行的横向线纹或水平层理;而在竖向上,则一般是仿岩层自然纵裂形状,裂缝有垂直的也有倾斜的。如果是模仿不规则的块状巨石,那么石面的水平或垂直皱纹裂缝就应比较少,而更多的是不太规则的斜线、曲线、交叉线形状。

② 着色　可直接用彩色配制,此法简单易行,但色彩呆板。另一种方法是选用不同颜色的矿物颜料加白水泥,再加适量的 107 胶配制而成,颜色要仿真,可以有适当的艺术夸张,色彩要明快,着色要有空气感,如上部着色略浅,纹理凹陷部色彩要深。常用手法有洒、弹、倒、甩。刷的效果一般不好。

③ 光泽　可在石的表面涂过氧树脂或有机硅,重点部位还可打蜡。还应注意青苔和滴水痕的表现,时间久了还会自然地长出真的青苔。

(5) 其他配套工程主要包括以下两项

① 造种植池　种植池的大小应根据植物(含土球)总重量决定池的大小和配筋,并注意留排水孔。给排水管道最好塑山时预埋在混凝土中,做时一定要做防腐处理。

② 塑山养护　在水泥初凝后开始养护,要用麻袋片、草帘等材料覆盖,避免阳光直射,并每隔 2~3 h 洒水一次。洒水时要注意轻淋,不能冲射。养护期不少于半个月,在气温低于 5℃时应停止洒水养护,采取防冻措施,如遮盖稻草、草帘、草包等。假山内部钢骨架、老掌筋等一切外露的金属均应涂防锈漆,并以后每年涂一次。

2) 砖石塑山

砖骨架塑山,即以砖作为塑山的骨架,适用于小型塑山及塑石。

施工工艺流程如下:

放样开线 → 挖土方 → 浇混凝土垫层 → 砖骨架 → 打底 → 造型 → 面层批塑及上色修饰 → 成型

(1) 首先在拟塑山石土体外缘清除杂草和松散的土体,按设计要求修饰土体,沿土体外圈开沟做基础,其宽度和深度视基地土质和塑山高度而定。

(2) 接着沿土体向上砌砖,要求与挡土墙相同,但砌砖时应根据山体造型的需要而变化。如表现山岩的断层、节理和岩石表面的凹凸变化等。

(3) 再在表面抹水泥砂浆,进行面层修饰。

(4) 最后着色。石色水泥浆的配制方法主要有以下两种:

① 采用彩色水泥直接配制而成,如塑黄石假山时采用黄色水泥,塑红石假山则用红色水泥。此法简便易行,但色调过于呆板和生硬,且颜色种类有限。

② 在白水泥中掺加色料。此法可配成各种石色,且色调较为自然逼真,但技术要求较高,操作亦较为繁琐。以上两种配色方法各地可因地制宜选用。

3) 塑山工艺中存在的主要问题

一是由于山的造型、皱纹等的表现要靠施工者手上功夫,因此对工人师傅的个人修养和技术的要求高;二是水泥砂浆表面易发生皲裂,影响强度和观瞻;三是易褪色。以上问题亦在不断改进之中。

8.4.2　FRP 塑山、塑石

FRP 是玻璃纤维强化塑胶(Fiber Reinforced Plastics)的缩写,它是由不饱和聚酯树脂与玻璃纤维结合而成的一种重量轻、质地坚韧的复合材料。不饱和聚酯树脂由不饱和二元羧酸与一定量的饱和二元羧酸、多元醇缩聚而成。在缩聚反应结束后，趁热加入一定量的乙烯基单体，配成黏稠的液体树脂，俗称玻璃钢。

1) 玻璃钢成型工艺

玻璃钢成型工艺有以下几种。

(1) 层积法　利用树脂液、毡和数层玻璃纤维布，翻模制成。

(2) 喷射法　利用压缩空气将树脂胶液、固化剂（交联剂、引发剂、促进剂）、短切玻纤同时喷射沉积于模具表面，固化成型。通常空压机压力为 200～400 kPa，每喷一层用辊筒压实，排除其中气泡，使玻纤渗透胶液，反复喷射直至 2～4 mm 厚度。并在适当位置做预埋铁，以备组装时固定，最后再敷一层胶底，调配着色可根据需要。喷射时使用的是一种特制的喷枪，在喷枪头上有三个喷嘴，可同时分别喷出树脂液加促进剂；喷射短切 20～60 mm 的玻纤树脂液加固剂。其施工程序如下：

泥模制作 → 翻制石膏 → 玻璃钢元件制作 → 运输或现场搬运 → 基础和钢骨架制作 → 玻璃钢元件拼装 → 焊接点防锈处理 → 修补打磨 → 油漆 → 成品

2) 玻璃钢工艺的优缺点

这种工艺的优点在于成型速度快、薄、质轻，便于长途运输，可直接在工地施工，拼装速度快，制品具有良好的整体性。存在的主要问题是树脂液与玻纤的配比不易控制，对操作者的要求高，劳动条件差，树脂溶剂为易燃品，工厂制作过程中有毒和气味。玻璃钢在室外强日光照下受紫外线的影响易导致表面酥化，故此其寿命大约为 20～30 年。

8.4.3 GRC假山造景

GRC 是玻璃纤维强化水泥（Glass-fiber Reinforced Cement）的缩写，它是将抗碱玻璃纤维加入到低碱水泥砂浆中硬化后产生的高强度的复合物。随着时代科技的发展，20 世纪 80 年代在国际上出现了用 GRC 造假山。它使用机械化生产制造假山石元件，使其具有重量轻、强度高、抗老化、耐水湿、易于工厂化生产以及施工方法简便、快捷、成本低等特点，是目前理想的人造山石材料。用新工艺制造的山石质感和皱纹都很逼真，它为假山艺术创作提供了更广阔的空间和可靠的物质保证，为假山技艺开创了一条新路，使其达到"虽为人作，宛自天开"的艺术境界。

1) 假山元件的制作方法

GRC 假山元件的制作主要有两种方法：一为席状层积式手工生产法；二为喷吹式机械生产法。现就喷吹式工艺简介如下。

(1) 模具制作　根据生产"石材"的种类，模具使用的次数和野外工作条件等选择制模的材料。常用模具的材料可分为：软模，如橡胶模、聚氨酯模、硅模等；硬模，如钢模、铝模、GRC 模、FRP 模、石膏模等。制模时应以选择天然岩石皱纹好的部位为本和便于复制操作为条件，脱制模具。

(2) GRC 假山石块的制作　是将低碱水泥与一定规格的抗碱玻璃纤维以二维乱向的方式同时均匀分散地喷射于模具中，凝固成型。在喷射时应随吹射随压实，并在适当的位置预埋铁件。

(3) GRC 的组装　将 GRC"石块"元件按设计图进行假山的组装。焊接牢固，修饰、做缝，使其浑然一体。

(4) 表面处理　主要是使"石块"表面具憎水性，产生防水效果，并具有真石的润泽感。

2) GRC假山生产工艺流程

详见喷吹式生产流程、GRC 喷射设备流程图和 GRC 假山安装工艺流程图，如图 8.31～8.33。

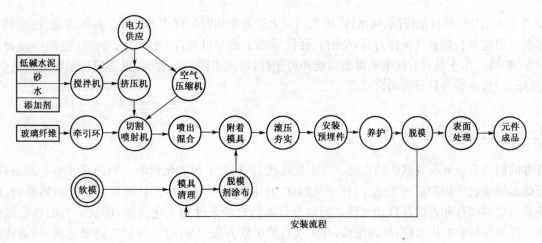

图 8.31 喷吹式生产流程

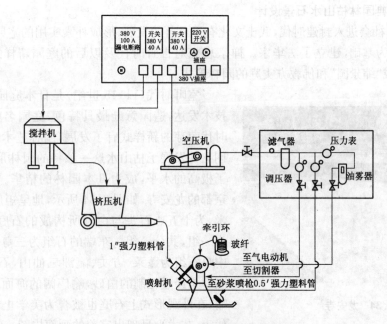

图 8.32 GRC 喷射设备流程图

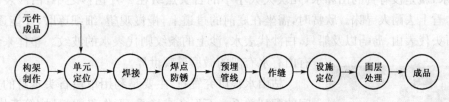

图 8.33 GRC 假山安装工艺流程图

8.4.4 CFRC 塑石

CFRC 是碳纤维增强混凝土(Carbon Fiber Reinforced Cement or Concrete)的缩写。20 世纪 70 年代,英国首先制作了聚丙烯腈基(PAN)碳素纤维增强水泥基材料的板材,并应用于建筑,开创了 CFRC 研究和应用的先例。

在所有元素中,碳元素在构成不同结构的能力方面似乎是独一无二的。这使碳纤维具有极高的强度、高阻燃、耐高温以及具有非常高的拉伸模量,与金属接触电阻低和良好的电磁屏蔽效应,故能制成智能材料,在航空、航天、电子、机械、化工、医学器材、体育娱乐用品等工业领域中广泛应用。

CFRC 人工岩是把碳纤维搅拌在水泥中,制成碳纤维增强混凝土并用于造景工程。CFRC 人工岩与

GRC 人工岩相比较，其抗盐侵蚀、抗水性、抗光照能力等方面均明显优于 GRC，并具抗高温、抗冻融干湿变化等优点。因此其长期强度保持力高，是耐久性优异的水泥基材料，因此适合于河流、港湾等各种自然环境的护岸、护坡。由于其具有的电磁屏蔽功能和可塑性，可用于隐蔽工程等，更适用于园林假山造景、彩色路石、浮雕、广告牌等各种景观的再创造。

8.5 日本石景设计

日本的假山石设计有着悠久的历史。日本从汉代起，就受中国文化影响。到公元 8 世纪的奈良时期，日本开始大量吸收中国的盛唐文化，园林亦是如此，日本深受中国园林尤其是唐宋山水园的影响，因而一直保持着与中国园林相近的自然式风格。但结合日本的自然条件和文化背景，形成了它的独特风格而自成体系。日本所特有的山水庭，精巧细致，在再现自然风景方面十分凝练，并讲究造园意境，极富诗意和哲学意味，形成了极端"写意"的艺术风格。

8.5.1 日本古典园林枯山水石景设计

12 世纪末，日本社会进入封建时代，武士文化有了显著的发展，形成朴素实用的宅园；同时宋朝禅宗传入日本，并以天台宗为基础，建立了法华宗。禅宗思想对吉野时代及以后的庭园新样式的形成有较大影响。此时已逐渐形成"缩景园"和佛教方丈庭的园林形式。

图 8.34 龙安寺

室町时代（14-15 世纪）是日本庭园的黄金时代，造园技术发达，造园意匠最具特色，庭园名师辈出。镰仓吉野时代萌芽的新样式有了发展，园林艺术最重要的成就就是创立并发展了枯山水这一独特的园林形式，理石艺术达到了极高的水平，成为日本园林的精华。例如 15 世纪建于京都的龙安寺，如图 8.34 所示，地呈矩形，面积仅 330 平方米，为十五尊石头与白砂所构成的石庭。石以二、三或五为一组，共分 5 组。东端的石组为三尊石，西端为龟石组，中央石组为蓬莱、方丈、瀛洲三仙山，石下植栽为杉苔，周围即是经过耙制的白砂，喻广阔的海面。抛开其思想和隐喻，在外观形式上石庭也被誉为美学上的黄金分割比例的代表，艺术上呈现出完美的画面构图。

所谓枯山水，就是没有真的山和水，几块大大小小的石头点缀在一片白沙之中，白沙表面梳耙出圆形和长形的条纹，看上去耐人寻味。欣赏时，需坐在庭前的过道上，慢慢观望、细细琢磨，才能逐渐心领神会。简而言之，那石头代表山、岛屿以及船只，白沙代表水，沙上的条纹则代表水的波纹。整体来说它就是一个有山有水有船的微型景观世界。

枯山水很讲究置石，主要是利用单块石头本身的造型和它们之间的配列关系。石形务求稳重，不作飞梁、悬挑等奇构，也很少堆叠成山，这与我国的叠石很不一样。枯山水庭园内也有栽置不太高大的观赏树木的，都十分注意修剪树的外形姿势而又不失其自然生态。

图 8.35 日本枯山水

"枯山水"庭园属于禅宗庭园。禅是一种从人自身内部而不是外部寻求真理的信仰，禅僧一无所有，过着简朴的生活，他们每天都要久久地面壁冥想，以求达悟。所以枯山水庭园多半见于寺院园林，设计者往往就是当时的禅宗僧侣。他们赋予此种园林以恬淡出世的气氛，把宗教的哲理与园林艺术完美地结合起来，把"写意"的造景方法发展到了极致，也抽象到了顶点，如图 8.35 所示。

8.5.2 日本现代园林石景设计

日本现代园林石景设计比较有代表性的当属枡野俊明的作品。枡野俊明的作品牢牢把握日本传统园林的文脉,是继承和表现日本传统园林艺术的典范。枡野俊明是位禅僧,他曾说:"我把生活中的庭比作为'心灵的表现'这样一种特殊的场所……"。在他的园林作品中,石作为设计素材具有的内在特性得到了最大限度的展现,他的设计常常运用石头来营造脱俗、迥超尘外的心灵空间。

枡野俊明先生的置石手法因环境不同而异。在古典式园林中山石以天然形态存在,体现天然石块的古拙和自然气息,如曹洞宗祇园寺紫云台前庭"龙门庭"中的石景设计。该庭以中国僧人东皋心越进行巡教的情景作为主题,用象征"龙门瀑"的枯山水表现了"超越"的寓意。在这座园林里面,设计师通过置石组合,以砂代水,以置石代山和岛,条石代桥,形象地模拟了自然界中的山水景观。其中的山石都以自然的未经雕琢的状态存在,但是每块石头的形态和石块间的相对位置都经过了设计师的仔细推敲。这种自然式的置石手法与寺院古典建筑的风格相统一。同时成为一处以静观为主的小尺度景观。置石的运用像是在进行盆景或雕塑的创作,能够达到悦目赏心传神的艺术效果。

而在现代建筑环境中营造石景时,枡野俊明多将石材进行局部直线条的形态处理,以求与周围环境相统一。他会在这些石材的表面保留一些古拙棱角和粗糙纹理,以求带给环境一种自然气息,如图 8.36、8.37 所示。

图 8.36 枡野俊明作品一

图 8.37 枡野俊明作品二

■ 思考与练习

1. 我国与日本在传统石景设计方面有何区别?
2. 现代石景设计存在的哪些问题,该如何解决?
3. 结合园林景观布置置石,绘出平面图、立面图、效果图。
4. 根据假山施工图,选用适当的比例和材料制作假山模型。

9 园林给排水工程

本章属于专项工程设计的内容,给水、排水是满足园林游憩功能和日常运转、养护所必需的工程措施。给水排水的工程设计必须满足功能、技术和美学等多方面的要求,这就需要读者在学习本章时既要熟悉相关的技术知识,又要结合园林设计的特点。此外在水资源日益匮乏的情况下,节水设计及其工程措施也是给排水工程中的重点。本章内容与园林规划设计课程中的公园整体布局、辅助设施安排以及详细设计均有密切的联系。

园林经营服务和生产运转需要有充足的水源供给。从水源取水并进行水质处理,然后用输水配水管道将水送至各处使用。在这一过程中由相关构筑物和管道所组成的系统,就叫给水系统。被污染的水经过处理而被无害化,再和其他地面水一样通过排水管渠排除掉。在这个排水过程中所建的管道网和地面构筑物所组成的系统,则称为排水系统。园林给排水工程就是建设园林内部给水系统和排水系统的工程。

9.1 园林给水工程

9.1.1 概述

园林绿地给水工程既可能是城市给水工程的组成部分,又可能是一个独立的系统。它与城市给水工程之间既有共同点,又有不同之处。根据使用功能的不同,园林绿地给水工程具有一些特殊性。

1) 给水工程的组成

给水工程是由一系列构筑物和管道系统构成的。从给水的工艺流程来看,它可以分成以下三个部分。

(1) 取水工程 是从地面上的河、湖和地下的井、泉等天然水源中取水的一种工程,取水的质量和数量主要受取水区域水文地质情况影响。

(2) 净水工程 这项工程是通过在水中加药混凝、沉淀(澄清)、过滤、消毒等工序而使水净化,从而达到园林中的各种用水要求。

(3) 输配水工程 它是通过输水管道把经过净化的水输送到各用水点的一项工程。图9.1是以河水水源为例的给水工艺流程示意。水从取水构筑物处被取用,由一级泵房送到水厂进行净化处理,处理后的水流入清水池,再由二级泵房从清水池把水抽上来,通过输水管道网送达各用水处。图中所示清水池和水塔,是起调节作用的蓄水设施,主要是在用水高峰和用水低谷之间起水量调节作用;有时,为了在管道网中调节水量的变化并保持管道网中有一定的水压,也要在管网中间或两端设置水塔,起平衡作用。

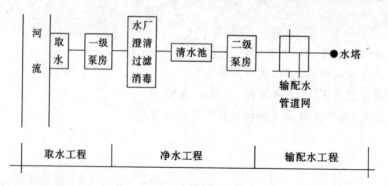

图9.1 给水工程示意图

2) 园林用水类型

公园等公共绿地既是群众休息和游览活动的场所，又是花草树木、各种鸟兽比较集中的地方。由于游人活动的需要、动植物养护管理及水景用水的补充等，园林绿地用水量是很大的。水是园林生态系统中不可缺少的要素。因此，解决好园林的用水问题是一项十分重要的工作。

公园用水的类型大致有以下几个方面：

(1) 生活用水　如餐厅、内部食堂、茶室、小卖部、消毒饮水器及卫生设备的用水。

(2) 养护用水　包括植物灌溉、动物笼舍的冲洗及夏季广场道路喷洒用水等。

(3) 造景用水　各种水体包括溪流、湖池等，以及一些水景如喷泉、瀑布、跌水和北方冬季冰景用水等。

(4) 游乐用水　一些游乐项目，如"激流探险"、"碰碰船"、滑水池、戏水池、休闲娱乐的游泳池等等，平常都要用大量的水，而且还要求水质比较好。

(5) 消防用水　公园中为防火灾而准备的水源，如消火栓、消防水池等。

园林给水工程的主要任务是经济、可靠和安全合理地提供符合水质标准的水源，以满足上述几个方面的用水需求。

3) 园林给水特点

园林绿地给水与城市居住区、机关单位、工厂企业等的给水有许多不同，在用水情况、给水设施布置等方面都有自己的特点。其主要的给水特点如下：

(1) 生活用水较少，其他用水较多　除了休闲、疗养性质的园林绿地之外，一般园林中的主要用水是在植物灌溉、湖池水补充和喷泉、瀑布等生产和造景用水方面，而生活用水方面的则一般很少，只有园内的餐饮、卫生设施等属于这方面。

(2) 园林中用水点较分散　由于园林内多数功能点都不是密集布置的，在各功能点之间常常有较宽的植物种植区，因此用水点也必然很分散，不会像住宅、公共建筑那样密集；就是在植物种植区内所设的用水点，也是分散的。由于用水点分散，给水管道的密度就不太大，但一般管段的长度却比较长。

(3) 用水点水头变化大　喷泉、喷灌设施等用水点的水头与园林内餐饮、鱼池等用水点的水头就有很大变化。

(4) 用水高峰时间可以错开　园林中灌溉用水、娱乐用水、造景用水等的具体时间都是可以自由确定的；也就是说，园林中可以做到用水均匀，不出现用水高峰。

除了以上几个主要特点以外，园林给水在一些具体的工程措施上也有比较特殊之处，我们在后面的水源水质问题和管网设计问题时还要讲到。

9.1.2　水源的选择

园林给水工程的首要任务，是要按照水质标准来合理地确定水源和取水方式。在确定水源的时候，不但要对水质的优劣、水量的丰缺情况进行了解，而且还要对取水方式、净水措施和输配水管道布置进行初步计划。

水的来源可以分为地表水和地下水两类，这两类水源都可以为园林所用。

1) 地表水源

地表水如山溪、大江、大河、湖泊、水库水等，都是直接暴露于地面的水源。这些水源具有取水方便和水量丰沛的特点，但易受工业废水、生活污水及各种人为因素的污染。水中泥砂、悬浮物和胶态杂质含量较多，杂质浓度高于地下水。因水质较差，必须经过严格的净化和消毒，才可作为生活用水。在地表水中，只有位于山地风景区的水源水质比较好。

采用地表水作为水源时，取水地点及取水构筑物的结构形式是比较重要的问题。如果在河流中取水，取水构筑物应设在河道的凹岸，因为凹岸较凸岸水深，不易淤积，只需防止河岸受到冲刷。在河流冰冻地区，取水口应放在底冰之下。河流浅滩处不宜选作取水点。取水构筑物应设在距离支流入口和山沟下游较远的地方，以防洪水时期大量泥砂把取水口淤塞。在入海的河流上取水时，取水口也应距离河口远一些，以免海潮倒灌影响水质。在风景区的山谷地带取水，应考虑到构筑物被山洪冲击和淹没的危险。取水口的位置最好选在比多数用水点高的地方,尽可能考虑利用重力自流给水。

保护水源,是直接保证给水质量的一项重要工作。对于地表水源来说,在取水点周围不小于 100 m 半径的范围内,不得游泳、停靠船只、从事捕捞和一切可能污染水源的活动,并在此范围内要设立明显的标志。取水点附近设立的泵站、沉淀池、清水池的外围不小于 10 m 的范围内,不得修建居住区、饲养场、渗水坑、渗水厕所,不得堆放垃圾、粪便和通过污水管道。在此范围内应保持良好的卫生状况,并充分绿化。河流取水点上游 1000 m 以内和下游 100 m 以内,不得有工业废水、生活污水排入,两岸不得堆放废渣、设置化学品仓库和堆栈。沿岸农田不得使用污水灌溉和施用有持久性药效的农药,并不允许放牧。

采用地表水作水源的,必须对水进行净化处理后才能作为生活饮用水使用。净化地表水的方法包括混凝沉淀、过滤和消毒 3 个步骤。

(1) 混凝沉淀(澄清) 是在水中加入混凝剂,使水中产生一种絮状物,和杂质凝聚在一起,沉淀到水底。我国民间传统的做法是:用明矾作混凝剂加入水中,经过 1~3 h 的混凝沉淀后,可使浑浊度减去 80% 以上。另外,也可以用硫酸铝作为混凝剂,在每吨水中加入粗制硫酸铝 20~50 g,搅拌后进行混凝沉淀,也能降低浑浊度。

(2) 过滤(砂滤) 将经过混凝沉淀并澄清的水送进过滤池,透过从上到下由细砂层、粗砂层、细石子层、粗石子层构成的过滤砂石层,滤去杂质,使水质洁净。滤池分快、慢两种,一般可用快的滤池。

(3) 消毒 天然水在过滤之后,还会含有一些细菌。为了保证生活饮用水的安全,还必须进行杀菌消毒处理。消毒方法很多,但一般常见的是把液氯加入水中杀菌消毒。用漂白粉消毒也很有效,漂白粉与水作用可生成次氯酸,次氯酸很容易分解释放出初态氧;初态氧性质活泼,是强氧化剂,能通过强氧化作用将细菌等有机物杀灭。

经过净化处理的地表水,就能够供园林内各用水点使用。采用地表水作为供水水源时,还应考虑枯水期时的供水稳定性。

2) 地下水源

地下水存在于透水的土层和岩层中。各种土层和岩层的透水性是不一样的。卵石层和沙层的透水性好,而黏土层和岩层的透水性就比较差。凡是能透水、存水的地层都可叫含水层或透水层。存在于砂、卵石含水层的地下水叫做孔隙水,在岩层裂缝中的地下水则叫裂隙水。地下水主要是由雨水和河流等地表水渗入地下而形成和不断补给的。地下水越深,它的补给地区范围也就越大。地下水也会流动,但流速很慢,往往一天只流动几米,甚至有时还不到 1 m。但石灰岩溶洞中的地下水,流速还是比较快的。

地下水又分为潜水和承压水两种。

(1) 潜水 地面以下第一个隔水层(不透水层)所托起的含水层的水,就是潜水。潜水的水面叫潜水面,是从高处向低处微微倾斜的平面。潜水面常受降雨影响而发生升降变化。降雨、降雪、露水等地面水都能直接渗入地下而成为潜水。

(2) 承压水 含水层在两个不透水层之间,并且受到较大的压力,这种含水层中的地下水就是承压水;另外,也有一些承压水是由地下断层形成的。由于有压力存在,当打井穿过不透水层并打通水口时,承压地下水就会从水口喷出或涌出。溢出地表的承压水便形成泉水。因此,这种承压地下水又叫自流水。承压水一般埋藏较深,又有不透水层的阻隔;所以,当地的地表水不容易直接渗入补给;其真正的补给区往往在很远的地方。

地下水温通常为 7~16℃ 或稍高,夏季作为园林降温用水效果很好。地下水,特别是深层地下水,基本上没有受到污染,并且在经过长距离地层的过滤后,水质已经很清洁,几乎没有细菌,再经过消毒并符合卫生要求之后,就可以直接饮用,不需净化处理。

由于要在地层中流动,或者由于某些地区地质构造方面的原因,地下水一般含有矿化物较多,硬度较大,水中硫酸根、氯化物过多,有时甚至还含有某些有害物质。对硬度大的地下水,要进行软化处理;对含铁、锰过多的地下水,则要进行除铁、除锰处理。由近处雨水渗入而形成的泉水,也有可能硬度不大,但可能受地面有机物的污染，水质稍差，也需要净化处理。

对泉水、井水净化的一个有效方法是：用竹筒装满漂白粉，并在竹筒侧面钻孔，孔径 2～2.5 mm，按每 1 m³ 井水 3 个竹筒孔眼的比例开孔；再用绳子拴住竹筒，绳的另一端系在一个浮物上；再把竹筒和浮物一起放入井内或泉池中；装药竹筒应沉至水面下 1～2 m 处。每投放一次，有效期可达 20 天。用这种方法，水中余氯分布均匀，消毒性能良好，同时也可节省人力及减少漂白粉的用量，是简单可行的。

取用地下水时，要进行水文地质勘察，探明含水层的分布情况。对储水量、补给条件、流向、流速、含水层的渗透系数、影响半径、涌水量以及水质情况等，都要进行勘察、分析和研究，以便合理开采和使用地下水。同时，还应避免对地下水的过量开采而引起大面积地基下沉的问题，和因地下水位下降过多而对园林树木生长或农业生产造成严重影响的问题。在地下水取水构筑物旁边，要注意保护水源和进行卫生防护。水井或管井周围 20～30 m 范围内不得设置渗水厕所、渗水坑、粪坑和垃圾堆；不得从事破坏深层土层的活动。为保护水源，严禁使用不符合饮用水水质标准的水直接回灌入地下。

3） 水源选择的原则

选择水源时，应根据城市建设远期的发展和风景区、园林周边环境的卫生条件，选用水质好、水量充沛、便于防护的水源。水源选择中一般应当注意以下几点：

(1) 园林中的生活用水要优先选用城市给水系统提供的水源，其次则主要应选用地下水。城市给水系统提供的水源，是在自来水厂经过严格的净化处理，水质已完全达到生活饮用水水质标准，所以应首先选用。在没有城市给水条件的风景区或郊野公园，则要优先选择地下水作水源，并且按优先性的不同选用不同的地下水。地下水的优先选择次序，依次是泉水、浅层水、深层水。

(2) 造景用水、植物栽培用水等，应优先选用河流、湖泊中符合地面水环境质量标准的水源。能够开辟引水沟渠将自然水体的水直接引入园林溪流、水池和人工湖的，则是最好的水源选择方案。植物养护栽培用水和卫生用水等就可以在园林水体中取水用。如果没有引入自然水源的条件，则可选用地下水或自来水。

(3) 风景区内，当必须筑坝蓄水作为水源时，应尽可能结合水力发电、防洪、林地灌溉及园艺生产等多方面用水的需要，做到通盘考虑，统筹安排，综合利用。

(4) 水资源比较缺乏的地区，园林中的生活用水使用过后，可以收集起来，经过初步的净化处理，再作为苗圃、林地等灌溉所用的二次水源。

(5) 各项园林用水水源，都要符合相应的水质标准，即要符合《地表水环境质量标准》(GB 3838—2002) 和《生活饮用水卫生标准》(GB 5749—2006) 的规定。

(6) 在地方性甲状腺肿地区及高氟地区，应选用含碘、含氟量适宜的水源。水源水中碘含量应在 $10\ \mu g/L$ 以上，$10\ \mu g/L$ 以下时容易发生甲状腺肿病。水中氟化物含量在 1.0 mg/L 以上时，容易发生氟中毒，因此，水源的含氟量一定要小于 1.0 mg/L。

9.1.3 水质与给水

园林中除生活用水外，其他方面用水的水质要求可根据情况适当降低，但都要符合一定的水质标准。

1） 地面水标准

所有的园林用水，如湖池、喷泉瀑布、游泳池、水上游乐区、餐厅、茶室等的用水，首先都要符合国家颁布的《地表水环境质量标准》(GB 3838—2002)。在这个标准中，首先按水域功能的不同，把地面水的质量级别划分为以下五类。

Ⅰ类地面水：主要适用于源头水和国家自然保护区。

Ⅱ类地面水：适用于集中式生活饮用水水源地一级保护区、珍贵鱼类保护区和鱼虾产卵场等。

Ⅲ类地面水：适用于集中式生活饮用水水源地二级保护区、一般鱼类保护区及游泳区。

Ⅳ类地面水：主要适用于一般工业用水区及人体非直接接触的娱乐用水区。

Ⅴ类地面水：主要适用于农业用水区及一般景观要求的水域。

在该标准中，提出了对地面水环境质量的基本要求。即所有水体不应有非自然原因导致的下述物质：

①凡能沉淀而形成令人厌恶的沉积物；②漂浮物，诸如碎片、浮渣、油类或其他一些能引起感官不快的物质；③产生令人厌恶的色、臭、味或浑浊度的；④对人类、动物或植物有损害；⑤易滋生令人厌恶的水生生物的。

园林生产用水、植物灌溉用水和湖池、瀑布、喷泉造景用水等，要求的水质标准可以稍低一些，上述Ⅴ类及Ⅴ类以上水质都可以使用。另外，喷泉或瀑布的用水，可考虑自设水泵循环使用。公园内游泳池、造波池、戏水池、碰碰船池、激流探险等游乐和运动项目的用水水质，应按地面水质量标准的Ⅱ类及Ⅱ类以上水质而定。

2) 生活饮用水标准

园林生活用水，如餐厅、茶室、冷热饮料厅、小卖部、内部食堂、宿舍等所需的水质要求比较高，其水质应符合国家颁布的《生活饮用水卫生标准》(GB 5749—2006)。

3) 园林给水方式

根据给水性质和给水系统构成的不同，可将园林给水方式分成三种。

(1) 引用式 园林给水系统如果直接到城市给水管网系统上取水，就是直接引用式给水。采用这种给水方式，其给水系统的构成也就比较简单，只需设置园内管网、水塔、清水蓄水池即可。引水的接入点可视园林绿地具体情况及城市给水干管从附近经过的情况而决定，可以集中一点接入，也可以分散由几点接入。

(2) 自给式 在野外风景区或郊区的园林绿地中，如果没有直接取用城市给水水源的条件，就可考虑就近取用地下水或地表水。以地下水为水源时，因水质一般比较好，往往不用净化处理就可以直接使用，因而其给水工程的构成就要简单一些。一般可以只设水井（或管井）、泵房、消毒清水池、输配水管道等。如果是采用地表水作水源，其给水系统构成就要复杂一些。从取水到用水过程中所需布置的设施顺序是：取水口、集水井、一级泵房、加矾间与混凝池、沉淀池及其排泥阀门、滤池、清水池、二级泵房、输水管网、水塔或高位水池等等。

(3) 兼用式 在既有城市给水条件，又有地下水、地表水可供采用的地方，接上城市给水系统，作为园林生活用水或游泳池等对水质要求较高的项目用水水源；而园林生产用水、造景用水等，则另设一个以地下水或地表水为水源的独立给水系统。这样做所投入的工程费用稍多一些，但以后的水费却可以大大节约。

在地形高差显著的园林绿地，可考虑分区给水方式。分区给水就是将整个给水系统分成几区，不同区的管道中水压不同，区与区之间可有适当的联系，以保证供水可靠和调度灵活。

9.1.4 园林给水管网设计

在设计园林给水管网之前，首先要收集与设计有关的技术资料，包括公园平面图、竖向设计图、园内及附近地区的水文地质资料、附近地区城市给排水管网的分布资料、周围地区给水远景规划和建设单位对园林各用水点的具体要求等；还要到园林现场进行踏勘调查，尽可能全面地收集与设计相关的现状资料。

园林给水管网开始设计时，首先应该确定水源及给水方式。其次，确定水源的接入点。一般情况下，中小型公园用水可由城市给水系统的某一点引入；但对较大型的公园或狭长形状的公园用地，由一点引入则不够经济，可根据具体条件采用多点引入。采用独立给水系统的，则不考虑从城市给水管道接入水源。第三，对园林内所有用水点的用水量进行计算，并算出总用水量。第四，确定给水管网的布置形式、主干管道的布置位置和各用水点的管道引入。第五，根据已算出的总用水量，进行管网的水力学计算，按照计算结果选用管径合适的水管，最后布置成完整的管网系统。

当按直接供水的建筑层数确定给水管网水压时，其用户接管处的最小服务水头，一层为10 m，二层为12 m，二层以上每增加一层增加4 m。配水管网应按最高日最高时供水量及设计水压进行水力平差计算，并应分别按下列3种工况和要求进行校核：①发生消防时的流量和消防水压的要求；②最大转输时的流量和水压的要求；③最不利管段发生故障时的事故用水量和设计水压要求。负有消防给水任务管道的最小直径不应小于 100 mm,室外消火栓的间距不应超过 120 m。

9.1.5 园林喷灌系统

在当今园林绿地中,实现灌溉用水的管道化和自动化很有必要,而园林喷灌系统就正是自动化供水的一种常用设施。城市中,由于绿地、草坪逐渐增多,绿化灌溉工作量已越来越大,在有条件的地方,很有必要采用喷灌系统来解决绿化植物的供水问题。

采用喷灌系统对植物进行灌溉,能够在不破坏土壤通气和土壤结构的条件下,保证均匀地湿润土壤;能够湿润地表空气层,使地表空气清爽;还能够节约大量的灌溉用水,比普通浇水灌溉节约水量 40%～60%。喷灌的最大优点在于它能使灌水工作机械化,显著提高了灌水的工效。

喷灌系统的设计,主要是解决用水量和水压方面的问题。至于供水的水质,要求可以稍低一些,只要水质对绿化植物没有害处即可。

1) 喷灌的形式

按照管道、机具的安装方式及其供水使用特点,园林喷灌系统可分为移动式、半固定式和固定式 3 种。

移动式喷灌系统:要求有天然水源,其动力(发电机)水泵和干管支管是可移动的。其使用特点是浇水方便灵活,能节约用水;但喷水作业时劳动强度稍大。

固定式喷灌系统:这种系统有固定的泵站,干管和支管都埋入地下,喷头既可固定于竖管上,也可临时安装。固定式喷灌系统的安装,要用大量的管材和喷头,需要较多的投资。但喷水操作方便,用人工很少,既节约劳动力,又节约用水,浇水实现了自动化,甚至还可能用遥控操作,因此是一种高效低耗的喷灌系统。这种喷灌系统最适于需要经常性灌溉供水的草坪、花坛和花圃等。

半固定式喷灌系统:其泵站和干管固定,但支管与喷头可以移动,也就是一部分固定一部分移动。其使用上的优缺点介于上述两种喷灌系统之间,主要适用于较大的花圃和苗圃。

2) 喷灌机与喷头

喷灌机主要是由压水、输水和喷头 3 个主要结构部分构成的。压水部分通常有发动机和离心式水泵,主要是为喷灌系统提供动力和为水加压,使管道系统中的水压保持在一个较高的水平上。输水部分是由输水主管和分管构成的管道系统。喷头部分则有以下所述类别。

按照喷头的工作压力与射程来分,可把喷灌用的喷头分为高压远射程、中压中射程和低压近射程三类喷头。而根据喷头的结构形式与水流形状,则可把喷头分为旋转类、漫射类和孔管类 3 种类型。

(1) 旋转类喷头 又叫射流式喷头。其管道中的压力水流通过喷头而形成一股集中的射流喷射而出,再经自然粉碎形成细小的水滴洒落在地面。在喷洒过程中,喷头绕竖向轴缓缓旋转,使其喷射范围形成一个半径等于其射程的圆形或扇形。其喷射水流集中,水滴分布均匀,射程达 30 m 以上,喷灌效果比较好,所以得到了广泛的应用。这类喷头因其转动机构的构造不一样,又可分为摇臂式、叶轮式、反作用式和手持式 4 种形式。还可根据是否装有扇形机构而分为扇形喷灌喷头和全圆周喷灌喷头两种形式。

摇臂式喷头是旋转类喷头中应用最广泛的喷头形式(见图 9.2)。这种喷头的结构是由导流器、摇臂、摇臂弹簧、摇臂轴等组成的转动机构,和由定位销、拨杆、挡块、扭簧或压簧等构成的扇形机构,以及喷体、空心轴、套轴、垫圈、防沙弹簧、喷管和喷嘴等构件组成的。在转动机构作用下,可使喷体和空心轴的整体在套轴内转动,从而实现旋转喷水。

(2) 漫射类喷头 这种喷头是固定式的,在喷灌过程中所有部件都固定不动,而水流却是呈圆形或扇形向四周分散开。喷灌系统的结构简单,工作可靠,在公园苗圃或一些小块绿地中有所应用。其喷头的射程较短,一般在 5～10 m;喷灌强度大,在 15～20 mm/h 以上;但喷灌水量不均匀,近处比远处的喷灌强度大得多。

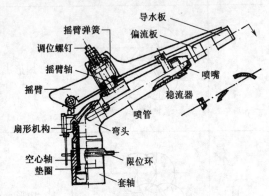

图 9.2 摇臂式喷头的构造

（3）孔管类喷头　喷头实际上是一些水平安装的管子。在水平管子的顶上分布有一些整齐排列的小喷水孔(图9.3)，孔径仅1～2 mm。喷水孔在管子上有排列成单行的，也有排列为两行以上的，可分别叫做单列孔管和多列孔管。

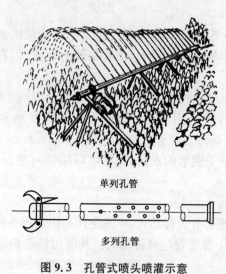

图9.3　孔管式喷头喷灌示意

3）**喷头的布置**

喷灌系统喷头的布置形式有矩形、正方形、正三角形和等腰三角形4种。在实际工作中采用什么样的喷头布置形式，主要取决于喷头的性能和拟灌溉的地段情况。表9.1中所列四图，就主要表示出喷头的不同组合方式与灌溉效果的关系。

园林给水工程是保证园林各部分能够正常运转的一项基础工程，园林排水工程也是这样一类基础工程。园林给水管网系统和排水管网系统是相互独立的两套系统，但在具体布置中，也常常要一同考虑、一同布置，要使两套系统紧密结合，共同发挥作用。

表9.1　喷头的布置形式

序号	喷头组合图形	喷洒方式	喷头间距L支管间距b与射程R的关系	有效控制面积S	适用情况
A	正方形	全圆形	$L=b=1.42R$	$S=2R^2$	在风向改变频繁的地方效果较好
B	正三角形	全圆形	$L=1.73R$ $b=1.5R$	$S=2.6R^2$	在无风的情况下喷灌的均度最好
C	矩形	扇形	$L=R$ $b=1.73R$	$S=1.73R^2$	较A、B节省管道
D	等腰三角形	扇形	$L=R$ $b=1.87R$	$S=1.865R^2$	同C

9.2 园林排水工程

排水工程的主要任务是：把雨水、废水、污水收集起来并输送到适当地点排除，或经过处理之后再重复利用和排除掉。园林中如果没有排水工程，雨水、污水淤积园内，将会使植物遭受涝灾，滋生大量蚊虫并传播疾病；既影响环境卫生，又会严重影响公园里的所有游园活动。因此，在每一项园林工程中都要设置良好的排水工程设施。

9.2.1 园林排水的种类与特点

园林环境与一般城市环境很不相同，其排水工程的情况也和城市排水系统的情况有相当大的差别。因此，在排水类型、排水方式、排水量构成、排水工程构筑物等等多方面都有其自己的特点。

1) 园林排水的种类

从需要排除的水的种类来说，园林绿地所排放的主要是雨雪水、生产废水、游乐废水和一些生活污水。这些废、污水所含有害污染物质很少，主要含有一些泥砂和有机物，净化处理也比较容易。

(1) 天然降水　园林排水管网要收集、输送和排除雨水及融化的冰、雪水。这些天然的降水在落到地面前后，会受到空气污染物和地面泥砂等的污染，但污染程度不高，一般可以直接向园林水体如湖、池、河流中排放。

(2) 生产废水　盆栽植物浇水时多浇的水，鱼池、喷泉池、睡莲池等较小的水景池排放的水，都属于园林生产废水。这类废水一般也可直接向河流等流动水体排放。面积较大的水景池，其水体已具有一定的自净能力，因此常常不换水，当然也就不排出废水。

(3) 游乐废水　游乐设施中的水体一般面积不大，积水太久会使水质变坏，所以每隔一定时间就要换水。如游泳池、戏水池、碰碰船池、冲浪池、航模池等，就常在换水时有废水排出。游乐废水中所含污染物不算多，可以酌情向园林湖池中排放。

(4) 生活污水　园林中的生活污水主要来自餐厅、茶室、小卖部、厕所、宿舍等处。这些污水中所含有机污染物较多，一般不能直接向园林水体中排放，而要经过除油池、沉淀池、化粪池等进行处理后才能排放。另外，做清洁卫生时产生的废水，也可划入这一类中。

2) 园林排水的特点

根据园林环境、地形和内部功能等方面与一般城市给水工程情况的不同，可以看出其排水工程具有以下几个主要方面的特点。

(1) 地形变化大，适宜利用地形排水　园林绿地中既有平地，又有坡地，甚至还可有山地。地面起伏度大，有利于组织地面排水。利用低地汇集雨雪水到一处，使地面水集中排除比较方便，也比较容易进行净化处理。地面水的排除可以不进地下管网，而利用倾斜的地面和少数排水明渠直接排放入园林水体中。这样可以在很大程度上简化园林地下管网系统。

(2) 园林排水管网的布置较为集中　与园林用水点分散的给水特点不同，排水管网主要集中布置在人流活动频繁、建筑物密集、功能综合性强的区域中，如餐厅、茶室、游乐场、游泳池、喷泉区等等地方。而在林木区、苗圃区、草地区、假山区等功能单一而又面积广大的区域，则多采用明渠排水，不设地下排水管网。

(3) 管网系统中雨水管多，污水管少　相对而言，园林排水管网中的雨水管数量明显地多于污水管。这主要是因为园林产生污水比较少的缘故。

(4) 园林排水成分中，污水少，雨雪水和废水多　园林内所产生的污水，主要是餐厅、宿舍、厕所等的生活污水，基本上没有其他污水源。污水的排放量只占园林总排水量的很少一部分。占排水量大部分的是污染程度很轻的雨雪水和各处水体排放的生产废水和游乐废水。这些地面水常常不需进行处理而可直接排放；或者仅作简单处理后再排除或再重新利用。

(5) 园林所排水的重复使用可能性很大　由于园林内大部分排水的污染程度不严重，因而基本上都可以在经过简单的混凝澄清、除去杂质后,用于植物灌溉、湖池水源补给等方面,水的重复使用效率比较高。一些喷泉池、瀑布池等,还可以安装水泵,直接从池中汲水,并在池中使用,实现池水的循环利用。

了解园林排水的种类和特点,为继续学习园林排水设计带来了方便。但在学习排水设计之前,还应当对园林排水工程的组成和目前实行的排水制度有所了解。

9.2.2 排水体制与排水工程的组成

排水设计中所采用的排水体制不同,其排水工程设施的组成情况也会不同,这两者是紧密联系起来的。明确排水体制的选用和排水工程的基本构成情况,对进行园林排水设计有直接帮助。

1) 排水体制

将园林中的生活污水、生产废水、游乐废水和天然降水从产生地点收集、输送和排放的基本方式,称为排水系统的体制,简称排水体制。排水体制主要有分流制与合流制两类(图9.4)。

(1) 分流制排水 这种排水体制的特点是"雨、污分流"。因为雨雪水、园林生产废水、游乐废水等污染程度低,不需净化处理就可直接排放,为此而建立的排水系统,称雨水排水系统。为生活污水和其他需要除污净化后才能排放的污水另外建立的一套独立的排水系统,则叫做污水排水系统。两套排水管网系统虽然是一同布置,但互不相连,雨水和污水在不同的管网中流动和排除。

(2) 合流制排水 排水特点是"雨、污合流"。排水系统只有一套管网,既排雨水又排污水。这种排水体制已不适于现代城市环境保护的需要,所以在一般城市排水系统的设计中已不再采用。但是,在污染负荷较轻,没有超过自然水体环境的自净能力时,还是可以酌情采用的。一些公园、风景区的水体面积很大,水体的自净能力完全能够消化园内有限的生活污水,为了节约排水管网建设的投资,就可以在近期考虑采用合流制排水系统,待以后污染加重了,再改造成分流制系统。

为了解决合流制排水系统对园林水体的污染,可以将系统设计为截流式合流制排水系统。截流式合流制排水系统,是在原来普通的直泄式合流制系统的基础上,增建一条或多条截流干管,将原有的各个生活污水出水口串联起来,把污水拦截到截流干管中。经干管输送到污水处理站进行简单处理后,再引入排水管网中排除。在生活污水出水管与截流干管的连接处,还要设置溢流井。通过溢流井的分流作用,把污水引到通往污水处理站的管道中。

2) 排水工程的组成

园林排水工程的组成,包括了从天然降水、废水和污水的收集、输送,到污水的处理和排放等一系列过程。从排水工程设施方面来分,主要可以分为两大部分。一部分是作为排水工程主体部分的排水管渠,其作用是收集、输送和排放园林各处的污水、废水和天然降水。另一部分是污水处理设施,包括必要的水池、泵房等构筑物。但从排水的种类方面来分,园林排水工程则是由雨水排水系统和污水排水系统两大部分构成的,其基本情况可见图9.4所示。

采用不同排水体制的园林排水系统,其构成情况有些不同。下面就来看看不同排水方式的排水系统构成情况。

(1) 雨水排水系统的组成 园林内的雨水排水系统不只是排除雨水,还要排除园林生产废水和游乐废水。因此,它的基本构成部分就有:①汇水坡地、集水浅沟和建筑物的屋面、天沟、雨水斗、竖管、散水;②排水明渠、暗沟、截水沟、排洪沟;③雨水口、雨水井、雨水排水管

图9.4 排水系统的体制

1—污水管网;2—雨水管网;3—合流制管网;4—截流管;
5—污水处理站;6—出水口;7—排水泵站;8—溢流井

网、出水口;④在利用重力自流排水困难的地方,还可设置雨水排水泵站。

(2) 污水排水系统的组成 这种排水系统主要是排除园林生活污水,包括室内和室外部分。有:①室内污水排放设施如厨房洗物槽、下水管、房屋卫生设备等;②除油池、化粪池、污水集水口;③污水排水干管、支管组成的管道网;④管网附属构筑物如检查井、连接井、跌水井等;⑤污水处理站,包括污水泵房、澄清池、过滤池、消毒池、清水池等;⑥出水口,是排水管网系统的终端出口。

(3) 合流制排水系统的组成 合流制排水系统只设一套排水管网,其基本组成是雨水系统和污水系统的组合。常见的组合部分是:①雨水集水口、室内污水集水口;②雨水管渠、污水支管;③雨、污水合流的干管和主管;④管网上附属的构筑物如雨水井、检查井、跌水井,截流式合流制系统的截流干管与污水支管交接处所设的溢流井等等;⑤污水处理设施如混凝澄清池、过滤池、消毒池、污水泵房等;⑥出水口。

9.2.3 排水管网的附属构筑物

为了排除污水,除管渠本身外,还需在管渠系统上设置某些附属构筑物。在园林绿地中,这些构筑物常见的有:雨水口、检查井、跌水井、闸门井、倒虹管、出水口等。下面主要介绍这些构筑物。

1) 雨水口

雨水口是在雨水管渠或合流管渠上收集雨水的构筑物。一般的雨水口,都是由基础、井身、井口、井箅几部分构成的(图9.5)。其底部及基础可用C15混凝土做成,尺寸在1200 mm×900 mm×100 mm以上。井身、井口可用混凝土浇制,也可以用砖砌筑,砖壁厚240 mm。为了避免过快的锈蚀和保持较高的透水率,井箅应当用铸铁制作,箅条宽15 mm左右,间距20～30 mm。雨水口的水平截面一般为矩形,长1 m以上,宽0.8 m以上。竖向深度不宜大于1 m,有冻胀影响地区的雨水口深度,可根据当地经验确定。井身内需要设置沉泥槽时,沉泥槽的深度应不小于12 cm。雨水管的管口设在井身的底部。

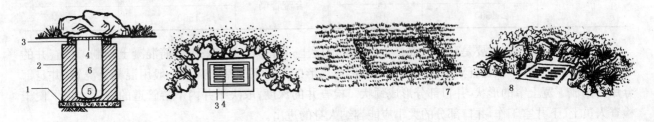

图9.5 雨水口的构造

1—基础;2—井身;3—井口;4—井箅;5—支管;6—井室;7—草坪窨井盖;8—山石围护雨水口图

雨水口的形式,主要有平箅式和立箅式两类。平箅式水流通畅,但暴雨时易被树枝等杂物堵塞,影响收水能力。立箅式不易堵塞,边沟需保持一定水深,若立箅断面减小会影响收水能力。图9.6为4种典型的道路雨水口形式。

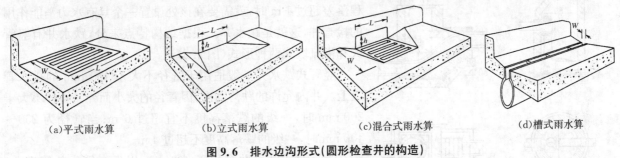

(a)平式雨水箅 (b)立式雨水箅 (c)混合式雨水箅 (d)槽式雨水箅

图9.6 排水边沟形式(圆形检查井的构造)

1—基础;2—井室;3—肩部;4—井颈;5—井盖;6—井口
来源:Urban Drainage Design Manual

雨水口的形式、数量和布置,应按汇水面积所产生的流量、雨水口的泄水能力及道路形式确定。雨水口间距宜为25～50 m,为保证路面雨水排放通畅,又便于维护,雨水口只宜横向串联,不应横、纵向一起串联。连接管串联雨水口个数不宜超过3个。雨水口连接管长度不宜超过25 m。当道路纵坡大于0.02时,雨水口的间距可大于50 m,其形式、数量和布置应根据具体情况和计算确定。对于低洼和易积水地段,雨水径流面积大,径流量较一般为多,如有植物落叶,容易造成雨水口的堵塞;为提高收水速度,需根据实际情况适当增加雨水口,或采用带侧边进水的联合式雨水口和道路横沟。

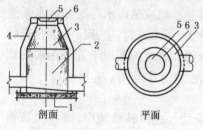

图9.7 圆形检查井的构造

1—基础;2—井室;3—肩部;
4—井颈;5—井盖;6—井口

与雨水管或合流制干管的检查井相接时,雨水口支管与干管的水流方向以在平面上呈60°交角为好。支管的坡度一般不应小于1%。雨水口呈水平方向设置时,井箅应略低于周围路面及地面3 cm左右,并与路面或地面顺接,以方便雨水的汇集和泄入。

2) 检查井

对管渠系统做定期检查,必须设置检查井(图9.7)。检查井通常设在管渠交汇、转弯、管渠尺寸或坡度改变、跌水等处以及相隔一定的构造距离的直线管渠段上。检查井在直线管渠段上的最大间距,一般可按表9.2采用。

表9.2 检查井的最大间距

管 别	管渠或暗渠净高(mm)	最大间距(m)	管 别	管渠或暗渠净高(mm)	最大间距(m)
污水管道	<500	40	雨水管渠	<500	50
	500～700	50		500～700	60
	800～1500	75	合流管渠	800～1500	100
	>1500	100		>1500	120

建造检查井的材料主要是砖、石、混凝土或钢筋混凝土;在国外,则多采用钢筋混凝土预制。检查井的平面形状一般为圆形,大型管渠的检查井也有矩形或扇形的。井下的基础部分一般用混凝土浇筑,井身部分用砖砌成下宽上窄的形状,井口部分形成颈状。检查井的深度,取决于井内下游管道的埋深。为了便于检查人员上、下井室工作,井口部分的大小应能容纳人身的进出。

检查井基本上有两类,即雨水检查井和污水检查井。在合流制排水系统中,只设雨水检查井。由于各地地质、气候条件相差很大,在布置检查井的时候,最好参照全国通用的《给水排水标准图集》和地方性的《排水通用图集》,根据当地的条件直接在图集中选用合适的检查井,而不必再进行检查井的计算和结构设计。

3) 跌水井

由于地势或其他因素的影响,使得排水管道在某地段的高程落差超过1 m时,就需要在该处设置一个具有水力消能作用的检查井,这就是跌水井。根据结构特点来分,跌水井有竖管式和溢流堰式两种形式(图9.8)。

竖管式跌水井一般适用于管径不大于400 mm的排水管道上。井内允许的跌落高度,因管径的大小而异。管径不大于200 mm时,一级的跌落高度不宜超过6 m;当管径为250～400 mm时,一级的跌落高度不超过4 m。

溢流堰式跌水井多用于400 mm以上大管径的管道上。当管径大于400 mm,而采用溢流堰式跌水井时,其跌水水头高度、跌水方式及井身长度等,都应通过有关水力学公式计算求得。

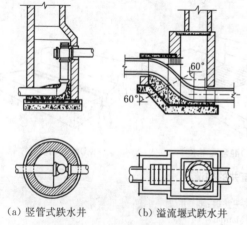

(a) 竖管式跌水井　(b) 溢流堰式跌水井

图9.8 两种形式的跌水井

跌水井的井底要考虑对水流冲刷的防护,要采取必要的加固措施。当检查井内上、下游管道的高程落差小于1 m时,可将井底做成斜坡,不必做成跌水井。

4) 闸门井

由于降雨或潮汐的影响,使园林水体水位增高,可能对排水管形成倒灌;或者,为了防止非雨时污水对园林水体的污染,控制排水管道内水的方向与流量,就要在排水管网中或排水泵站的出口处设置闸门井。

闸门井由基础、井室和井口组成。如单纯为了防止倒灌,可在闸门井内设活动拍门。活动拍门通常为铁质、圆形,只能单向开启。当排水管内无水或水位较低时,活动拍门依靠自重关闭,当水位增高后,由于水流的压力而使拍门开启。如果为了既控制污水排放,又防止倒灌,也可在闸门井内设置能够人为启闭的闸门。闸门的启闭方式可以是手动的,也可以是电动的;闸门结构比较复杂,造价也较高。

5) 倒虹管

由于排水管道在园路下布置时有可能与其他管线发生交叉,而它又是一种重力自流式的管道,因此,要尽可能在管线综合中解决好交叉时管道之间的标高关系。但有时受地形所限,如遇到要穿过沟渠和地下障碍物时,排水管道就不能按照正常情况敷设,而不得不以一个下凹的折线形式从障碍物下面穿过,这段管道就成了倒置的虹吸管,即所谓的倒虹管。

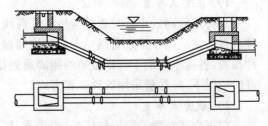

图9.9 穿越溪流的倒虹管示意图

由图9.9中可以看到,一般排水管网中的倒虹管是由进水井、下行管、平行管、上行管和出水井等部分构成的。倒虹管采用的最小管径为200 mm,管内流速一般为1.2~1.5 m/s,不得低于0.9 m/s,并应大于上游管内流速。平行管与上行管之间的夹角不应小于150°,要保证管内的水流有较好的水力条件,以防止管内污物滞留。为了减少管内泥砂和污物淤积,可在倒虹管进水井之前的检查井内,设一沉淀槽,使部分泥砂污物在此预沉下来。

6) 出水口

排水管渠的出水口是雨水、污水排放的最后出口,其位置和形式,应根据污水水质、下游用水情况、水体的水位变化幅度、水流方向、波浪情况等因素确定。

在园林中,出水口最好设在园内水体的下游末端,要与给水取水区、游泳区等保持一定的安全距离。

雨水出水口的设置一般为非淹没式的,即排水管出水口的管底高程要安排在水体的常年水位线以上,以防倒灌。当出水口高出水位很多时,为了降低出水对岸边的冲击力,应考虑将其设计为多级的跌水式出水口。污水系统的出水口,则一般布置为淹没式,即把出水管管口布置在水体的水面以下,以使污水管口流出的水能够与河湖水充分混合,以减轻对水体的污染。园林中常用的各种排水口的具体处理情况,在本节后面地面排水部分还有介绍,这里不再多述。

9.2.4 排水管网的布置形式

园林排水系统的布置,是在确定了所规划、设计的园林绿地排水体制、污水处理利用方案和估算出园林排水量的基础上进行的。在污水排放系统的平面布置中,一般应确定污水处理构筑物、泵房、出水口以及污水管网主要干管的位置;当考虑利用污水、废水灌溉林地、草地时,则应确定灌溉干渠的位置及其灌溉范围。在雨水排水系统平面布置中,主要应确定雨水管网中主要的管渠、排洪沟及出水口的位置。在各种管网设施的基本位置大概确定后,再选用一种最适合的管网布置形式,对整个排水系统进行安排。

排水管网的布置形式主要有下述几种(如图9.10)。

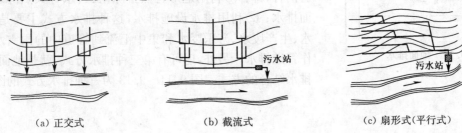

(a) 正交式　　　(b) 截流式　　　(c) 扇形式(平行式)

（d）分区式　　　　　　　　（e）辐射式（分散式）　　　　　　（f）环绕式

图 9.10　排水管网的布置形式

1) 正交式布置

当排水管网的干管总走向与地形等高线或水体方向大致呈正交时，管网的布置形式就是正交式。这种布置方式适用于排水管网总走向的坡度接近于地面坡度，和地面向水体方向较均匀地倾斜时。采用这种布置，各排水区的干管以最短的距离通到排水口，管线长度短，管径较小，埋深小，造价较低。在条件允许的情况下，应尽量采用这种布置方式。

2) 截流式布置

在正交式布置的管网较低处，沿着水体方向再增设一条截流干管，将污水截流并集中引到污水处理站。这种布置形式可减少污水对于园林水体的污染，也便于对污水进行集中处理。

3) 扇形布置

在地势向河流湖泊方向有较大倾斜的园林中，为了避免因管道坡度和水的流速过大而造成管道被严重冲刷的现象，可将排水管网的主干管布置成与地面等高线或与园林水体流动方向相平行或夹角很小的状态。这种布置方式又可称为平行式布置。

4) 分区式布置

当规划设计的园林地形高低差别很大时，可分别在高地形区和低地形区各设置独立的、布置形式各异的排水管网系统，这种形式就是分区式布置。低区管网可按重力自流方式直接排入水体的，则高区干管可直接与低区管网连接。如低区管网的水不能依靠重力自流排除，那么就将低区的排水集中到一处，用水泵提升到高区的管网中，由高区管网依靠重力自流方式把水排除。

5) 辐射式布置

在用地分散、排水范围较大、基本地形是向周围倾斜的和周围地区都有可供排水的水体时，为了避免管道埋设太深和降低造价，可将排水干管布置成分散的、多系统的、多出口的形式。这种形式又叫分散式布置。

6) 环绕式布置

这种方式是将辐射式布置的多个分散出水口用一条排水主干管串联起来，使主干管环绕在周围地带，并在主干管的最低点集中布置一套污水处理系统，以便污水的集中处理和再利用。

园林绿地多依山傍水，设施繁多，自然景观与人工造景结合。因此，在排水方式上也有其本身的特点。其基本的排水方式一般有两种，即：①利用地形自然排除雨、雪水等天然降水，可称为地面排水；②利用排水设施排水，这种排水方式主要是排除生活污水、生产废水、游乐废水和集中汇流到管道中的雨雪水，因此可称作管道排水。另外，还可有第三种排水方式，就是地面排水与管道排水结合的方式。图 9.11～9.13 为三种排水方式的图示。

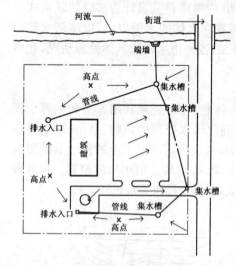

图 9.11　地面排水

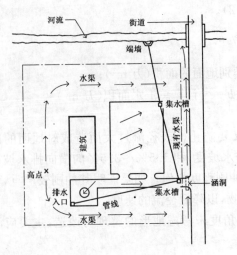

图 9.12 管道排水

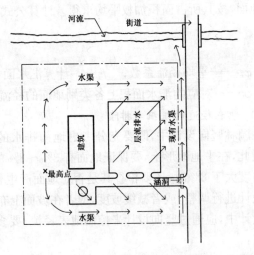

图 9.13 地面排水与管道排水结合

9.2.5 地面与沟渠排水

这里主要介绍通过地面、排水沟渠排除雨雪水的方法。地面排水是园林绿地排除天然降水的主要方式。

1) 地表径流系数的确定

地面排水设计所需要的一个重要参数,就是地表的径流系数。当雨水降落到地面后,便形成了地表径流。在径流过程中,由于渗透、蒸发、植物吸收、洼地截流等原因,雨水并不能全部流入园林排水系统中,而只是流入其中的一部分。我们就将地面雨水汇水面积上的径流量与该面积上降雨量之比,叫做径流系数,用符号 φ 表示,即

$$\varphi = 地表径流量 / 降雨量 \tag{9-1}$$

具体地方径流系数值的大小,与汇水面积上的地形地貌、地面坡度、地表土质及地面覆盖情况有关,并且也和降雨强度、降雨时间长短等密切相关。例如,屋面、水泥或沥青路面是由不透水层所覆盖的,其 φ 值就比较大;草坪、林地等能够截流、渗透部分雨水,其值当然就比较小。地面坡度大,降雨强度大,降雨历时短,都会使雨水径流损失较小,径流量增大。反之,则会使得雨水径流损失增大。由于影响径流的因素是多方面的,因此要确定一个地区的径流系数,是比较困难的。

很显然,径流系数的值小于1。反过来看,如果我们已知道了具体地点的径流系数,再到气象部门查询当地一次降雨的最大降雨量,就可以根据式(9-1)算出一定汇水面积上的地表径流量。知道了径流量,地面排水沟渠的排水设计就有了依据。表9.3是园林中不同地面类型和不同土质条件下的已知径流系数,可供排水设计时参考。

表 9.3 地面的径流系数值

类别		地面种类	φ 值	类别		地面种类	φ 值
人工地面	1	各种屋面、混凝土和沥青路面	0.90	素土地面	7	冻土、重黏土、冰沼土、沼泽土、沼化灰土	1.00
	2	大块石铺砌和沥青表面处理的碎石路面	0.60		8	黏土、盐土、碱土、龟裂地、水稻地	0.85
					9	黄壤、红壤、壤土、灰化土、灰钙土、漠钙土	0.80
	3	级配碎石路面	0.45		10	褐土、生草砂壤土、黑钙土、黄土、栗钙土、灰色森林土、棕色森林土	0.70
	4	砖砌砖石和碎石地面	0.40				
	5	非铺砌的素土路面	0.30		11	砂壤土、长草的砂土	0.50
	6	绿化种植地面	0.15		12	砂	0.35

在实际地面排水设计和计算中,往往会遇到在同一汇水面积上兼有多种地面类别的情况。这时,就需要计算整个汇水面积上的平均径流系数 φp 值。平均径流系数 φp 值的计算方法是:将汇水面积上各种类

别的地面,按其所占面积加权平均求得。计算公式如式(9-2)。

$$\varphi p = \sum f_i \varphi i / F \quad (9\text{-}2)$$

式中：φp——平均径流系数； f_i——计算汇水面积上各类别地面的面积(万 m^2)；
φi——对应的汇水面积上各类别地面的径流系数； F——计算总汇水面积(万 m^2)

2) 地表径流的组织与排除

在园林竖向设计中,既要充分考虑地面排水的通畅,又要防止地表径流过大而造成对地面的冲刷破坏。因此,在平地地形上,要保证地面有3‰～8‰的纵向排水坡度,和1.5%～3.5%的横向排水坡度。当纵向坡度大于8‰时,还要检查其是否对地面产生了冲刷,冲刷程度如何。如果证明其冲刷较严重,就应对地形设计进行调整,或者减缓坡度,或者在坡面上布置拦截物,以降低径流的速度。

设计中,应通过竖向设计来控制地表径流;要多从排水角度来考虑地形的整理与改造,主要应注意以下几点：

(1) 地面倾斜方向要有利于组织地表径流,使雨水能够向排洪沟或排水渠汇集。

(2) 注意控制地面坡度,使之不至过陡。对于过陡的坡地要进行绿化覆盖或进行护坡工程处理,使坡面稳定,抗冲刷能力强,也减少水土流失。两面相向的坡地之间,应当设置有汇水的浅沟,沟的底端应与排水干渠和排洪沟连接起来,以便及时排走雨水。

(3) 同一坡度的坡面,即使坡度不大,也不要持续太长,太长的坡面使地表径流的速度越来越快,产生的地面冲刷越来越严重。对坡面太长的应进行分段设置。坡面要有所起伏,要使坡度的陡缓变化不一致,才能避免径流一冲到底,造成地表设施和植被的破坏。坡面不要过于平整;要通过地形的变化来削弱地表径流流速加快的势头。

(4) 要通过弯曲变化的谷、涧、浅沟、盘山道等组织起对径流的不断拦截,并对径流的方向加以组织,一步步减缓径流速度,把雨雪水就近排放到地面的排水明渠、排洪沟或雨水管网中。

(5) 对于直接冲击园林内一些景点和建筑的坡地径流,要在景点、建筑上方的坡地面边缘设置截水沟拦截雨水,并且有组织地排放到预定的管渠之中。

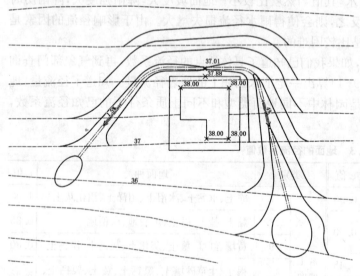

图9.14 结合地形的截水沟

3) 截水沟与排水沟渠设计

(1) 截水沟设计　截水沟一般应与坡地的等高线平行设置,其长短宽窄和深浅随具体的截水环境而定。宽而深的截水沟,其截面尺寸可达100 cm×70 cm(图9.14);窄而浅的截水沟截面则可以做得很小。例如在名胜古迹风景区摩崖石刻顶上的岩面开凿的截水沟,为了很好地保护文物和有效地拦截岩面雨水,就应开凿成窄而浅的小沟,其截面可小到5 cm×3 cm。宽而深的截水沟,可用混凝土、砖石材料砌筑而成,也可仅开挖成沟底、沟壁夯实的土沟。窄而浅的截水沟,则常常开成小土沟,或者直接在岩面凿出浅沟。

(2) 排水明渠设计　除了在园林苗圃中排水渠有三角形断面之外,一般的排水明渠都设计为梯形的断面。梯形断面的最小底宽应不小于30 cm(但位于分水线上的明沟底宽可达20 cm),沟中水面与沟顶的高度差应不小于2 cm。道路边排水沟渠的最小纵坡度不得小于0.2%;一般明渠的最小纵坡为0.1%～0.2%。各种明渠的最小流速不得小于0.4 m/s,个别地方酌减;土渠的最大流速一般不超过1.0 m/s,以免沟底冲刷过度。各种明渠的允许最大流速见表9.4。

表9.4 排水明渠允许的最大流速

明渠类别	允许最大流速 $v/\mathrm{m\cdot s^{-1}}$	明渠类别	允许最大流速 $v/\mathrm{m\cdot s^{-1}}$
粗砂及贫砂质黏土	0.8	草皮护面	1.6
砂质黏土	1.0	干砌块石面	2.0
黏土	1.2	浆砌块石面或浆砌砖面	3.0
石灰岩或中砂岩	4.0	混凝土	4.0

设计中,对排水明渠的宽度、深度确定,即水渠断面面积 ω 的确定,可根据式(9-3)进行计算。式中,流量 Q 的数值可按照前述地表径流量的确定方法推算得出。流速的确定则要按照表9.4中的数据。

$$\omega = Q/v \tag{9-3}$$

明渠开挖沟槽的尺寸规定如下:梯形明渠的边坡用砖或混凝土块铺砌的一般采用 $1:0.75 \sim 1:1$ 的边坡,在边坡无铺装情况下,应根据不同设计图纸采用表9.5中的数值。

表9.5 梯形明渠的边坡

明渠土质	边坡坡度	明渠土质	边坡坡度
粉砂	$1:3 \sim 1:3.5$	砾石土和卵石土	$1:1.25 \sim 1:1.5$
松散的细砂、中砂、粗砂	$1:2 \sim 1:2.5$	半岩性土	$1:0.5 \sim 1:1$
细实的细砂、中砂、粗砂	$1:1.5 \sim 1:2$	风化岩石	$1:0.25 \sim 1:0.5$
粗砂、粘质砂土	$1:1.5 \sim 1:2$	岩石	$1:0.1 \sim 1:0.25$
砂质黏土和黏土	$1:1.25 \sim 1:1.5$		

(3)排洪沟设计 为了防洪的需要,在设计排洪沟前,要对设计范围内洪水的迹线(洪痕)进行必要的考察,设计中应尽量利用洪水迹线安排排洪沟。在掌握了有关洪水方面的资料后,就应当对洪峰的流量进行推算。最适于推算园林用地内洪峰流量的方法,是利用小面积设计流量公式进行计算(见公式9-4)。另外,也可以采用排水明渠设计流量的公式 $Q = \omega v$ 来对排洪沟洪峰流量进行推算。

$$Q = CF^m \tag{9-4}$$

式中:Q——设计径流量($\mathrm{m^3/s}$); C——径流模数(按表9.6选用);
F——流域面积($\mathrm{km^2}$); m——面积指数。

表9.6 径流模数及面积指数

地区	在不同洪水频率时的 C 值					m 值
	1:2	1:5	1:10	1:15	1:20	
华北	8.1	12.0	16.5	18.0	19.0	0.75
东北	8.0	11.5	13.5	14.6	15.8	0.85
东南沿海	11.0	15.0	18.0	19.5	22.0	0.75
西南	9.0	12.0	14.0	14.5	16.0	0.75
华中	10.0	4.0	17.0	18.0	19.6	0.75
黄土高原	5.5	6.0	7.5	7.7	8.5	0.80

一般排洪沟通常都采用明渠形式,设计中应尽量避免用暗沟。明渠排洪沟的底宽一般不应小于 $0.4 \sim 0.5\mathrm{m}$。当必须采用暗沟形式时,排洪沟的断面尺寸一般不小于 $0.9\mathrm{m}$(宽)$\times 1.2\mathrm{m}$(高)。排洪沟的断面形

状一般为梯形或矩形。为便于就地取材,建造排洪沟的材料多为片石和块石,多采用铺砌方式建成。排洪沟不宜采用土明渠方式,因为土渠的边坡不耐冲刷。

排洪沟的纵坡,应自起端而至出口不断增大,但坡度也不应太大,坡度太大则流速过快,沟体易被冲坏。为此,对于浆砌片石的排洪沟,最大允许纵坡为30%;混凝土排洪沟的最大允许纵坡为25%。如果地形坡度太陡,则应采取跌水措施,但不得在弯道处设跌水。

为了不使沟底沉积泥砂,沟内的最小允许流速不应小于0.4 m/s。为了防止洪水对排洪沟的冲刷,沟内的最大允许流速应根据其砌筑结构及设计水深来确定。

(4) 排水盲渠设计　盲渠(盲沟)是一种地下排水渠道,用于排除地下水,降低地下水位,效果不错。修筑盲沟的优点是:取材方便、造价低廉、地面完好、不留痕迹。在一些要求排水良好的活动场地(如高尔夫球场、一般大草坪等)或地下水位高的地区,为了给某些不耐水的植物生长创造条件,都可采用这种方法排水。

布置盲沟的位置与盲沟的密度要求视场地情况而定。通常以盲沟的支渠集水,再通过干渠将水排除掉。以场地排水为主的,直渠可多设,反之则少设。盲渠渠底纵坡不应小于5‰,如果情况允许的话,应尽量取大的坡度,以便于排水。

盲渠常见的构造情况,如图9.15所示。图9.16～9.18为国外某场地上盲渠的施工过程。

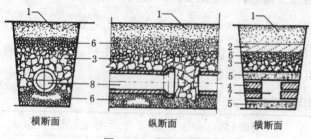

图9.15　盲渠的构造

1—泥土;2—砂;3—石块;4—砖块;5—预制混凝土盖板;6—碎石及碎砖块;7—砖块干叠排水管;8—80 mm陶管

图9.16　盲渠施工过程

图9.17　盲渠溢流井

图9.18　盲渠渗水缝

4) 防止地表径流冲刷地面的措施

当地表径流流速过大时,就会造成地表冲蚀。解决这一问题的方式,主要是在地表径流的主要流向上设置障碍物,以不断降低地表径流的流速。这方面的工作可以从竖向设计及工程措施方面考虑。通过竖向设计来控制地表径流的要求已在前面讲过,这里主要对设置地面障碍物来减轻地表径流冲刷影响的方法做些介绍。

(1) 植树种草,覆盖地面　对地表径流较多、水土流失较严重的坡地,可以培植草本地被植物覆盖地面;还可以栽种乔木与灌木,利用树根紧固较深层的土壤,使坡地变得很稳定。覆盖了草本地被植物的地面,其径流的流速能够得到很好的控制,地面冲蚀的情况也能得到充分的抑制。

(2) 设置护土筋　沿着山路坡度较大处,或与边沟同一纵坡且坡面延续较长的地方敷设"护土筋"。其做法是:采用砖石或混凝土块等,横向埋置在径流速度较大的坡面上,砖石大部分埋入地下,只有3～5 cm处露于地面,每隔一定距离(10～20 m)放置3～4道,与道路成一定角度,如鱼翅状排列于道路两侧,以降低径流流速,削弱冲刷力。

(3)安放挡水石　利用山道边沟排水,在坡度变化较大处(如在台阶两侧),由于水的流速大,容易造成地面被冲刷,严重影响道路路基。为了减少冲刷,在台阶两侧置石挡水,以缓解雨水流速。

(4)做谷方,设消能石　当地表径流汇集在山谷或地表低洼处,为了避免地表被冲刷,在汇水线地带散置一些山石,作延缓阻碍水流用。这些山石在地表径流量较大时,可起到降低径流的冲力,缓解水土流失速率的作用。所用的山石体量应稍大些,并且石的下部还应埋入土中一部分,避免径流过大时,石底泥土被掏空,山石被冲走。

利用上述几种措施可防止地表径流冲刷地面的情况,详见图9.19。

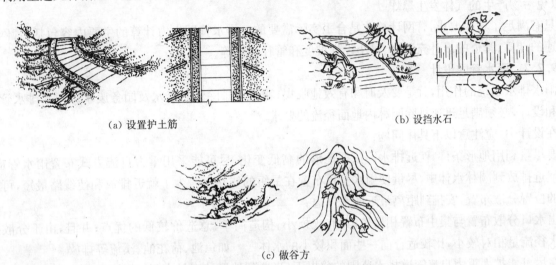

图 9.19　防止径流冲刷的工程措施

5) 出水口处理

当地表径流利用地面或明渠排入园林水体时,为了保护岸坡,出水口应做适当的处理。常见的处理方法如下。

(1)做簸箕式出水口　即所谓做"水簸箕",这是一种敞口式排水槽。槽身可采用三合土、混凝土、浆砌块石或砖砌体做成(图9.20(a))。

(2)做成消力出水口　排水槽上、下口高差大时可以在槽底设置"消力阶"(图9.20(b))、礓礤(图9.20(c))或消力块(图9.20(d))。

(3)做造景出水口　在园林中,雨水排水口还可以结合造景布置成小瀑布、叠水、溪涧、峡谷等,一举两得,既解决了排水问题,又使园景生动自然,丰富了园林景观内容(图9.20)。

(4)埋管排水口　这种方法在园林中运用很多,即利用路面或道路两侧的明渠将水引至适当位置,然后设置排水管作为出水口。排水管口可以伸出到园林水体水面以上或以下,管口出水直接落入水面,可避免冲刷岸边;或者,也可以从水面以下出水,从而将出水口隐藏起来。

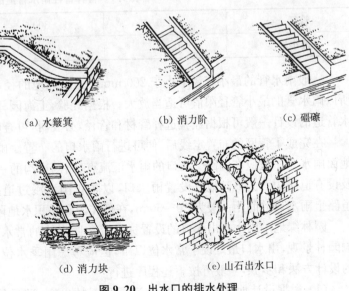

图 9.20　出水口的排水处理

9.2.6　管网排水

园林绿地的排水,一般主要靠地面

及明渠排除。但一些生活污水、游乐废水、生产废水等及主要建筑周围、游乐场地周围、园景广场周围、主园路两侧等地方,则主要靠管道排水。这些管道在设计前,都需要进行计算。排水管网的水力计算是保证管网系统正确设计的基本依据。

通过计算,要求使管网系统的设计达到:首先,是保证管道不溢流;如果发生溢流,将会对园林环境与景观产生很不好的影响。其次,要使管道中不发生淤积、堵塞现象,这就要求管道内的污水保证有一定的自净流速,这一流速能够避免管道的淤积。第三,应使管道内不产生高速冲刷,以免管道过早因冲刷而毁坏;管道内雨水、污水的流速要控制在一个不发生较大冲刷的最高限值以下。第四,要保证管道内通风排气,以免污物产生的气体发生爆炸。

只有满足了这些要求,管网计算才是合乎实际需要的。排水管网水力计算的主要内容包括:管网流量与流速的计算、管道的设计充满度、最小设计坡度和管径计算等。

9.2.7 雨水管网设计

雨水排水系统的作用,就是要及时和有效地收集、输送和排除天然降水及园务废水。雨水排水管网的计算和设计,必须满足迅速排除园林内地面径流的要求。

在设计中,应注意以下具体问题:

要尽量利用地形条件,就近排水。依据地形的高低变化,尽可能采用重力自流方式布置雨水管道,将雨水就近排放到园林水体中,尽量使雨水管道布置在最短的线路上。为了就近排放和使线路最短,可将出水口的位置分散布置,安排到距离最近的水体边。

出水口分散布置与集中布置相比较,具有规模小、构造简单、总造价较低的优点;并且,由于分散排放的雨水径流量相对较小,比较适合向一些面积较小的水体——如鱼池、荷花池、溪流等排放。

在尽可能扩大重力自流管道排水范围的前提下,当遇到地形坡度较大时,雨水主干管应布置在地形的较低处;当地形比较平坦时,则以布置在相应排水区域的适中地带为好。同时,还要尽量避免设置雨水泵站,因为这将使排水管网的建设费用大大增加,而且也会使今后长期运转的费用增大。

考虑到排水管道的上部荷载、冬季地面的冰冻深度及雨水连接管的坡度等因素,雨水管的埋深应稍深一些,最小覆土深度可采用$0.5 \sim 0.7 \text{ m}$,但一定要在冬季冻土层以下。

各种雨水管道在自流条件下的最小允许流速不得小于0.75 m/s(个别地段允许0.6 m/s)。最大允许流速同管道材料有关,金属管道不大于10 m/s,非金属管道不大于5 m/s。雨水管最小纵坡坡度的设计,不得小于0.0005,否则无法施工。一般管道纵坡可按表9.7取值。

表9.7 各种管径雨水管道的最小坡度

管径 mm	200	300	350	400
最小坡度	0.004	0.003 3	0.003	0.002

一般雨水管的最小直径不小于200 mm。公园绿地的径流中夹带泥砂及枯枝落叶较多,易堵塞管道,所以雨水管的最小管径限值可适当放大。根据经验,上海园林中目前的最小雨水管径采用了300 mm。雨水管道的设计一般可根据经验选择管材和管径,必要时,可查阅有关资料进行计算。

在完成了管网的布置定线后,便可进行雨水口的布置。雨水口的设置位置,应能保证迅速有效地收集地面雨水。一般应在园路交叉口的雨水汇流点、路侧边沟的一定距离处和地势低洼的草坪、树木种植地以及设有道路边石的低洼地方设置雨水口,以防止雨水漫过道路或造成道路及低洼地区积水而妨碍交通。道路上雨水口的间距一般为$20 \sim 50 \text{ m}$,在低洼段和易积水地段,可多设雨水口。

园林绿地中雨水管出水口的设置标高应参照水体的常水位和最高水位来决定。一般来说,为了不影响园林景观,出水口最好设于常水位以下,但应考虑雨季水位涨高时不至倒灌,影响排水。雨水管网系统的设计方法和步骤,一般可按下述程序进行:

(1)根据设计地区的气象、雨量记录及园林生产、游乐等废水排放的有关资料,推求雨水排放的总流量。

(2) 在与园林总体规划图比例相同的平面图上,绘出地形的分水线、集水线,标上地面自然坡度和排水方向,初步确定雨水管道的出水口,并注明控制标高。

(3) 按照雨水管网设计原则、具体的地形条件和园林总体规划的要求,进行管网的布置。确定主干渠道、管道的走向和具体位置,以及支渠、支管的分布和渠、管的连接方式,并确认出水口的位置。

(4) 根据各设计管段对应的汇水面积,按照从上游到下游、从支渠支管到干渠干管的顺序,依次计算各管段的设计雨水流量。

(5) 依照各设计管段的设计流量,再结合具体设计条件并参照设计地面坡度,确定各管段的设计流速、坡度、管径或渠道的断面尺寸。

(6) 根据水力、高程计算的一系列结果,从《给水排水标准图集》或地区的给排水通用图集中选定检查井、雨水口的形式,以及管道的接口形式和基础形式等。

(7) 在保证管渠最小覆土厚度的前提下,确定管渠的埋设深度,并依此进行雨水管网的一系列高程计算,要使管渠的埋设深度不超过设计地区的最大限埋深度。

(8) 综合上述各方面的工作成果,绘制雨水排水管网的设计平面图及纵断面图,并编制必要的设计说明书、计算书和工程概预算。

以上是对一般园林雨水管网系统设计过程的介绍。一些大型的管网工程,其设计过程和工作内容还要复杂得多,要根据具体情况灵活处理。

9.3 可持续理念与园林节水

我国的水资源总体贫乏且分布极不均衡,全国600多个城市中,有300多个城市缺水,100多个严重缺水,已被列为全球人均水资源贫乏的国家之一。城市绿地建设能有效地改善人居环境,但是随着绿地面积的不断增加,城市园林绿地用水量逐年提高,如果绿地的规划设计没有贯彻节水理念和技术,将会消耗巨大的水资源。因此,如何合理充分利用好灌溉用水,提高园林绿地灌水利用率和灌水效果,发展城市节水型园林,是园林规划设计和工程中要解决的重要问题。

9.3.1 园林中的给排水与节水

1) 规划设计阶段

在园林规划设计中,节水的理念应贯穿始终。在总体规划阶段,要从各种布局、选材等方面综合考虑节水问题。利用雨水回收、中水利用等多种方法,规划时力求选择节水方案。

城市绿地的水景设计应以总体布局及当地的自然条件、经济条件为依据,因地制宜,合理布局水景的种类、形式,尽量以地表水和降水为主。城市园林绿地的水景如果依靠城市自来水系统维持,每年需消耗大量的饮用水资源,是巨大的浪费。

对于与外界没有联系的封闭性水体,其自身基本没有自洁能力,可以运用雨水回收利用系统保持湖水清洁。在园林规划设计中,将较大的景观湖与雨水收集池合而为一,一方面能减少对城市给排水系统的需求压力,另外也可以部分解决水体的补水问题。

合理的竖向设计是雨水利用的关键,为了尽可能利用雨水,将场地雨水就地吸纳、避免对下游造成影响,竖向设计中对硬质地面、绿地、水体以及管线的标高要全面考虑,尽量利用地面排除雨水,减少雨水管道,利用绿地、水体吸纳雨水,同时应考虑雨量过大时,设置溢流措施,以避免大量雨水对场地的不利影响。

2) 优化园林植物配置,优先选用乡土植物、低耗水植物

以乔灌木为主体的复层植物群落耗水量远低于草坪,而生态效益却比草坪高得多。在进行园林植物配置时,最好以乔灌木为主体,采用乔灌草相结合的复层结构,避免纯粹为了追求视觉效果采用大面积草坪。

乡土植物是经过长期的自然进化和淘汰选择后，最适应当地的气候、土壤、环境的植物，在抵抗病害、减少施肥、保护环境等方面，移植后的养护需水量小于外来引入的植物品种。本土灌木、地被植物对于把自然引入城市，实现城市生物多样化，改生态效益较低的平面绿化为多层次、多季相、多色相的立体生态景观等方面具有不可替代性。低耗水量植物（包括灌木、地被及耗水量相对较少的针叶树种及革质叶面的阔叶树种）的优势在于植物的水分散发少，抗病能力强、繁殖快、容易栽培。

3）改善土质、覆盖土壤表层

表土中富含的有机物可以帮助土壤保留水分与养分，提高土壤的保水性能。大面积项目的绿化用地，除了在竖向规划中尽可能利用原地形外，在地形改造前将现有表土有意识地保存，待地形改造完成后再回填，可以避免植物直接栽植在贫瘠的底土上。设计和施工过程中还应检测土样的质量，包括氮、磷、钾、钙含量及 pH 值。pH 值在 6~7 时最利于植物吸收养分与水分，在局部换土时，掺和一些有机物如腐叶、有机肥等。腐叶作为绿地生态系统物质循环和能量流动的重要环节，含有丰富的营养成分，能增加土壤有机质，改良土壤性状，利于土壤水分的保持。

植物落叶的凋落量、贮量、养分归还量及分解速率是绿地生态系统养分循环的重要因子，覆盖物可提高土壤中现成营养物质特别是钾、磷、钙、镁的利用率。落叶能保持较高的土壤水分，在分解时为土壤提供大量有机物质，改善土壤结构，能提高土壤对水分和养料的保持能力。例如经过处理的木屑均匀地铺撒在乔灌木种植圈的土表大约 4 cm 厚，形成一个地表层，把泥土覆盖在下面，有几方面益处：首先，可使土壤的水分不易散失；其二，木屑日久以后会逐渐腐烂，腐化过程中能为土壤提供有机质；再次，因为土层表面被覆盖，杂草难以生长，也抑制了风沙尘土飞扬；最后，木屑将土壤与温度大幅波动的空气隔开，土壤比裸地更趋于冬暖夏凉，可延长根系生长期。在城区公园绿地、居住区绿地和大面积单位绿地等处，可以将分解较慢的树干和树枝通过除病、除杂草籽、切割处理后，将木屑覆盖于树木种植圈内、灌木边缘的土壤表面，不仅有利于其分解，也具有增加土壤有机质和营养物质、抑制杂草、减少土壤侵蚀、降低大气悬浮物等生态功能。

4）倡导节水型灌溉方式，精确灌溉

植物配置时如能将高需水植物与低需水植物分片区种植，就可以避免粗放型耗水的灌溉。对于一些高端房地产项目如旅游度假区、高尔夫球场、城市中心区公园等，可在灌溉设计上应用雨水感应器、滴灌等高科技设备，通过精确灌溉来节水。

雨水传感器可以控制灌溉系统在下雨时和下雨后控制或关闭自动喷灌系统，实现对雨水的充分利用。一般来说，采用雨水传感器的灌溉系统其用水量以及水费每年可以节省 30%。采用滴灌装置或渗水管，这样可以节约 70% 的用水。滴灌减少了水的蒸发，水分直接送达植物的根部，避免了浪费在枝叶上的水分。根部灌水系统是采用分层灌水技术，在树木根系范围内，直接将水分均匀地分配到不同深度的根部，促进各层次根系的健康发育。

5）利用雨水、污水

利用雨水、污水对城市园林进行灌溉，在以色列、美国、日本等发达国家已有几十年的历史，尤其是以色列其城市园林 80% 以上是用生活污水和工业废水经过简单处理后结合现代灌溉技术进行灌溉。在我国利用污水进行绿地灌溉尚处于起步阶段，城市污水量大、相对集中且水质均比较稳定，是可以恒量供水的水源，它们中的很大一部分通过简单的一级或二级处理后即可达到园林用水的要求。因此利用城市污水和工业废水对城市园林进行灌溉是节约和保护城市水资源的一条重要途径。

雨水资源化是城市充分利用有限水资源的又一重要途径。城市雨水的收集、利用不仅是指狭义的利用雨水资源和节约用水，它还具有减缓城区雨水洪涝和地下水位下降、控制雨水径流污染、改善城市生态环境等广泛的意义，可以利用建筑、道路、湖泊等收集雨水用于绿地灌溉、景观用水。

9.3.2 雨水利用工程

1）雨水利用的必要性与可行性

自然界的雨水循环方式大体是：雨水降落到地表后，部分被植物根系吸收，部分渗透到地表下补充地

下水源,剩余部分顺地势流入低洼的池塘或附近河流。在城市建成区,由于城市化造成的地面硬化(如建筑屋面、路面、广场、停车场等)改变了原地面的水文特性。地面硬化之前正常降雨形成的地面径流量与雨水入渗量之比约为 2∶8,地面硬化后二者的比例变为 8∶2。因此城市中的雨水处理由标准化设计的雨水管线来承担。市政雨水管线将从不透水地区汇集到路面上的雨水尽快排入附近水体,防止雨水滞留。地面硬化以及管渠排放雨水造成大量雨水流失,城市地下水从降水中获得的补给量逐年减少。例如北京 20 世纪 80 年代地下水年均补给量比 60~70 年代减少了约 2.6 亿立方米,使得地下水位下降现象加剧。由于雨水失去了与地表的接触机会,既阻隔了植被、土壤对雨水的净化作用,也使植被生长需要更多依赖人工灌溉;而且单一的管渠化排放,容易使雨水夹带的杂物和污染物对周边水体造成持续的污染,管线也会被杂质堵塞,尤其在暴雨天气,管线排水不畅会令市区局部地方出现积水。

城市雨水利用有几个方面的功能:一为节水功能。用雨水冲洗厕所、浇洒路面、浇灌草坪、水景补水,甚至用于循环冷却水和消防用水,可节省城市自来水。二为对水环境及生态环境的修复功能。强化雨水的入渗增加土壤的含水量,甚至利用雨水回灌提升地下水的水位,可以改善水环境乃至生态环境。三为雨洪调节功能。土壤的雨水入渗量增加和雨水径流的存储,都会减少进入雨水排水系统的流量,从而提高城市排洪系统的可靠性,减少城市洪涝。

对于城市建筑区而言,其面积占据着城区近 70% 的面积,并且是城市雨水排水系统的起端。建筑区雨水利用是城市雨洪利用工程的重要组成部分,对城市雨水利用的贡献效果明显,并且相对经济。城市雨洪利用首先需要解决好建筑区的雨水利用。对于一个多年平均降水量在 600 mm 的城市来说,建筑区拥有 300 mm 的降水可以利用,而以往这部分资源被排水浪费掉了。结合城市建筑区中的道路绿地、街头绿地、景观水体,完全将雨水吸纳到软质景观中。

对于规模较大的城市绿地,如公园,其本身有面积较大的软质环境(草坪、水体),通过合理的竖向设计和软硬质景观配置,可以实现雨水在本地块的完全吸纳。此外,结合城市雨水系统和分布于建筑区的雨水入渗系统,可以形成辐射范围更广的入渗系统,实现区域雨水的充分利用。

2) 雨水利用系统的组成和一般要求

城市雨水利用,是通过雨水入渗调控和地表(包括屋面)径流调控,实现雨水的资源化,使水文循环向着有利于城市生活的方向发展。雨水利用可以采用雨水入渗系统、收集回用系统、调蓄排放系统之一或其组合,并满足如下要求:

(1) 雨水入渗系统宜设雨水收集、入渗等设施,雨水入渗系统的土壤渗透系数宜为 $10^{-6} \sim 10^{-3}$ m³/s,且渗透面距地下水位大于 1.0 m。

(2) 收集回用系统应设雨水收集、存储、处理和回用水管网等设施,宜用于年平均降雨量大于 400 mm 的地区。

(3) 调蓄排放系统应设雨水收集、存储设施和排放管道等设施,宜用于有防洪排涝要求的场所。

鉴于收集回用系统和调蓄排放系统较为复杂,建设和运行受限制较多,本书主要介绍较为简单,且在园林工程设计中简单、易用的雨水入渗系统和雨水滞留系统。

雨水入渗可采用绿地入渗、透水铺装地面入渗、浅沟与洼地入渗、浅沟渗渠组合入渗、渗透管沟、入渗井、入渗池、渗透管排放系统等多种方式。雨水渗透设施选择时宜优先采用绿地、透水铺装地面、渗透管沟、入渗井等方式。

雨水入渗系统首先应保证其周围建筑物及构筑物的正常使用,并充分考虑土壤地质条件,在有陡坡坍塌、滑坡危害的危险场所不得使用雨水入渗系统,在非自重湿陷性黄土场地,渗透设施必须设置于建筑物防护距离之外,并不得影响附近硬质铺地的基础。

3) 雨水利用常见工程措施

(1) 绿地入渗 绿地就近接纳雨水径流,也可以通过管渠输送至绿地;绿地边界应低于周边硬化地面,并有保证雨水进入绿地的措施;绿地植物宜选用耐淹品种。在城市道路中,利用分隔带绿地入渗就是一种常见的方式,将紧邻绿地的道路侧石直接断开,形成若干豁口作为雨水的进入和流出口(图 9.21~9.23)。

这种入渗一方面可以解决分隔带植物的部分灌溉问题，另外多余的雨水可以通过在下面增设管线输送到其他水体或绿地中。

图9.21　人行道绿带作为雨水入渗区

图9.22　道路雨水入渗区

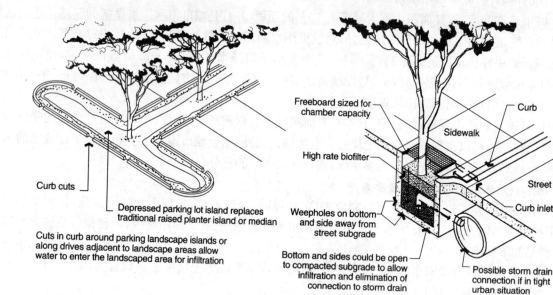

图9.23　停车场绿带作为雨水入渗区

（2）透水性铺装入渗　在人行、非机动车通行、停泊的硬质地面、广场等宜采用透水地面；透水性铺装地面应符合下列规定要求：

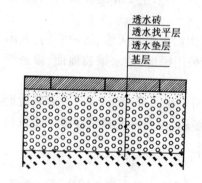

图9.24　透水铺装地面结构示意图

① 透水铺装地面应设透水面层、透水找平层和透水垫层（图9.24）。透水面层可以采用透水混凝土、透水面砖、草坪砖等；

② 透水地面面层的渗透系数均应大于 10^{-4} m/s，找平层和垫层的渗透系数必须大于面层。透水地面设施的蓄水能力不宜低于重现期为2年的60 min降雨量；

面层厚度宜根据不同材料、使用场所确定，孔隙率不宜小于20%；找平层厚度为20~50 mm；透水垫层厚度不宜小于150 mm，孔隙率不应小于30%；

铺装地面应满足相应的承载力要求，北方寒冷地区还应满足抗冻要求。

表 9.8 透水铺装路面的结构形式

垫层结构	找平层	面层	适用范围
100～300 mm 透水混凝土	1) 细石透水混凝土	透水性水泥混凝土	
150～300 mm 砂砾料	2) 干硬性砂浆	透水性沥青混凝土	人行道、请交通流量路面、停车场
100～200 mm 砂砾料+50～100 mm透水混凝土	3) 粗砂、细石厚度 20～50 mm	透水性混凝土路面砖 透水性陶瓷路面砖	

来源:建筑与小区雨水利用工程技术规范(GB 50400—2006)

(3) 浅沟与洼地入渗 地面绿化在满足地面景观要求的前提下,宜设置浅沟或洼地;积水深度不宜超过 300 mm;积水区的进水宜沿沟长多点分散布置,宜采用明沟布水;浅沟宜采用平沟。这种入渗方式也适合用在道路和停车场的绿化分隔带上(图 9.25～9.27)。

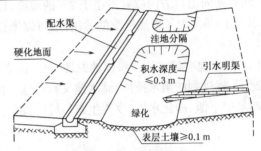

图 9.25 洼地入渗系统

图 9.26 道路分隔带作为入渗洼地

图 9.27 停车场绿带作为入渗洼地

(4) 浅沟渗渠组合入渗 沟底表面的土壤厚度不应小于 100 mm,渗透系数不应小于 10^{-5} m/s;渗渠中砂层厚度不应小于100 mm,渗透系数不应小于 10^{-4} m/s;渗渠中的砾石厚度不应小于 100 mm。一般在土壤的渗透系数小于等于 $5×10^{-6}$ m/s 时采用这种浅沟渗渠组合(图 9.28)。这种设施两部分独立的蓄水容积,与其他渗透设施相比,这种系统具有更长的雨水滞留和渗透排空时间。深水洼地的进水应尽可能利用明渠与来水相连,避免直接将水注入渗渠,以防洼地中的植物受到损害。洼地的积水深度应小于 300 mm。当底部渗渠的渗透排空时间较长,不能满足浅沟积水渗透排空要求时,应在浅沟及渗渠之间增设泄流措施,图9.29为泄流孔。

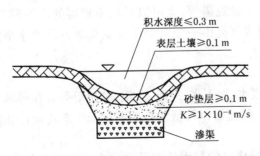

图 9.28 浅沟渗渠组合结构图

图 9.29 泄流孔

(5) 滞留池　滞留池是通过临时储存暴雨水径流来控制峰值排放率的方法。滞留池所起到的功能就是暂时储存雨水,再以一定的流量排向下游,过剩的雨水暂时储存在滞留池中,在一定的时间内一般是在24 h排完。这样一来既保证了雨水下泄量不超过一定数值,又起到了雨水过滤的作用。由于雨水只是在滞留池里短暂的停留,所以绝大部分时间滞留池里并没有水,所以也称旱池。由于雨水在滞留池内停留的时间过短,起不到充分的过滤作用。在滞留池经常又延伸出一段湾区作为沉淀湾来延长雨水的滞留时间至48～72h,这种滞留池又称为扩展型滞留池(图9.30)。

滞留池一般采用细长形态,使得入口和出口之间的水流长度尽可能大。滞洪区边坡的坡度不应小于1/3。池底朝向出口方向应有不小于2%的坡度,以确保强制排水。为了维护设备的进入,应至少有3 m宽坡度小于1∶5。为了增加旱季的适用性,可以增设流速较低的水道。此外,应参照公园设计规范设置安全栏杆。

(6) 储水池　储水池与滞留池原理一样,区别在于储水池具有一定的蓄水能力。在雨水下泄量不超值的情况下,将过剩的雨水排掉,储水池又称湿池。储水池的造价高,并且需要经常维护,但是储水池可以起到控制暴雨下泄、净化水质、改善生态环境以及形成水景等多种作用(图9.31)。

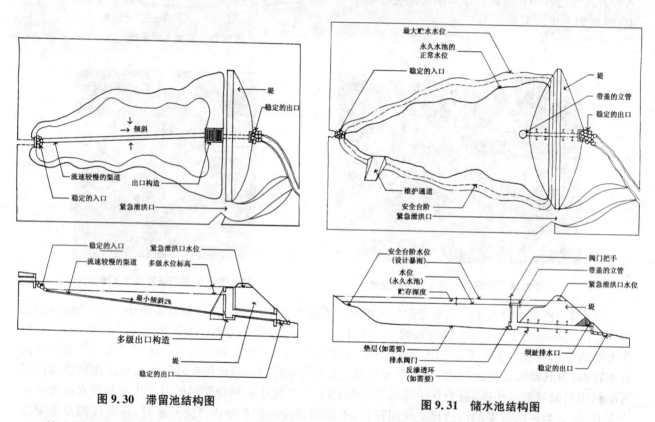

图9.30　滞留池结构图　　　　　　图9.31　储水池结构图

储水池的设计与滞留池相似,使入口和出口之间的水流达到最大长度。这样可以延长水流出之前的流动路径,因此增加了沉淀物和污染物下沉的时间。建议最小的长度和宽度比是3∶1。水池沿水流方向逐渐变宽,使进入水池的水逐渐散开,以避免形成死角。出于景观需要,也可以采用不规则的岸线形态。水池深度在1 m至2 m之间。为了增加安全性,在水池周围应该提供一个至少3 m宽0.3 m深的水平安全台阶,并参照公园设计规范,布置相应的安全护栏和警示牌。

4) 专题

(1) GIS与地面排水　水文情况受多种因素影响,如地表水、地下水、地形、土壤、植被等等。在园林工程中,特别是大尺度项目中,迅速获知地表水流的方向、位置、径流量以及低洼场地等对于生态化设计和施工意义非常大。

GIS利用强大的栅格计算能力,通过寻找中心栅格与邻域栅格的最大落差及方位来确定流水方向(图

9.32)。以此为基础,还可以进一步分析场地的流水线路(图 9.33)、汇水区域(图 9.34)以及径流量。如此"疏源之去由,察水之来历",方能使设计更加贴近自然。

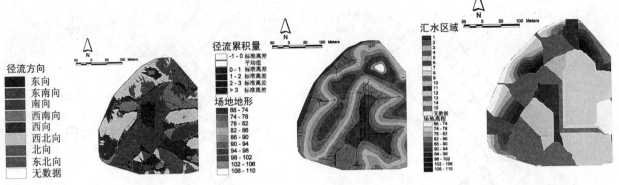

图 9.32　流向分析　　　　　图 9.33　水流线路分析　　　　　图 9.34　场地汇水区域

场地中的洼地因降雨和土壤渗透情况可能会积水,虽然不宜作为建筑和园路用地,但是适当整理可以作为场地蓄水的滞留池或造景水体,丰富景观和生态环境,正所谓"低凹可开池沼"。在工程排水上,对于避免积水的低洼地段,则应设计地下排水管沟或设置排水泵站(公园设计规范)。GIS 能够迅速识别出复杂场地中的洼地,并能统计出其深度和体积(图 9.35)。

景观设计中,地下水的利用和保护也是当今备受关注的议题,通过使用 GIS 对地形和地下水高程栅格求差,再辅以地质、植被等图层叠合,可以科学地选出取水点、补给区及敏感区的位置,并进行缓冲分析,决定保护范围。

在给排水设计中还有一些问题可以通过 GIS 进行分析,如给排水管线与建筑树木的水平间距、水源保护区等要有一定的控制缓冲区、雨水口的集水面积,卫生填埋点与地表水的距离,供水点、消防管线和消防栓的有效服务距离,GIS 能根据需要生成点、线、面的缓冲区(图 9.36),从而选出适宜/不适宜的位置,并查找某要素是否在该范围内。

此外 GIS 的网路分析功能、叠加分析等功能可以对给水管网的可靠性、覆盖率、敷设成本等进行更综合的定量分析(图 9.37)。

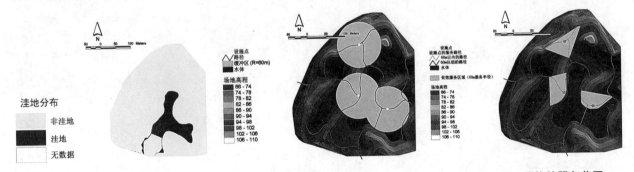

图 9.35　场地洼地计算　　　　　图 9.36　缓冲区　　　　　图 9.37　基于网络的服务范围
　　　　　　　　　　　　　　(灰色为缓冲区,缓冲半径为 60 m)　　(绿线为 60 m 服务路径)

■ 思考与练习

1. 如图为现状地形,已知道路中心线标高 122.7 m,道路横坡 2%,要求停车场的横坡为 3%,雨水自然向停车场两侧和东北方向排出,绘出满足此要求的场地等高线(图 9.38)。

2. 如果要求场地雨水不得排到北侧地块,通过场地内设置小块绿地,用以吸纳场地雨水,并考虑将过量的雨水排放到道路两侧的城市雨水管道中,绘出场地等高线及管线布置图(图 9.39)。

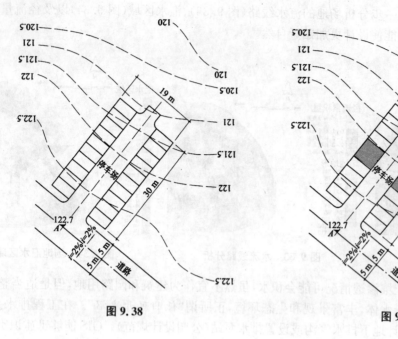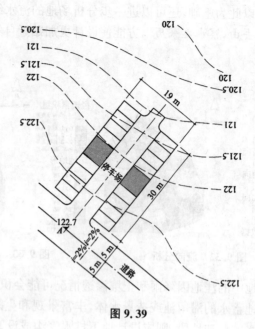

图 9.38　　　　　　　　图 9.39

附录 A 给水管与其他管线及建(构)筑物之间的最小水平净距

序号	建(构)筑物或管线名称		与给水管线的最小水平净距(m)	
			$D \leqslant 200$ mm	$D > 200$ mm
1	建筑物		1.0	3.0
2	污水、雨水排水管		1.0	1.5
3	燃气管	中低压 $P \leqslant 0.4$ MPa	0.5	
		高压 0.4 MPa$<P \leqslant 0.8$ MPa	1.0	
		0.8 MPa$<P \leqslant 1.6$ MPa	1.5	
4	热力管		1.5	
5	电力电缆		0.5	
6	电信电缆		1.0	
7	乔木(中心)		1.5	
8	灌木			
9	地上杆柱	通信照明及<10 kV	0.5	
		高压铁塔基础边	3.0	
10	道路侧石边缘		1.5	
11	铁路钢轨(或坡脚)		5.0	

来源:《室外排水设计规范》(GB 50014—2006)

附录 B 给水管与其他管线最小垂直净距

序号	管线名称		与给水管线的最小垂直净距(m)
1	给水管线		0.15
2	污、雨水排水管线		0.40
3	热力管线		0.15
4	燃气管线		0.15
5	电信管线	直埋	0.50
		管块	0.15
6	电力管线		0.15
7	沟渠(基础底)		0.50
8	涵洞(基础底)		0.15
9	电车(轨底)		1.00
10	铁路(轨底)		1.00

附录 C 排水管道和其他地下管线(构筑物)的最小净距

名　称			水平净距(m)	垂直净距(m)
建筑物			见注 3	
给水管	$d \leqslant 200$ mm		1.0	0.4
	$d > 200$ mm		1.5	
排水管				0.15
再生水管			0.5	0.4
燃气管	低压	$P \leqslant 0.05$ MPa	1.0	0.15
	中压	0.05 MPa $< P \leqslant 0.4$ MPa	1.2	0.15
	高压	0.4 MPa $< P \leqslant 0.8$ MPa	1.5	0.15
		0.8 MPa $< P \leqslant 1.6$ MPa	2.0	0.15
热力管线			1.5	0.15
电力管线			0.5	0.5
电信管线			1.0	直埋 0.5
				管块 0.15
乔木			1.5	
地上柱杆	通讯照明及 <10 kV		0.5	
	高压铁塔基础边		1.5	
道路侧石边缘			1.5	
铁路钢轨(或坡脚)			5.0	轨底 1.2
电车(轨底)			2.0	1.0
架空管架基础			2.0	
油管			1.5	0.25
压缩空气管			1.5	0.15
氧气管			1.5	0.25
乙炔管			1.5	0.25
电车电缆				0.5
明渠渠底				0.5
涵洞基础底				0.15

注：1. 表列数字除注明者外，水平净距均指外壁净距，垂直净距系指下面管道的外顶与上面管道基础底间净距。
2. 采取充分措施(如结构措施)后，表列数字可以减小。
3. 与建筑物水平净距，管道埋深浅于建筑物基础时，不宜小于 2.5 m，管道埋深深于建筑物基础时，按计算确定，但不应小于 3.0 m。
来源：《室外排水设计规范》(GB 50014—2006)

附录 D 土壤渗透系数

地层	地层粒径		渗透系数 K(m/s)
	粒径(mm)	所占重量(%)	
黏　土			$<5.7\times10^{-8}$
粉质黏土			$5.7\times10^{-8}\sim1.16\times10^{-6}$
粉　土			$1.16\times10^{-6}\sim5.79\times10^{-6}$
粉　砂	>0.075	>50	$5.79\times10^{-6}\sim1.16\times10^{-5}$
细　砂	>0.075	>85	$1.16\times10^{-5}\sim5.79\times10^{-5}$
中　砂	>0.25	>50	$5.79\times10^{-5}\sim2.31\times10^{-4}$
均质中砂			$4.05\times10^{-4}\sim5.79\times10^{-4}$
粗　砂	>0.50	>50	$2.31\times10^{-4}\sim5.79\times10^{-4}$
圆　砾	>2.00	>50	$5.79\times10^{-4}\sim1.16\times10^{-3}$
卵　石	>20.0	>50	$1.16\times10^{-3}\sim5.79\times10^{-3}$
稍有裂隙的岩石			$2.31\times10^{-4}\sim6.94\times10^{-4}$
裂隙多的岩石			$>6.94\times10^{-4}$

来源：《建筑与小区雨水利用工程技术规范》(GB 50400—2006)

参考文献

[1] 中华人民共和国建设部. 总图制图标准(GB/T 50103—2010)[S]. 北京:中国计划出版社,2002.
[2] 中华人民共和国住房和城乡建设部. 建筑工程设计文件编制深度规定[S]. 北京:中国计划出版社,2008.
[3] 黄鹢主编. 建筑施工图设计[M]. 武汉:华中科技大学出版社,2009.
[4] 赵兵主编. 园林工程学[M]. 南京:东南大学出版社,2003.
[5] 孟兆祯主编. 园林工程[M]. 北京:中国林业出版社,1996.
[6] 吴为廉. 景观与景园建筑工程规划设计[M]. 北京:中国建筑工业出版社,2005.
[7] 北京园林局主编. 公园设计规范(CJJ 48—92)[S]. 北京:中国建筑工业出版社,1993.
[8] 中华人民共和国建设部,四川省城乡规划设计研究院. 城市用地竖向规划规范(CJJ 83—99)[S]. 北京:中国建筑工业出版社,1999.
[9] 闫寒. 建筑学场地设计[M]. 北京:中国建筑工业出版社,2006.
[10] 姚宏韬. 场地设计[M]. 沈阳:辽宁科学技术出版社,2000.
[11] 王晓俊. 风景园林设计[M]. 南京:江苏科学技术出版社,2007.
[12] 北京市注册建筑师管理委员会编. 设计前期场地与建筑设计[M]. 北京:中国建筑工业出版社,2004.
[13] 徐振. 园林工程教学中GIS的应用[J]. 中国园林,2008,4.
[14] Steven Storm. Site Engineering for Landscape Architects[M]. Hoboken:John Wiley&Sons. Inc,1998.
[15] William M. Marsh. Landscape Planning: Environmental Application[M]. Hoboken:Wiley,2005.
[16] Robert Holden. New Landscape Design[M]. London:Architectural Press,2003.
[17] Jane Amidon, Aaron Betsky. Moving Horizons:The Landscape Architecture of Kathryn Gustafson and Partners[M]. Basel:Birkhäuser,2005.
[18] [美]尼古拉斯·丹尼斯,凯尔·D·布朗著. 景观设计师便携手册[M]. 刘玉杰,吉庆萍,俞孔坚译. 北京:中国建筑工业出版社,2002.
[19] [美]诺曼,K·布思著. 孟兆祯校. 风景园林设计要素[M]. 曹礼昆,曹德鲲译. 北京:中国林业出版社,1989.
[20] [美]尼尔·科克伍德著. 景观建筑细部的艺术——基础、实践与案例研究[M]. 杨晓龙译. 北京:中国建筑工业出版社,2005.
[21] 毛培琳. 园林铺地设计[M]. 北京:中国林业出版社,2003.
[22] 屈永建. 园林工程建设小品[M]. 北京:化学工业出版社,2005.
[23] 陈祺,杨斌. 景观铺地与园林工程图解与施工[M]. 北京:化学工业出版社,2008.
[24] 吴为廉. 景观与景园建筑工程规划设计[M]. 北京:中国建筑工业出版社,2005.
[25] 中国建筑标准设计研究院(原中国建筑标准设计研究所),美国EDSA(北京),建设部城市建设研究院风景园林所. 环境景观——室外工程细部构造(03J012—1)[S]. 北京:中国建筑标准设计研究院,2003.
[26] 上海市政工程设计研究总院等. 室外排水设计规范(GB 50014—2006)[S]. 北京:中国建筑工业出版社,2006.
[27] 上海市建设和交通委员会. 室外给水设计规范(GB 50014—2006)[S]. 北京:中国建筑工业出版社,2006.
[28] 中国建筑设计研究院等. 建筑与小区雨水利用工程技术规范(GB 50400—2006)[S]. 北京:中国建筑工业出版社,2006.
[29] 赫伯特·德莱塞特尔,迪特尔·格劳,卡尔·卢德维格. 德国生态水景设计[M]. 任静,赵黎明译. 沈阳:辽宁科学技术出版社,2003.
[30] Peter Petschek. Grading for Landscape Architect and Architect[M]. Basel:Birkhäuser Architecture,2008.
[31] 宗净. 城市的蓄水囊:滞留池和储水池在美国园林设计中的应用[J]. 中国园林,2005,3.
[32] 沈淑红,倪琪. 节水型园林——城市可持续发展的必然要求[J]. 中国园林,2003,12.
[33] 唐艳红,洪强. 城市园林设计的节水原则[J]. 中国园林,2008,8.
[34] 陈晓彤,倪兵华. 街道景观的"绿色"革命[J]. 中国园林,2009,6.
[35] [美]格莱格里·赫斯特撰文. 区域建设中的湿地和暴雨径流管理方法[J]. [加]汪可薇译. 中国园林,2005,10.
[36] U.S Department of transportation. Urban Drainage Design Manual[M]. 2001.8.
[37] 孔祥伟. 骨子里的中国与心中的传统[J]. 景观设计,2006,11:14-17.